北京理工大学"明精计划"学术丛书

矩阵代数、控制与博弈

（第2版）

MATRIX ALGEBRA, CONTROL AND GAME
(2nd edition)

程代展 夏元清 马宏宾 闫莉萍 张金会 著

北京理工大学出版社
BEIJING INSTITUTE OF TECHNOLOGY PRESS

内 容 简 介

本书是北京理工大学"明精计划"高端交叉课程的试验教材，可作为高年级工科学生以及一、二年级研究生的教材，也可作为对控制与博弈有兴趣的一般理工科学生和青年教师的参考读物。本书内容依托于作者近年来的研究成果，分为矩阵代数、控制理论、博弈论三个部分，强调前沿性与探索性，力图实现前沿数学与实际应用的交叉结合，引领读者从基础概念进入学科前沿。

图书在版编目（CIP）数据

矩阵代数、控制与博弈 / 程代展等著. —2 版. —北京：北京理工大学出版社，2018.4
（2021.12重印）
ISBN 978-7-5682-5485-4

Ⅰ. ①矩… Ⅱ. ①程… Ⅲ. ①线性变换环②控制论③博弈论 Ⅳ. ①O153.3②O23③O225

中国版本图书馆 CIP 数据核字（2018）第 061785 号

出版发行 / 北京理工大学出版社有限责任公司
社　　址 / 北京市海淀区中关村南大街 5 号
邮　　编 / 100081
电　　话 / （010）68914775（总编室）
　　　　　（010）82562903（教材售后服务热线）
　　　　　（010）68944723（其他图书服务热线）
网　　址 / http://www.bitpress.com.cn
经　　销 / 全国各地新华书店
印　　刷 / 北京虎彩文化传播有限公司
开　　本 / 787 毫米×1092 毫米　1/16
印　　张 / 23.25　　　　　　　　　　　　　　　　　责任编辑 / 杜春英
字　　数 / 473 千字　　　　　　　　　　　　　　　　文案编辑 / 杜春英
版　　次 / 2018 年 4 月第 2 版　2021 年 12 月第 2 次印刷　责任校对 / 周瑞红
定　　价 / 72.00 元　　　　　　　　　　　　　　　　责任印制 / 王美丽

作者简介

程代展　1970 年毕业于清华大学, 1981 年于中国科学院研究生院获硕士学位, 1985 年于美国华盛顿大学获博士学位. 从 1990 年起, 任中国科学院系统科学研究所研究员. 曾经担任国际期刊 *Journal of Mathematical Systems, Estimation and Control*(1991–1993), *Automatica*(1998–2002), *Asian Journal of Control* (1999–2004) 的编委. *International Journal on Robust and Nonlinear Control* 的主题编委, 国内期刊 *Journal of Control Theory and Application* 主编, 《控制与决策》副主编, 以及多家学术刊物的编委. 曾任中国自动化协会控制理论专业委员会主任, IEEE CSS 北京分会主席, IEEE CSS Member of Board of Governors, IFAC Council Member 等职. 已经出版了 12 本专著, 发表 240 余篇期刊论文和 120 余篇会议论文. 研究方向有非线性控制系统、哈密顿系统、复杂系统、逻辑动态系统、博弈论等. 曾两次作为第一完成人获国家自然科学二等奖 (2008 年和 2014 年), 2011 年获国际自动控制联合会 (IFAC) 所颁的 Automatica (2008–2010) 最佳论文奖, 2015 年获中国科学院杰出科技成就奖. 2006 年当选 IEEE Fellow, 2008 年当选 IFAC Fellow.

夏元清　博士, 1971年生, 现为北京理工大学讲席教授, 博士生导师, 北京理工大学自动化学院院长, 教育部 "长江学者" 特聘教授、国家杰出青年科学基金获得者、国家 "万人计划" 领军人才、享受国务院特殊津贴专家. 担任中国指挥与控制学会云控制与决策专业委员会主任委员, 中国物联网工作委员会副理事长. 担任《自动化学报》、《控制理论与应用》、《控制与决策》、《系统科学与数学》等多个国内国际期刊编委. 主要研究领域为多源信息复杂系统的信息处理与控制、云控制理论与应用、空天地一体化网络协同控制等. 主持国家重点研发计划、国家杰出青年科学基金、国家自然科学基金重点项目及重点国际合作研究项目、973计划子课题等项目多项. 在国内外重要学术刊物上发表论文300余篇, 其中被SCI收录280余篇, 出版英文专著10部, 论文累计被引一万余次, 并于2014-2017年连续四年入选Elsevier中国高被引学者榜单. 曾获得2011年国家科技进步二等奖一项（排名第二）, 2012年、2017年教育部自然科学二等奖两项（排名第一）, 2010年、2015年北京市科学技术二等奖两项（排名第一）.

马宏宾　1978 年生, 教授、博士生导师. 适应·学习·认知为中心, 针对机器人、无人车和无人机等对象开展系列研究. 曾入选教育部新世纪优秀人才支持计划, 曾获霍英东高等院校青年教师奖、北京理工大学教学成果奖、科学中国人年度人物奖提名、吴文俊人工智能科学奖、中国大数据学术创新奖和优秀科技成果大赛金奖, 多次获得学术会议最佳论文奖及提名或做邀请报告. 曾主持国家自然科学基金项目、教育部新世纪优秀人才项目、北京市优秀人才资助项目等多项国家级、省部级科研项目以及国家重点研发计划项目子课题, 曾担任欧盟玛丽居里基金等国际科技合作项目的中方负责人. 曾担任《Journal of Advanced Computational Intelligence and Intelligent Informatics》、《Journal of Robotics》、《微纳电子与智能制造》等期刊的特邀客座编辑. 发表 SCI/EI 检索论文百余篇, 出版英文专著1部和专著章节三篇, 作为主要执笔人参与控制理论战略发展报告自适应控制部分的撰写. 担任国家信标委人工智能分委会委员与工业大数据总体组成员, 参与多项机器人、人工智能、大数据、云平台相关国家标准的研制. 担任中国运筹学会对策论专业委员会、高校人工智能与大数据创新联盟等多个组织的理事. 所指导学生多人次在科技竞赛中获得国际、国家或省部级奖励.

闫莉萍　1979年生, 副教授, 博士生导师. 主要研究方向有: 多传感器数据融合、景象匹配、组合导航与智能导航、故障诊断等. 在国内外学术期刊上发表学术论文60余篇, 授权发明专利12项, 出版专著或教材3部. 获国家科学技术发明二等奖1项（第6）、北京市科学技术二等奖2项（第5、12）、军队科技进步一等奖1项（第7）、军队科技进步二等奖2项（第3、第6）、中国自动化学会自然科学奖1项（第5）. 曾主持国家自然科学基金2项、北京市自然基金面上项目1项、北京高校杰出英才项目1项、教育部科研基地科技支撑计划1项、北京理工大学基础研究基金1项、北京理工大学优秀青年教师择优资助项目1项、中国博士后科学基金面上一等资助和特别资助各1项.

张金会　1982年生, 特别研究员、博士生导师. 2011 年 3 月在北京理工大学获控制科学与工程专业博士学位. 主要研究方向有: 复合抗干扰控制、网络化控制等. 曾在香港大学、香港城市大学、澳大利亚西悉尼大学从事研究工作. 在国际知名刊物上发表 SCI 收录论文 50 余篇. 研究成果获得国家科技进步二等奖 1 项 (排名第九, 2011), 获得北京市科学技术二等奖 1 项 (排名第五, 2010), 教育部高等学校科学研究优秀成果奖 1 项 (排名第五, 2012). 所撰写的博士学位论文被评为 2012 年北京市优秀博士学位论文.

再版前言

矩阵半张量积及其在逻辑控制系统及有限博弈中的应用是一个新兴的交叉学科分支. 这正在吸引自动控制及相交领域学者越来越大的兴趣, 展现出越来越广泛的应用.

三年前, 我们编写了这本试用教材, 期望能将科研与教学相结合, 在传授基础知识的同时, 尽快将学生带到科研前沿. 本教材出版至今曾在北京理工大学两届徐特立英才班讲授, 也被山东大学、哈尔滨工业大学、山东师范大学等高校作为本科生或研究生的课程教材, 也被许多年轻学者作为入门的自学教材.

在使用过程中学生和青年学者们对本教材给出许多正面的评价, 并反馈了不少建设性的意见. 基于这些反馈信息, 我们决定对原书进行适当修改, 这就是现在的第二版. 第二版的主要改动如下: (1) 增加了第16章: "集合能控性及其应用". 增加的原因是, 第一版对网络输入型及混合型输入系统的能控性及能观性的结论不完善, 而新近发展的集合能控性方法能给出简洁的答案, 基于能控性与能观性是控制系统最本质的概念, 故增加介绍了相关结果. (2) 对第15章 ("布尔网络的能控性与能观测性") 及第20章 ("矩阵博弈") 做了较大改动, 主要是吸收了教学过程对内容的处理. (3) 查找订正了大量打印错误, 包括大量修课学生的贡献, 哈尔滨工业大学的贺风华教授、北京理工大学的巩敏等老师和同学都仔细审阅全书, 提出了许多建设性意见, 作者在此致谢.

矩阵半张量积方法近年来发展迅速, 因为篇幅及其他原因, 无法将这些内容都纳入此版. 最近, 国际杂志IET Control Theory and Applications 出了一个关于矩阵半张量积的专刊, 特别是其封首的综述[1] 介绍了其近年的发展, 有兴趣的读者不妨一阅. 本书主要讲授矩阵半张量积的计算和应用, 其实, 矩阵半张量积有其深刻的数学内涵, 有兴趣的读者可参阅[2].

本书的写作与相关课程的设立和讲授, 得到北京理工大学各级领导的关心和支持, 特别是胡海岩校长多次过问并亲自审阅了初稿, 特此感谢.

[1] J. Lu, H. Li, Y. Liu, F. Li. A survey on semi-tensor product method with its applications in logical networks and other finite-valued systems[J]. IET Contr. Theory & Appl., 2017, 11(13): 2040-2047.

[2] D. Cheng. On equivalence of Matrices, Asian J. Mathematics, to appear, (preprint: arXiv:1605.09523).

作者 程代展 夏元清 马宏宾 闫莉萍 张金会

2017 年 10 月

初版前言

本课程的研究主题是控制与博弈. 控制论与博弈论都属于普适性的学科, 每一个理工科学生, 甚至某些文科学生, 不管其具体专业是什么, 在面对具体工程问题或各种理论探索的时候, 都很难避免控制论的方法和博弈论的思考. 那么, 为什么将这两个通常认为属于不同学科分支的内容放到一起呢? 首先, 它们有一个明显的共性: 与传统的物理学、力学、数学等不同, 控制与博弈不仅要认识世界, 而且更重要的是要能动地改造世界. 其次, 它们有着深刻的内在联系: 控制论所处理的对象主要是机器等没有智能的力学系统, 目的是设计控制器, 让客观事物按照控制者的期望动作. 粗略地说, 博弈可以看作控制的一种延伸或发展, 它所控制的对象是有智能的, 对象可能有与你不同的目标, 从而对你实行反控制, 这就形成了非合作博弈; 对象也可能与你合作, 但你必须兼顾它的利益, 这就形成了合作博弈. 基于博弈的控制理论与控制导向的博弈理论, 作为控制论与博弈论的交叉学科, 可望成为一个从理论到应用都极具重要性的交叉学科发展方向.

控制和博弈的研究需要许多前沿数学工具, 其中矩阵理论是一个最基本的工具. 有人说, 线性系统的控制理论本身就是一个高等矩阵论. 对于博弈, 冯·诺伊曼等人就是从研究矩阵博弈开始, 逐步创立了现代博弈理论. 本书所涉及的数学理论包括超矩阵、图论、随机过程、群论、张量、矩阵半张量积等, 这些内容许多已是成熟的自成体系的数学分支, 而有些还仅出现在科研论文中, 让工科学生先修完相关课程再进入控制与博弈的学习和研究既不现实, 也不合理. 这里我们打破传统数学分支的框架, 以实际问题为导向, 以矩阵论的方法为线索, 有机地萃取和串联与目标课题交叉的相交数学知识进行讲授. 我们放弃的是数学的系统性, 得到的是对相关知识及其应用的深入了解, 不求全, 主要考虑上手快、好用, 使学生尽快掌握必要的和前沿的数学工具.

中国学生勤奋好学, 而中国的传统教育方法也十分强调基础理论学习, 因此, 许多中国学生, 特别是一大批优秀学生, 对基础理论的掌握是很不错的. 但中国的传统文化过分讲究承袭, 如 "一日为师, 终身为父" 等, 缺少 "我爱我师, 但我更爱真理" 那种勇于背叛传统、探寻真理的精神. 传统的中国课程教育也以灌输知识为主. 这些都影响了中国学生的创新思维.

从学科结构看, 数学的许多分支通常被认为是严格的自成体系的学科. 因此工科学生难以学完他们所需要的相关数学课程, 而这些基础知识又是在科研中不可或缺的. 这些知识的缺损也影响了工科学生在高科技研发中的创新能力.

要提升中国的科研创新能力得从青年学生抓起, 因此, 要进行课程改革, 使之克服上述传统的从课程内容到授课方式上的不足. 这就是北京理工大学的明精计划对课程进行改革的目的. 本课程就是在该计划的指导和支持下进行的一项改革尝试.

在教学内容上,我们强调内容的前沿性. 本书有关控制与博弈的大量内容是近十多年的最新科研成果,是首次出现在教科书中. 即使是相关数学内容,也有部分是属于这种性质的. 目的是让学生在学习知识的同时尽快了解和进入学科前沿.

在教学方法上,我们强调解放思想,勇于开拓创新. 除了必要的习题外,我们适当选择一些小题目,称为课程探索. 这些小题目属于未知答案的小科研题目,学生可将其作为课程设计. 部分内容在老师指导下可望形成论文发表. 我们的目的是,让学生在学习知识的同时进行思考,从而实现对内容的批判和创新. 这样,不仅能学到知识,也能培养起科研能力和科研兴趣.

"在当今的大科学时代,将科研原始创新、高水平队伍凝聚与创新人才培养密切结合、协同发展,不断突破世界科技前沿,已成为包括中国在内的许多国家的战略选择. 基础科学的未来尤其需要科教融合."(《大科学时代的科教融合》,科学报官微,2014 年 2月 28 日.)

本书的内容除绪论外包括三个部分:第一部分是矩阵代数,包括第 2 章到第 8 章,它以矩阵为线索,介绍了本书所需要的一些近代数学基础. 第 2 章介绍除矩阵普通乘积外的几种其他矩阵乘法:矩阵的 Kronecker 积、Hadamard 积和 Khatri-Rao 积. 第 3 章讨论马尔科夫链与随机矩阵. 第 4 章介绍矩阵半张量积,它将普通矩阵乘法推广到任意两个矩阵,是本书最重要的数学工具. 第 5 章介绍多指标数组构成的矩阵,称超矩阵. 群与子群的概念与作用在第 6 章中讨论. 第 7 章是张量的结构及其一些基本性质. 第 8 章介绍图与超图以及它们的矩阵表示.

第二部分是控制论,包括第 9 章到第 18 章. 首先,第 9 章到第 12 章介绍经典控制理论. 第 9 章介绍线性系统及其能控性、能观性. 第 10 章通过群作用引入线性系统标准型. 第 11 章讨论反馈控制与不变子空间. 第 12 章探讨最优控制以及它与博弈的关系. 其次,第 13 章到第 18 章介绍新近蓬勃发展的逻辑系统控制理论. 第 13 章给出逻辑动态系统的状态空间框架. 第 14 章讨论逻辑动态系统的拓扑结构,包括其不动点与极限环. 第 15章揭示逻辑动态系统的能控性、能观性. 第 17 章讨论逻辑动态系统的干扰解耦. 第 18章将二值逻辑动态系统的结论推广到一般 k 值以及混合值逻辑系统.

第三部分是博弈论,包括第 19 章到第 26 章. 首先,第 19 章到第 24 章介绍博弈论基础与非合作博弈. 第 19 章介绍博弈的基本概念. 第 20 章详细讨论了矩阵博弈. 第 21 章介绍演化博弈. 第 22 章考虑重复博弈的最优控制问题. 第 23 章讨论网络演化博弈的建模、分析与控制. 第 24 章介绍势博弈的算法与应用. 其次,第 25 章到第 26 章讨论合作博弈. 第 25 章介绍合作博弈的一般概念. 第 26 章讨论如何寻找合作博弈的解,即合理的分配:如核心与 Shapley 值.

这门课程本身就是一个创新性的尝试,我们的目的是:让纯数学从它神秘的象牙塔中走出来,直接为工程应用服务. 在课程内容上,我们尽量为学生提供鲜活和前沿的材料,让学生自己去消化,而不是将老师嚼烂了的知识填鸭式地喂给学生;本书的习题都很简单, 我们尽量不让学生陷入做习题、应付考试的不堪境地, 而让他们有更多的时间去考虑尚无答案的挑战性问题, 培养独立思考的能力. 总之, 要让学生建立这样的信心: 他们一定会比前人 (包括老师) 做得更好, 不是因为他们比前人更聪明, 而是因为他们是站在前人的肩膀上.

本书由程代展研究员执笔, 由其他几位作者校阅、补充, 最后, 由教学中学生的大量反馈意见定稿, 其中张星红、武玫、张晓飞、李闪、周浩、陈孙杰、左文超、李壮、龚敏等研究生也为校对提出了一些修改意见. 另外, 贺风华教授、齐洪胜副研究员也分别在本书校对、排版过程中提出了宝贵的修改意见.

笔者才疏学浅, 加之缺乏可借鉴的经验, 缺点错误难免, 希望和同学们一起, 在教学过程中将其逐步完善, 也敬请读者与有关专家不吝指教.

笔者 程代展 夏元清 马宏宾 闫莉萍

2014 年 9 月

符 号 说 明

$A := B$	把表达式 A 记作 B
$\mathbb{C}$	复数域
$\mathbb{R}$	实数域
$\mathbb{Q}$	有理数域
$\mathbb{Z}$	整数环
$\mathbb{Z}_+$	正整数集
$\mathbb{N}$	自然数集
$\mathbb{Z}_n$	模 n 整数集 (环或域)
$\mathcal{D}$	集合 $\{0, 1\}$
A^{T}	矩阵 A 的转置
$\mathrm{tr}(A)$	矩阵 A 的迹
$\det(A)$	矩阵 A 的行列式
$\mathrm{rank}(A)$	矩阵 A 的秩
$\ltimes$	矩阵的左半张量积
$\rtimes$	矩阵的右半张量积
$\otimes$	矩阵的 Kronecker 积
$\circ$	矩阵的 Hadamard 积
$*$	矩阵的 Khatri-Rao 积
$\vec{\times}$	$\mathbb{R}^3$ 上的叉积
$\cdot$	$\mathbb{R}^n$ 上的内积
$\mathrm{Col}(A)$	矩阵 A 的列集合
$\mathrm{Row}(A)$	矩阵 A 的行集合
$\mathrm{Blk}_i(A)$	矩阵 A 的第 i 个行等分块
$\mathrm{Col}_i(A)$	矩阵 A 的第 i 列
$\mathrm{Row}_i(A)$	矩阵 A 的第 i 行
$\mathrm{Span}(\cdot)$	由 "$\cdot$" 张成(系数为实数)
$\mathrm{Span}_{\mathcal{B}}(\cdot)$	由 "$\cdot$" 张成(系数为逻辑变量)
$V_c(A)$	矩阵 A 的列排式
$V_r(A)$	矩阵 A 的行排式
$\sigma(A)$	矩阵 A 的谱 (特征值集合)
$\rho(A)$	矩阵 A 的谱半径
$\mathbf{i}$	虚数单位, $\mathbf{i}^2 = -1$

$\Re(\lambda)$	复数 $\lambda = a + b\mathbf{i}$ 的实部 a
$\Im(\lambda)$	复数 $\lambda = a + b\mathbf{i}$ 的虚部 b
$i \rightarrow j$	状态 i 可达状态 j
$i \leftrightarrow j$	状态 i 与状态 j 相通
$id(i; m)$	单指标排列顺序: i 从 1 跑到 n
$id(i, j; m, n)$	双指标排列顺序: 每次 i 不动让 j 跑遍 1 到 n
$id(i_1, i_2, \cdots, i_k; n_1, n_2, \cdots, n_k)$	k 重指标集
$\mathbf{0}_k$	元素均为0的 k 维向量
$\mathbf{0}_{k \times k}$	元素均为0的 k 阶矩阵
$\mathbf{1}_k$	元素均为1的 k 维向量
$\mathbf{1}_{k \times k}$	元素均为1的 k 阶矩阵
I_k	k 阶单位矩阵
Δ_k	k 阶单位矩阵的列的集合
δ_k^i	k 阶单位矩阵的第 i 列
$\text{diag}(A_1, A_2, \cdots, A_k)$	以 $A_1, \cdots, A_k$ 为对角块的矩阵
$L_A(X)$	李雅普诺夫映射(即 $AX + XA^{\mathrm{T}}$)
$W_{[m,n]}$	换位矩阵
$W_{[n]}$	换位矩阵 $W_{[n,n]}$
$A \geqslant 0 \ (A > 0)$	A 半正定 (正定)
$A \geqslant \vec{0} \ (A > \vec{0})$	A 为非负矩阵 (正矩阵)
$\mathcal{M}_n$	n 阶矩阵集
$\mathcal{M}_{m \times n}$	$m \times n$ 维矩阵集
$\mathcal{L}_{m \times n}$	$m \times n$ 维逻辑矩阵集
$\mathcal{B}_{m \times n}$	$m \times n$ 维布尔矩阵集
$\mathcal{B}_m$	m 维布尔向量集
$\Upsilon_{m \times n}$	$m \times n$ 维概率矩阵集
Υ_m	m 维概率向量集
S^c	集合 S 的余集(补集)
$A \prec_t B$	矩阵 A 的列数是矩阵 B 的行数的因子
$A \succ_t B$	矩阵 A 的列数是矩阵 B 的行数的倍数
$(i_1 i_2 \cdots i_k)$	轮换式 $i_1 \rightarrow i_2 \rightarrow \cdots \rightarrow i_k \rightarrow i_1$
$\mathbf{S}_A$	所有 $A \rightarrow A$ 的可逆映射的集合
$F_2 \circ F_1$	映射 F_1 与 F_2 的复合映射(先用 F_1 作用, 后用 F_2 作用)
M_φ	映射 φ 的结构矩阵
M_j^D	超矩阵 D 依 $id(1, 2, \cdots, j) \times id(j + 1, j + 2, \cdots, k)$ 的矩阵实现

$H < G$	H 是 G 的子群
$H \lhd G$	H 是 G 的正规子群
G/H	G 对 H 的商群
$[G:H]$	H 在 G 中的指数
$GL(n, \mathbb{R})$	一般线性群
$SL(n, \mathbb{R})$	特殊线性群
$SO(n, \mathbb{R})$	特殊正交线性群
$O(n, \mathbb{R})$	实正交线性群
$\mathbf{S}_n$	置换群
$S^\perp$	子空间 S 的补空间
$\mathcal{L}_{n,m,s}$	线性系统 (A, B, C) 的三元集(考虑输出), 定义为
	$\{(A, B, C) \mid A \in \mathcal{M}_n, B \in \mathcal{M}_{n \times m}, C \in \mathcal{M}_{s \times n}\}$
$\mathcal{L}_{n,m}$	线性系统 (A, B) 的二元集(不考虑输出), 定义为
	$\{(A, B) \mid A \in \mathcal{M}_n, B \in \mathcal{M}_{n \times m}\}$
$\mathcal{T}_s^r(V)$	V 上的张量集合
	r: 张量的协变阶; s: 张量的逆变阶
$\mathcal{S}^k(V)$	k 阶对称协变张量集合
$\Omega^k(V)$	k 阶反对称协变张量集合
$\deg(p), d_\mathrm{i}(p), d_\mathrm{o}(p)$	结点 p 的度、入度、出度
$B(G)$	图 G 的关联矩阵
$D(\vec{G})$	有向图 $\vec{G}$ 的关联矩阵
$\Delta(G)$	图 G 的度矩阵
$L(G)$	图 G 的拉普拉斯矩阵
$r(S)$	图 S 的秩
$\mathcal{D}_a(L)$	L 的对角非零的列的集合
$\mathrm{lcm}\{m, n\}$	m, n 的最小公倍数
$\gcd\{m, n\}$	m, n 的最大公约数
$\lvert S \rvert$	集 S 的势 (元素个数)
2^S	集 S 的所有子集构成的集合
$a \pmod b$	两整数整除 a/b 取余数
R_k^P	k 阶降次矩阵
$\mathrm{sgn}(x)$	符号函数 (x 为实数), 取值 1 ($x > 0$), -1 ($x < 0$) 或 0 ($x = 0$)
$\mathrm{sgn}(\sigma)$	符号函数 (σ 为置换), 取值 $(-1)^k$ (k 为实现置换的对换个数)
$\mathcal{P}(s)$	所有 s 的真因子的集合
$\mathcal{F}_\ell\{x_1, x_2, \cdots, x_n\}$	由 $x_1, x_2, \cdots, x_n$ 的所有逻辑函数组成的集合

$+_{\mathcal{B}}$	布尔加法
$\times_{\mathcal{B}}$	布尔乘法
$v(S)$	联盟 S 的特征函数
$C(v)$	合作博弈 (N, v) 的核心

目录

第 1 章　绪论

本章对全书研究的对象作一个提纲挈领式的综述, 目的有两个: (1) 简单介绍什么是控制论, 什么是博弈论, 以及它们的研究对象和目标. (2) 回答以下问题: 为什么要把矩阵代数、控制和博弈放到一起? 什么是它们之间的有机联系? 从课程角度讲, 对本章内容没有教学要求, 只是希望它能增加一点读者对课程安排的理解和对课程内容的兴趣.

1.1　控制论

控制论也称自动控制理论, 自动控制的历史悠久. 中国古代的浑天仪 (公元前 78—139 年)、指南车 (公元 250—330 年)、水动鼓风机 (公元前 25—57 年) 等, 都是古代自动控制装置. 瓦特在 1768 年发明的飞球调速器 (见图 1.1.1), 是一个反馈式自动调速装置. 但作为控制理论诞生的标志是维纳在 1948 年发表的专著《控制论, 或动物与机器间的控制与通讯》[1].

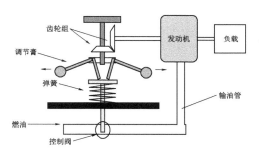

图 1.1.1 瓦特式离心调速器

那么, 什么是控制论呢? 我们从一个例子说起.

例 1.1.1　考虑一个单摆, 见图 1.1.2. 摆长 ℓ, 摆锤质量为 m, 设杆的质量为 0, 杆与竖直方向夹角为 θ. 摩擦力与速度成正比, 摩擦系数为 k. 于是, 运用牛顿第二定律, 可写出沿切线方向的运动方程为

$$m\ell\ddot{\theta} = -mg\sin\theta - k\ell\dot{\theta}. \tag{1.1.1}$$

设 $x_1 = \theta$, $x_2 = \dot{\theta}$, 则可得到状态方程

$$\begin{cases} \dot{x}_1 = x_2 \\ \dot{x}_2 = -\frac{g}{\ell}\sin x_1 - \frac{k}{m}x_2. \end{cases} \tag{1.1.2}$$

当振幅很小时, 我们有 $\sin x_1 \approx x_1$（当振幅很小时, 摆动的角度就比较小, 此时 $\sin x_1$ 可

以近似地看作 x_1）, 于是系统 (1.1.2) 可近似地表示为

$$\begin{bmatrix} \dot{x}_1 \\ \dot{x}_2 \end{bmatrix} = \begin{bmatrix} 0 & 1 \\ -\frac{g}{\ell} & -\frac{k}{m} \end{bmatrix} \begin{bmatrix} x_1 \\ x_2 \end{bmatrix}. \tag{1.1.3}$$

微分方程 (1.1.2) 或方程 (1.1.3) 可用来描述单摆的运动. 这不是一个控制系统, 你没有办法去操纵摆的运动.

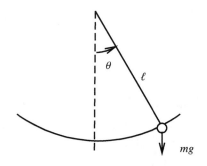

图 1.1.2 单摆

下面考查另一个例子:

例 1.1.2　装在小车上的倒立摆 (见图 1.1.3), 这里的物理量的意义都标于图上, 其中u 是对小车的推力, 称为控制, 它是可以由人来设计的外力. 容易得到该系统的动力学方程 [2]:

$$\begin{cases} (M + m)\ddot{x} + m\ell\cos\theta\ddot{\theta} - m\ell\sin\theta\dot{\theta}^2 = u \\ m\ddot{x}\cos\theta + m\ell\ddot{\theta} - mg\sin\theta = 0. \end{cases} \tag{1.1.4}$$

计算可知

$$\begin{bmatrix} \ddot{x} \\ \ddot{\theta} \end{bmatrix} = \frac{1}{Mm\ell + m^2\ell\sin^2\theta} \left\{ \begin{bmatrix} m^2\ell^2\sin\theta\dot{\theta}^2 - m^2\ell g\sin\theta\cos\theta \\ -m^2\ell\sin\theta\cos\theta\dot{\theta}^2 + (M + m)mg\sin\theta \end{bmatrix} + \begin{bmatrix} m\ell \\ -m\cos\theta \end{bmatrix} u \right\}.$$

令

$$z_1 = x, \quad z_2 = \dot{x}, \quad z_3 = \theta, \quad z_4 = \dot{\theta},$$

$$\begin{aligned} \dot{z}_1 &= z_2 \\ \dot{z}_2 &= \frac{1}{M\ell + m\ell\sin^2\theta} \left(m\ell^2\sin\theta\dot{\theta}^2 - m\ell g\sin\theta\cos\theta + \ell u \right) \\ \dot{z}_3 &= z_4 \\ \dot{z}_4 &= \frac{1}{M\ell + m\ell\sin^2\theta} \left[-m\ell\sin\theta\cos\theta\dot{\theta}^2 + (M + m)g\sin\theta - \cos\theta u \right]. \end{aligned} \tag{1.1.5}$$

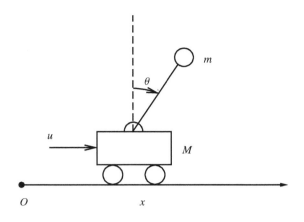

图 1.1.3 倒立摆

与上例不同, 在本例中方程 (1.1.4) 或方程 (1.1.5) 有控制项 u. 控制项 u 是对小车的推 (拉) 力. 人们试图通过改变推 (拉) 力的大小来达到自己的目的. 对倒立摆, 通常是要让摆处于垂直倒立状态. 如果没有控制, 这是很难做到的. 让倒立摆从任意位置出发, 然后摆到并保持垂直倒立状态, 是一个有代表性的控制问题, 它常用来测试各种控制策略的优劣.

从以上两个例子可以看出, 一个物理系统的演化, 通常可以通过物理规律, 用一个微分方程来描述它. 例如力学系统可以通过牛顿第二定律来描述, 电力系统电流、电压的变化由欧姆定律确定, 等等. 常微分方程是应用最广的一种. 当然, 有些物理过程需要用偏微分方程来刻画, 例如, 热传导、气体扩散等. 这些系统按照一定的物理规律运行, 形成一些动力学的演化系统. 当这些系统受到一些受人控制的外界作用 (如外力等) 时, 它们的状态就可能按照人们的意愿改变. 这种外界作用称为控制, 而原来自主的动力系统也就变成了控制系统. 人们通过改变控制量来达到各种控制目的, 这就形成了控制理论.

钱学森曾经说过:"作为技术科学的控制论, 对工程技术、生物与生命现象的研究和经济科学, 以及对社会研究都有深刻的意义, 比之相对论和量子论对社会的作用有过之而无不及. 我们可以毫不含糊地说, 从科学理论的角度看, 20 世纪上半叶三大伟绩是相对论、量子论和控制论, 也许可以称它们为三项科学革命, 是人类认识客观世界的三大飞跃."[3]

1.2 博弈论

博弈问题大致可分为非合作博弈与合作博弈两类. 与控制论类似, 博弈的思想和方法也是源远流长的. 春秋战国时期的田忌赛马, 就是一个典型非合作博弈的案例. 公元5世纪犹太教法典《塔木德》中关于遗产分配的判例, 就具备合作博弈中分配问题的雏形. 但通常将冯·诺依曼与摩根斯坦于 1944 年出版的《博弈论与经济行为》[4] 作为近代博弈论的开始.

下面举几个简单的博弈的例子.

例 1.2.1 (囚徒困境 [5]) 两个犯罪合伙人被捕并受到指控, 警方将他们分开审讯. 律师分别向他们说明后果: 如果两人都不招供, 因证据不足, 警方将判他们各一年徒刑; 如果一人招供而另一人不招供, 则招供者可获免刑, 而不招供者将被判九年; 但若两人都招供则各判六年. 作为策略, 通常将招供称为 "背叛", 不招供称为 "合作". 两个人所采取的策略决定了他们的判刑结果, 这称为支付函数.

支付函数可以用一个双矩阵来表示 (见表 1.2.1). 在该表中, 不同的行表示玩家(局中人) P_1 的不同策略, 不同的列表示玩家 P_2 的不同策略. 两个玩家策略确定后, 相应格中有两个数, 前面的数表示玩家 P_1 的所得, 后面的数表示玩家 P_2 的所得.

那么, 首要的问题就是, 两玩家会采取什么策略呢? 看来, 如果让他们商量, 他们大概都同意采取合作的策略. 但问题是, 在不让他们商量的情况下, 他们会采取什么策略呢? 一个玩家即使有心合作, 但他敢吗? 他当然怕对方采取背叛策略而把他卖了. 于是, 最后很可能双方都采取背叛的策略. 这样, "背叛-背叛" 就成了一个很实际而谁也不敢轻易变招的解, 称之为纳什均衡.

那么, 如果这个游戏不断地进行下去, 双方有没有可能在吸取以往经验的基础上采取更好的策略呢? 这就成了演化博弈所要研究的问题.

表 1.2.1 囚徒困境的收益双矩阵

P_1 \ P_2	合作	背叛
合作	−1, −1	−9, 0
背叛	0, −9	−6, −6

下面举一个合作博弈的例子.

例 1.2.2 有 n 个人, 每人有一只手套. 假如一副手套值 3 元钱, 而一只手套只值 0.05 元钱. n 个玩家如果不合作, 每人只得 0.05 元. 但他们可以通过合作, 使自己增值. 合作的方式就是组成联盟. 记 $N = \{1, 2, \cdots, n\}$ 为所有玩家, $L \subset N$ 和 $R \subset N$ 分别为持有左手套和右手套的玩家集合. 一个联盟 S 就是 N 的一个子集, $S \subset N$ (或记作 $S \in 2^N$). 表示一个联盟的价值的量称为特征函数, 记作 $v: 2^N \to \mathbb{R}$. 对于手套问题, 显然

$$v(S) = 3 \times \min\{|S \cap L|, |S \cap R|\} + 0.05 \times (|S| - 2\min\{|S \cap L|, |S \cap R|\}). \tag{1.2.1}$$

那么, 合作之后的收获怎么分配呢? 这就是合作博弈的核心问题. 也许有人建议将总价值 $v(N)$ 平分. 但如果这 n 个人中持左手套的人比持右手套的人多不少, 即 $|L| \gg |R|$, 那么, 持右手套的人一定不干了, 因为物以稀为贵, 右手套显然应当比左手套值钱一点.

那么, 怎样的分配才算合情合理呢? 这将在本书中进行研究.

博弈论自从诞生以来发展迅速, 不仅其理论不断成熟完善, 而且应用范围也日益广泛. 今天, 它的应用已涵盖经济学、生物学、社会与管理科学、军事与决策理论、计算机、人工智能等, 特别是它与控制论的相互影响和促进, 正在或已经产生一个新的交叉学科. 有一本书的封面上印着一句话: "有两类人可以不学博弈论, 一是漂流到类似于鲁宾逊所在的荒岸上; 二是到了什么事完全由自己说了算, 不受任何其他人影响的地步."[6] 因此, 作为一个理工科学生或科技工作者, 这是一门必修课.

1.3   控制与博弈的交叉及矩阵论方法的应用

控制和博弈是关系密切的两个分支, 它们都是在第二次世界大战之后, 受第二次世界大战中军事和经济的发展和激烈竞争而催生的新学科. 它们的共同点是人们力图通过自己的努力去改变客观对象, 使之达到对自己理想的状态. 它们的最大不同点是, 控制论所面对的对象通常是机器、生产流程等, 这些东西是死的, 没有智能的. 因此, 控制问题中常常要求设计最优控制, 使受控对象达到最优状态. 而博弈问题中所面对的是智能化的对象, 它们有能力对你的控制进行反控制, 因此, 最后得到的 "最优解" 是纳什均衡, 它从某种意义上说是相互妥协下大家都能接受的一种解.

控制和博弈虽然有许多类似之处, 但因为它们作为独立的学科分别沿着自己的轨迹发展, 产生了许多各自独特的解决问题的思路, 形成了具有自己特色的理论框架和有效的工具. 最近, 人们发现这两个学科分支之间由于处理的问题有许多共性, 从而存在许多值得互相借鉴的工具与方法. 于是, 一类集控制与博弈于一体的研究正在兴起, 一个新的交叉学科方向正在形成.

这个新方向表现为一个学科向另一个学科的 "侵入". 一种倾向是控制论方法在博弈中的应用. 例如:

(i) 状态空间方法: 状态空间方法是现代控制理论的基石之一, 在控制论中起着奠基性的作用. 但在传统的演化博弈中, 模拟、数字仿真以及统计方法起着主要作用. 状态空间的引入首次为演化博弈提供了准确的数学模型 [7-9].

(ii) 人机博弈中的最优控制方法 [10, 11].

(iii) 博弈中的自适应策略 (学习策略) [12, 13].

另一种倾向是控制中的博弈论方法. 例如:

(i) 多自主体系统同步的博弈论方法 [14, 15].

(ii) 图形上的移动自主体的分布优化收敛 [16, 17].

(iii) 基于势博弈的最优控制问题, 这方面的应用很多, 包括拥塞控制等 [14, 18]. 文献 [19] 给出一个利用势博弈进行控制设计的一般性框架.

控制与博弈的进一步交叉融合将为许多工程与科学, 以及社会经济、生命科学等问题的解决带来新的契机.

我们在前言中已经介绍过, 无论是对控制论还是对博弈论, 矩阵论方法都起着不可替代的重要作用. 因此, 它必然也会在其交叉融合的问题研究中起到重要作用. 最近, 程代展等提出的矩阵半张量积方法[20], 无论在逻辑系统控制或在博弈理论的研究中都起到了革命性的作用. 因此, 它必将成为探索控制与博弈的交叉学科方向研究的有力工具.

或许, 这篇绪论能告诉你这本书的宗旨与脉络.

1.4 习题与课程探索

1.4.1 习题

1. 举例说明你在生活、学习或研究中遇到的控制的例子. 指出它的状态、控制和输出 (观测量).

2. 举例说明你在生活、学习或研究中遇到的非合作博弈的例子. 指出它的玩家、策略与支付.

3. 举一个合作博弈的例子, 并说明什么是它的特征函数.

1.4.2 课程探索

1. 试讨论控制与博弈的区别与联系.

2. 举例说明矩阵论方法在控制或博弈中的应用.

第 2 章 矩阵乘法

除了通常《线性代数》书中介绍的普通矩阵乘法之外, 还有一些较常用到的其他矩阵乘法, 包括 Kronecker 积、Hadamard 积、Khatri-Rao 积等. 正是这些不同的矩阵乘积大大丰富了矩阵理论, 扩大了矩阵的应用范围. 本章综合介绍这些 (非普通) 矩阵乘积. 本章内容可参见文献 [21, 22].

2.1 Kronecker 积

矩阵的 Kronecker 积也称矩阵的张量积. 它定义于任意两个矩阵而不必在意这两个矩阵的维数. Kronecker 积是除普通矩阵乘积外使用最多的一种矩阵乘积, 本书几乎自始至终都会用到.

定义 2.1.1 设 $A = (a_{ij}) \in \mathcal{M}_{m \times n}$, $B = (b_{ij}) \in \mathcal{M}_{p \times q}$. A 与 B 的 Kronecker 积记作 $A \otimes B$, 定义为

$$A \otimes B = \begin{bmatrix} a_{11}B & a_{12}B & \cdots & a_{1n}B \\ a_{21}B & a_{22}B & \cdots & a_{2n}B \\ \vdots & \vdots & & \vdots \\ a_{m1}B & a_{m2}B & \cdots & a_{mn}B \end{bmatrix} \in \mathcal{M}_{mp \times nq}. \tag{2.1.1}$$

下面介绍这种矩阵乘积的一些基本性质.

命题 2.1.1 矩阵的 Kronecker 积满足结合律和分配律:

1. (结合律)

$$A \otimes (B \otimes C) = (A \otimes B) \otimes C. \tag{2.1.2}$$

2. (分配律)

$$(\alpha A + \beta B) \otimes C = \alpha(A \otimes C) + \beta(B \otimes C), \tag{2.1.3}$$

$$A \otimes (\alpha B + \beta C) = \alpha(A \otimes B) + \beta(A \otimes C), \quad \alpha, \beta \in \mathbb{R}. \tag{2.1.4}$$

命题 2.1.2 两个矩阵的 Kronecker 积的转置、逆、秩、行列式及迹满足以下性质:

1.

$$(A \otimes B)^{\mathrm{T}} = A^{\mathrm{T}} \otimes B^{\mathrm{T}}. \tag{2.1.5}$$

2. 设 A 和 B 为两个可逆矩阵, 那么 $A \otimes B$ 也可逆, 并且

$$(A \otimes B)^{-1} = A^{-1} \otimes B^{-1}. \tag{2.1.6}$$

3.

$$\mathrm{rank}(A \otimes B) = \mathrm{rank}(A)\, \mathrm{rank}(B). \tag{2.1.7}$$

4. 设 $A \in M_{m \times m}, B \in M_{n \times n}$, 则

$$\det(A \otimes B) = (\det(A))^n (\det(B))^m. \tag{2.1.8}$$

$$\mathrm{tr}(A \otimes B) = \mathrm{tr}(A)\, \mathrm{tr}(B). \tag{2.1.9}$$

当一个矩阵表达式中既有普通积又有 Kronecker 积时, 下面这个性质在推导和简化表达式时特别有用.

命题 2.1.3　设 $A \in M_{m \times n}, B \in M_{p \times q}, C \in M_{n \times r}$ 及 $D \in M_{q \times s}$, 则

$$(A \otimes B)(C \otimes D) = (AC) \otimes (BD). \tag{2.1.10}$$

作为特例, 我们有

$$A \otimes B = (A \otimes I_p)(I_n \otimes B). \tag{2.1.11}$$

设矩阵 $A = (a_{i,j}) \in M_{m \times n}$. 它的列排式记作 $V_c(A)$, 是指将它的每一列依次排成一个列向量, 即

$$V_c(A) = [a_{1,1}, a_{2,1}, \cdots, a_{m,1}, \cdots, a_{1,n}, a_{2,n}, \cdots, a_{m,n}]^{\mathrm{T}} \in \mathbb{R}^{mn}.$$

下面的命题是有关矩阵乘积的列排式的表达.

命题 2.1.4　矩阵乘积的列排式有如下展开性质:

1. 设 $X \in \mathbb{R}^n, Y \in \mathbb{R}^n$ 为两个列向量, 那么

$$V_c(XY^{\mathrm{T}}) = Y \otimes X. \tag{2.1.12}$$

2. 设 $A \in M_{m \times p}, B \in M_{p \times q}$, 及 $C \in M_{q \times n}$, 那么

$$V_c(ABC) = (C^{\mathrm{T}} \otimes A)V_c(B). \tag{2.1.13}$$

2.2　Hadamard 积

矩阵的 Hadamard 积也是一个比较有用的工具, 许多参考书或数学手册中都可以查到, 例如, 参考文献 [21, 22].

定义 2.2.1 设 $A = [a_{i,j}], B = [b_{i,j}] \in \mathcal{M}_{m \times n}$, 则 A 和 B 的 Hadamard 积记作 $A \circ B$, 定义为

$$A \circ B = [a_{i,j} b_{i,j}] \in \mathcal{M}_{m \times n}. \tag{2.2.1}$$

Hadamard 积的主要性质如下:

命题 2.2.1 矩阵的 Hadamard 积满足交换律、结合律和分配律.

1. (交换律) 对任意两个同维数矩阵 $A, B \in \mathcal{M}_{m \times n}$, 下式成立:

$$A \circ B = B \circ A. \tag{2.2.2}$$

2. (结合律) 设 $A, B, C \in \mathcal{M}_{m \times n}$, 则

$$(A \circ B) \circ C = A \circ (B \circ C). \tag{2.2.3}$$

3. (分配律) 设 $A, B, C \in \mathcal{M}_{m \times n}$, 则

$$(\alpha A + \beta B) \circ C = \alpha(A \circ C) + \beta(B \circ C), \quad \alpha, \beta \in \mathbb{R}. \tag{2.2.4}$$

命题 2.2.2 矩阵的 Hadamard 积满足以下性质:

1. 对任意两个同维数矩阵 $A, B \in \mathcal{M}_{m \times n}$, 下式成立:

$$(A \circ B)^{\mathrm{T}} = A^{\mathrm{T}} \circ B^{\mathrm{T}}. \tag{2.2.5}$$

2. 设 $A \in \mathcal{M}_n$ 及 $E = \mathbf{1}_n$, 那么

$$A \circ (EE^{\mathrm{T}}) = A = (EE^{\mathrm{T}}) \circ A. \tag{2.2.6}$$

3. 设 $X, Y \in \mathbb{R}^n$ 为两列向量, 那么

$$(XX^{\mathrm{T}}) \circ (YY^{\mathrm{T}}) = (X \circ Y)(X \circ Y)^{\mathrm{T}}. \tag{2.2.7}$$

定义

$$H_n = \mathrm{diag}(\delta_n^1, \delta_n^2, \cdots, \delta_n^n).$$

这里, $H_n = R_n^P$ 为降次矩阵. 那么, 我们有以下命题:

命题 2.2.3 设 $A, B \in \mathcal{M}_{m \times n}$, 那么

$$A \circ B = H_m^{\mathrm{T}} (A \otimes B) H_n. \tag{2.2.8}$$

命题 2.2.4 (Schur 定理) 设 $A, B \in \mathcal{M}_n$ 为对称矩阵, 那么

1. 若 $A \geqslant 0$ 且 $B \geqslant 0$, 则 $A \circ B \geqslant 0$;

2. 若 $A > 0$ 且 $B > 0$, 则 $A \circ B > 0$.

命题 2.2.5 (Oppenbeim 定理) 设 $A, B \in \mathcal{M}_n$ 为对称矩阵. 如果 $A \geqslant 0$ 且 $B \geqslant 0$, 那么

$$\det(A \circ B) \geqslant \det(A) \det(B). \tag{2.2.9}$$

2.3　Khatri-Rao 积

矩阵的 Khatri-Rao 积可参见文献 [22, 23]. 它将在本书后面章节多次用到.

定义 2.3.1　设 $A \in M_{m \times r}, B \in M_{n \times r}$. 那么, A 和 B 的 Khatri-Rao 积记作 $A * B$, 定义如下:

$$A * B = [\mathrm{Col}_1(A) \otimes \mathrm{Col}_1(B), \mathrm{Col}_2(A) \otimes \mathrm{Col}_2(B), \cdots, \mathrm{Col}_r(A) \otimes \mathrm{Col}_r(B)]. \tag{2.3.1}$$

其中, $\mathrm{Col}_i(A)$ 表示矩阵 A 的第 i 列.

Khatri-Rao 积的基本性质如下:

命题 2.3.1　矩阵的 Khatri-Rao 积满足结合律和分配律:

1. (结合律) 设 $A \in M_{m \times r}, B \in M_{n \times r}, C \in M_{p \times r}$, 那么

$$(A * B) * C = A * (B * C). \tag{2.3.2}$$

2. (分配律) 设 $A, B \in M_{m \times r}, C \in M_{n \times r}$, 那么

$$(aA + bB) * C = a(A * C) + b(B * C), \quad a, b \in \mathbb{R}. \tag{2.3.3}$$

$$C * (aA + bB) = a(C * A) + b(C * B), \quad a, b \in \mathbb{R}. \tag{2.3.4}$$

例 2.3.1　下面这些结论及记号后面会经常用到.

1. 一个矩阵 $A \in M_{m \times r}$ 称为一个逻辑矩阵, 如果其列向量 $\mathrm{Col}(A) \subset \Delta_m$. 换言之, A 的所有列都是 δ_m^i 这种形式. 所有 $m \times r$ 维逻辑矩阵的集合记作 $\mathcal{L}_{m \times r}$.

2. 设 $A \in \mathcal{L}_{m \times r}, B \in \mathcal{L}_{n \times r}$, 那么, 不难证明

$$A * B \in \mathcal{L}_{mn \times r}.$$

3. 一个向量 $a = (a_1, a_2, \cdots, a_m)^{\mathrm{T}}$ 称为概率向量, 如果 $a_i \geqslant 0, i = 1, 2, \cdots, m$, 且 $\sum_{i=1}^{m} a_i = 1$. 所有 m 维概率向量的集合记作 Υ_m. 一个矩阵 $A \in M_{m \times r}$ 称为一个概率矩阵, 如果其列向量 $\mathrm{Col}(A) \subset \Upsilon_m$. 所有 $m \times r$ 维概率矩阵的集合记作 $\Upsilon_{m \times r}$.

4. 设 $A \in \Upsilon_{m \times r}, B \in \Upsilon_{n \times r}$. 那么, 不难证明

$$A * B \in \Upsilon_{mn \times r}.$$

注　除了"线性代数"课程中学过的矩阵的普通乘法之外, 本节还介绍了矩阵的其他一些乘积, 包括 Kronecker 积、Hadamard 积和 Khatri-Rao 积. 这里作下小结:

1. 一个矩阵乘法可以看作一个映射. 记一般矩阵集合为

$$\mathcal{M} := \bigcup_{m \geqslant 1; \, n \geqslant 1} \mathcal{M}_{m \times n}.$$

那么, 一个矩阵乘积就可以看作从 $D \to E$ 的一个映射, 这里 $D \subset \mathcal{M} \times \mathcal{M}, E \subset \mathcal{M}$.

2. 每种矩阵乘法都有自己的定义域 D. 如

- 普通矩阵乘积:

$$D = \left\{ \mathcal{M}_{m \times n} \times \mathcal{M}_{n \times r} \,\middle|\, m \geqslant 1, \, n \geqslant 1, \, r \geqslant 1 \right\};$$

- Kronecker 积:

$$D = \mathcal{M} \times \mathcal{M};$$

- Hadamard 积:

$$D = \left\{ \mathcal{M}_{m \times n} \times \mathcal{M}_{m \times n} \,\middle|\, m \geqslant 1, \, n \geqslant 1 \right\};$$

- Khatri-Rao 积:

$$D = \left\{ \mathcal{M}_{m \times r} \times \mathcal{M}_{n \times r} \,\middle|\, m \geqslant 1, n \geqslant 1, r \geqslant 1 \right\}.$$

3. 每种矩阵乘法都满足 "结合律" 与 "分配律". 因此, "结合律" 与 "分配律" 被视为对任何矩阵乘法的基本要求.

2.4 习题与课程探索

2.4.1 习题

1. 设

$$A = \begin{bmatrix} 1 & -1 & 0 \\ 3 & 2 & -3 \\ 2 & 1 & -2 \end{bmatrix}; \quad B = \begin{bmatrix} 2 & -2 & 1 \\ -1 & 2 & 2 \\ 3 & -2 & 3 \end{bmatrix}.$$

- 计算 $A \otimes B$; $(A \otimes B)^{\mathrm{T}}$, $A^{\mathrm{T}} \otimes B^{\mathrm{T}}$;
- 检验 $(A \otimes B)^{\mathrm{T}} = A^{\mathrm{T}} \otimes B^{\mathrm{T}}$ 是否正确;
- 计算 $(A \otimes B)^{-1}$, $A^{-1} \otimes B^{-1}$;
- 检验 $(A \otimes B)^{-1} = A^{-1} \otimes B^{-1}$ 是否正确.

2. 设 A、B 定义同习题 1.

- 计算 $A \circ B, B \circ A$;
- 检验 $A \circ B = B \circ A$ 是否正确;
- 计算 $A * B, B * A$;
- 检验 $A * B = B * A$ 是否正确.

3. 设 $A_i, B_i \in \mathcal{M}_{m \times m}, i = 1, 2, \cdots, n$. 对 Kronecker 积证明

$$\prod_{i=1}^{n}(A_i \otimes B_i) = \left(\prod_{i=1}^{n} A_i\right) \otimes \left(\prod_{i=1}^{n} B_i\right).$$

(这里 $\prod$ 代表矩阵普通乘积的连乘.)

4. 设 $A_i, B_i \in \mathcal{M}_{m_i \times n_i}, i = 1, 2, \cdots, n$. 证明

$$\mathrm{diag}(A_1, A_2, \cdots, A_n) \circ \mathrm{diag}(B_1, B_2, \cdots, B_n) = \mathrm{diag}(A_1 \circ B_1, A_2 \circ B_2, \cdots, A_n \circ B_n).$$

5. 证明: 如果 x_i 是 A_i 关于 λ_i 的特征向量, $i = 1, 2, \cdots, n$, 那么, $\otimes_{i=1}^{n} x_i$ 是 $\otimes_{i=1}^{n} A_i$ 关于 $\prod_{i=1}^{n} \lambda_i$ 的特征向量. 这里 $\otimes_{i=1}^{n} A_i = A_1 \otimes A_2 \otimes \cdots \otimes A_n$.

6. 设 $A \in \mathcal{M}_{m \times n}, F \in \mathcal{M}_{n \times \ell}, B \in \mathcal{M}_{s \times t}, G \in \mathcal{M}_{t \times \ell}$. 证明

$$(A \otimes B)(F * G) = (AF) * (BG).$$

7. 设矩阵 $A = (a_{i,j}) \in \mathcal{M}_{m \times n}$. 它的行排式记作 $V_r(A)$, 是指将它的每一行转置后依次排成一个列向量, 即

$$V_r(A) = [a_{1,1}, a_{1,2}, \cdots, a_{1,n}, \cdots, a_{m,1}, a_{m,2}, \cdots, a_{m,n}]^{\mathrm{T}} \in \mathbb{R}^{mn}.$$

关于行排式, (i) 试写出与式(2.1.12) 相应的公式; (ii) 试写出与式(2.1.13) 相应的公式.

2.4.2 课程探索

1. 试定义一个矩阵乘积. 它
   - 可以只定义在 $\mathcal{M}_{m \times n} \times \mathcal{M}_{p \times q}$ 的一个子集上 (但要指明这个定义域);
   - 满足结合律和加乘分配律.

2. 试探讨你定义的矩阵乘积的性质和 (或) 应用.

第 3 章　随机矩阵

随机矩阵 (stochastic matrix) 也称概率转移矩阵, 它是刻画离散马尔科夫过程的基本工具. 无论在概率布尔网络的控制问题中还是在混合策略演化博弈的研究中, 随机矩阵都是不可或缺的工具. 本章将介绍随机矩阵的基本性质.

本章的主要内容可参考文献 [21, 24, 25].

3.1　随机过程和马氏链

一个随机变量 $x(t)$, $t = 0, 1, 2, \cdots$. 设它的取值范围是 $N = \{1, 2, \cdots, n\}$, 即 $x(t) \in N$, $\forall t$. 如果对每一个 t, $x(t+1)$ 依赖于 $x(0), x(1), x(2), \cdots, x(t)$, 则称 $\{x(t)\}$ 为一个随机过程. 如果它在 $t+1$ 时刻的值 $x(t+1)$ 只依赖于它在 t 时刻的值 $x(t)$, 则称它为 (离散时间) 马尔科夫过程, 也称马氏链 (Markov chain). 一个马尔科夫过程, 如果用条件概率表示, 就是

$$P(x(t+1) = i \mid x(t), x(t-1), \cdots, x(0)) = P(x(t+1) = i \mid x(t)), \quad i \in N. \tag{3.1.1}$$

以随机游动为例子.

例 3.1.1　设一个质点在数轴上 [1, 5] 之间游动. $N = \{1, 2, 3, 4, 5\}$. 它每次移动一格. 当它处于 $\{2, 3, 4\}$ 时, 它以概率 p 向左移动, 以概率 $1 - p$ 向右移动. 当它在 1 (5) 时, 它以概率 1 向右 (向左) 移动. 那么显然, 它在 $t+1$ 时刻的位置只与它在 t 时刻的位置有关, 而与 t 之前的运动轨迹无关, 因此, 它是一个马氏链.

一个马氏链, 假定转移规则与发生转移的时刻无关, 则称它为齐次的 (homogeneous). 假如在上例中, 无论它是第 3 步、第 5 步或第 100 步时到达位置 i, 它从 i 位置出发的下一步移动规则都是一样的, 所以它是齐次的. 对于齐次马氏链, 我们用 $p_{i,j}$ 表示该随机变量从 i 一步走到 j 的概率, $p_{i,j}^{(k)}$ 表示该随机变量从 i 经 k 步走到 j 的概率. 那么, 我们可以构造一个矩阵 P, 它以 $p_{i,j}$ 为矩阵元素, 称为概率转移矩阵, 也称随机矩阵.

例 3.1.2　考虑例 3.1.1, 写出它的概率转移矩阵. 根据移动规则, 不难写出

$$P = \begin{bmatrix} 0 & 1 & 0 & 0 & 0 \\ p & 0 & 1-p & 0 & 0 \\ 0 & p & 0 & 1-p & 0 \\ 0 & 0 & p & 0 & 1-p \\ 0 & 0 & 0 & 1 & 0 \end{bmatrix} \tag{3.1.2}$$

不难看出, 一个概率转移矩阵 (随机矩阵) 具有如下性质: (i) 元素非负; (ii) 行和为 1. 为了更一般的应用, 我们给出以下定义.

定义 3.1.1   一个 $n \times n$ 矩阵 $P = (p_{i,j})$ 称为一个随机矩阵, 如果

(i)
$$P \geqslant \vec{0};$$

(ii)
$$\sum_{j=1}^{n} p_{i,j} = 1, \quad i = 1, 2, \cdots, n.$$

注意, 给定一个实矩阵 $A = (a_{i,j}) \in \mathcal{M}_{m \times n}$, 我们说 $A \geqslant \vec{0}$ $(A > \vec{0})$ 是指 $a_{i,j} \geqslant 0$ $(a_{i,j} > 0)$, $i = 1, 2, \cdots, m, j = 1, 2, \cdots, n$.

注   (列随机矩阵与双随机矩阵)

1. 定义 3.1.1 中给出的随机矩阵也称行随机矩阵. 如果一个非负方阵其列和为 1, 则称其为列随机矩阵. 显然, 行随机矩阵的转置是列随机矩阵, 反之亦然.

2. 如果一个矩阵既是行随机矩阵也是列随机矩阵, 则称其为双随机矩阵 (doubly stochastic matrix).

同样, 我们可以构造 k 步概率转移矩阵, 记为 $P^{(k)}$, 它以 $p_{i,j}^{(k)}$ 为元素. 不难验证, 对于齐次马氏链来说, 概率转移矩阵与 k 步概率转移矩阵之间有如下关系:

命题 3.1.1
$$P^{(k)} = P^k. \tag{3.1.3}$$

3.2 状态及其分类

考虑一个马氏链 $x(t), t = 0, 1, 2, \cdots$. 设它的取值范围是 $N = \{1, 2, \cdots, n\}$, 即 $x(t) \in N$, $\forall t$, 那么 $i \in N$ 称为它的一个 (纯) 状态. 一个 (纯) 状态 i 也可表示成向量形式, 即 $i \sim (\delta_n^i)^{\mathrm{T}}$. 这里 δ_n^i 是单位阵 I_n 的第 i 列. 如果要表示一个未来状态, 只能用一个概率分布来表示. 例如, $x(t) = (p_1, p_2, \cdots, p_n)$, 它表示 t 时刻质点在状态 $i = 1, 2, \cdots, n$ 的概率分布情况: 即它在状态 i 的概率为 p_i. 因此, $(p_1, p_2, \cdots, p_n)$ (满足 $p_i \geqslant 0, \forall i$, 且 $\sum_{i=1}^{n} p_i = 1$) 也可以看作一种状态, 称为混合状态. 对一个具有概率转移矩阵 P 的马氏链, 我们有

命题 3.2.1   设一个马氏链具有概率转移矩阵 P, 那么
$$x(t) = x(0)P^t, \quad t = 0, 1, 2, \cdots. \tag{3.2.1}$$

本节以下的讨论只针对纯状态.

定义 3.2.1   设 $i, j \in N$.

(i) 称状态 i 可达 (communicate with) 状态 j, 记作 $i \rightarrow j$, 如果存在 $k \geqslant 1$, 使得 $p_{i,j}^{(k)} > 0$.

(ii) 称状态 i 与状态 j 相通 (intercommunicate with), 记作 $i \leftrightarrow j$, 如果 $i \rightarrow j$ 且 $j \rightarrow i$.

(iii) N 称为全连通的, 如果 $i \leftrightarrow j, \forall i, j \in N$.

命题 3.2.2 设 $i \rightarrow j, j \rightarrow k$, 则 $i \rightarrow k$.

证明 由定义可知, 存在 $\alpha, \beta \geqslant 1$ 使得 $p_{i,j}^{(\alpha)} > 0, p_{j,k}^{(\beta)} > 0$. 由马尔科夫性可知

$$p_{i,k}^{\alpha+\beta} = \sum_{s=1}^{n} p_{i,s}^{\alpha} p_{s,k}^{\beta} \geqslant p_{i,j}^{\alpha} p_{j,k}^{\beta} > 0.$$

于是有 $i \rightarrow k$. □

注意, 本书中统一用居右对齐的符号 " □ " 来表示一个证明过程的结束, 用以区分上下文的关系. 以下不再说明.

定义 3.2.2 设 $i, j \in N$.

(i) 记 $r_{i,j}$ 为从 i 到 j 的首 (次到) 达时间, 即

$$r_{i,j} = \begin{cases} \min\{k \mid x(0) = i, x(k) = j\} \\ \infty, \quad \{k \mid x(0) = i, x(k) = j\} = \varnothing. \end{cases} \tag{3.2.2}$$

(ii) 记首达时间等于 k 的条件概率为

$$f_{i,j}^{(k)} := P\{r_{i,j} = k \mid x(0) = i\}. \tag{3.2.3}$$

(iii) 系统从 i 出发, 经有穷步到达 j 的条件概率为

$$f_{i,j} := \sum_{k=1}^{\infty} f_{i,j}^{(k)} = Pr_{i,j} < \infty. \tag{3.2.4}$$

下面的命题指出了首达概率与转移概率的关系:

命题 3.2.3 [24] 设 $i, j \in N$, 则

$$p_{i,j}^{(k)} = \sum_{\ell=1}^{k} f_{i,j}^{(\ell)} p_{j,j}^{(k-\ell)}. \tag{3.2.5}$$

下面的命题指出了有穷步到达与可达的关系:

命题 3.2.4 [24] 设 $i, j \in N$, 则 $i \rightarrow j$ 当且仅当 $f_{i,j} > 0$.

下面的命题是状态分类的基础:

命题 3.2.5 [24]   令 $i \in N$. 如果 $f_{i,i} = 1$, 则系统从 i 出发, 以概率 1 无数次返回 i; 如果 $f_{i,i} < 1$, 则系统从 i 出发, 以概率 1 只有有限数次返回 i.

定义 3.2.3   令 $i \in N$. 如果 $f_{i,i} = 1$, 则称状态 i 是常返的 (recurrent); 如果 $f_{i,i} < 1$, 则称状态 i 是过渡的 (transient).

常返也可由转移概率来判定:

命题 3.2.6 [24]   令 $i \in N$. 状态 i 常返的充要条件是

$$\sum_{k=1}^{\infty} p_{i,i}^{(k)} = \infty.$$

设 i 是常返的, 那么 i 的平均返回时间 (期望值) 为

$$\mu_i = \sum_{k=1}^{\infty} k \cdot f_{i,i}^{(k)}. \tag{3.2.6}$$

定义 3.2.4   (马氏链状态的周期性、遍历性)

1. 设 $i \in N$ 是常返的. 如果 $\mu_i < \infty$, 则称 i 为正常返的 (positive recurrent); 如果 $\mu_i = \infty$, 则称 i 为零常返的 (null recurrent).

2. 令 $i \in N$. 设 $\{k \mid p_{i,i}^{(k)} > 0\}$ 的最大公约数为 s. 如果 $s \geqslant 2$, 则称 i 为周期的或 s-周期的 (periodic); 如果 $s = 1$, 则称 i 为非周期的 (non-periodic).

3. 令 $i \in N$. 如果 i 是正常返、非周期的, 则称 i 是遍历的 (ergodic).

以下命题揭示转移概率与状态性质的关系.

命题 3.2.7 [25]   1. 设 $i \in N$ 是常返的, 则 i 为零常返的充要条件是

$$\lim_{n \to \infty} p_{i,i}^{(n)} = 0. \tag{3.2.7}$$

2. 设 $i \in N$ 是正常返的, 则

$$\limsup_{n \to \infty} p_{i,i}^{(n)} > 0. \tag{3.2.8}$$

特别是

- 如果 i 是遍历的, 则

$$\lim_{n \to \infty} p_{i,i}^{(n)} = \frac{1}{\mu_i}. \tag{3.2.9}$$

- 如果 i 是 s-周期的, 则

$$\lim_{n \to \infty} p_{i,i}^{(sn)} = \frac{s}{\mu_i}. \tag{3.2.10}$$

以下命题说明, 如果两状态相通, 则它们属于同种类型.

命题 3.2.8 [25] 设 $i \leftrightarrow j$, 则

1. 它们同为非常返或同为常返;

2. 如果它们同为常返, 则它们同为零常返或同为正常返;

3. 它们同为非周期的或同为周期的;

4. 如果它们同为周期的, 则它们的周期也相同.

例 3.2.1 一个马氏链, $N = \{1, 2, 3\}$. 其状态转移矩阵为

$$P = \begin{bmatrix} \frac{1}{2} & \frac{1}{4} & \frac{1}{4} \\ 0 & 0 & 1 \\ 1 & 0 & 0 \end{bmatrix}$$

1. 状态 1 是否常返? 正常返? 周期或遍历?

2. 状态 2 及状态 3 是否常返? 正常返? 周期或遍历?

我们计算如下:

$$
\begin{aligned}
f_{1,1}^{(1)} &= \tfrac{1}{2}. \\
f_{1,1}^{(2)} &= P(x(2) = 1, x(1) \neq 1 | x(0) = 1) \\
&= P(x(2) = 1, x(1) = 2 | x(0) = 1) + P(x(2) = 1, x(1) = 3 | x(0) = 1) \\
&= p_{1,2} \cdot p_{2,1} + p_{1,3} \cdot p_{3,1} \\
&= \tfrac{1}{4}. \\
f_{1,1}^{(3)} &= P(x(3) = 1, x(1) \neq 1, x(2) \neq 1 | x(0) = 1) \\
&= P(x(3) = 1, x(1) = 2, x(2) = 2 | x(0) = 1) + \\
&\quad P(x(3) = 1, x(1) = 2, x(2) = 3 | x(0) = 1) + \\
&\quad P(x(3) = 1, x(1) = 3, x(2) = 2 | x(0) = 1) + \\
&\quad P(x(3) = 1, x(1) = 3, x(2) = 3 | x(0) = 1) \\
&= 0 + \tfrac{1}{4} + 0 + 0 = \tfrac{1}{4}.
\end{aligned}
$$

于是有

$$f_{1,1} = \frac{1}{2} + \frac{1}{4} + \frac{1}{4} = 1.$$

因此 1 是常返的.

$$\mu_1 = 1 \cdot \frac{1}{2} + 2 \cdot \frac{1}{4} + 3 \cdot \frac{1}{4} = \frac{7}{4} < \infty.$$

由命题 3.2.7 可知, 1 是正常返的. 因 $f_{1,1}^{(1)} = \frac{1}{2} > 0$, 可知, 1 是非周期的, 因此是遍历的.

进而, 由概率转移矩阵可知, $1 \to 2 \to 3 \to 1$. 由命题 3.2.2 可知, $1 \leftrightarrow 2 \leftrightarrow 3$. 由命题 3.2.8 可知, 2 和 3 也是遍历的.

3.3 随机矩阵的收敛性

定义 3.3.1 *(马氏链的可约性)*

1. 设 $x(t)$ 为 N 上的一个马氏链, $C \subset N$.

● C 称为一个连通集, 如果对任意 $i, j \in C$, 均有 $i \leftrightarrow j$.

● C 称为一个闭集, 如果对任意 $i \in C, \ell \in C^c$, 均有 $p_{i,\ell} = 0$. 这里 C^c 代表 C 的余集, 即 $C^c = \{x \in N \mid x \notin C\}$.

2. 一个马氏链, 如果除空集($\varnothing$)与全空间 (N) 外没有其他闭集, 则称其为不可约的.

3. 一个闭集称为不可约集, 如果它不包括一个非空真闭子集.

4. 一个随机矩阵称为不可约的, 如果它所定义的马氏链不可约.

注意, 空集可以看作闭集, 全空间也是闭集. 其他闭集 C ($C \neq \varnothing$, $C \neq N$) 称非平凡闭集.

经过状态重新排序, 可设 $C = \{1, 2, \cdots, s\}$ 及 $C^c = \{s + 1, s + 2, \cdots, n\}$. 那么, C 是闭集就表示, 状态的概率转移矩阵可表示为下三角形式:

$$P = \begin{bmatrix} P_C & 0 \\ * & * \end{bmatrix}, \tag{3.3.1}$$

这里 $P_C \in M_{s \times s}$; C 是连通的, 如果存在 $k > 0$, 使得

$$P_C^k > \vec{0}.$$

设一个马氏链的状态空间为 $N = \{1, 2, \cdots, n\}$, 则它有一个剖分

$$N = C^c \cup C_1 \cup C_2 \cup \cdots \cup C_s.$$

这里 C^c 是过渡状态. $C = C_1 \cup C_2 \cup \cdots \cup C_s$ 为 (正) 常返状态, 其中 $C_i, i = 1, 2, \cdots, s$ 为不可约闭集[24].

定义 3.3.2 一个矩阵 P 称为本原的 (primitive), 如果它是非负的而且存在一个整数 $k > 0$ 使 P^k 所有元素为正的.

本原矩阵也称为素矩阵. 可以证明如下定理:

定理 3.3.1 本原矩阵等价于不可约非周期非负矩阵.

随机矩阵是特殊的非负矩阵, 其本原性有如下的等价定义:

定义 3.3.3　一个随机矩阵 P 称为本原的 (primitive), 如果它是不可约的, 并且仅有一个特征值 $\lambda \in \sigma(P)$ 满足 $|\lambda| = 1$.

下面的命题用于检验随机矩阵的本原性是很方便的.

命题 3.3.1 [21]　随机矩阵 P 是本原的, 当且仅当存在 $k > 0$, 使 P^k 所有元素为正.

随机矩阵的收敛性是很重要的. 考查式(3.2.1). 按动力系统表达的习惯, 用列向量表示状态, 设 $H = P^{\mathrm{T}}$ 为列随机矩阵, 则式(3.2.1) 可写成

$$x(k) = H^k x_0. \tag{3.3.2}$$

如果

$$\lim_{k \to \infty} H^k := H_\infty \tag{3.3.3}$$

存在, 则对每个 x_0 可知它相应的稳态分布

$$x(\infty) = H_\infty x_0, \tag{3.3.4}$$

其中 $x_0 = x(0)$.

下面的定理十分有用.

定理 3.3.2 [21]　设一个随机矩阵 P 为本原的. 那么

$$\lim_{k \to \infty} P^k := L > 0, \tag{3.3.5}$$

这里 $L = xy^{\mathrm{T}}$, x, y 满足: $Px = x, x > 0, P^{\mathrm{T}}y = y, y > 0$, 且 $x^{\mathrm{T}}y = 1$.

例 3.3.1　一个随机矩阵 P 为

$$P = \begin{bmatrix} 0.2 & 0.4 & 0.4 \\ 0.5 & 0 & 0.5 \\ 0 & 0.6 & 0.4 \end{bmatrix}.$$

P 不可约, 因为 $1 \leftrightarrow 2$ 且 $2 \leftrightarrow 3$. 它没有非平凡闭集. 利用 MATLAB 计算可知, 其特征值为 $\sigma(P) = \{1,\ 0.4449,\ 0.0449\}$, 故模为 1 的特征值唯一. 根据定义, 它是本原的. 根据定理 3.3.2, $P^k\ (k \to \infty)$ 收敛. 利用 MATLAB 可算出 $n = 44$ 时它收敛, 于是近似有

$$P^{44} \approx P^{45} = \begin{bmatrix} 0.2174 & 0.3478 & 0.4348 \\ 0.2174 & 0.3478 & 0.4348 \\ 0.2174 & 0.3478 & 0.4348 \end{bmatrix}. \tag{3.3.6}$$

实际上, 满足 $Px = x, x > 0$ 的解可取 $x = \mathbf{1}_3$. 即 $x = (1, 1, 1)^{\mathrm{T}}$. 那么, 容易得到, 满足 $P^{\mathrm{T}}y = y, y > 0$, 且 $x^{\mathrm{T}}y = 1$ 的 y 为

$$y = \begin{bmatrix} 0.2174 & 0.3478 & 0.4348 \end{bmatrix}^{\mathrm{T}}.$$

于是可知, P^k $(k \to \infty)$ 收敛于 $L = xy^T$, 它就是式(3.3.6) 中的那个矩阵.

注意, 在上例中, 极限矩阵 L 各行都一样. 上述例子中最后的分析告诉我们, 如果 P 是本原的, 它的极限矩阵一定有这个性质. 这个性质非常重要. 设 P 是本原的, 记 $H = P^T$, 由式 (3.3.4) 有

$$x(\infty) = H_\infty x_0 = L^T x_0.$$

由于 L^T 每一列都一样, 这表明, 无论初始状态 x_0 是怎样的, 马氏链最后都会趋于一个相同的稳态分布.

3.4 习题与课程探索

3.4.1 习题

1. 设 $A, B \in \mathcal{M}_{n \times n}$ 为两个随机矩阵. 证明: AB 也是一个随机矩阵.

2. 向量 $x \in \mathbb{R}^n$ 称为一列随机向量, 如果 $x_i \geqslant 0$ 且 $\sum_{i=1}^{n} x_i = 1$. 设 $A \in \mathcal{M}_{n \times n}$ 为一个列随机矩阵, $x \in \mathbb{R}^n$ 为一列随机向量, 证明 Ax 也是一个列随机向量.

3. 设一个质点在数轴上 $[1, 5]$ 之间游动, $N = \{1, 2, 3, 4, 5\}$. 即它每次移动一格, 当它处于 $\{2, 3, 4\}$ 时, 它以概率 p 向左移动, 以概率 s 停在原处, 以概率 q 向右移动. 当它在 1 (5) 时, 它以概率 s 停在原处, 以概率 $1 - s$ 向右 (向左) 移动. (这里 $p > 0$, $q > 0$, $s > 0$, 且 $p + q + s = 1$.) 写出它的状态转移矩阵.

4. 设 $i \leftrightarrow j$ 且 $j \leftrightarrow k$, 则 $i \leftrightarrow k$. 试证之.

5. 讨论前面习题中各个状态的分类. (提示: 是否常返? 正常返? 周期或遍历?)

6. 设 $x(t)$ 为 N 上的一个马氏链, $C \subset N$. 其状态的概率转移矩阵可表示为式 (4.3.1) 的形式. 证明: 子集 C 构成一个马氏链. (它称为原马氏链的子马氏链.)

7. 证明: 随机矩阵 P 满足 $\rho(P) = 1$. (注: 这里 $\rho(A)$ 指矩阵 A 的谱半径, 即特征值的模中的最大者.)

8. 给定一个随机矩阵 P, 如果 $P > \vec{0}$, 则 $k \to \infty$ 时 P^k 收敛于一个随机矩阵 L, 且 L 有相同的行[26]. 试证之.

3.4.2 课程探索

1. 设一个离散时间系统 $x(t) \in \mathbb{R}^n$ 满足

$$x(t + 1) = Lx(t), \tag{3.4.1}$$

这里 L 是一个列随机矩阵. 对系统 (3.4.1) 你能给出哪些结论?

2. 设矩阵 $P \in \mathcal{M}_{n \times n}$ 且其每个元素为0或1. 请问: P^k 的每个元素的取值有没有什么直观意义?

第 4 章 矩阵的半张量积

矩阵半张量积是一种新的矩阵乘法, 是本书使用的一个基本工具. 近年来, 矩阵半张量积得到国内外学者的许多重视, 从而使其在逻辑动态系统及动态博弈中得到越来越广泛的应用. 本章介绍矩阵半张量积的定义和一般性质, 相关命题的证明以及更多的内容可参考文献 [20, 27].

4.1 左半张量积

定义 4.1.1 给定两个矩阵 $A \in M_{m \times n}, B \in M_{p \times q}$. A 与 B 的 (左) 半张量积记成 $A \ltimes B$, 定义为

$$A \ltimes B := (A \otimes I_{t/n})(B \otimes I_{t/p}), \tag{4.1.1}$$

这里 $t = \mathrm{lcm}(n, p)$ 是 $\{n, p\}$ 的最小公倍数.

注 可以类似地定义矩阵的右半张量积[28]. 但它的性质不如左半张量积好, 因此, 通常只用左半张量积, 而将其简称为半张量积.

考查两个矩阵 $A \in M_{m \times n}, B \in M_{p \times q}$. 它们的维数关系可分为以下几类:

(i) 如果 $n = p$, 则称 A 和 B 满足等维数关系.

(ii) 如果 $n = tp$ 或 $nt = p$ (这里 $t \in \mathbb{Z}_+$), 则称 A 和 B 具有倍维数关系. 这时如果 $n = tp$, 我们记它为 $A >_t B$; 如果 $nt = p$, 则记 $A <_t B$.

(iii) 在其他情况下, 我们称 A 和 B 具有任意维数关系.

实际上, 目前看到真正有用的情况是两矩阵满足倍维数关系. 对于倍维数的情况, 我们可以给出以下定义, 它具有明确的物理意义.

定义 4.1.2 (矩阵半张量积)

1. 设 $X \in \mathbb{R}^{tp}$ 为一行向量, $Y \in \mathbb{R}^p$ 为一列向量, 即 $X >_t Y$. 将 X 等分成 p 份: $X = (X^1, X^2, \cdots, X^p)$, 这里, $X^i \in \mathbb{R}^t, i = 1, 2, \cdots, p$. 定义

$$X \ltimes Y := \sum_{i=1}^{p} X^i y_i \in \mathbb{R}^t. \tag{4.1.2}$$

2. 设 $X \in \mathbb{R}^n$ 为一行向量, $Y \in \mathbb{R}^{nt}$ 为一列向量, 即 $X <_t Y$. 将 Y 等分成 n 份: $Y^i \in \mathbb{R}^t$, $i = 1, 2, \cdots, n$. 定义

$$X \ltimes Y := \sum_{i=1}^{n} x_i Y^i \in \mathbb{R}^t. \tag{4.1.3}$$

3. 设 $A \in M_{m \times n}$ 及 $B \in M_{p \times q}$, 并且 $A >_t B$ (或 $A <_t B$), 那么, 用式(4.1.2) (或式 (4.1.3)) 可定义 A 与 B 的半张量积如下:

$$A \ltimes B = \begin{bmatrix} \mathrm{Row}_1(A) \ltimes \mathrm{Col}_1(B) & \mathrm{Row}_1(A) \ltimes \mathrm{Col}_2(B) & \cdots & \mathrm{Row}_1(A) \ltimes \mathrm{Col}_q(B) \\ \mathrm{Row}_2(A) \ltimes \mathrm{Col}_1(B) & \mathrm{Row}_2(A) \ltimes \mathrm{Col}_2(B) & \cdots & \mathrm{Row}_2(A) \ltimes \mathrm{Col}_q(B) \\ \vdots & \vdots & & \vdots \\ \mathrm{Row}_m(A) \ltimes \mathrm{Col}_1(B) & \mathrm{Row}_m(A) \ltimes \mathrm{Col}_2(B) & \cdots & \mathrm{Row}_m(A) \ltimes \mathrm{Col}_q(B) \end{bmatrix}. \tag{4.1.4}$$

例 4.1.1 设

$$X = \begin{bmatrix} 2 & -2 & -1 & 1 \\ 1 & 0 & 3 & -3 \\ -2 & -3 & 2 & 1 \end{bmatrix}, \quad Y = \begin{bmatrix} -2 & 1 \\ -3 & 2 \end{bmatrix},$$

则

$$\begin{aligned} X \ltimes Y &= \begin{bmatrix} -2 \cdot (2, -2) - 3 \cdot (-1, 1) & (2, -2) + 2 \cdot (-1, 1) \\ -2 \cdot (1, 0) - 3 \cdot (3, -3) & (1, 0) + 2 \cdot (3, -3) \\ 2 \cdot (2, 3) - 3 \cdot (2, 1) & (-2, -3) + 2 \cdot (2, 1) \end{bmatrix} \\ &= \begin{bmatrix} -1 & 1 & 0 & 0 \\ -11 & 9 & 7 & -6 \\ -2 & 3 & 2 & -1 \end{bmatrix}. \end{aligned}$$

注 设 $A \in M_{m \times n}, B \in M_{p \times q}$. 当 $n = p$ 时显见

$$A \ltimes B = AB.$$

即当普通矩阵乘法的要求满足时, 矩阵半张量积与普通乘法是一致的. 因此, 半张量积是普通矩阵乘法的一个推广.

4.2 基本性质

本节讨论矩阵半张量积的基本性质.

命题 4.2.1 矩阵半张量积满足

1. (结合律)

$$(F \ltimes G) \ltimes H = F \ltimes (G \ltimes H). \tag{4.2.1}$$

2. (分配律)

$$\begin{cases} F \ltimes (aG \pm bH) = aF \ltimes G \pm bF \ltimes H, \\ (aF \pm bG) \ltimes H = aF \ltimes H \pm bG \ltimes H, \quad a, b \in \mathbb{R}. \end{cases} \tag{4.2.2}$$

命题 4.2.2 (向量的半张量积)

1. 设 $X \in \mathbb{R}^m, Y \in \mathbb{R}^n$ 为两个列向量, 则

$$X \ltimes Y = X \otimes Y. \tag{4.2.3}$$

2. 设 $\omega \in \mathbb{R}^m, \sigma \in \mathbb{R}^n$ 为两个行向量, 则

$$\omega \ltimes \sigma = \sigma \otimes \omega. \tag{4.2.4}$$

下面的命题说明半张量积满足分块相乘的规则:

命题 4.2.3 设 $A >_t B$ (或 $A <_t B$). 将 A 和 B 分块如下:

$$A = \begin{bmatrix} A^{11} & \cdots & A^{1s} \\ \vdots & & \vdots \\ A^{r1} & \cdots & A^{rs} \end{bmatrix}, \quad B = \begin{bmatrix} B^{11} & \cdots & B^{1t} \\ \vdots & & \vdots \\ B^{s1} & \cdots & B^{st} \end{bmatrix}.$$

如果相关块满足 $A^{ik} >_t B^{kj}, \ \forall i,j,k$ (相应地, $A^{ik} <_t B^{kj}, \ \forall i,j,k$), 那么

$$A \ltimes B = \begin{bmatrix} C^{11} & \cdots & C^{1t} \\ \vdots & & \vdots \\ C^{r1} & \cdots & C^{rt} \end{bmatrix}, \tag{4.2.5}$$

这里

$$C^{ij} = \sum_{k=1}^{s} A^{ik} \ltimes B^{kj}.$$

关于半张量积的转置, 有如下性质:

命题 4.2.4

$$(A \ltimes B)^{\mathrm{T}} = B^{\mathrm{T}} \ltimes A^{\mathrm{T}}. \tag{4.2.6}$$

关于半张量积的逆, 有如下性质:

命题 4.2.5 设 A, B 为两个可逆方阵, 则

$$(A \ltimes B)^{-1} = B^{-1} \ltimes A^{-1}. \tag{4.2.7}$$

注 实际上, 矩阵普通乘积的几乎所有性质都被矩阵半张量积保留下来了. 唯一的例外可能是行列式值 (见习题 3), 但它与矩阵运算无关. 因此, 在做矩阵运算时无须区分矩阵普通乘积与矩阵半张量积, 只要将矩阵普通乘积当作矩阵半张量积的特例即可. 因此, 今后如无特殊目的, 我们均将矩阵半张量积的符号 $\ltimes$ 略去. 即

$$AB := A \ltimes B.$$

4.3 伪交换性与换位矩阵

与数乘相比, 普通矩阵乘法有两大弱点: (i) 只有两矩阵满足等维数条件才能乘; (ii) 不满足可交换性, 即 $AB \neq BA$. 由前面的讨论可知, 矩阵半张量积彻底克服了第一个弱点. 本节将证明, 矩阵半张量积在一定程度上也可以克服第二个弱点, 即它具有一定程度的交换性, 我们将之称为伪交换性.

命题 4.3.1 (半张量积的伪交换性)

1. 设 $X \in \mathbb{R}^t$ 为一列向量, A 为任一矩阵, 则

$$XA = (I_t \otimes A)X. \tag{4.3.1}$$

2. 设 $\omega \in \mathbb{R}^t$ 为一行向量, A 为任一矩阵, 则

$$A\omega = \omega(I_t \otimes A). \tag{4.3.2}$$

这个交换性质很有用, 下面我们用一个例子说明.

例 4.3.1 定义一个 n 元列向量 $x = (x_1, x_2, \cdots, x_n)^{\mathrm{T}}$, 那么, 一个 k 次齐次函数 $h_k(x_1, x_2, \cdots, x_n)$ 可表示成

$$h_k(x) = Hx^k,$$

这里 $H \in \mathbb{R}^{n^k}$ 为一行向量. 例如 $h(x) = x_1^2 - 4x_1x_2 - x_2^2$ 可表示为

$$h(x) = [1, -2, -2, -1]x^2.$$

因此, 一个 k 次多项式 $p_k(x)$ 可表示为

$$p_k(x) = c_k x^k + c_{k-1}x^{k-1} + \cdots + c_1 x + c_0.$$

它与一元多项式的表达式相同.

另设一个 ℓ 次多项式 $q_\ell(x)$ 为

$$q_\ell(x) = d_\ell x^\ell + d_{\ell-1}x^{\ell-1} + \cdots + d_1 x + d_0.$$

那么

$$
\begin{aligned}
p_k(x)q_\ell(x) &= \left(c_k x^k + c_{k-1}x^{k-1} + \cdots + c_1 x + c_0 \right) \times \\
&\quad \left(d_\ell x^\ell + d_{\ell-1}x^{\ell-1} + \cdots + d_1 x + d_0 \right) \\
&= c_k x^k d_\ell x^\ell + c_k x^k d_{\ell-1}x^{\ell-1} + c_{k-1}x^{k-1}d_\ell x^\ell + \cdots + \\
&\quad (c_1 d_0 + d_1 c_0)x + c_0 d_0 \\
&= c_k \left[I_{n^k} \otimes d_\ell \right] x^{k+\ell} + \{ c_k \left[I_{n^k} \otimes d_{\ell-1} \right] + \\
&\quad c_{k-1} \left[I_{n^{k-1}} \otimes d_\ell \right] \} x^{k+\ell-1} + \cdots + \\
&\quad (c_1 d_0 + d_1 c_0)x + c_0 d_0
\end{aligned}
$$

为了进一步实现交换运算, 我们引入换位矩阵 (swap matrix).

定义 4.3.1　一个 $mn \times mn$ 维矩阵称为换位矩阵, 如果它由如下方式构造:

(i) 它的列用双指标依次标注为

$$(I, J) = 11, 12, \cdots, 1n \,;\, 21, 22, \cdots, 2n \,;\, \cdots \,;\, m1, m2, \cdots, mn;$$

(ii) 它的行用双指标依次标注为

$$(i, j) = 11, 21, \cdots, m1 \,;\, 12, 22, \cdots, m2 \,;\, \cdots \,;\, 1n, 2n, \cdots, mn.$$

(iii) 定义 (i, j) 行 (I, J) 列的元素为

$$w_{(i,j),(I,J)} = \begin{cases} 1, & I = i \text{ 且 } J = j \\ 0, & \text{其他}. \end{cases}$$

则由 $\left\{ w_{(i,j),(I,J)} \right\}$ 为元素构成的矩阵称为 mn 维换位矩阵, 记为 $W_{[m,n]}$. 当 $m = n$ 时, $W_{[m,n]}$ 也简单记为 $W_{[m]}$.

我们用两个例子来说明.

例 4.3.2　1. 构造 $W_{[2,3]}$:

$$W_{[2,3]} = \begin{array}{c} \\ \begin{bmatrix} 1 & 0 & 0 & 0 & 0 & 0 \\ 0 & 0 & 0 & 1 & 0 & 0 \\ 0 & 1 & 0 & 0 & 0 & 0 \\ 0 & 0 & 0 & 0 & 1 & 0 \\ 0 & 0 & 1 & 0 & 0 & 0 \\ 0 & 0 & 0 & 0 & 0 & 1 \end{bmatrix} \end{array} \begin{array}{l} (11) \\ (21) \\ (12) \\ (22) \\ (13) \\ (23) \end{array} \cdot$$

列指标: (11) (12) (13) (21) (22) (23)

2. 构造 $W_{[3,2]}$:

$$W_{[3,2]} = \begin{array}{c} \\ \begin{bmatrix} 1 & 0 & 0 & 0 & 0 & 0 \\ 0 & 0 & 1 & 0 & 0 & 0 \\ 0 & 0 & 0 & 0 & 1 & 0 \\ 0 & 1 & 0 & 0 & 0 & 0 \\ 0 & 0 & 0 & 1 & 0 & 0 \\ 0 & 0 & 0 & 0 & 0 & 1 \end{bmatrix} \end{array} \begin{array}{l} (11) \\ (21) \\ (31) \\ (12) \\ (22) \\ (32) \end{array} \cdot$$

列指标: (11) (12) (21) (22) (31) (32)

一个矩阵 $L \in \mathcal{M}_{m \times n}$ 称为逻辑矩阵, 如果它的列满足 $\mathrm{Col}(L) \subset \Delta_m$. 因此, 如果 L 是逻辑矩阵, 它就可以写成

$$L = \left[\delta_m^{i_1}, \delta_m^{i_2}, \cdots, \delta_m^{i_n} \right].$$ (4.3.3)

这里 $1 \leqslant i_k \leqslant m, k = 1, 2, \cdots, n$. 为方便计, 我们将式 (4.3.3) 简记为

$$L = \delta_m \left[i_1, i_2, \cdots, i_n \right].$$ (4.3.4)

显然, 换位矩阵是逻辑矩阵. 实际上, 不难证明:

命题 4.3.2

$$\begin{aligned}
W_{[m,n]} \quad = \quad & \delta_{mn}[1, m+1, 2m+1, \cdots, (n-1)m+1, \\
& 2, m+2, 2m+2, \cdots, (n-1)m+2, \cdots, \\
& m, 2m, 3m, \cdots, nm].
\end{aligned}$$ (4.3.5)

换位矩阵的基本性质是: 它可以用来交换两个向量因子的位置.

命题 4.3.3 (换位矩阵的基本性质)

1. 设 $X \in \mathbb{R}^m, Y \in \mathbb{R}^n$ 为两个列向量, 则

$$W_{[m,n]} XY = YX.$$ (4.3.6)

2. 设 $\omega \in \mathbb{R}^m, \sigma \in \mathbb{R}^n$ 为两个行向量, 则

$$\omega \sigma W_{[m,n]} = \sigma \omega.$$ (4.3.7)

上述命题可以推广到更一般的情况.

命题 4.3.4 (换位矩阵的一般性质)

1. 设 $X_i \in \mathbb{R}^{n_i} (i = 1, 2, \cdots, k)$ 为 k 个列向量. 令 $\alpha = \prod\limits_{j=1}^{t-1} n_j, \beta = \prod\limits_{j=t+2}^{k} n_j$, 则

$$\left[I_\alpha \otimes W_{[n_t, n_{t+1}]} \right] X_1 X_2 \cdots X_k = X_1 X_2 \cdots X_{t-1} X_{t+1} X_t X_{t+2} \cdots X_k.$$ (4.3.8)

2. 设 $\omega_i \in \mathbb{R}^{n_i} (i = 1, 2, \cdots, k)$ 为 k 个行向量, 那么

$$\omega_1 \omega_2 \cdots \omega_k \left[I_\beta \otimes W_{[n_t, n_{t+1}]} \right] = \omega_1 \omega_2 \cdots \omega_{t-1} \omega_{t+1} \omega_t \omega_{t+2} \cdots \omega_k.$$ (4.3.9)

4.4 习题与课程探索

4.4.1 习题

1. 证明: 在倍维数情况下, 定义 4.1.1 和定义 4.1.2 是一致的.

2. 在定义 4.1.1 中, 如果将式 (4.1.1) 改为

$$A \rtimes B := \left(I_{t/n} \otimes A\right)\left(I_{t/p} \otimes B\right),$$

则得到矩阵的右半张量积. 在倍维数情况下, 能类似于定义 4.1.2 来定义矩阵的右半张量积吗?

3. 证明: 利用定义 4.1.1, 在一般维数情况下等式 (4.1.4) 也是对的.

4. 关于半张量积的行列式值, 证明以下结论:

- 设 $A \prec_t B$, 则

$$\det(A \ltimes B) = [\det(A)]^t \det(B). \tag{4.4.1}$$

- 设 $A \succ_t B$, 则

$$\det(A \ltimes B) = \det(A)[\det(B)]^t. \tag{4.4.2}$$

- 设 A, B 为任意两个矩阵, 给出 $\det(A \ltimes B)$ 的相应公式.

(这是唯一不能将普通积的性质直接推广到半张量积的情况.)

5. 设 $X \in \mathbb{R}^p, Y \in \mathbb{R}^q, Z \in \mathbb{R}^s$ 为三个列向量, 构造一个矩阵 W 使得

$$WXYZ = ZYX.$$

6. 试证明换位矩阵有如下分解定理:

$$W_{[p,qr]} = \left(I_q \otimes W_{[p,r]}\right)\left(W_{[p,q]} \otimes I_r\right). \tag{4.4.3}$$

$$W_{[pq,r]} = \left(W_{[p,r]} \otimes I_q\right)\left(I_p \otimes W_{[q,r]}\right). \tag{4.4.4}$$

7. 设 $A \in \mathcal{M}_n$. 定义一个映射 (称为李雅普诺夫映射) $L_A : \mathcal{M}_n \to \mathcal{M}_n$ 如下:

$$L_A(X) = AX + XA^{\mathrm{T}}, \quad X \in \mathcal{M}_n.$$

试找出一个矩阵 M_A, 使李雅普诺夫映射变成普通线性映射形式:

$$V_c(L_A(X)) = M_A V_c(X).$$

4.4.2 课程探索

1. 试定义一个矩阵乘积. 它

   - 可以定义在 $M \times M$ 上 (即对任意两个矩阵都有定义);

   - 满足结合律和加乘分配律;

   - 当普通矩阵乘法要求满足时, 它退化成普通矩阵乘法.

2. 考虑每个元素取值为0或1的 n 维矩阵的集合 $\mathcal{B}_n$. 在 $\mathcal{B}_n \times \mathcal{B}_n$ 上你能定义哪些乘积运算(要满足封闭性、结合律和分配律)?

第 5 章　超矩阵*

超矩阵 (supermatrix) 是一个新概念, 目前还仅见于少数论文中[29]. 至于对高阶数组的讨论则更多一点[30–32]. 本章的目的是将数组 (含任意阶) 均视为超矩阵, 将不同阶数的数组统一地用矩阵 (含向量) 表现出来. 然后, 用矩阵半张量积的方法统一处理超矩阵.

5.1　向量与矩阵

线性代数的研究对象是向量和矩阵. 向量本质上是一个有限的 1 阶数组. 把它记作 $\mathcal{D}_1$, 具体表示为 $\mathcal{D}_1 = \{a_1, a_2, \cdots, a_n\}$. 这里, 下标 i ($i = 1, 2, \cdots, n$) 称为指标, 它代表数在 $\mathcal{D}_1$ 中的顺序. 不妨把数组的阶 (order) 理解成指标的个数. n 称为数组的维数 (dimension). 如果将这组数依顺序排成一行, 则得

$$R_{\mathcal{D}_1} = (a_1, a_2, \cdots, a_n). \tag{5.1.1}$$

如果将这组数依顺序排成一列, 则得

$$C_{\mathcal{D}_1} = (a_1, a_2, \cdots, a_n)^{\mathrm{T}}. \tag{5.1.2}$$

这里, 上标 T 表示转置. 式 (5.1.1) 称为行向量, 式 (5.1.2) 称为列向量. 如果依顺序排列, 式 (5.1.1) 和式 (5.1.2) 是 1 阶数组仅有的两种表示方法.

同样, 矩阵本质上是一个有限的 2 阶数组. 把它记作 $\mathcal{D}_2$, 具体表示为

$$\mathcal{D}_2 = \{a_{i,j} \mid i = 1, 2, \cdots, m; \ j = 1, 2, \cdots, n\}.$$

通常将它排成一个方阵, 其中行是按指标 i 的顺序排, 列是按指标 j 的顺序排. 即, 第 i 行第 j 列的元素为 $a_{i,j}$. 这样我们就有

$$A_{\mathcal{D}_2} = \begin{bmatrix} a_{1,1} & a_{1,2} & \cdots & a_{1,n} \\ a_{2,1} & a_{2,2} & \cdots & a_{2,n} \\ \vdots & \vdots & & \vdots \\ a_{m,1} & a_{m,2} & \cdots & a_{m,n} \end{bmatrix}. \tag{5.1.3}$$

我们将这种排法记作 $id(i; m) \times id(j; n)$. 它表示: 行按指标 i 从 1 增至 m, 列按指标 j 从 1 增至 n.

另一种排法是: 行是按指标 j 的顺序排, 列是按指标 i 的顺序排. 即, 第 j 行第 i 列的元素为 $a_{i,j}$. 这种排法记作 $id(j; n) \times id(i; m)$. 如果维数已约定, 则简记为 $id(j) \times id(i)$. 按这

种排法有

$$
A_{\mathcal{D}_2}^{\mathrm{T}} = \begin{bmatrix} a_{1,1} & a_{2,1} & \cdots & a_{m,1} \\ a_{1,2} & a_{2,2} & \cdots & a_{m,2} \\ \vdots & \vdots & & \vdots \\ a_{1,n} & a_{2,n} & \cdots & a_{m,n} \end{bmatrix}. \tag{5.1.4}
$$

我们直接将它写成转置形式, 因为它是式 (5.1.3) 中矩阵的转置.

我们也可以将2阶数组按如下顺序排成一列: 每次让 i 不动, 让 j 从 1 跑到 n; 然后让 i 增加 1, 再让 j 从 1 跑到 n; 直到 $i = m$, $j = n$ 为止. 这种排列顺序记作 $id(i, j; m, n)$ (或简记为 $id(i, j)$). 依此顺序, 我们得到

$$
V_r(A_{\mathcal{D}_2}) = [a_{1,1}, \cdots, a_{1,n}, \ a_{2,1}, \cdots, a_{2,n}, \ \cdots, \ a_{m,1}, \cdots, a_{m,n}]^{\mathrm{T}}. \tag{5.1.5}
$$

式 (5.1.5) 称为矩阵的行排式.

如果每次让 i 先跑, i 跑完一圈 j 增加一个, 则可得到如下的列向量, 称之为矩阵的列排式.

$$
V_c(A_{\mathcal{D}_2}) = [a_{1,1}, \cdots, a_{m,1}, \ a_{1,2}, \cdots, a_{m,2}, \ \cdots, \ a_{1,n}, \cdots, a_{m,n}]^{\mathrm{T}}. \tag{5.1.6}
$$

当然, 我们还可以有 V_r^{T} 和 V_c^{T} 这两种形式. 因此, 2 阶数组一共有 6 种排列形式.

5.2 高阶数组与超矩阵

一个数组, 如果它必须用 k 个指标来标注, 则称它为 k 阶数组.

由上一节讨论可知, 1 阶数组可以排成一个行向量或列向量; 2 阶数组可以排成一个矩形方阵, 即矩阵, 但它同时也可以排成向量形式. 那么, 如果是一个 3 阶数组呢? 因为数理统计中经常遇到 3 阶数组, 一些统计学家就提出了立体阵的概念, 即将 3 阶数组排成一个立方体 (见图 5.2.1), 然后分别定义它与 1 阶数组、2 阶数组, 以及 3 阶数组的乘法[30, 31, 33].

这种方法在运算上很不方便, 而且无法推广到一般高阶数组中去. 实际上, 数组只有排成平面 (矩阵或向量) 形式, 才便于进行运算. 因此, 我们给出如下定义:

定义 5.2.1　一个 k 阶有限数组

$$
D = \left\{ d_{i_1, i_2, \cdots, i_k} \ \middle| \ i_1 = 1, 2, \cdots, n_1; i_2 = 1, 2, \cdots, n_2; \cdots; i_k = 1, 2, \cdots, n_k \right\} \tag{5.2.1}
$$

称为一个 k 阶超矩阵, $n_1 \times n_2 \times \cdots \times n_k$ 称为其维数. 如果 $n_1 = n_2 = \cdots = n_k$, 则称 D 为 k 阶超方阵.

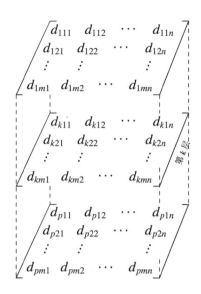

图 5.2.1 立体阵

我们只把一个超矩阵排成平面 (矩阵或向量) 形式, 由一个超矩阵 D 的所有数据排成的矩阵或向量称为超矩阵的矩阵实现.

从上一节我们知道, 一个 1 阶超矩阵 (即 1 阶数组) 有 2 个矩阵实现; 一个 2 阶超矩阵有 6 个矩阵实现. 那么, 一个 k 阶超矩阵有多少个矩阵实现呢? 首先, 可将其指标集分成两个部分, 记

$$\{1, 2, \cdots, k\} = \{r_1, r_2, \cdots, r_p\} \cup \{s_1, s_2, \cdots, s_q\}.$$

这里 $p + q = k$. 然后, 将 D 中的数据排成一个矩阵, 按照顺序 $id(i_{r_1}, i_{r_2}, \cdots, i_{r_p}) \times id(i_{s_1}, i_{s_2}, \cdots, i_{s_q})$ 来排列. 具体地说, 矩阵的行按 $id(i_{r_1}, i_{r_2}, \cdots, i_{r_p})$ 排, 即按数据的 $\{i_{r_1}, i_{r_2}, \cdots, i_{r_p}\}$ 指标的字母序排: 先让 i_{r_p} 从 1 跑到 n_{r_p}, 然后让 $i_{r_{p-1}}$ 从 1 跑到 $n_{r_{p-1}}, \cdots$, 最后让 i_{r_1} 从 1 跑到 n_{r_1}. 同时, 矩阵的列按 $id(i_{s_1}, i_{s_2}, \cdots, i_{s_q})$ 排. 我们将这个矩阵实现记作

$$D_{(i_{r_1}, i_{r_2}, \cdots, i_{r_p}) \times (i_{s_1}, i_{s_2}, \cdots, i_{s_q})}.$$

容易算出, 一个 k 阶超矩阵有

$$N_k = \sum_{i=0}^{k} \binom{k}{i} i!(k-i)! = (k+1)k! \tag{5.2.2}$$

个矩阵实现.

例 5.2.1 设

$$D = \{x_{i_1, i_2, i_3} | 1 \leqslant i_1 \leqslant 2, \ 1 \leqslant i_2 \leqslant 3, \ 1 \leqslant i_3 \leqslant 4\}.$$

由式 (5.2.2) 可知, 3 阶超矩阵有 24 个矩阵实现. 下面给出几个例子.

1. 按 $\varnothing \times id(1,2,3)$ 排列, 它是一个行向量:

$$D_{\varnothing \times (1,2,3)} = [x_{111}, x_{112}, x_{113}, x_{114}, x_{121}, x_{122}, x_{123}, x_{124}, x_{131}, x_{132}, x_{133}, x_{134},$$
$$x_{211}, x_{212}, x_{213}, x_{214}, x_{221}, x_{222}, x_{223}, x_{224}, x_{231}, x_{232}, x_{233}, x_{234}].$$

2. 按 $id(2,1) \times id(3)$ 排列, 它是一个 6×4 的矩阵:

$$D_{(2,1) \times (3)} = \begin{bmatrix} x_{111} & x_{112} & x_{113} & x_{114} \\ x_{211} & x_{212} & x_{213} & x_{214} \\ x_{121} & x_{122} & x_{123} & x_{124} \\ x_{221} & x_{222} & x_{223} & x_{224} \\ x_{131} & x_{132} & x_{133} & x_{134} \\ x_{231} & x_{232} & x_{233} & x_{234} \end{bmatrix}.$$

3. 按 $id(2) \times id(1,3)$ 排列, 它是一个 3×8 的矩阵:

$$D_{(2) \times (1,3)} = \begin{bmatrix} x_{111} & x_{112} & x_{113} & x_{114} & x_{211} & x_{212} & x_{213} & x_{214} \\ x_{121} & x_{122} & x_{123} & x_{124} & x_{221} & x_{222} & x_{223} & x_{224} \\ x_{131} & x_{132} & x_{133} & x_{134} & x_{231} & x_{232} & x_{233} & x_{234} \end{bmatrix}.$$

5.3 多线性映射

前面曾经提到, 为处理 3 阶数组有些学者曾引进过立体阵. 立体阵在本质上是要处理 3 重线性映射的问题. 利用矩阵半张量积加上超矩阵的矩阵表示, 就可以方便地处理多线性映射的问题.

在 $\mathbb{R}^n$ 中取标准基底 $\Delta_n = \{\delta_n^1, \delta_n^2, \cdots, \delta_n^n\}$. 那么, $X \in \mathbb{R}^n$ 可表示成标准向量形式 $X = (x_1, x_2, \cdots, x_n)^{\mathrm{T}}$. 这种表达的实际意义是 $X = \sum_{i=1}^{n} x_i \delta_n^i$. 设有一线性函数 $\omega : \mathbb{R}^n \to \mathbb{R}$. 记

$$a_i = \omega(\delta_i), \quad i = 1, 2, \cdots, n.$$

那么

$$D_1 = \{a_i \mid i = 1, 2, \cdots, n\}$$

是一个 1 阶超矩阵, 称为 ω 的结构常数集. 通常将结构常数排成一行, 记作

$$V_\omega = [a_1 \ a_2 \ \cdots \ a_n].$$

它被称为 ω 的结构矩阵. 于是显然有

$$\omega(X) = V_\omega X, \quad X \in \mathbb{R}^n. \tag{5.3.1}$$

因此, 线性函数可以用向量积表示.

再看双线性函数. 记 $\pi : \mathbb{R}^m \times \mathbb{R}^n \to \mathbb{R}$ 为一双线性函数. 记

$$a_{i,j} = \pi(\delta_m^i, \delta_n^j), \quad i = 1, 2, \cdots, m; \; j = 1, 2, \cdots, n.$$

那么

$$D_2 = \left\{ a_{i,j} \mid i = 1, 2, \cdots, m; j = 1, 2, \cdots, n \right\}$$

是一个 2 阶超矩阵, 称为 ω 的结构常数集. 通常将结构常数排成一个矩阵, 记作

$$M_\pi = \begin{bmatrix} a_{11} & a_{12} & \cdots & a_{1n} \\ a_{21} & a_{22} & \cdots & a_{2n} \\ \vdots & \vdots & & \vdots \\ a_{m1} & a_{m2} & \cdots & a_{mn} \end{bmatrix}.$$

它被称为映射 π 的结构矩阵. 容易检验

$$\pi(X, Y) = X^{\mathrm{T}} M_\pi Y, \quad X \in \mathbb{R}^m, \; Y \in \mathbb{R}^n. \tag{5.3.2}$$

因此, 双线性函数可以用矩阵与向量的乘积表示.

其实, 矩阵或线性代数的方法之所以在许多科学问题中极为有效, 其基本原理就是这种 1 阶超矩阵和 2 阶超矩阵的向量及矩阵表示. 但如果考虑将它应用于 3 线性或多线性的情况, 则会遇到前面讨论过的高阶数组排列问题. 回到双线性情况. 如果我们把结构常数按自然顺序, 即按 $id(i, j; m, n)$ 排成一行, 即记

$$V_\pi = [a_{11} \; a_{12} \; \cdots \; a_{1n} \; \cdots \; a_{m1} \; a_{m2} \; \cdots \; a_{mn}],$$

那么, 不难证明

$$\pi(X, Y) = V_\pi \ltimes X \ltimes Y, \quad X \in \mathbb{R}^m, \; Y \in \mathbb{R}^n. \tag{5.3.3}$$

仔细将式 (5.3.3) 展开算一遍, 就会发现半张量积的优点. 当你计算 $V_\pi \ltimes X$ 时, 会发现 X 的每个元会自动地去寻找它相应指标的系数. 从某种意义上讲, 它类似于计算机中的数据结构. 在计算机存储中, 高阶数组也是排成一列. 然后, 例如在 C 语言中, 用指针、指针的指针等将数组的层次分出来. 可以说, 半张量积通过定义运算规则, 使不同层次的变量能自动寻找相应的数据层次, 或者说指标位置. 表达式 (5.3.3) 的优越之处在于, 它可以轻而易举地推广到多线性函数的情况. 以一个 3 线性映射为例, 设 $\xi : \mathbb{R}^m \times \mathbb{R}^n \times \mathbb{R}^s \to \mathbb{R}$. 记

$$a_{ijk} = \xi(\delta_m^i, \delta_n^j, \delta_s^k), \quad i = 1, 2, \cdots, m; \; j = 1, 2, \cdots, n; \; k = 1, 2, \cdots, s.$$

于是, 我们有 3 阶超矩阵

$$D_3 = \left\{ a_{i,j,k} \mid i = 1, 2, \cdots, m; \; j = 1, 2, \cdots, n; \; k = 1, 2, \cdots, s \right\}.$$

同样, 考虑其实现

$$
\begin{aligned}
V_\xi &:= (D_3)_{\varnothing \times (i,j,k)} \\
&= [a_{111}\, a_{112}\, \cdots\, a_{11s}\, \cdots\, a_{1n1}\, \cdots\, a_{1ns}\, \cdots\, a_{mn1}\, \cdots\, a_{mns}].
\end{aligned}
$$

不难检验

$$
\xi(X, Y, Z) = V_\xi \ltimes X \ltimes Y \ltimes Z, \quad X \in \mathbb{R}^m,\ Y \in \mathbb{R}^n,\ Z \in \mathbb{R}^s. \tag{5.3.4}
$$

显然, 这种表达形式轻而易举地解决了立体积想解决而难以解决的问题. 而且, 对于更一般的情况, 读者不妨自己将 k 重线性函数的矩阵表达式写出.

作为一个直接的应用, 下面考虑多线性映射的结构矩阵. 设 $V_1, V_2, \cdots, V_k$ 分别为 $n_1, n_2, \cdots, n_k$ 维线性空间, W 为 m 维线性空间. 考虑 k 线性映射

$$
\varphi : V_1 \times V_2 \times \cdots \times V_k \to W
$$

即对任意的 $1 \leqslant i \leqslant k$, 设 $X_r \in V_r,\ r \neq i$, 以及 $X_i^1, X_i^2 \in V_i,\ c_1, c_2 \in \mathbb{R}$, 有

$$
\varphi(X_1, X_2, \cdots, X_{i-1}, c_1 X_i^1 + c_2 X_i^2, \cdots, X_k) = c_1 \varphi(X_1, X_2, \cdots, X_i^1, \cdots, X_k) + c_2 \varphi(X_1, X_2, \cdots, X_i^2, \cdots, X_k). \tag{5.3.5}
$$

记 $\{e_1^i, e_2^i, \cdots, e_{n_i}^i\}$ 为 V_i 的一个基底, $\{d_1, d_2, \cdots, d_m\}$ 为 W 的一个基底. 并且

$$
\varphi(e_{i_1}^1, e_{i_2}^2, \cdots, e_{i_k}^k) = \sum_{j=1}^m c_{i_1, i_2, \cdots, i_k}^j d_j; \quad i_s = 1, 2, \cdots, n_s;\ s = 1, 2, \cdots, k. \tag{5.3.6}
$$

记

$$
D = \left\{ c_{i_1, i_2, \cdots, i_k}^j \,\middle|\, i_s = 1, 2, \cdots, n_s,\ s = 1, 2, \cdots, k;\ j = 1, 2, \cdots, m \right\}.
$$

它是一个 $k+1$ 维的超矩阵.

定义 5.3.1 称 $m \times (n_1 n_2 \cdots n_k)$ 矩阵

$$
\begin{aligned}
M_\varphi &:= D_{(j) \times (i_1, i_2, \cdots, i_k)} \\
&= \begin{bmatrix}
c_{11\cdots1}^1 & \cdots & c_{11\cdots n_k}^1 & \cdots & c_{n_1 n_2 \cdots n_k}^1 \\
\vdots & & \vdots & & \vdots \\
c_{11\cdots1}^m & \cdots & c_{11\cdots n_k}^m & \cdots & c_{n_1 n_2 \cdots n_k}^m
\end{bmatrix}
\end{aligned} \tag{5.3.7}
$$

为 φ 的结构矩阵.

设 $X_i \in V_i,\ X_i = \sum_{j=1}^{n_i} a_j^i e_j^i,\ i = 1, 2, \cdots, k$. 我们用一个向量表示 X_i, 即

$$
X_i = (a_1^i, a_2^i, \cdots, a_{n_i}^i)^{\mathrm{T}}, \quad i = 1, 2, \cdots, k.
$$

那么, $\varphi(X_1, X_2, \cdots, X_k)$ 可以用下面给出的公式计算:

命题 5.3.1

$$\varphi(X_1, X_2, \cdots, X_k) = M_\varphi \ltimes X_1 \ltimes X_2 \ltimes \cdots \ltimes X_k. \tag{5.3.8}$$

例 5.3.1 $\mathbb{R}^3$ 中的叉乘定义为: 设 $X = x_1\mathbf{i} + x_2\mathbf{j} + x_3\mathbf{k}$, $Y = y_1\mathbf{i} + y_2\mathbf{j} + y_3\mathbf{k}$, 则

$$X \vec{\times} Y = \det \begin{bmatrix} \mathbf{i} & \mathbf{j} & \mathbf{k} \\ x_1 & x_2 & x_3 \\ y_1 & y_2 & y_3 \end{bmatrix}.$$

于是得到它的结构矩阵为

$$M = \begin{bmatrix} 0 & 0 & 0 & 0 & 0 & 1 & 0 & -1 & 0 \\ 0 & 0 & -1 & 0 & 0 & 0 & 1 & 0 & 0 \\ 0 & 1 & 0 & -1 & 0 & 0 & 0 & 0 & 0 \end{bmatrix}. \tag{5.3.9}$$

设 $X = (3, 1, -1)^\mathrm{T}$, $Y = (1, 2, 1)^\mathrm{T}$, 则

$$X \vec{\times} Y = M \ltimes X \ltimes Y = (3, -4, 5)^\mathrm{T}.$$

例 5.3.2 考虑四元数, 它是个四维线性空间, 标准基底是 $\{1, I, J, K\}$, 即

$$Q = \{a + bI + cJ + dK \mid a, b, c, d \in \mathbb{R}\}.$$

它的乘法运算规则是

(i) (线性性)

$$
\begin{aligned}
&(a_1 + b_1 I + c_1 J + d_1 K) \oplus (a_2 + b_2 I + c_2 J + d_2 K) \\
= \ &a_1 a_2 + a_1 b_2 I + a_1 c_2 J + a_1 d_2 K + b_1 a_2 I + b_1 b_2 I^2 + \\
&b_1 c_2 I \oplus J + b_1 d_2 I \oplus K + c_1 a_2 J + c_1 b_2 J \oplus I + c_1 c_2 J^2 + \\
&c_1 d_2 J \oplus K + d_1 a_2 K + d_1 b_2 K \oplus I + d_1 c_2 K \oplus J + d_1 d_2 K^2.
\end{aligned}
$$

(ii) (基底乘积)

$$
\begin{aligned}
&I \oplus J = K; \quad J \oplus K = I; \quad K \oplus I = J; \\
&J \oplus I = -K; \quad K \oplus J = -I; \quad I \oplus K = -J; \\
&I^2 = J^2 = K^2 = -1.
\end{aligned}
$$

容易算出, 它的结构矩阵是

$$M_Q = \begin{bmatrix} 1 & 0 & 0 & 0 & 0 & -1 & 0 & 0 & 0 & 0 & -1 & 0 & 0 & 0 & 0 & -1 \\ 0 & 1 & 0 & 0 & 1 & 0 & 0 & 0 & 0 & 0 & 0 & 1 & 0 & 0 & -1 & 0 \\ 0 & 0 & 1 & 0 & 0 & 0 & 0 & -1 & 1 & 0 & 0 & 0 & 0 & 1 & 0 & 0 \\ 0 & 0 & 0 & 1 & 0 & 0 & 1 & 0 & 0 & -1 & 0 & 0 & 1 & 0 & 0 & 0 \end{bmatrix}. \tag{5.3.10}$$

结构矩阵给出一个计算四元数逆元的简单方法: $X = \begin{bmatrix} a & b & c & d \end{bmatrix}^{\mathrm{T}} \neq 0$, 我们有

$$M_Q X = \begin{bmatrix} a & -b & -c & -d \\ b & a & -d & c \\ c & d & a & -b \\ d & -c & b & a \end{bmatrix},$$

现在 X 的逆满足

$$X \oplus (X^{-1}) = M_Q \ltimes X \ltimes (X^{-1}) = (1, 0, 0, 0)^{\mathrm{T}}.$$

记

$$
\begin{aligned}
E & := & \det(M_Q X) \\
& = & a^4 + b^4 + c^4 + d^4 + 2(a^2 b^2 + a^2 c^2 + a^2 d^2 + b^2 c^2 + b^2 d^2 + c^2 d^2) \\
& = & (a^2 + b^2 + c^2 + d^2)^2 > 0.
\end{aligned}
\tag{5.3.11}
$$

因此

$$X^{-1} = (M_Q X)^{-1} \begin{bmatrix} 1 \\ 0 \\ 0 \\ 0 \end{bmatrix} := \frac{1}{E} \begin{bmatrix} \alpha \\ \beta \\ \gamma \\ \delta \end{bmatrix},$$

其中

$$\alpha = \det\left(\begin{bmatrix} a & -d & c \\ d & a & -b \\ -c & b & a \end{bmatrix} \right) = a^3 + a(b^2 + c^2 + d^2);$$

$$\beta = -\det\left(\begin{bmatrix} b & -d & c \\ c & a & -b \\ d & b & a \end{bmatrix} \right) = -b^3 - b(a^2 + c^2 + d^2);$$

$$\gamma = \det\left(\begin{bmatrix} b & a & c \\ c & d & -b \\ d & -c & a \end{bmatrix} \right) = -c^3 - c(a^2 + b^2 + d^2);$$

$$\delta = -\det\left(\begin{bmatrix} b & a & -d \\ c & d & a \\ d & -c & b \end{bmatrix} \right) = -d^3 - d(a^2 + b^2 + c^2).$$

容易检验 $X^{-1} \oplus X = 1$.

5.4 超方阵

定义 5.4.1 一个 k 阶超矩阵, 如果它的维数满足 $n_1 = n_2 = \cdots = n_k := n$, 则称它为 n 维超方阵.

超方阵在应用上有特殊的重要性, 例如, 它与超图的关系等[34]. 许多论文中的超矩阵实际上只指超方阵[29].

为了进一步研究超方阵, 我们需要一个新概念: 置换.

定义 5.4.2 设 $N = \{1, 2, \cdots, n\}$. 令 $\sigma : N \to N$ 为一个双向一对一的映射, 则 σ 称为一个置换. n 个元素集合的所有置换记作 $\mathbf{S}_n$.

例 5.4.1 设集合 $N = \{1, 2, 3, 4, 5\}$.

1. 设某个元素置换 $\sigma \in \mathbf{S}_5$. 它可表示为

$$\sigma = \begin{bmatrix} 1 & 2 & 3 & 4 & 5 \\ \downarrow & \downarrow & \downarrow & \downarrow & \downarrow \\ 2 & 3 & 1 & 5 & 4 \end{bmatrix} \in \mathbf{S}_5.$$

即 σ 将 1 变成 2, 2 变成 3, 3 变成 1, 4 变成 5, 5 变成 4. 可以将 σ 简记为轮换式形式

$$\sigma = (1, 2, 3)(4, 5).$$

2. 设 $\mu \in \mathbf{S}_5$ 且

$$\mu = \begin{bmatrix} 1 & 2 & 3 & 4 & 5 \\ \downarrow & \downarrow & \downarrow & \downarrow & \downarrow \\ 4 & 3 & 2 & 1 & 5 \end{bmatrix}.$$

其轮换式形式为

$$\mu = (1, 4)(2, 3).$$

3. $\mathbf{S}_5$ 中两个元素的乘积可以定义为

$$\mu\sigma = \begin{bmatrix} 1 & 2 & 3 & 4 & 5 \\ \downarrow & \downarrow & \downarrow & \downarrow & \downarrow \\ 2 & 3 & 1 & 5 & 4 \\ \downarrow & \downarrow & \downarrow & \downarrow & \downarrow \\ 3 & 2 & 4 & 5 & 1 \end{bmatrix},$$

即 $\mu\sigma = (1, 3, 4, 5)$. $\mathbf{S}_n$ 在这种乘法下形成一个群, 称为置换群 (permutation group). 详见下一章.

设有一 k 线性函数 $\varphi : \underbrace{\mathbb{R}^n \times \mathbb{R}^n \times \cdots \times \mathbb{R}^n}_{k} \to \mathbb{R}$. 它的结构常数为

$$\mu_{i_1, i_2, \cdots, i_k} = \varphi(\delta_n^{i_1}, \delta_n^{i_2}, \cdots, \delta_n^{i_k}), \quad 1 \leqslant i_1, i_2, \cdots, i_k \leqslant n.$$

因此

$$D_\varphi = \left\{ \mu_{i_1, i_2, \cdots, i_k} \,\middle|\, i_j = 1, 2, \cdots, n; \; j = 1, 2, \cdots, k \right\}$$

就是一个 k 阶 n 维超方阵. 记 M_φ 为 D_φ 的 $\varnothing \times (1, 2, \cdots, k)$ 实现. 即 M_φ 为一行向量:

$$M_\varphi = [\mu_{1,1,\cdots,1}, \cdots, \mu_{1,1,\cdots,n}, \cdots, \mu_{n,\cdots,n,1}, \cdots, \mu_{n,\cdots,n,n}].$$

那么, 显然有

$$\varphi(X_1, X_2, \cdots, X_k) = M_\varphi \ltimes_{i=1}^k X_i. \tag{5.4.1}$$

注意, 任何一个 k 阶 n 维超方阵按照式(5.4.1) 都可以看作一个 k 线性函数 $\underbrace{\mathbb{R}^n \times \mathbb{R}^n \times \cdots \times \mathbb{R}^n}_{k} \to \mathbb{R}$ 的结构常数. 而当 $X_1 = X_2 = \cdots = X_k$ 时, 式 (5.4.1) 则变为一个 k 次齐次多项式.

定义 5.4.3 k 阶 n 维超方阵 D 称为对称的, 如果对任何 $\sigma \in \mathcal{S}_k$ 均有

$$M_{\varphi_D} \ltimes_{i=1}^k X_i = M_{\varphi_D} \ltimes_{i=1}^k X_{\sigma(i)}, \quad \forall \sigma \in \mathcal{S}_k. \tag{5.4.2}$$

这里 φ_D 指用 D 中的元素做结构常数所生成的 k 线性映射.

从定义可直接得到如下结论, 它在检验对称性时很方便.

命题 5.4.1 k 阶 n 维超方阵 D 称为对称的, 当且仅当, D 中下标集合相同的元素相等.

下标集合相等指两个数下标作为集合是一样的. 例如设 $k = 5$, 那么, $a_{1,2,1,4,5}$ 与 $a_{4,2,5,1,1}$ 或 $a_{1,4,5,1,2}$ 等均相等. 如果 $k = 2$ 则有 $a_{i,j} = a_{j,i}$, 这就是普通的对称矩阵.

定义 5.4.4 给定一个 k 阶 n 维超矩阵 D. 记 $\{1, 2, \cdots, j\} \cup \{j+1, j+2, \cdots, k\}$ 为相应指标集的分割, D 依 $id(1, 2, \cdots, j) \times id(j+1, j+2, \cdots, k)$ 的矩阵实现记为 M_j^D, $j = 0, 1, \cdots, k$.

容易检验以下结论:

命题 5.4.2

$$\varphi_D(X_1, X_2, \cdots, X_k) = X_j^{\mathrm{T}} X_{j-1}^{\mathrm{T}} \cdots X_1^{\mathrm{T}} M_j^D X_{j+1} \cdots X_k, \quad j = 0, 1, \cdots, k. \tag{5.4.3}$$

设 $X_1 = X_2 = \cdots = X_k := X$. 那么, 式(5.4.1) 最后变为

$$\varphi_D(X, X, \cdots, X) = M_{\varphi_D} X^k. \tag{5.4.4}$$

式 (5.4.3) 是关于 $X = \{x_1, x_2, \cdots, x_n\}$ 的一个 k 次齐次式. 不失一般性, 可设 D 是对称的. (参见习题 2.)

注意到矩阵 M_j^D 很自然地定义了一个映射

$$\pi_j^D : \mathbb{R}^{n_{j+1}} \times \mathbb{R}^{n_{j+2}} \times \cdots \times \mathbb{R}^{n_k} \to \mathbb{R}^{n_1 + n_2 + \cdots + n_j}$$

如下

$$\pi_j^D : \ltimes_{i=j+1}^k X_i \mapsto M_j^D \ltimes_{i=j+1}^k X_i, \quad X_i \in \mathbb{R}^{n_i}, \ i = 1, 2, \cdots, j.$$

特别是, 设 D 为一个 k 阶 n 维超方阵, 则 M_1^D 定义了一个 $\underbrace{\mathbb{R}^n \times \mathbb{R}^n \times \cdots \times \mathbb{R}^n}_{k-1} \to \mathbb{R}^n$ 的映射.

定义 5.4.5 给定一个 $k \geqslant 2$ 阶 n 维对称超方阵 D. 如果存在一个实数 λ 和一个向量 $X \in \mathbb{R}^n$ 使得

$$\begin{cases} M_1^D X^{k-1} = \lambda X \\ X^{\mathrm{T}} X = 1, \end{cases} \tag{5.4.5}$$

则 λ 为超方阵 D 的特征值, X 为其对应的特征向量.

注 (对称超方阵与普通矩阵的关系及其推广)

1. 当 $k = 2$ 时, 上述定义与普通方阵的定义一致 (除了对特征向量 2 范数的约定外).

2. 上述定义也可推广到非对称情况. 考虑到对称矩阵所有特征值均为实数, 推广后只研究对称情况且只寻找实特征值 (特征向量) 是合理的.

定理 5.4.1 一个 $k \geqslant 2$ 阶 n 维对称超矩阵 D 至少存在两个不同的特征值 (特征向量).

证明 令 $y(x_1, x_2, \cdots, x_n) = M_0^D x^k$, 这里 $x = (x_1, x_2, \cdots, x_n)^{\mathrm{T}}$. 先证明

$$\frac{\partial y}{\partial x_i} = k M_0^D \delta_n^i x^{k-1}, \quad i = 1, 2, \cdots, n.$$

$$\begin{aligned} \frac{\partial y}{\partial x_i} &= M_0^D \delta_n^i x^{k-1} + M_0^D x \delta_n^i x^{k-2} + \cdots + M_0^D x^{k-1} \delta_n^i \\ &= k M_0^D \delta_n^i x^{k-1}. \end{aligned} \tag{5.4.6}$$

最后一个等式来自对称性. 利用式 (5.4.6) 容易算出

$$\nabla y = k M_1^D x^{k-1}. \tag{5.4.7}$$

下面考虑

$$\min_{x^{\mathrm{T}} x = 1} y(x).$$

由于 $\{X \in \mathbb{R}^n \mid X^{\mathrm{T}}X = 1\}$ 是一个紧集, y 可以达到最小值. 记

$$\xi(x, \lambda) = y(x_1, x_2, \cdots, x_n) - \mu x^{\mathrm{T}} x.$$

用拉格朗日乘子法可得, 最优解满足

$$\begin{cases} \nabla y - 2\mu x = 0 \\ x^{\mathrm{T}} x = 1. \end{cases}$$

因此, 最优解满足

$$k M_1^D x_{\min}^{k-1} - 2\mu_{\min} x_{\min} = 0. \tag{5.4.8}$$

于是有

$$M_1^D x_{\min}^{k-1} = \lambda_{\min} x_{\min},$$

这里, $\lambda_{\min} = \frac{2}{k} \mu_{\min}$ 是特征值.

左乘 $x_{\min}^{\mathrm{T}}$ 可得

$$k y_{\min} = \lambda_{\min}.$$

因此, $\lambda_{\min}$ 是最小特征值, 它等于 k 次齐次式 y 在 $x^{\mathrm{T}} x = 1$ 上的最小值. 同理有最大特征值 $\lambda_{\max}$, 它等于 k 次齐次式 y 在 $x^{\mathrm{T}} x = 1$ 上的最大值. □

5.5 习题与课程探索

5.5.1 习题

1. 写出例 5.2.1 中超矩阵的以下几种实现:

(i) $(2, 3, 1) \times \varnothing$; (ii) $(1, 2) \times (3)$; (iii) $(3, 1) \times (2)$.

2. 对式 (5.4.3) 中的超矩阵 D 进行改造, 让下标集相同的项的系数取平均, 并用平均值代替集中的每一个项的系数, 得到新的超矩阵 $\tilde{D}$. 证明

$$\varphi_D(X, X, \cdots, X) = \varphi_{\tilde{D}}(X, X, \cdots, X).$$

3. 几个 2 维空间:

- 复数域 $\mathbb{C} = \{a + bi \mid a, b \in \mathbb{R}\}$ 显然是 $\mathbb{R}$ 上的一个 2 维空间. 记这 2 维空间为 $V_{\mathbb{C}}$, 它的基底是 $\{1, \mathbf{i}\}$. 利用这组基底写出复数乘法 $\times : V_{\mathbb{C}} \times V_{\mathbb{C}} \to V_{\mathbb{C}}$ 的结构矩阵.

- 类似复数, 构造一个 $\mathbb{R}$ 上的 2 维空间. 记这 2 维空间为 V_D, 它的基底是 $\{1, \xi\}$. 其中, ξ 满足 $\xi^2 = \xi * \xi = 0$. 利用这组基底写出这组数数乘法 $* : V_D \times V_D \to V_D$ 的结构矩阵. (注: 这组数称为对偶数 (dual number).)

● 类似地, 再构造一个 $\mathbb{R}$ 上的 2 维空间. 记这 2 维空间为 V_H, 它的基底是 $\{1, \eta\}$. 其中, η 满足 $\eta^2 = \eta \circ \eta = 1$. 利用这组基底写出这组数数乘法 $\circ : V_H \times V_H \to V_H$ 的结构矩阵. (注: 这组数称为双曲数 (hyperbolic number).)

4. 在 $\mathcal{M}_{n \times n}$ 上定义一个乘法, 称为李括号 $[\cdot, \cdot] : \mathcal{M}_{n \times n} \times \mathcal{M}_{n \times n} \to \mathcal{M}_{n \times n}$ 如下:

$$[A, B] := BA - AB.$$

寻找一组基, 并在这组基下计算结构矩阵. (注: 将 $\mathcal{M}_{n \times n}$ 看作一个向量空间, 加上这个李括号运算, 构成一个代数结构, 称为一般线性代数, 记作 $gl(n, \mathbb{R})$, 它是一般线性群 $GL(n, \mathbb{R})$ 对应的李代数.)

提示: 为避免麻烦, 可考虑 $n = 2$ 的情况. 此时可取

$$e_1 = \begin{bmatrix} 1 & 0 \\ 0 & 0 \end{bmatrix}, \quad e_2 = \begin{bmatrix} 0 & 1 \\ 0 & 0 \end{bmatrix}, \quad e_3 = \begin{bmatrix} 0 & 0 \\ 1 & 0 \end{bmatrix}, \quad e_4 = \begin{bmatrix} 0 & 0 \\ 0 & 1 \end{bmatrix}$$

为一组基, 求在此基下的结构矩阵.

5. 一个 $k \geq 2$ 阶 n 维对称超方阵 D, 设 λ 是其特征值, 证明 $-\lambda$ 也是其特征值.

6. 一个 $k \geq 2$ 阶 n 维对称超方阵 D, 令 $y(x_1, x_2, \cdots, x_n) = M_0^D x^k$, 求高阶梯度 $\nabla^s(y)$, $s = 1, 2, \cdots, k$. (提示: 应为 $\frac{k!}{(k-s)!} M_s^D x^{k-s}$.)

5.5.2 课程探索

1. 怎样定义一个 k 阶超矩阵的秩? (提示: 这显然依赖于其矩阵实现, 但有些实现的秩是一样的.)

2. 对 k 阶超矩阵还能定义哪些普通矩阵具有的概念?

第 6 章　群论

群是《抽象代数》中最基本也最有用的概念. 本章介绍群的一些基本概念和性质, 内容大体上仅限于本书所需要的范围. 有些内容, 例如群作用与轨道等, 虽然一般《抽象代数》书不会讲到, 但根据需要, 我们也会讨论到. 本章关于群的内容可参见文献 [35], 关于群作用与群轨道部分可参见文献 [36].

6.1　群的基本概念与子群

定义 6.1.1　　1. 一个非空集合 G 及 G 上的一个运算 $*$, 记作 $(G, *)$, 称为一个群, 如果它满足

- 封闭性: $a, b \in G \Rightarrow a * b \in G$;
- 结合律: $(a * b) * c = a * (b * c), \forall a, b, c \in G$;
- 单位元: 存在唯一的单位元, 记作 e, 使得 $e * a = a * e = a, \forall a \in G$;
- 逆元: 对每一个 $a \in G$, 存在唯一的元素 $a^{-1} \in G$, 称为 a 的逆, 使得 $a * a^{-1} = a^{-1} * a = e$.

2. $(G, *)$, 称为一个半群, 如果它只满足封闭性和结合律. 如果它还含单位元, 则称含幺半群.

3. 一个群 G, 如果它的乘法满足交换律, 即

$$a * b = b * a,$$

则称其为阿贝尔群 (Abelian group).

从代数角度看, 群是代数运算的一种抽象. 它反映了在不同集合上的 "加法" "乘法" 等运算的共性.

例 6.1.1　(几个典型的群与半群)

1. 复数集 $\mathbb{C}$、实数集 $\mathbb{R}$、有理数集 $\mathbb{Q}$、整数集 $\mathbb{Z}$ 在普通加法 "+" 下均构成群. 这里, 单位元是 "0", a 的逆元为 $-a$.

2. 除去零点, $\mathbb{C} \backslash \{0\}$、$\mathbb{R} \backslash \{0\}$、$\mathbb{Q} \backslash \{0\}$ 在普通乘法 "×" 下均为群, 这里, 单位元是 "1", a 的逆元为 $1/a$.

3. 整数集 $\mathbb{Z}$ 在普通乘法下为半群, 它是含幺半群. $\mathbb{Z} \backslash \{0\}$ 在普通乘法下也不是群, 因为只要 $z \neq \pm 1$, 则它无逆元.

4. 所有的 $m \times n$ 矩阵, 记作 $\mathcal{M}_{m \times n}$, 在普通矩阵加法下构成一个群. 这里, 单位元是 "0" (零矩阵), A 的逆元为 $-A$.

5. 所有的 $n \times n$ 可逆实 (复) 矩阵, 记作 $GL(n, \mathbb{R})$ (相应地, $GL(n, \mathbb{C})$), 在普通矩阵乘法下构成一个群. 这里, 单位元是 I_n, A 的逆元为 A^{-1}. 这个群称为一般线性群.

6. 在 1, 2, 4 中的群都是阿贝尔群; 5 中的群不是.

下面讨论子群.

定义 6.1.2 设 G 为一个群, $H \subset G$. 如果依 G 上的运算 H 也是一个群, 则称 H 为 G 的子群, 记作 $H < G$.

下面的命题给出判定子群的简单方法.

命题 6.1.1 设 G 为一个群, 且有非空子集 $H \subset G$. $H < G$ 当且仅当对 H 中任意两个元素 $a, b \in H$ 均满足

$$a^{-1}b \in H. \tag{6.1.1}$$

例 6.1.2 考虑一般线性群 $GL(n, \mathbb{R})$. 这是一个极其重要的群, 它的许多子群同样重要.

1. 设 $SL(n, \mathbb{R}) \subset GL(n, \mathbb{R})$ 为行列式值为 1 的 $n \times n$ 矩阵集. 容易证明, 它是一个子群, 即

$$SL(n, \mathbb{R}) < GL(n, \mathbb{R}).$$

这个群称为特殊线性群.

2. 记 $O(n, \mathbb{R})$ 为实正交矩阵集合. 容易证明, 它是一个子群:

$$O(n, \mathbb{R}) < GL(n, \mathbb{R}).$$

这个群称为正交群.

3. 设 $SO(n, \mathbb{R}) = SL(n, \mathbb{R}) \cap O(n, \mathbb{R})$, 则

$$SO(n, \mathbb{R}) < SL(n, \mathbb{R}) \quad 且 \quad SO(n, \mathbb{R}) < O(n, \mathbb{R}).$$

这个群称为特殊正交群.

例 6.1.3 设 G 为一群, $a \in G$, 那么

$$\langle a \rangle := \{a^k \mid k \in \mathbb{Z}\}.$$

容易看出, 它是一个阿贝尔群, 称为由 a 生成的循环群. 显然, $\langle a \rangle < G$, 即 $\langle a \rangle$ 为 G 的一个子群. 使 $a^k = e$ (e 为单位元) 的最小正数 k 称为 a 的阶. 如果不存在这样的正数, 则称 a 的阶为无穷大.

定理 6.1.1 (Cauchy)　设 $|G| = n$, $p > 1$ 是 n 的一个因子, 则存在 $a \in G$, 使 a 的阶为 p. 换言之, G 有 p 阶循环子群.

例 6.1.4　考虑 $\mathbb{Z}_n := \{0, 1, 2, \cdots, n-1\}$, 定义其上的运算为

$$a * b := a + b \quad (\text{mod } n).$$

容易验证, 这是一个群.

现在考虑 $\mathbb{Z}_{12}$. 不难验证: 它长度为 p 的循环子群有

$$p = 12 : \langle 1 \rangle, \quad p = 6 : \langle 2 \rangle, \quad p = 4 : \langle 3 \rangle,$$
$$p = 3 : \langle 4 \rangle, \quad p = 2 : \langle 6 \rangle, \quad p = 1 : \langle 0 \rangle.$$

当然, 这些未必是唯一的. 例如: $|\langle 7 \rangle| = 12$.

6.2　正规子群与商群

定义 6.2.1　设 $H < G$. 对 G 中的任一元素 $g \in G$, 定义 g 的右 (左) 陪集为 $Hg = \{hg \,|\, h \in H\}$ (相应地, $gH = \{gh \,|\, h \in H\}$). g 称为右陪集 Hg (或左陪集 gH) 的代表元.

命题 6.2.1　右 (左) 陪集是群的一个分割, 即对任意两个 $g_1, g_2 \in G$, Hg_1 和 Hg_2 (g_1H 和 g_2H) 或者完全一样, 或者不相交 (无公共元).

根据命题 6.2.1, 群中的每个元素都属于且仅属于一个陪集. 特别是, 单位元只能在一个陪集中, 这只能是 H 自己. 因此, H 是所有陪集中唯一一个子群.

定义 6.2.2　设 $H < G$. 若陪集 Hx 和 Hy 完全一样, 则称 x 等价于 y, 记作 $x \overset{H}{\sim} y$.

不难证明: $a \sim b$ 当且仅当 $ab^{-1} \in H$.

注　(集合上的等价关系) 在一个非空集合 A 上的一种关系 "$\sim$" 称为等价关系, 如果它满足

(i) (自反性) $a \sim a$;

(ii) (对称性) 如果 $a \sim b$, 则 $b \sim a$;

(iii) (传递性) 如果 $a \sim b, b \sim c$, 则 $a \sim c$.

不难检验, 定义 6.2.2 中定义的等价满足上述条件.

设 G 为有限群, $H < G$. 那么容易证明:

(i) $|aH| = |bH|$ (将 aH 与 bH 一一对应);

(ii) 左陪集与右陪集个数相等 (将 aH 与 Ha 一一对应).

因此, 我们将 H 的陪集个数称为 H 在 G 中的指数, 记作 $[G:H]$. 显然

$$|H|[G:H] = |G|. \tag{6.2.1}$$

下面定义正规子群, 它是一种特殊的子群, 在群的结构分析中起着重要作用.

定义 6.2.3 G 的一个子群 $H < G$ 称为 G 的正规子群, 如果

$$gH = Hg, \quad \forall g \in G.$$

如果 H 是 G 的正规子群, 则记 $H \lhd G$.

设 H 为 G 的一个正规子群, $H \lhd G$. 此时, 依定义左、右陪集相等. 在陪集 $\{gH \mid g \in G\}$ 上定义运算 "×" 如下:

$$aH \times bH = abH. \tag{6.2.2}$$

由于陪集 aH 的代表元 a 不唯一, 需证明式 (6.2.2) 定义的乘法 "×" 的合理性, 即它不依赖于代表元的选择 (留作习题).

命题 6.2.2 设 $H < G$, 则 $H \lhd G$, 当且仅当

$$g^{-1}hg \in H, \quad \forall g \in G, \ \forall h \in H.$$

定义 6.2.4 设 $H \lhd G$. H 的陪集集合 $\{gH \mid g \in G\}$ 加上式 (6.2.2) 定义的运算构成一个群, 称为 G 对 H 的商群, 记作 G/H.

例 6.2.1 考虑行列式值为正的矩阵集合, $P = \{A \in M_{n \times n} \mid \det(A) > 0\}$. 容易证明, $P \lhd GL(n, \mathbb{R})$. 首先, 它是 $GL(n, \mathbb{R})$ 的一个子群, 这是因为, 设 $A, B \in P$, 则

$$\det(A^{-1}B) = [\det(A)]^{-1}\det(B) > 0.$$

故 $A^{-1}B \in P$. 要证明它是正规子群, 取 $g \in GL(n, \mathbb{R})$, 则

$$\det(g^{-1}Ag) = [\det(g)]^{-1}\det(A)\det(g) > 0, \quad \forall g \in GL(n, \mathbb{R}), \quad A \in P,$$

即 $g^{-1}Ag \in P$. 不难看出 $GL(n, \mathbb{R})$ 对 P 的陪集集合含两个陪集: $P, N = gP$, 这里 $\det(g) < 0$. 因此, 商空间即 $\{P, N\}$, 其上的乘法可定义为:

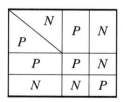

6.3 置换群

定义 6.3.1 给定一个非空集合 A, 记所有 $A \to A$ 的可逆映射的集合为 $\mathbf{S}_A$. $\mathbf{S}_A$ 上的运算为映射的复合 "$\circ$", 即设 $F_1, F_2 \in \mathbf{S}_A$, 则 $F_2 \circ F_1 \in \mathbf{S}_A$, 定义为

$$F_2 \circ F_1(a) = F_2(F_1(a)), \quad \forall\, a \in A.$$

显然, $(\mathbf{S}_A, \circ)$ 构成一个群, 它的单位元是恒等映射, 而每个映射的逆元就是它的逆映射. 这个群称为 A 的置换群.

当 $|A| < \infty$ 时, 不失一般性, 记 $A = \{1, 2, \cdots, n\}$, 这时 $\mathbf{S}_A$ 记作 $\mathbf{S}_n$, 称为 n 阶置换群 (也称 n 阶对称群[35]).

n 阶置换群的记号曾在第 5 章介绍过. 例如, $n = 4$, $\alpha, \beta \in \mathbf{S}_4$ 为

$$\alpha = \begin{pmatrix} 1 & 2 & 3 & 4 \\ 3 & 2 & 4 & 1 \end{pmatrix}, \quad \beta = \begin{pmatrix} 1 & 2 & 3 & 4 \\ 1 & 4 & 2 & 3 \end{pmatrix},$$

则 $\alpha \circ \beta = \begin{pmatrix} 1 & 2 & 3 & 4 \\ 3 & 1 & 2 & 4 \end{pmatrix}$.

简记为 $\alpha = (1\ 3\ 4), \beta = (2\ 4\ 3)$, 那么 $\alpha \circ \beta = (2\ 1\ 3)$. 这样的形式称为轮换式. 一般元 $a \in \mathbf{S}_n$ 可写成若干个互不相交的轮换的积:

$$\left(a_1^1\ a_2^1\ \cdots\ a_{n_1}^1\right)\left(a_1^2\ a_2^2\ \cdots\ a_{n_2}^2\right)\cdots\left(a_1^s\ a_2^s\ \cdots\ a_{n_s}^s\right),$$

它表示 $a_i^k \to a_{i+1}^k$, $i = 1, 2, \cdots, n_k - 1$; $a_{n_k}^k \to a_1^k$, $k = 1, 2, \cdots, s$. 在一般轮换式中, 长度为 1 的轮换可略去.

单位元是恒等映射, 至于逆元, 则是反向映射, 即交换矩阵上下行. 例如

$$\alpha^{-1} = \begin{pmatrix} 1 & 2 & 3 & 4 \\ 4 & 2 & 1 & 3 \end{pmatrix},$$

或写成 $\alpha^{-1} = (1\ 4\ 3)$ 等.

设 $\sigma \in \mathbf{S}_n$, 将 σ 写成轮换式, 长度为 1 的轮换 r_1 个, 长度为 2 的轮换 r_2 个, $\cdots$, 长度为 n 的轮换 r_n 个, 则称它具有 $(r_1, r_2, \cdots, r_n)$ 型置换. 例如

$$\sigma = \begin{pmatrix} 1 & 2 & 3 & 4 & 5 & 6 & 7 & 8 \\ 1 & 5 & 8 & 2 & 7 & 6 & 4 & 3 \end{pmatrix} \in \mathbf{S}_8,$$

σ 可写成 $\sigma = (2\ 5\ 7\ 4)(3\ 8)$, 它的置换型为 $(2, 1, 0, 1, 0, 0, 0, 0)$. 容易看出, 置换型是唯一的.

命题 6.3.1 (轮换与对换间的关系)

1. 任一轮换都可由对换生成.

2. 任一对换都可由对换 $\{(1\ t)|t = 2, 3, \cdots, n\}$ 生成.

3. 每个偶对换 $(i\ j)(s\ t)$ 都可以由 $\{(1\ 2\ i)|i = 1, 2, \cdots, n\}$ 生成.

证明   1.   这是因为

$$(i_1\ i_2\ \cdots\ i_s) = (i_1\ i_s)(i_1\ i_{s-1})\ \cdots\ (i_1\ i_3)\ (i_1\ i_2).$$

2.   这是因为

$$(i_1\ i_2) = (1, i_2)(1, i_1)(1, i_2).$$

3.   这是因为

$$(i\ j)(s\ t) = (1\ 2\ i)(1\ 2\ t)(1\ 2\ j)(1\ 2\ s)(1\ 2\ i)(1\ 2\ t).$$

$\square$

定义 6.3.2   给定一个置换 $\sigma \in \mathbf{S}_n$. 一个矩阵 P_σ 称为 σ 所对应的置换矩阵, 如果其元素满足

$$p_{i,j} = \begin{cases} 1, & i = \sigma(j) \\ 0, & \text{其他}. \end{cases} \tag{6.3.1}$$

显然, 置换矩阵是正交阵, 即

$$P^{\mathrm{T}} = P^{-1}. \tag{6.3.2}$$

如果用 $i \sim \delta_n^i$, 则有

$$\delta_n^{\sigma(i)} = P_\sigma \delta_n^i. \tag{6.3.3}$$

置换群不仅在应用上很重要, 下面的定理 (Cayley 定理) 表明, 它在理论上也很重要.

定理 6.3.1 (Cayley 定理)   任何一个群同构于一个置换群.

注   群 $(G, \oplus)$ 和群 $(H, \odot)$ 称为同构的, 如果存在一个双向一对一的映射 $\varphi: G \to H$, 满足

$$\varphi(g_1 \oplus g_2) = \varphi(g_1) \odot \varphi(g_2), \quad \forall g_1, g_2 \in G.$$

φ 称为同构映射.

6.4 群作用与群轨道

定义 6.4.1 　 1. 设 G 为一个群, M 为一个集合, 称 G 为 M 上的一个作用, 如果存在一个映射 $\phi: G \times M \to M$, 使得

- 单位元为恒等作用, 即

$$\phi(e, m) = m, \quad \forall m \in M;$$

- 满足结合律, 即

$$\phi(g_1, \phi(g_2, m)) = \phi(g_1 g_2, m), \quad g_1, g_2 \in G, \ m \in M.$$

2. 记 $T_m = \{gm \mid g \in G\}$, T_m 称为通过 m 的群轨道.

命题 6.4.1 　 群作用将集合分割成若干互不相交的子集, 每个子群为一连通的群轨道.

例 6.4.1 　 (线性系统与群轨道)

1. 设一个质点可以在 $X = \{1, 2, \cdots, n\}$ 这 n 个位置移动. 不妨将 i 等同 δ_n^i, $i = 1, 2, \cdots, n$. 设

$$x(t + 1) = Mx(t), \tag{6.4.1}$$

这里 $M \in \mathcal{L}_{n \times n}$. $m_{i,j} = 1$ 表示: 若质点在 t 时刻位于 i, 则它在 $t + 1$ 时刻将从 i 移动到 j. 设 $k \geqslant 1$ 为最小整数, 使

$$M^k = I_n,$$

则 $G = \{M^i | i = 1, 2, \cdots, k\}$ 是一个群. 通过 x_0 的群轨道通常称为 x_0 的可达集.

2. 考虑 $\mathbb{R}^n$ 上的一个线性系统

$$\dot{x}(t) = Ax(t), \tag{6.4.2}$$

则其轨道可视为 $G = \left\{ e^{At} \ \middle| \ t \in \mathbb{R} \right\}$ 在 $\mathbb{R}^n$ 上的作用. 这里容许负时间, 故 G 是一个群.

6.5 习题与课程探索

6.5.1 习题

1. 在 $\mathbb{Z}_n$ 中, 证明: 如果 $\gcd(k, n) = r$, 那么

$$|\langle k \rangle| = \frac{n}{r}.$$

2. 在 $\mathbf{S}_5$ 中, $\sigma = (1,2), \tau = (2,5,1), \mu = (2,3,4)$. 试计算

$$\sigma \times \tau; \quad \tau \times \mu \times \sigma.$$

3. 在 $\mathbf{S}_5$ 中, 考虑以下的子群:

    (i)   由 $(1,2)$ 生成的子群;

    (ii)   由 $\{(i,i+1) \mid i = 1,2,3,4\}$ 生成的子群.

4. 证明非零四元数在其乘法下构成一个群. 这个群是阿贝尔群吗? (参见例 5.3.2)

5. 正规子群有若干等价的定义方法, 这在使用上提供了很大的方便. 证明以下的说法等价:

- $H \lhd G$;

- $gH = Hg, \forall g \in G$;

- $gHg^{-1} = H$;

- $gHg^{-1} \subset H, \forall g \in G$;

- $ghg^{-1} \in H, \forall g \in G, \forall h \in H$.

6. 证明: 式 (6.2.2) 所定义的乘法不依赖于代表元的选择.

7. 考虑 $GL(n,\mathbb{R})$ 在 $\mathbb{R}^n$ 上的作用, 证明任意一点都在另一点的轨线上.

8. 考虑 $SO(n,\mathbb{R})$ 在 $\mathbb{R}^n$ 上的作用.

- $p \in \mathbb{R}^2$, 求 p 在 $SO(2,\mathbb{R})$ 下的轨线;

- $p \in \mathbb{R}^3$, 求 p 在 $SO(3,\mathbb{R})$ 下的轨线.

9. 设 $\varphi : G \to \tilde{G}$ 为一同构映射, 则

$$\varphi(e) = \tilde{e},$$

这里 e 和 $\tilde{e}$ 分别为 G 和 $\tilde{G}$ 的单位元, 并且

$$\varphi(a^{-1}) = (\varphi(a))^{-1}, \quad a \in G.$$

试证之.

6.5.2 课程探索

1. 一个集合 G, 设在 G 上有两种运算 "+"和"×". 如果它满足

- $(G, +)$ 是一个阿贝尔群, 其单位元记作 0;

- $(G\backslash\{0\}, \times)$ 是一个阿贝尔群, 其单位元记作 1;

- (分配律)

$$(a + b) \times c = a \times c + b \times c, \quad a, b, c \in G,$$

则 G 称为一个域. 证明实数、复数、有理数在普通数加和数乘下均为域.

2. 考虑 $\mathbb{Z}_p = \{0, 1, \cdots, p - 1\}$, 这里 $p > 1$. 在 $\mathbb{Z}_p$ 上定义两种运算 "⊕"和"⊗" 如下:

$$a \oplus b := a + b \quad (\text{mod } p), \quad a, b \in \mathbb{Z}_p;$$
$$a \otimes b := ab \quad (\text{mod } p), \quad a, b \in \mathbb{Z}_p.$$

问 $\mathbb{Z}_p$ 在这两种运算下是否为域? (提示: 依 p 是否为质数考虑.)

第 7 章　张量*

张量是一个重要的数学概念, 它在物理学尤其是力学等领域中有重要作用. 近期研究发现, 张量与超矩阵及超图关系密切. 揭示它们之间的内在联系是一个前沿科研课题, 它可望为相关的工程师提出一个新的计算工具. 本章介绍有关张量的基础知识. 本章内容及相关证明可参考文献 [37].

7.1　张量的一般形式

设 V 为一个 n 维向量空间. 一个映射 $\phi: \underbrace{V \times \cdots \times V}_{k} \to \mathbb{R}$ 称为多线性映射, 如果它满足如下的线性条件:

1. (齐次性)

$$\phi(X_1, X_2, \cdots, cX_r, \cdots, X_k) = c\phi(X_1, X_2, \cdots, X_r, \cdots, X_k);$$

2. (分配律)

$$\phi(X_1, X_2, \cdots, Y_r + Z_r, \cdots, X_k) = \phi(X_1, X_2, \cdots, Y_r, \cdots, X_k) + \phi(X_1, X_2, \cdots, Z_r, \cdots, X_k).$$

设 $\{e_1, e_2, \cdots, e_n\}$ 为 V 的一组基. V 的对偶空间记作 V^*, 它是 V 上的线性映射的集合. V^* 的一组基 $\{d^1, d^2, \cdots, d^n\}$ 称为 $\{e_1, e_2, \cdots, e_n\}$ 的对偶基, 如果它满足

$$d^i(e_j) = \begin{cases} 1, & i = j, \\ 0, & i \neq j. \end{cases}$$

定义 7.1.1　设 V 为一个 n 维向量空间, 一个多线性映射

$$\phi: \underbrace{V \times \cdots \times V}_{r} \times \underbrace{V^* \times \cdots \times V^*}_{s} \to \mathbb{R}$$

称为 V 上的张量, 这里 r 称为协变阶, s 称为逆变阶. 映射 ϕ 简称为一个 (r, s) 张量. 所有 (r, s) 张量的集合记作 $\mathcal{T}_s^r(V)$.

记

$$\gamma_{j_1, j_2, \cdots, j_s}^{i_1, i_2, \cdots, i_r} = \phi(e_{i_1}, e_{i_2}, \cdots, e_{i_r}, d^{j_1}, d^{j_2}, \cdots, d^{j_s}), \quad 1 \leqslant i_1, i_2, \cdots, i_r \leqslant n, \ 1 \leqslant j_1, j_2, \cdots, j_s \leqslant n.$$

那么

$$\Gamma := \left\{ \gamma_{j_1, j_2, \cdots, j_s}^{i_1, i_2, \cdots, i_r} \ \middle| \ 1 \leqslant i_1, i_2, \cdots, i_r \leqslant n, \ 1 \leqslant j_1, j_2, \cdots, j_s \leqslant n \right\}$$

是一个 $r + s$ 阶、n 维的超方阵.

构造一个矩阵

$$M^\Gamma := M^\Gamma_{(j_1, j_2, \cdots, j_s) \times (i_1, i_2, \cdots, i_r)}.$$

则得

$$M^\Gamma = \begin{pmatrix} \gamma^{11\cdots1}_{11\cdots1} & \cdots & \gamma^{11\cdots n}_{11\cdots1} & \cdots & \gamma^{nn\cdots1}_{11\cdots1} & \cdots & \gamma^{nn\cdots n}_{11\cdots1} \\ \vdots & & \vdots & & \vdots & & \vdots \\ \gamma^{11\cdots1}_{11\cdots n} & \cdots & \gamma^{11\cdots n}_{11\cdots n} & \cdots & \gamma^{nn\cdots1}_{11\cdots n} & \cdots & \gamma^{nn\cdots n}_{11\cdots n} \\ \vdots & & \vdots & & \vdots & & \vdots \\ \gamma^{11\cdots1}_{nn\cdots1} & \cdots & \gamma^{11\cdots n}_{nn\cdots1} & \cdots & \gamma^{nn\cdots1}_{nn\cdots1} & \cdots & \gamma^{nn\cdots n}_{nn\cdots1} \\ \vdots & & \vdots & & \vdots & & \vdots \\ \gamma^{11\cdots1}_{nn\cdots n} & \cdots & \gamma^{11\cdots n}_{nn\cdots n} & \cdots & \gamma^{nn\cdots1}_{nn\cdots n} & \cdots & \gamma^{nn\cdots n}_{nn\cdots n} \end{pmatrix}, \tag{7.1.1}$$

称它为 ϕ 的结构矩阵. 记向量 $X \in V$ 为一列向量 $X = (a_1, a_2, \cdots, a_n)^{\mathrm{T}}$, 即 $X = \sum\limits_{i=1}^{n} a_i e_i$. 同样, 一个余向量 $\omega \in V^*$, 记作一个行向量 $\omega = (b_1, b_2, \cdots, b_n)$, 即 $\omega = \sum\limits_{i=1}^{n} b_i d^i$. 那么我们有如下算法:

命题 7.1.1

$$\begin{aligned} \phi(X_1, X_2, \cdots, X_r, \omega_1, \omega_2, \cdots, \omega_s) &= (\omega_1 \otimes \omega_2 \otimes \cdots \otimes \omega_s) M^\Gamma (X_1 \otimes X_2 \otimes \cdots \otimes X_r) \\ &= \ltimes^1_{j=s} \omega_j M^\Gamma \ltimes^r_{i=1} X_i. \end{aligned} \tag{7.1.2}$$

协变阶 $r = 0$ 及逆变阶 $s = 0$ 是两个重要的特殊情况. 我们简单地记 $\mathcal{T}^r := \mathcal{T}^r_0$, 其元素称为 r 阶协变张量. 记 $\mathcal{T}_s := \mathcal{T}^0_s$, 其元素称为 s 阶逆变张量.

例 7.1.1 设 $\pi \in \mathcal{T}^3(\mathbb{R}^3)$, 定义为

$$\pi(X, Y, Z) = (X \times Y) \cdot Z, \quad X, Y, Z \in \mathbb{R}^3. \tag{7.1.3}$$

这里 "$\times$" 是叉积, "$\cdot$" 是点积. 熟知, $V = \pi(X, Y, Z)$ 为以 X, Y, Z 为棱构成的平行六面体的体积 (当 X-Y-Z 成右手系时为正, 为左手系时为负).

π 显然是一个张量. 如果取标准坐标基底 $e_1 = \delta^3_1, e_2 = \delta^3_2, e_3 = \delta^3_3$, 那么容易算出

$$\gamma^{111} = \left\langle \begin{bmatrix} 1 \\ 0 \\ 0 \end{bmatrix} \times \begin{bmatrix} 1 \\ 0 \\ 0 \end{bmatrix}, \begin{bmatrix} 1 \\ 0 \\ 0 \end{bmatrix} \right\rangle = 0.$$

类似地可算出非零元素有

$$\gamma^{123} = \gamma^{132} = \gamma^{231} = 1, \quad \gamma^{213} = \gamma^{312} = \gamma^{321} = -1.$$

于是, 结构矩阵为

$$M^\pi = [0, 0, 0, 0, 0, 1, 0, 1, 0, 0, 0, -1, 0, 0, 0, 1, 0, 0, 0, -1, 0, -1, 0, 0, 0, 0, 0].$$

令 $X = (x_1, x_2, x_3)^{\mathrm{T}}, Y = (y_1, y_2, y_3)^{\mathrm{T}}, Z = (z_1, z_2, z_3)^{\mathrm{T}}$. 于是

$$\pi(X, Y, Z) = M^\pi XYZ = x_1 y_2 z_3 + x_1 y_3 z_2 - x_2 y_1 z_3 + x_2 y_3 z_1 - x_3 y_1 z_2 - x_3 y_2 z_1.$$

下面我们定义两个张量的乘积, 称张量积.

定义 7.1.2　设 $\xi \in \mathcal{T}_s^r, \eta \in \mathcal{T}_q^p$, 那么其张量积 $\xi \otimes \eta \in \mathcal{T}_{s+q}^{r+p}$ 由下式定义:

$$\xi \otimes \eta(X_1, X_2, \cdots, X_{r+p}; \omega_1, \omega_2, \cdots, \omega_{s+q})$$

$$= \xi(X_1, X_2, \cdots, X_r; \omega_1, \omega_2, \cdots, \omega_s)\eta(X_{r+1}, X_{r+2}, \cdots, X_{r+p}; \omega_{s+1}, \omega_{s+2}, \cdots, \omega_{s+q}). \tag{7.1.4}$$

张量积的结构矩阵是结构矩阵的张量积. 我们将它叙述为一个命题, 证明留给读者.

命题 7.1.2　设 ξ 和 η 的结构矩阵分别为 M_ξ 及 M_η, 那么 $\xi \otimes \eta$ 的结构矩阵为

$$M_{\xi \otimes \eta} = M_\xi \otimes M_\eta. \tag{7.1.5}$$

7.2　协变张量

协变张量 $\sigma \in \mathcal{T}^r(V)$ 有特殊的重要性, 下面着重讨论它们.

定义 7.2.1　映射 $\phi \in \mathcal{T}^r(V)$ 称为一个对称协变张量, 如果

$$\phi(X_1, X_2, \cdots, X_i, \cdots, X_j, \cdots, X_r) = \phi(X_1, X_2, \cdots, X_j, \cdots, X_i, \cdots, X_r), \quad \forall X_t \in V.$$

映射 ϕ 称为一个反对称协变张量, 如果

$$\phi(X_1, X_2, \cdots, X_i, \cdots, X_j, \cdots, X_r) = -\phi(X_1, X_2, \cdots, X_j, \cdots, X_i, \cdots, X_r), \quad \forall X_t \in V.$$

记 $\mathcal{S}^k(V) \subset \mathcal{T}^k(V)$ 为 k 阶对称协变张量集合, $\Omega^k(V) \subset \mathcal{T}^k(V)$ 为 k 阶反对称协变张量集合.

我们先研究反对称的情况. 首先可知:

命题 7.2.1

$$\Omega^k(V) = \{0\}, \quad k > n.$$

证明　要证明这一点, 先考察一个反对称张量 ϕ, 如果 $X_i = X_j$, 那么

$$\begin{aligned}
\phi(X_1, X_2, \cdots, X_i, \cdots, X_j, \cdots, X_r) &= -\phi(X_1, X_2, \cdots, X_j, \cdots, X_i, \cdots, X_r) \\
&= -\phi(X_1, X_2, \cdots, X_i, \cdots, X_j, \cdots, X_r).
\end{aligned}$$

因此它等于零. 现在假定 $r > n$, 并设 X_i 为基底 $\{e_1, e_2, \cdots, e_n\}$ 中某个元. 显然 $\phi(e_{i_1}, e_{i_2}, \cdots, e_{i_r}) = 0$, 因为 $e_{i_1}, e_{i_2}, \cdots, e_{i_r}$ 中至少有两个是一样的, 由上面的讨论可知其为零. 再由多线性性, $\phi(X_1, X_2, \cdots, X_r)$ 是基底项 $\phi(e_{i_1}, e_{i_2}, \cdots, e_{i_r})$ 的线性组合, 因此它也等于零.　　　　　　　　　　　　　　　　　　　　　　　　　　　　　　□

由命题 7.2.1 可以得到

$$\Omega(V) = \Omega^0(V) \oplus \Omega^1(V) \oplus \cdots \oplus \Omega^n(V).$$

它称为反对称张量空间, 这里 $\Omega^0(V) := \mathbb{R}$. 下面我们定义两个映射, 分别称为对称映射和反对称映射, 它们可以将一般张量变为对称的或反对称的.

定义 7.2.2　对称映射 $\mathcal{P} : \mathcal{T}^r(V) \to \mathcal{S}^r(V)$ 定义为

$$\mathcal{P}(\phi)(X_1, X_2, \cdots, X_r) = \frac{1}{r!} \sum_{\sigma \in \mathbf{S}_r} \phi(X_{\sigma(1)}, X_{\sigma(2)}, \cdots, X_{\sigma(r)}). \tag{7.2.1}$$

反对称映射 $\mathcal{A} : \mathcal{T}^r(V) \to \Omega^r(V)$ 定义为

$$\mathcal{A}(\phi)(X_1, X_2, \cdots, X_r) = \frac{1}{r!} \sum_{\sigma \in \mathbf{S}_r} \mathrm{sgn}(\sigma) \phi(X_{\sigma(1)}, X_{\sigma(2)}, \cdots, X_{\sigma(r)}), \tag{7.2.2}$$

这里 $\mathbf{S}_r$ 是 k 阶对称群.

例 7.2.1　设 $\phi \in \mathcal{T}^3(V)$. 求解 $\mathcal{P}(\phi)$ 及 $\mathcal{A}(\phi)$.

解: 先讨论 3 阶对称群 S_3. 记 $S_3 = \{\sigma_1, \sigma_2, \cdots, \sigma_6\}$, 其中

$$\sigma_1 = \begin{pmatrix} 1 & 2 & 3 \\ 1 & 2 & 3 \end{pmatrix}, \quad \sigma_2 = \begin{pmatrix} 1 & 2 & 3 \\ 1 & 3 & 2 \end{pmatrix}, \quad \sigma_3 = \begin{pmatrix} 1 & 2 & 3 \\ 2 & 1 & 3 \end{pmatrix},$$

$$\sigma_4 = \begin{pmatrix} 1 & 2 & 3 \\ 2 & 3 & 1 \end{pmatrix}, \quad \sigma_5 = \begin{pmatrix} 1 & 2 & 3 \\ 3 & 1 & 2 \end{pmatrix}, \quad \sigma_6 = \begin{pmatrix} 1 & 2 & 3 \\ 3 & 2 & 1 \end{pmatrix}.$$

因此

$$\begin{aligned} \mathcal{P}(\phi)(X_1, X_2, X_3) = \ & \tfrac{1}{6}[\phi(X_1, X_2, X_3) + \phi(X_1, X_3, X_2) + \phi(X_2, X_1, X_3) + \\ & \phi(X_2, X_3, X_1) + \phi(X_3, X_1, X_2) + \phi(X_3, X_2, X_1)]. \end{aligned}$$

一个置换的符号为 $(-1)^k$, 这里 k 是实现置换的对换个数. 于是 $\mathrm{sgn}(\sigma_1) = (-1)^0 = 1$, $\mathrm{sgn}(\sigma_2) = (-1)^1 = -1$, $\mathrm{sgn}(\sigma_3) = (-1)^1 = -1$, $\mathrm{sgn}(\sigma_4) = (-1)^2 = 1$, $\mathrm{sgn}(\sigma_5) = (-1)^2 = 1$, $\mathrm{sgn}(\sigma_6) = (-1)^5 = -1$. 因此

$$\begin{aligned} \mathcal{A}(\phi)(X_1, X_2, X_3) = \ & \tfrac{1}{6}[\phi(X_1, X_2, X_3) - \phi(X_1, X_3, X_2) - \phi(X_2, X_1, X_3) + \\ & \phi(X_2, X_3, X_1) + \phi(X_3, X_1, X_2) - \phi(X_3, X_2, X_1)]. \end{aligned}$$

命题 7.2.2　设 V 为 n 维向量空间, 则 $\Omega(V)$ 的维数是

$$\dim(\Omega(V)) = 2^n. \tag{7.2.3}$$

证明　注意到 $\phi \in \mathcal{T}^k(V)$ 是由

$$\phi(e_{i_1}, e_{i_2}, \cdots, e_{i_k}), \quad 1 \leqslant i_1 < i_2 < \cdots < i_k \leqslant n$$

唯一决定的, 换言之

$$\left\{ \mathcal{A}\left(d^{i_1} \otimes d^{i_2} \otimes \cdots \otimes d^{i_k}\right) \,\middle|\, 1 \leqslant i_1 < i_2 < \cdots < i_k \leqslant n \right\}$$

是 $\mathcal{T}^k(V)$ 的一个基. 因此 $\dim(\Omega^k(V)) = \binom{n}{k}$. 结论显见.　　　　□

7.3　楔积

反对称张量的楔积在张量分析中是很重要的.

定义 7.3.1　设 $\phi \in \Omega^r(V)$ 及 $\psi \in \Omega^s(V)$. 楔积 $\wedge : \phi \wedge \psi$ 定义为

$$\phi \wedge \psi = \frac{(r+s)!}{r!s!} \mathcal{A}(\phi \otimes \psi) \in \Omega^{r+s}(V). \tag{7.3.1}$$

下面给出一个例子.

例 7.3.1　设 $\phi \in \Omega^2(V)$ 及 $\psi \in \Omega^1(V)$, 那么

$$
\begin{aligned}
\phi \wedge \psi(X_1, X_2, X_3) &= \frac{3!}{2!1!} \mathcal{A}(\phi \otimes \psi)(X_1, X_2, X_3) \\
&= \frac{3!}{2!1!} \frac{1}{3!} \sum_{\sigma \in S_3} \text{sgn}(\alpha)(\phi \otimes \psi)(X_{\sigma(1)}, X_{\sigma(2)}, X_{\sigma(3)}) \\
&= \frac{1}{2}[(\phi \otimes \psi)(X_1, X_2, X_3) - (\phi \otimes \psi)(X_1, X_3, X_2) - \\
&\quad (\phi \otimes \psi)(X_2, X_1, X_3) + (\phi \otimes \psi)(X_2, X_3, X_1) + \\
&\quad (\phi \otimes \psi)(X_3, X_1, X_2) - (\phi \otimes \psi)(X_3, X_2, X_1)] \\
&= \frac{1}{2}[\phi(X_1, X_2)\psi(X_3) - \phi(X_1, X_3)\psi(X_2) - \phi(X_2, X_1)\psi(X_3) + \\
&\quad \phi(X_2, X_3)\psi(X_1) + \phi(X_3, X_1)\psi(X_2) - \phi(X_3, X_2)\psi(X_1)] \\
&= \phi(X_1, X_2)\psi(X_3) - \phi(X_1, X_3)\psi(X_2) + \phi(X_2, X_3)\psi(X_1).
\end{aligned}
$$

下面给出楔积的一些基本性质. 它们均可由定义直接计算而得到证明.

命题 7.3.1　(楔积的基本性质)

1. (双线性性)
$$\phi \wedge (\psi_1 + \psi_2) = \phi \wedge \psi_1 + \phi \wedge \psi_2. \tag{7.3.2}$$

2. (结合律)
$$\phi \wedge (\psi \wedge \eta) = (\phi \wedge \psi) \wedge \eta. \tag{7.3.3}$$

3. 如果 $\phi \in \Omega^r(V)$ 且 $\psi \in \Omega^s(V)$, 那么
$$\phi \wedge \psi = (-1)^{rs} \psi \wedge \phi. \tag{7.3.4}$$

4. 设 $\phi_i \in \Omega^{r_i}(V), i = 1, 2, \cdots, k$, 那么
$$\phi_1 \wedge \phi_2 \wedge \cdots \wedge \phi_r = \frac{(r_1 + r_2 + \cdots + r_k)!}{r_1! r_2! \cdots r_k!} \mathcal{A}(\phi_1 \otimes \phi_2 \otimes \cdots \otimes \phi_k). \tag{7.3.5}$$

7.4 习题与课程探索

7.4.1 习题

1. 设 V 为一 n 维向量空间, 其基底为 $\{e_1, e_2, \cdots, e_n\}$. 映射 $\pi \in \mathcal{T}^2(V)$ 满足
$$\pi(e_i, e_j) = a_{i,j}, \quad i, j = 1, 2, \cdots, n.$$

- 设 $X, Y \in V$, 给出 $\pi(X, Y)$ 的计算公式.
- π 在什么时候是对称的? 什么时候是反对称的?

2. 当 $k = 2$ 时, 我们知道
$$\mathcal{T}^k(V) = \mathcal{S}^k(V) \oplus \Omega^k(V), \tag{7.4.1}$$
即任何一个二阶协变张量都可以分解成一个二阶对称协变张量和一个二阶反对称协变张量之和. 问: 当 $k > 2$ 时式 (7.4.1) 还成立吗?

3. 设 $\omega \in \mathbb{R}^3$ 为一行向量, $X, Y, Z \in \mathbb{R}^3$ 为 3 个列向量. 记
$$\pi(\omega, X, Y, Z) = \omega(X \vec{\times} Y \vec{\times} Z).$$
证明 $\pi \in \mathcal{T}_1^3(\mathbb{R}^3)$, 并给出它的结构矩阵 M^π.

4. 一个 r 阶对称协变张量的结构常数集是一个 r 阶对称超方阵, 试证之.

5. 设 $\phi_i \in \Omega^1(V), i = 1, 2, \cdots, k, v_i \in V, i = 1, 2, \cdots, k$. 构造矩阵 $A = (a_{i,j}) \in \mathcal{M}_{k \times k}$ 如下:
$$a_{i,j} = \phi_i(v_j), \quad i, j = 1, 2, \cdots, k.$$
证明
$$\phi_1 \wedge \phi_2 \wedge \cdots \wedge \phi_k(v_1, v_2, \cdots, v_k) = \det(A).$$

7.4.2　课程探索

1. 怎样定义一个 k 阶 n 维反对称超方阵?

2. 从任一方阵 A 可构造出对称阵 $\frac{1}{2}(A + A^T)$ 与反对称阵 $\frac{1}{2}(A - A^T)$. 这一性质可否延伸到反对称超方阵?

第 8 章　图与超图

一般认为, 图论起源于欧拉解决哥尼斯堡城的七桥问题 (1736 年)[38], 源远流长, 是一个比较古老的数学分支. 近年来, 由于网络以及计算机科学等的发展, 图论无论在理论上还是在实际应用上又得到极大的发展. 超图则是图的一种推广, 它也是一个极具挑战性的新方向. 一般图论知识可参考文献 [39], 图的代数表示可参考文献 [40], 超图的相关知识可参考文献 [41].

8.1　图论基础

定义 8.1.1　(i) 一个图可表示为 $G = (N, E)$, 这里 $N = \{1, 2, \cdots, n\}$ 称为图的结点集, 结点个数 $|N| = n$ 称为图 G 的阶 (order); $E \subset N \times N$ 称为图的边集.

(ii) 若 $(i, j) \in E$ 则 $(j, i) \in E$, 那么称图为无向图; 否则为有向图. 无向图简称为图.

(iii) 一个图称为简单图, 如果其任意两结点间最多只能有一条边.

定义 8.1.2　(i) 一个无向图 G, 对于它的每一个结点 p, 与其相连的边的个数称为这个结点的度, 记作 $\deg(p)$.

(ii) 一个有向图 G, 对于它的每一个结点 p, 进入这个结点的边的个数称为这个结点的入度, 记作 $d_{\mathrm{i}}(p)$; 流出这个结点的边的个数称为这个结点的出度, 记作 $d_{\mathrm{o}}(p)$.

(iii) 一个无向图 G 称为规则图 (regular graph), 如果它每一点的度都一样; 一个有向图 G 称为规则图, 如果它每一点的入度和出度都一样.

例 8.1.1　我们以例子来说明无向图、有向图、规则图的概念.

1. 图 8.1.1 (a) 是一无向图.

2. 图 8.1.1 (b) 是一有向图.

3. 图 8.1.1 (a) 不是规则图, 如 $d(1) = 3$, $d(4) = 4$; 图 8.1.1 (b) 也不是规则图, 如 $d_{\mathrm{i}}(1) = 1, d_{\mathrm{o}}(1) = 2$, 但 $d_{\mathrm{i}}(2) = 2, d_{\mathrm{o}}(2) = 1$.

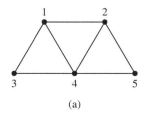 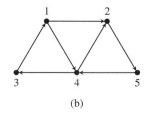

(a)　　　　　　　　(b)

图 8.1.1 无向图和有向图

定义 8.1.3 给定一个图 $G = (N, E)$.

1. $a_1 - a_2 - \cdots - a_k$ 称为一条通道 (walk), 如果 $a_i \in N, \forall\, i; (a_i, a_{i+1}) \in E, i = 1, 2, \cdots, k-1$.

2. 一条通道, 如果没有重复的边, 即 $(a_i, a_{i+1}) \neq (a_j, a_{j+1}), i \neq j$, 则称其为轨迹 (trail). 两端点相等的轨迹称为闭轨迹.

3. 一条通道, 如果除两端点可能相等外, 各端点均不相等, 则称其为路径 (path). 两端点相等的路径称为环路.

下面给出一些常见的图的例子.

例 8.1.2 (几种典型的图)

1. 具有 n 个结点的环路记作 C_n, 图 8.1.2 (a) 是 C_5.

2. C_n 去掉一条边则成一路径 P_n, 图 8.1.2 (b) 是 P_5.

3. C_{n-1} 加上一个中心, 它与其他 $n-1$ 点都相连, 则成一轮子, 记为 W_n, 图 8.1.2 (c) 是 W_5.

4. 一个图, 如果结点集可分为两部分: $N = U \cup V$, 且 $U \cap V = \varnothing$, 并且 $E\{(u,v)|u \in U, v \in V\} \subset U \times V$, 则它称为二分图. 图 8.1.2 (d) 是二分图, 这里 $U = \{1, 2, 3\}, V = \{4, 5, 6, 7\}$.

5. 每一结点的度均为 r, 即 $d(i) = r\,(\forall i \in N)$ 的规则图称为 r-规则图. 图 8.1.2 (e) 是 3-规则图.

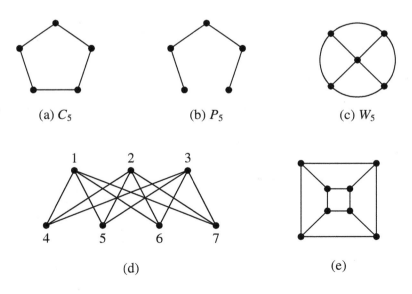

(a) C_5 (b) P_5 (c) W_5

(d)   (e)

图 8.1.2 典型图

图论最早可追溯到哥尼斯堡城的七桥问题: 普瑞格尔河流经该城, 河中有两岛 A 和 B, 两岸记作 C 和 D, 其间有七座桥, 如图 8.1.3 (a) 所示.

此间游客甚多. 某日某人提一问题: 能否从某地出发, 经过七座桥各一次, 再回到出发点? 这个问题很容易转化为图 8.1.3 (b) 所示的一笔画问题. 这个问题由欧拉于 1736 年解决了. 图论也随之诞生.

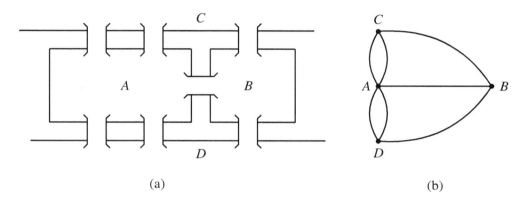

(a)　　　　　　　　　　　　　　　　　　(b)

图 8.1.3 哥尼斯堡七桥

能够一笔画的图形后来被称为欧拉图, 定义如下:

定义 8.1.4　一个无向图称为半欧拉图, 如果有一条轨迹, 它包含了所有的边. 如果这个轨迹是封闭的, 那么, 这图就称为欧拉图.

欧拉定理给出了检验欧拉图的方法.

定理 8.1.1 (欧拉定理[39]**)** 　(一笔画原理)

1. 一个无向图是欧拉图, 当且仅当它的每个结点的度均为偶数.

2. 一个无向图是半欧拉图, 当且仅当它正好有一对结点, 其度为奇数.

另一类重要的图称为哈密顿图, 它不关心一条轨迹走过的边, 而是关心一条轨线历经的点.

定义 8.1.5　一个无向图称为半哈密顿图, 如果有一条轨迹, 它每点一次地经过所有的顶点. 如果这个轨迹是封闭的, 那么, 这图就称为哈密顿图.

例 8.1.3　图 8.1.4 中, 图(a) 是哈密顿图; 图(b) 是半哈密顿图; 图(c) 是非哈密顿图.

8.2　图的生成树

定义 8.2.1　(森林和树)

1. 一个无向图称为森林 (forest), 如果它不含环路.

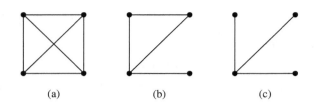

图 8.1.4 例 8.1.3 的图

2. 一个连通的森林称为树 (tree).

定义 8.2.2   设 G 为一个连通图.

1. $D \subset G$ 称为一个去连通集 (disconnecting set), 如果 $G \backslash D$ 是一个不连通集.

2. $D \subset G$ 称为一个切割集 (cut set), 如果 D 是一个去连通集, 而它的任一真子集都不是去连通集.

3. 一条边 $e \in E$ 称为桥 (bridge), 如果它是一个切割集.

例 8.2.1   在图 8.2.1 中:
1. $D = (5, 7) \cup (4, 5) \cup (4, 6) \cup (6, 8)$ 是去连通集, 但不是切割集.
2. $C = (5, 7) \cup (6, 8)$ 是切割集.
3. $B = (2, 4)$ 是桥.

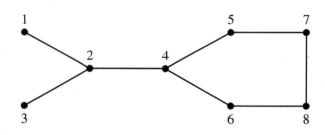

图 8.2.1 切割集

定理 8.2.1 [39]   考虑一个 n 结点无向图. 以下是关于树的几个等价条件:
(i) T 是树;
(ii) T 不含环路, 且有 $n - 1$ 条边;
(iii) T 连通, 且有 $n - 1$ 条边;
(iv) T 连通, 且每条边都是桥;
(v) 任意两点间有一条唯一的路径;
(vi) T 不含环路, 但如果加一条边, 则形成一个环路.

定义 8.2.3 (生成树和生成森林)

1. 设 G 为一连通的无向图. 一个连通的树 $T \subset G$, 它包括 G 所有的顶点, 则 T 称为 G 的生成树.

2. 设 G 有若干连通分支. 对每个分支找到其生成树, 这组生成树集合称为 G 的生成森林.

如何寻找一个连通图 G 的生成树呢? 可以这样进行: 找到 G 的一个环路, 去掉环路的一条边, 则剩余的图还是连通的. 继续这个过程, 直到没有环路, 剩下的就是 G 的一个生成树.

8.3 图的矩阵表示

本节只讨论有限图, 即 $n < \infty$.

定义 8.3.1 (邻接矩阵和图的谱)

1. 一个结点为 $n < \infty$ 的图 G, 可以用一个 $n \times n$ 矩阵来表示. 这个矩阵称为邻接矩阵 (adjacency matrix), 其定义如下: 记 $A(G) = \left(a_{i,j} \right)$, 其中

$$a_{i,j} = \begin{cases} 1, (i,j) \in E \\ 0, \text{其他}. \end{cases}$$

2. 矩阵 $A(G)$ 的特征值集合也称为图的谱 (spectrum).

例 8.3.1 回顾例 8.1.1 中的图 8.1.1.

1. 图 8.1.1 (a) 的邻接矩阵为

$$A(G_a) = \begin{bmatrix} 0 & 1 & 1 & 1 & 0 \\ 1 & 0 & 0 & 1 & 1 \\ 1 & 0 & 0 & 1 & 0 \\ 1 & 1 & 1 & 0 & 1 \\ 0 & 1 & 0 & 1 & 0 \end{bmatrix}.$$

2. 图 8.1.1 (b) 的邻接矩阵为

$$A(G_b) = \begin{bmatrix} 0 & 1 & 0 & 1 & 0 \\ 0 & 0 & 0 & 0 & 1 \\ 1 & 0 & 0 & 0 & 0 \\ 0 & 1 & 1 & 0 & 0 \\ 0 & 0 & 0 & 1 & 0 \end{bmatrix}.$$

定义 8.3.2　设 G_1, G_2 同为具有 n 个结点的图. G_1 与 G_2 称为同构的, 如果存在一个置换矩阵 $P = P_\sigma$, 这里, $\sigma \in \mathbf{S}_n$, 使得

$$P^{\mathrm{T}} A(G_1) P = A(G_2).$$

邻接矩阵反映了图的一些拓扑性质.

命题 8.3.1 [40]　设 $A := A(G)$ 为 G 的邻接矩阵.

1. 从 u 到 v 的长度为 r 的通道个数为 $(A^r)_{u,v}$.

2. 设 α 为 G 的边数, β 为其中三角形的个数, 则

$$\begin{cases} \operatorname{tr}(A^2) = 2\alpha \\ \operatorname{tr}(A^3) = 6\beta. \end{cases} \tag{8.3.1}$$

例 8.3.2　回顾例 8.1.1 中的图 8.1.1 (a). 其邻接矩阵 $A = A(G_a)$ 在例 8.3.1 中给出. 不难算出

$$A^2 = \begin{bmatrix} 3 & 1 & 1 & 2 & 2 \\ 1 & 3 & 2 & 2 & 1 \\ 1 & 2 & 2 & 1 & 1 \\ 2 & 2 & 1 & 4 & 1 \\ 2 & 1 & 1 & 1 & 2 \end{bmatrix}; \quad A^3 = \begin{bmatrix} 4 & 7 & 5 & 7 & 3 \\ 7 & 4 & 3 & 7 & 5 \\ 5 & 3 & 2 & 6 & 3 \\ 7 & 7 & 6 & 6 & 6 \\ 3 & 5 & 3 & 6 & 2 \end{bmatrix}.$$

1. 因为 $A^2_{1,1} = 3$, 那么, $1 \to 1$ 的长度为 2 的通道有 3 个. 容易验证, 这 3 个长度为 2 的通道是:

   (a) $1 \to 2 \to 1$;

   (b) $1 \to 3 \to 1$;

   (c) $1 \to 4 \to 1$.

2. 因为 $A^3_{1,2} = 7$, 那么, $1 \to 2$ 的长度为 3 的通道有 7 个. 不难找到, 它们是:

   (a) $1 \to 2 \to 1 \to 2$;

   (b) $1 \to 3 \to 1 \to 2$;

   (c) $1 \to 4 \to 1 \to 2$;

   (d) $1 \to 2 \to 4 \to 2$;

   (e) $1 \to 2 \to 5 \to 2$;

   (f) $1 \to 3 \to 4 \to 2$;

(g) $1 \to 4 \to 5 \to 2$.

3. 因为 $\text{tr}(A^2) = 2\alpha = 14$, 图形边数 $\alpha = 7$. 显然正确.

4. 因为 $\text{tr}(A^3) = 6\beta = 18$, 图形中三角形个数 $\beta = 3$. 显然正确.

定义 8.3.3 一个图 G 有 n 个结点 $\{p_1, p_2, \cdots, p_n\}$, m 条边 $\{e_1, e_2, \cdots, e_m\}$. 一个 $n \times m$ 矩阵 $B(G)$, 称为 G 的关联矩阵, 如果其元素定义为

$$b_{i,j} = \begin{cases} 1, & p_i \in e_j \\ 0, & \text{其他}. \end{cases}$$

例 8.3.3 考查图 8.1.1 (a). 记边 $(1,2)$ 为 1, $(1,3)$ 为 2, $(1,4)$ 为 3, $(2,4)$ 为 4, $(2,5)$ 为 5, $(3,4)$ 为 6, $(4,5)$ 为 7, 则其关联矩阵为

$$B(G) = \begin{bmatrix} 1 & 1 & 1 & 0 & 0 & 0 & 0 \\ 1 & 0 & 0 & 1 & 1 & 0 & 0 \\ 0 & 1 & 0 & 0 & 0 & 1 & 0 \\ 0 & 0 & 1 & 1 & 0 & 1 & 1 \\ 0 & 0 & 0 & 0 & 1 & 0 & 1 \end{bmatrix}.$$

定义度矩阵为一对角矩阵:

$$\Delta(G) = \text{diag}(d_1, d_2, \cdots, d_n),$$

这里 d_i 是结点 i 的度 $(i = 1, 2, \cdots, n)$.

命题 8.3.2 [40]

$$B(G)B(G)^{\mathrm{T}} = \Delta(G) + A(G). \tag{8.3.2}$$

我们用 $\vec{G}$ 表示一个有向图.

定义 8.3.4 一个图 $\vec{G}$ 有 n 个结点 $\{p_1, p_2, \cdots, p_n\}$, m 条边 $\{e_1, e_2, \cdots, e_m\}$. 一个 $n \times m$ 矩阵 $D(\vec{G})$, 称为 $\vec{G}$ 的关联矩阵, 如果其元素定义为

$$d_{i,j} = \begin{cases} -1, & p_i \text{ 为 } e_j \text{ 起点} \\ 1, & p_i \text{ 为 } e_j \text{ 终点} \\ 0, & \text{其他}. \end{cases}$$

例 8.3.4　考查图 8.1.1 (b). 记边 $(1,2)$ 为 1, $(1,3)$ 为 2, $(1,4)$ 为 3, $(2,4)$ 为 4, $(2,5)$ 为 5, $(3,4)$ 为 6, $(4,5)$ 为 7, 则其关联矩阵为

$$D(\vec{G}) = \begin{bmatrix} -1 & 1 & -1 & 0 & 0 & 0 & 0 \\ 1 & 0 & 0 & 1 & -1 & 0 & 0 \\ 0 & -1 & 0 & 0 & 0 & 1 & 0 \\ 0 & 0 & 1 & -1 & 0 & -1 & 1 \\ 0 & 0 & 0 & 0 & 1 & 0 & -1 \end{bmatrix}$$

命题 8.3.3 [40]　设 G 为无向图, $\vec{G}$ 表示给 G 任意一个指向, 则

$$D(\vec{G})D(\vec{G})^{\mathrm{T}} = \Delta(G) - A(G). \tag{8.3.3}$$

定义 8.3.5　图 G 的拉普拉斯矩阵 (Laplacian matrix) 定义为 $L(G) := D(\vec{G})D(\vec{G})^{\mathrm{T}}$.

命题 8.3.4 [40]　设 G 为 n 个结点的图, 其拉普拉斯矩阵为 $L, x \in \mathbb{R}^n$, 则

$$x^{\mathrm{T}}Lx = \sum_{u,v \in E(G)} (x_u - x_v)^2. \tag{8.3.4}$$

8.4　超图

定义 8.4.1　一个超图可表示为 $H = (X, \mathcal{E})$, 这里 $X = \{x_1, x_2, \cdots, x_n\}$ 称为超图的结点集, $|X| = n$ 称为超图 G 的阶; $\mathcal{E} = \{E_i | i \in I\} \subset 2^N$ 称为图的边集, 如果 E_i $(i \in I)$ 满足以下条件: $E_i \neq \varnothing, i \in I$; $\cup_{i \in I} E_i = N$.

一个超图, 如果每条边都连接 k 个点, 即 $|E_i| = k, i \in I$, 则称其为 k-匀齐超图 (k-uniform hypergraph). 2-匀齐超图就是普通图.

如果由 $E_i \subset E_j$ 能推出 $i = j$, 则称其为简单图. 换言之, 简单图里没有重边, 也没有一条边是另一条边的一部分. 设 $\varnothing \neq S \subset X, S$ 的秩 (rank) $r(S)$ 定义为

$$r(S) = \max_i |S \cap E_i|.$$

特别地, $r(X)$ 称为超图的秩. 因此, 一个超图为匀齐超图, 当且仅当 $|E_i| = r(X), i \in I$.

例 8.4.1　考虑超图 $H = (N, \mathcal{E})$, 如图 8.4.1 所示.

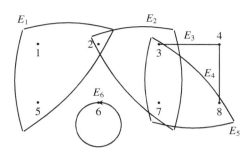

图 8.4.1 超图

这里 $N = \{1, 2, 3, 4, 5, 6, 7, 8\}$, $\mathcal{E} = \{E_1, E_2, E_3, E_4, E_5, E_6\}$, 其中 $E_1 = \{1, 2, 5\}$, $E_2 = \{2, 3, 7\}$, $E_3 = \{3, 4\}$, $E_4 = \{4, 8\}$, $E_5 = \{3, 7, 8\}$, $E_6 = \{6\}$.

不难看出, 这个超图是简单图.

两个点 i, j 称为邻接 (adjacent) 的, 如果存在一条边 E_k, 使得 $i, j \in E_k$. 下面定义超图的关联矩阵 (incidence matrix).

定义 8.4.2 给定 $H = (N, \mathcal{E})$, 设 $|N| = n$, $|\mathcal{E}| = m$. 定义其关联矩阵 $R \in \mathcal{M}_{n \times m}$ 如下:

$$r_{i,j} = \begin{cases} 1, & i \in E_j \\ 0, & i \notin E_j. \end{cases}$$

例 8.4.2 考虑例 8.4.1 中的超图 (见图 8.4.1). 不难看出, 其关联矩阵为

$$R = \begin{bmatrix} 1 & 0 & 0 & 0 & 0 & 0 \\ 1 & 1 & 0 & 0 & 0 & 0 \\ 0 & 1 & 1 & 0 & 1 & 0 \\ 0 & 0 & 1 & 1 & 0 & 0 \\ 1 & 0 & 0 & 0 & 0 & 0 \\ 0 & 0 & 0 & 0 & 0 & 1 \\ 0 & 1 & 0 & 0 & 1 & 0 \\ 0 & 0 & 0 & 1 & 1 & 0 \end{bmatrix}.$$

给定超图 $H = (X, \mathcal{E})$ 如前. 它的对偶超图 (dual hypergraph) 定义如下.

定义 8.4.3 $H = (X, \mathcal{E})$ 的对偶超图, 记作 $H^* = (E; X)$. 这里 $E = \{e_1, e_2, \cdots, e_m\}$, 它对应于原图的边 $\mathcal{E} = \{E_1, E_2, \cdots, E_m\}$; $X = \{X_1, X_2, \cdots, X_n\}$, 它对应于原图的结点 $X = \{x_1, x_2, \cdots, x_n\}$, 使得

$$X_j := \{e_i | x_j \in E_i\}, \quad j = 1, 2, \cdots, n.$$

容易检验, $H^* = (E, X)$ 是超图.

定义 8.4.4 给定超图 $H = (X, \mathcal{E})$. $A \subset X$. 由 A 生成的子超图, 记作 $(A, \mathcal{E}_A)$, 其中

$$\mathcal{E}_A := \{E_i \cap A | E_i \in \mathcal{E}, E_i \cap \mathcal{A} \neq \varnothing\}.$$

下面定义超图的圈, 它是超图研究的核心问题.

定义 8.4.5 给定超图 $H = (X, \mathcal{E})$. 一个长度为 q 的链 (chain) 是一个序列 $(x_1, E_1, x_2, E_2, \cdots, E_q, x_{q+1})$, 使得

1. $x_1, x_2, \cdots, x_q \in X$ 为不同的结点;

2. $E_1, E_2, \cdots, E_q \in \mathcal{E}$ 为不同的边;

3. $x_k, x_{k+1} \in E_k, k = 1, 2, \cdots, q$.

如果 $q > 1$ 且 $x_{q+1} = x_1$, 则称这个链为长度为 q 的环 (cycle).

定理 8.4.1 [41] 设 H 为一超图, 它有 n 个结点, m 条边, p 个连通块. 那么, 它不含圈当且仅当

$$\sum_{i=1}^{m} (|E_i| - 1) = n - p.$$

8.5   习题与课程探索

8.5.1   习题

1. 蛇吃青蛙, 鸟吃蜘蛛, 鸟和蜘蛛都吃小虫, 青蛙吃蜗牛、蜘蛛和小虫. 画一张图表示这个生物链.

2. 考虑 n 个结点的简单图.

   (i)   证明在 n 个结点上的简单图个数为 $2^{\frac{n(n-1)}{2}}$.

   (ii)   其中, 边数为 m 的简单图有多少个?

3. 在图 8.5.1 中, 哪些图是欧拉图? 哪些图是半欧拉图?

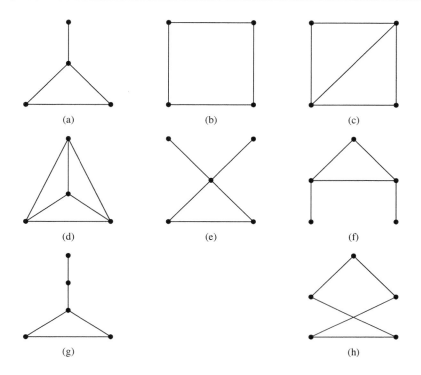

图 8.5.1 习题 3 的图

4. 在图 8.5.2 中, 哪些图是哈密顿图? 哪些图是半哈密顿图?

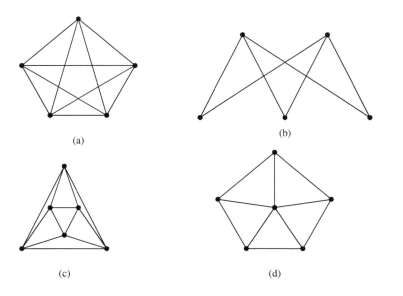

图 8.5.2 习题 4 的图

5. 在图 8.5.3 中, 找出去连通集、切割集和桥.

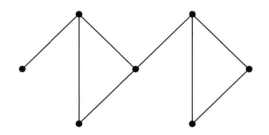

图 8.5.3 习题 5 的图

6. 给出图 8.5.3 的两个不同的生成树.

7. 给出图 8.1.2 中各图的邻接矩阵与关联矩阵.

8. 设有 n 个点 $(n > 3)$, 排成一圈. 任意点 i 和它的左边点及右边点构成一条边, 即 $G = \{1, 2, \cdots, n\}$, $E = \{(i-1, i, i+1) \mid i \in G\}$, (当 $i > n$ 或 $i < 1$ 时, $i \sim i \pm n$). 显然, 这是一个 3-匀齐超图. 试计算它的关联矩阵.

8.5.2 课程探索

1. 如何定义超图的拉普拉斯矩阵?

2. 针对超图还能定义哪些概念?

第9章 线性系统的能控性与能观性

维纳的《控制论》标志着控制论的诞生 [1]. 现代控制理论出现于 20 世纪 60 年代, 卡尔曼状态空间方法是其标志性工作之一. 线性系统理论是其基础, 它也为进一步研究非线性系统提供了路线图. 有人说, 线性系统理论就是高等矩阵论, 不管你同意与否, 线性代数都是其最重要的研究工具, 这大概是不争的事实.

关于线性系统的参考书很多, 最经典的有文献 [42], 它用几何方法讲述线性系统, 堪称名著. 作为教科书, 内容最详尽的是文献 [43]. 此外, 本书还参考了以下两本近期的教材, 即文献 [44, 45], 它们有个共同特点: 简洁清晰, 时代感强.

对控制系统来说, 给定一个系统, 显见有两大类基本问题: 如何分析理解系统在控制输入下的各种特性, 特别是系统输出的动态表现 (包括暂态或极限情形), 这一类问题一般称为 "分析"; 如何设计控制输入使系统输出满足期望的特性或性能指标, 这一类问题一般称为 "综合". 这两类基本问题表述不同, 但又紧密相连. 线性 (控制) 系统作为最基本而且应用最广泛的一类控制系统, 其分析与综合涉及的各个问题都离不开 "线性" 这一结构特征, 在数学工具上可从 "线性方程组 (矩阵表达)— 线性映射 (算子抽象)— 线性空间 (结构特征)— 线性系统 (动态特性)" 这一循序渐进的主线来加以把握. 从后文或可看出, 利用矩阵论这一有力工具, 线性系统多数问题都可归结为某种形式的线性方程组相关问题 ($Ax = y$: 给定 A, x, y 三者中两者求另一者).

本章介绍线性系统理论最重要的两个概念: 能控性与能观性. 这两个互为对偶的概念一方面具有其物理意义, 另一方面在数学本质上最后可反映为线性方程组的可解性.

9.1 线性控制系统举例

一个控制系统可以看作一个黑匣子. 它有一个输入端, 一个输出端 (见图 9.1.1).

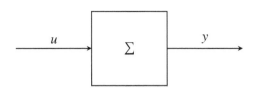

图 9.1.1 输入-输出控制系统

通常把输入 (u) 称为控制, 输出 (y) 称为观测. 控制系统关心的是从输入到输出的映射. 这个映射要通过对黑匣子内部结构的分析而得到. 通常我们用状态空间的方法来刻画系统. 线性系统是最基本的一种, 下面我们举一两个简单的实际例子.

例 **9.1.1**   (并联 *R-C* 电路) 考查一个并联*R-C* 电路 (见图 9.1.2), 这里 V_1, V_2 分别为电容 C_1, C_2 两端的电压. 计算两支路电压得

$$C_i \frac{\mathrm{d}V_i}{\mathrm{d}t} R_i + V_i = u, \quad i = 1, 2.$$

记 $x_i = V_i, i = 1, 2, x = (x_1, x_2)^\mathrm{T}$, 则得

$$\dot{x} = \begin{bmatrix} -\dfrac{1}{R_1 C_1} & 0 \\ 0 & -\dfrac{1}{R_2 C_2} \end{bmatrix} x \oplus \begin{bmatrix} \dfrac{1}{R_1 C_1} \\ \dfrac{1}{R_2 C_2} \end{bmatrix} u. \tag{9.1.1}$$

现在, 如果我们在 C_2 两端并上一个电压表, 那么, 就可以观测到 V_2 的值.

$$y = x_2. \tag{9.1.2}$$

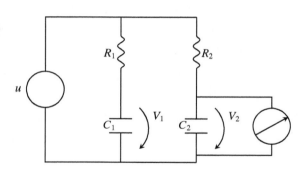

图 9.1.2 并联 *R-C* 电路

例 **9.1.2**   (倒立摆) 考查倒立摆 (见图 9.1.3). 由牛顿定律可得

$$m\ell^2 \ddot{\theta} = mg\ell \sin\theta - b\dot{\theta} + u, \tag{9.1.3}$$

这里 b 是阻尼系数, u 是控制力矩. 如果考虑其在平衡点附近的运动, 则近似地有 $\sin\theta \approx \theta$. 令 $x_1 = \theta, x_2 = \dot{\theta}$, 则得

$$\dot{x} = \begin{bmatrix} 0 & 1 \\ \dfrac{g}{\ell} & -\dfrac{b}{m\ell^2} \end{bmatrix} x + \begin{bmatrix} 0 \\ \dfrac{1}{m\ell^2} \end{bmatrix} u. \tag{9.1.4}$$

我们直接可观测到的是 θ, 记作

$$y = x_1. \tag{9.1.5}$$

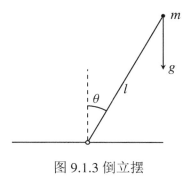

图 9.1.3 倒立摆

一般来说, 我们用

$$\begin{cases} \dot{x} & = & Ax + Bu \\ y & = & Cx \end{cases} \tag{9.1.6}$$

来表示一个一般的线性系统, 这里 $x \in \mathbb{R}^n$ 称为状态变量, $u \in \mathbb{R}^m$ 称为控制, $y \in \mathbb{R}^s$ 称为输出 (或观测). 式 (9.1.6) 的第一个方程是微分方程, 称为状态方程; 第二个方程是代数方程, 称为输出方程. 不失一般性, 往往将初始时刻记为零时刻, 以方便讨论. 若初始时刻不为零, 只需作一个时间上的平移变换, 即可转化为初始时刻为零的情形.

9.2 轨线的解析表达

对线性时不变系统模型 (9.1.6), 显然状态 $x(t)$ 与输出 $y(t)$ 都随时间而变化, 其取值从根本上依赖于初值 $x(0)$ 与控制信号 $u(t)$ 的选择. 给定一个线性系统, 能否解析地给出其轨线与时间的依赖关系?

为此, 先研究零输入的情形, 即取 $u(t) = 0, \forall t \geqslant 0$, 这时的系统

$$\dot{x} = Ax$$

一般称为线性时不变自治系统. 在一维的特殊情形, 状态 x 和系统阵 A 均为标量, 此时由微积分知识不难得知

$$\frac{\mathrm{d}x}{x} = A\mathrm{d}t \implies \log_e x(t) + C_0 = At$$

其中 C_0 为待定常数. 从而

$$x(t) = \mathrm{e}^{At} x(0).$$

在高维的情形, 由于 $x(t)$ 为向量, 上述推导无法进行. 但若根据指数函数的泰勒展开:

$$\mathrm{e}^x = \sum_{k=0}^{\infty} \frac{1}{k!} x^k$$

可对任意方阵 M, 形式上引入符号 $\exp M$ (或 e^M), 将其定义为矩阵 M 的无穷级数 (称为矩阵指数函数):

$$\exp M = I + M + \frac{1}{2!}M^2 + \frac{1}{3!}M^3 + \frac{1}{4!}M^4 + \cdots$$

则不难验证

$$\frac{\mathrm{d}}{\mathrm{d}t}\exp(At) = 0 + A + \frac{1}{1!}A^2 t + \frac{1}{2!}A^3 t^2 + \frac{1}{3!}A^4 t^3 + \cdots$$

上式恰为 $A\exp(At)$, 也等于 $\exp(At)A$. 因此, 容易验证 $x(t) = e^{At}x(0)$ 恰恰满足

$$\dot{x} = Ax$$

并符合初值条件. 矩阵指数函数 $\exp(At)$ 非常重要, 本质上它代表了一种群结构, 这种思想可进一步延伸到所谓的算子半群, 用于研究不能用有限维矩阵刻画的无穷维线性系统. 前述将标量函数推广到相应矩阵函数的方法也不难推广到任意解析函数.

以下定理刻画了线性时不变自治系统轨线的性质, 建立了高维情形与一维情形的内在联系, 揭示了变化的动力系统中内在的不变性 (不变集).

定理 9.2.1 对线性时不变自治系统 $\dot{x} = Ax$, 有如下结论成立:

1. 系统的解可解析表达为 $x(t) = e^{At}x(0)$.

2. 若矩阵 A 的若当标准型为 J, 即存在相似变换阵使 $A = T^{-1}JT$, 则 $x(t) = T^{-1}e^{Jt}Tx(0)$.

3. 对矩阵 A 的任意 (右) 特征值 λ 和相应的 (右) 特征向量 ξ, 集合 $\mathrm{Span}\{\xi\}$ 为系统的不变子空间, 即若 $x(0) = \xi$ 为特征向量, 则必有 $x(t) = e^{\lambda t}\xi$ 也是特征向量, 所有的 $x(t)$ 属于同一个特征子空间.

4. 对矩阵 A 的任意左特征值 λ 和相应的左特征向量 ω^T (左特征向量为行向量), 即 $\omega^T A = \lambda\omega^T$, 必有 $\omega^T x(t) = e^{\lambda t}\omega^T x(0)$. 从而无论 $x(t)$ 轨线如何复杂, 各状态的加权组合 $\omega^T x(t)$ 由一个指数函数刻画.

进而可研究一般的线性时不变系统, 利用矩阵指数函数的定义及性质, 不难得到线性系统从控制到状态的映射关系.

定理 9.2.2 考虑线性系统 (9.1.6). 设 $u(t)$ 为可积函数, 则

$$
\begin{aligned}
x(t) &= e^{A(t-t_0)}x(t_0) + \int_{t_0}^t e^{A(t-\tau)}Bu(\tau)\mathrm{d}\tau; \\
y(t) &= Ce^{A(t-t_0)}x(t_0) + \int_{t_0}^t Ce^{A(t-\tau)}Bu(\tau)\mathrm{d}\tau.
\end{aligned}
\tag{9.2.1}
$$

思考: 验证定理 9.2.1 与定理 9.2.2 中的解析解确实满足系统方程, 并不困难. 如何确认系统不存在其他不同的解? (提示: 可用反证法, 微分方程初值条件下解的存在性与唯一性.)

根据定理 9.2.1 与定理 9.2.2, 不难看出系统矩阵 A 的若当标准型或其特征值对系统轨迹的演化起着至关重要的作用, 这是后面第 11 章探讨稳定性的基础.

9.3 能控性

面对一个控制系统, 一个最基本的问题是期望的控制目标有没有可能实现? 我们举一例说明存在一些情况, 控制不能 "为所欲为".

例 9.3.1 考查系统

$$\dot{x}_1 = x_2 + u, \dot{x}_2 = -x_2 - u.$$

思考: 有没有可能通过控制将状态从初始状态 $x(0) = [0, 0]^{\mathrm{T}}$ 经过某段时间 T 到达状态 $x(T) = [1, 1]^{\mathrm{T}}$? 如果不能, 那么能到达哪些状态?

不失一般性, 在下面的讨论中不妨假设初始时刻 $t_0 = 0$.

定义 9.3.1 线性系统 (9.1.6) 称为能控的, 如果对任一 $x_0 \in \mathbb{R}^n$, $x_d \in \mathbb{R}^n$, 存在 $T > 0$, 及 $[0, T]$ 上的分段连续的控制 $u(t)$, 使系统轨线从 $x(0) = x_0$ 到达 $x(T) = x_d$.

定义能控格拉姆矩阵 (controllability Gramian matrix) 如下:

$$W_C(t) = \int_0^t \mathrm{e}^{-A\tau} B B^{\mathrm{T}} \mathrm{e}^{-A^{\mathrm{T}}\tau} \mathrm{d}\tau.$$

引理 9.3.1 系统 (9.1.6) 能控当且仅当对任意 $t > 0$, $W_C(t)$ 非奇异.

证明 (充分性) 对任一 $t_1 > 0$, 设 $W_C(t)$ 非奇异. 令

$$u(t) = -B^{\mathrm{T}} \mathrm{e}^{-A^{\mathrm{T}}t} W_C^{-1}(t_1) \left(x_0 - \mathrm{e}^{-At_1} x_1 \right), \quad 0 \leqslant t \leqslant t_1.$$

利用式 (9.2.1) 即可算出 $x(t_1) = x_1$.

(必要性) 用反证法, 设系统能控, 但在某一 $t_1 > 0$ 能控格拉姆矩阵奇异. (不难看出, 此时它对任何 $t > 0$ 都奇异.) 因此, 有 $x_0 \neq 0$, 使得

$$x_0^{\mathrm{T}} W_C x_0 = 0. \tag{9.3.1}$$

因此有

$$
\begin{aligned}
0 &= \int_0^{t_1} x_0^{\mathrm{T}} \mathrm{e}^{-At} B B^{\mathrm{T}} \mathrm{e}^{-A^{\mathrm{T}}t} x_0 \mathrm{d}t \\
&= \int_0^{t_1} \left| B^{\mathrm{T}} \mathrm{e}^{-A^{\mathrm{T}}t} x_0 \right|^2 \mathrm{d}t.
\end{aligned} \tag{9.3.2}
$$

于是

$$B^{\mathrm{T}} \mathrm{e}^{-A^{\mathrm{T}}t} x_0 = 0, \quad 0 \leqslant t \leqslant t_1. \tag{9.3.3}$$

因系统可控, 则对任一 x_1, 存在控制 $u(t)$ 使得

$$x_1 = e^{At} x_0 + \int_0^{t_1} e^{At_1} e^{-At} B u(t) \mathrm{d}t. \tag{9.3.4}$$

令 $x_1 = 0$, 则得

$$x_0 = - \int_0^{t_1} e^{-At} B u(t) \mathrm{d}t. \tag{9.3.5}$$

再由式 (9.3.3) 可知

$$\|x_0\|^2 = x_0^{\mathrm{T}} x_0 = - \int_0^{t_1} u^{\mathrm{T}}(t) B^{\mathrm{T}} e^{-A^{\mathrm{T}} t} x_0 \mathrm{d}t = 0. \tag{9.3.6}$$

这与 $x_0 \neq 0$ 矛盾.   □

定理 9.3.1 *定义能控性矩阵*

$$C = [B, AB, \cdots, A^{n-1} B]. \tag{9.3.7}$$

则系统 (9.1.6) 能控当且仅当 $\mathrm{rank}(C) = n$.

证明 (充分性) 设系统不可控, 则由式 (9.3.3), 逐次微分并取 $t = 0$ 可得

$$x_0^{\mathrm{T}} B = 0, \quad x_0^{\mathrm{T}} AB = 0, \quad \cdots, \quad x_0^{\mathrm{T}} A^{n-1} B = 0.$$

即

$$x_0^{\mathrm{T}} C = 0. \tag{9.3.8}$$

因此, $\mathrm{rank}(C) < n$.

(必要性) 设 $\mathrm{rank}(C) < n$, 则存在 $x_0 \neq 0$, 使得

$$x_0^{\mathrm{T}} B = 0, \quad x_0^{\mathrm{T}} AB = 0, \quad \cdots, \quad x_0^{\mathrm{T}} A^{n-1} B = 0.$$

由线性代数中的 Cayley-Hamilton 定理可知

$$x_0^{\mathrm{T}} A^k B = 0, \quad k \geqslant 0.$$

因此

$$x_0^{\mathrm{T}} e^{-At} B = 0. \tag{9.3.9}$$

从而

$$x_0^{\mathrm{T}} \left(e^{-At} B B^{\mathrm{T}} e^{-A^{\mathrm{T}} t} \right) x_0 = x_0^{\mathrm{T}} W_C x_0 = 0. \tag{9.3.10}$$

因此, W_C 奇异. 由引理 9.3.1 可知, 系统不可控.   □

9.4 能观性

在状态空间模型中, 通常系统的输出可以直接量测到, 但系统的全部状态一般不能直接获取. 那么, 一个自然的问题是: 能否由观测到的输出轨迹将系统的状态尽可能准确地确定出来? 对于确定性的微分方程或差分方程状态空间方程模型, 在控制信号给定时 (注意: 控制信号可视为已知), 由于任意时刻的状态都由初始状态决定, 所以问题转换为能否由系统的输出轨迹来确定初始状态.

定义 9.4.1 线性系统 (9.1.6) 称为能观的, 如果存在 $T > 0$, 使任一初态 $x(0) = x_0$ 都可以由 $\{y(t), t \in [0, T]\}$ 唯一确定.

显而易见, 如果矩阵 C 为可逆方阵, 则自然有 $x(t) = C^{-1}y(t)$, 所以 C 可逆时系统必然能观. 更一般的情形时需要引入所谓的能观格拉姆矩阵.

定义能观格拉姆矩阵 (observability Gramian matrix) 如下:

$$W_O(t) = \int_0^t e^{A^T\tau} C^T C e^{A\tau} d\tau.$$

引理 9.4.1 系统 (9.1.6) 能观当且仅当对任意 $t > 0$ 时 $W_O(t)$ 非奇异.

证明 (充分性) 设 $W_O(t_1)$ 非奇异, 则

$$\begin{aligned}
& W_O^{-1}(t_1) \int_0^{t_1} e^{A^T t} C^T y(t) dt \\
& = W_O^{-1}(t_1) \left(\int_0^{t_1} e^{A^T t} C^T C e^{At} dt \right) x_0 \\
& = x_0.
\end{aligned} \tag{9.4.1}$$

即 x_0 可由 $y(t)$ 重构.

(必要性) 设在某一时刻 $t_1 > 0$ 的能观格拉姆矩阵奇异. (不难看出, 此时对任何 $t > 0$ 都奇异.) 于是存在 $x_0 \neq 0$, 使得

$$\begin{aligned}
0 & = x_0^T W_O x_0 = \int_0^{t_1} x_0^T e^{A^T t} C^T C e^{At} x_0 dt \\
& = \int_0^{t_1} y^T(t) y(t) dt = \int_0^{t_1} \|y(t)\|^2 dt.
\end{aligned} \tag{9.4.2}$$

因此, $y(t) \equiv 0, 0 \leqslant t \leqslant t_1$. 显然它无法重构 $x_0 \neq 0$. □

利用引理 9.4.1, 类似于能控性的证明可得到以下结果:

定理 9.4.1 定义能观性矩阵

$$O = \begin{bmatrix} C \\ CA \\ \vdots \\ CA^{n-1} \end{bmatrix}, \tag{9.4.3}$$

则系统 (9.1.6) 能观当且仅当 $\text{rank}(O) = n$.

9.5 状态空间的坐标变换

从前面可知, 不同的状态空间方程模型有可能对应于同一个实际的物理系统, 只是所取的坐标系不同而已. 从输入-输出关系看, 状态变量 x 只是一个内部变量, 因此, 可以用不同的变量来描述.

定义 9.5.1 设 $z = (z_1, z_2, \cdots, z_n)^\mathrm{T} \in \mathbb{R}^n$, 如果存在一个非奇异矩阵 T (记作 $T \in GL(n, \mathbb{R})$), 使得

$$z = Tx, \tag{9.5.1}$$

则式(9.5.1) 称为状态空间的一个坐标变换.

在坐标变换 $z = Tx$ 下, 系统 (9.1.6) 可用状态变量 z 表示成

$$\begin{cases} \dot{z} & = & \tilde{A}z + \tilde{B}u \\ y & = & \tilde{C}z. \end{cases} \tag{9.5.2}$$

这里

$$\tilde{A} = TAT^{-1}; \quad \tilde{B} = TB; \quad \tilde{C} = CT^{-1}. \tag{9.5.3}$$

系统 (9.5.2) 与系统 (9.1.6) 表述的输入-输出关系是完全相同的, 因此, 它们是等价的. 换言之, 它们实际上是一个系统.

等价关系是数学上最重要的关系之一. 我们给一个严格定义:

定义 9.5.2 设 S 为任一集合. $\alpha, \beta \in S$. 我们说 α 等价于 β, 记作 $\alpha \sim \beta$, 如果它满足

(i) (自反性)

$$\alpha \sim \alpha;$$

(ii) (对称性)

$$\alpha \sim \beta \Rightarrow \beta \sim \alpha;$$

(iii) (传递性)

$$\alpha \sim \beta, \ \beta \sim \gamma \Rightarrow \alpha \sim \gamma.$$

等价关系可以将一个集合分割成若干互不相关的子集, 每个子集称为一个等价类. 类中的任一元素称为其代表元. 等价类可用其任一代表元表示, 例如

$$[\alpha] := \{\beta \in S \mid \beta \sim \alpha\}.$$

不妨将一个线性系统用 (A, B, C) 三个矩阵表示, 这里

$$(A, B, C) \in M_{n \times n} \times M_{n \times m} \times M_{s \times n}.$$

那么, 坐标变换可以看作群 $G = GL(n, \mathbb{R})$ 在 $M_{n \times n} \times M_{n \times m} \times M_{s \times n}$ 上的作用. 两个等价表达式位于同一条轨线上. 因此, 可以说: 一条群轨线定义了一个线性系统.

9.6 习题与课程探索

9.6.1 习题

1. 例 9.1.1 中如果取通过 R_1 和 R_2 的电流 i_1, i_2 作为系统状态, 可以得到什么状态空间方程? 这样得到的状态空间方程与式 (9.1.1) 表示同一个物理系统吗? 两组方程有何不同与内在联系? 试用数学语言描述两者的联系.

2. 例 9.1.2 中如果将状态向量的两个分量顺序交换一下, 得到的新的线性近似状态空间方程中 A, B, C 矩阵是否需要调整? 有何规律? 试将此结果推广到一般情形.

3. 验证 $\Phi(t) = \exp(At)$ 具有如下性质 (群结构):

   (a) 封闭性: $\Phi(t)\Phi(s) = \Phi(t + s)$.

   (b) 结合律: $[\Phi(t)\Phi(s)]\Phi(r) = \Phi(t)[\Phi(s)\Phi(r)]$.

   (c) 单位元: $\Phi(t)\Phi(0) = \Phi(0)\Phi(t) = \Phi(t)$.

   (d) 逆元: $\Phi(t)\Phi(-t) = \Phi(-t)\Phi(t) = \Phi(0)$.

4. 试编程进行倒立摆系统的仿真, 并通过仿真来讨论非线性模型 (9.1.3) 与其线性化模型 (9.1.4) 实际轨迹上的差异. 基于你的观察, 能否通过讨论线性化模型的能控性和能观性来讨论原始系统的能控性和能观性?

5. 证明表达式 (9.5.2) 和式(9.5.3).

6. 验证: 坐标变换是群 $G = GL(n, \mathbb{R})$ 在 $\mathcal{M}_{n \times n} \times \mathcal{M}_{n \times m} \times \mathcal{M}_{s \times n}$ 上的作用.

7. 考查系统

$$\dot{x} = \begin{bmatrix} 0 & 1 & 0 \\ 0 & 0 & 1 \\ 0 & 0 & 0 \end{bmatrix} x + \begin{bmatrix} 0 \\ 0 \\ 1 \end{bmatrix} u.$$

   (i) 证明该系统可控;

   (ii) 设计控制, 使系统从 $x_0 = (1, 1, 1)^T$ 出发的轨线在 $t = 1$ 时到达 $x(1) = (2, 2, 2)^T$.

8. 如下的若当型线性系统是否能控、能观？从这个例子，能否总结出一般的规律？

$$\dot{x} = \begin{bmatrix} 2 & 1 & 0 & 0 & 0 & 0 & 0 \\ 0 & 2 & 0 & 0 & 0 & 0 & 0 \\ 0 & 0 & 2 & 0 & 0 & 0 & 0 \\ 0 & 0 & 0 & 2 & 0 & 0 & 0 \\ 0 & 0 & 0 & 0 & 1 & 1 & 0 \\ 0 & 0 & 0 & 0 & 0 & 1 & 0 \\ 0 & 0 & 0 & 0 & 0 & 0 & 1 \end{bmatrix} x + \begin{bmatrix} 2 & 1 & 1 \\ 2 & 1 & 1 \\ 1 & 1 & 1 \\ 3 & 2 & 1 \\ -1 & 0 & 0 \\ 1 & 0 & 1 \\ 1 & 0 & 0 \end{bmatrix} u,$$

$$\tag{9.6.1}$$

$$y = \begin{bmatrix} 2 & 2 & 1 & 3 & -1 & 1 & 1 \\ 1 & 1 & 1 & 2 & 0 & 0 & 0 \\ 1 & 1 & 1 & 1 & 0 & 1 & 0 \end{bmatrix} x.$$

9. 假设状态 $x(t)$ 与 $\tilde{x}(t)$ 有如下关联关系：

$$x(t) = \begin{bmatrix} 5 & 3 \\ 2 & 1 \end{bmatrix} \tilde{x}(t);$$

而状态 $x(t)$ 的状态空间模型可如下表示：

$$\dot{x}(t) = \begin{bmatrix} 0 & 1 \\ -2 & -3 \end{bmatrix} x(t) + \begin{bmatrix} 0 \\ 10 \end{bmatrix} u(t),$$

$$y(t) = \begin{bmatrix} 2 & 1 \end{bmatrix} x(t).$$

请给出状态 $\tilde{x}(t)$ 的状态空间模型表示.

10. 给定线性系统 $\dot{x} = Ax + Bu$ 和边界条件 $x(t_1) = x_1, x(t_2) = x_2, t_1 > 0, t_2 > 0$, 证明

$$\int_{t_1}^{t_2} e^{-A\tau} Bu(\tau) d\tau = e^{-At_2} x_2 - e^{-At_1} x_1.$$

11. 设矩阵

$$A_1 = \begin{bmatrix} \lambda & 0 & 0 \\ 0 & \lambda & 1 \\ 0 & 0 & \lambda \end{bmatrix}.$$

证明对任意向量 $b \in \mathbb{R}^3$, (A_1, b) 不能控. 并解释该结论的物理含义.

12. 执行机构放置问题.

现有 10 个质量块通过弹簧和阻尼器如图 9.6.1 所示串联起来. 每个质量块的位置依次记为 $y_1, y_2, \cdots, y_{10}$. 所有的质量块、弹簧及阻尼器分别具有同样的质量、弹性系数、阻尼系数:

$$m = 1, k = 1, d = 0.01.$$

我们用一个执行机构来对其中一个质量块施加一个作用力. 在图中, 示例了在左起第二个质量块上施力, 但实际上这个力也可施加在其他质量块上. 引入如下的状态向量: $x = [y^{\mathrm{T}}, \dot{y}^{\mathrm{T}}]^{\mathrm{T}}$.

  (a) 执行机构把力施加在哪个质量块时系统能控?

  (b) 如果我们希望用不太大的力就能使得任意状态可达, 你将会把执行机构作用于哪个质量块? 注意: 这里控制律的设计要求仅仅是直观上的要求, 比较模糊, 你应该用数学语言清晰地描述与验证你的结果.

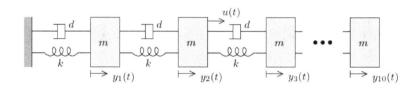

图 9.6.1 习题 12 的图

9.6.2 课程探索

1. 离散时间线性控制系统.

给定如下离散时间线性系统:

$$x_{k+1} = Ax_k + Bu_k, \quad y_k = Cx_k \tag{9.6.2}$$

试将 x_k, y_k 显式地用系统初值 x_0 和历史控制信号 $\{u_0, u_1, \cdots, u_{k-1}\}$ 表达出来. 进而利用能控性与能观性的定义讨论离散时间线性控制系统的相关判据.

2. 线性时变系统.

本章主要讨论了线性时不变系统. 试对一般的线性时变系统

$$\begin{aligned} \dot{x} &= A(t)x + B(t)u \\ y &= C(t)x \end{aligned} \tag{9.6.3}$$

思考: 如何给出 $x(t)$ 的解析表达式? 本章中给出的结果是否仍然适用于线性时变系统?

3. 布尔值控制系统.

假如自变量 $x_i, i = 1, 2, \cdots, n$, 控制 $u_i, i = 1, 2, \cdots, m$, 及输出 $y_i, i = 1, 2, \cdots, s$ 都只能取 $\{0,1\}$ 两个值. 如何表达控制系统? 试根据能控性的内在含义, 构造几个实例来讨论布尔值控制系统是否有必要研究能控性这一概念.

4. 采样线性系统的能控性.

给定如下连续时间线性系统:

$$\dot{x} = Ax + Bu. \tag{9.6.4}$$

按均匀的采样间隔 h 采样后, 可以得到如下离散时间系统:

$$x_{k+1} = A_d x_k + B_d u_k, \tag{9.6.5}$$

其中 $x_k := x(kh)$ 以及

$$A_d = \mathrm{e}^{Ah}, \quad B_d = \int_0^h \mathrm{e}^{A\tau}\mathrm{d}\tau B. \tag{9.6.6}$$

试问: 在什么条件下, 连续时间系统 (9.6.4) 的能控性对应于采样离散时间系统 (9.6.5) 的能控性?

5. 切换线性系统的能控性.

考虑如下离散时间跳变线性系统:

$$x_{k+1} = A_{i_k} x_k + B u_k, \tag{9.6.7}$$

其中 $i_k \in S := \{1, 2\}$. 这里 A_1, A_2 是两个定常矩阵.

(a) 如果切换律 $i_k = \sigma(k)$ 固定为如下之一:

$$\sigma^{(1)}(k) = 1, \forall k; \tag{9.6.8}$$

$$\sigma^{(2)}(k) = 2, \forall k; \tag{9.6.9}$$

$$\sigma^{(3)}(k) = \begin{cases} 1, & k \text{为奇数}; \\ 2, & k \text{为偶数}; \end{cases} \tag{9.6.10}$$

$$\sigma^{(4)}(k) = \begin{cases} 2, & k \text{为奇数}; \\ 1, & k \text{为偶数}; \end{cases} \tag{9.6.11}$$

试对以上 4 种切换律 $\sigma^{(i)}$ ($i = 1, 2, 3, 4$), 讨论从原点出发时刻 k 时的能达集 $\mathbb{R}_k^{(i)}$. 如有可能, 请给出相应能达集的结构表示.

(b) 如果切换律 $i_k = \sigma(k) \in S$ 可以任意 (意即不必按上述某些固定的方式切换), 继续讨论从原点出发时刻 k 时的能达集 $\mathbb{R}_k$. 进一步, 令 $\mathbb{R} = \lim\limits_{k \to \infty} \mathbb{R}_k$, 试讨论能达集 $\mathbb{R}$ 的结构表示.

(c) 根据以上讨论, 给出系统的能控性条件.

6. 线性系统能控性的计算问题.

考虑如下离散时间线性时不变系统:

$$x_{k+1} = Ax_k + Bu_k. \tag{9.6.12}$$

显然能控性矩阵 (9.3.7) 依赖于矩阵 A, B 的取值. 现假设由于建模过程的误差, 矩阵 A, B 的取值可能轻微偏离其真实值 A_0, B_0. 这种情况下, 通过计算能控性矩阵 (9.3.7) 的秩来判断真实系统的能控性是否可靠. 如果这一途径并非可靠, 那么是否有可能引入能随矩阵 A, B 取值而连续变化的衡量系统可控程度的可计算指标?

第 10 章　线性系统的标准结构

从上一章可以得知, 本质上相同的控制系统可以有不同的状态空间表达形式, 而坐标变换可揭示其内在联系. 线性系统状态空间方法的魅力就在于由坐标变换揭示的子空间形式. 它导致了各种有效的标准型. 这些标准型为控制器设计带来了许多方便之处. 本章内容可参考文献 [42, 45, 46].

10.1　A-不变子空间

A-不变子空间刻画了空间结构在一个线性变换下的不变性. 后面会看到这种不变性在系统动态特性的分析方面具有重要的意义.

定义 10.1.1　令 $A \in M_n$. $\mathcal{V} \subset \mathbb{R}^n$ 为 $\mathbb{R}^n$ 中的一个线性子空间. 如果对任一向量 $X \in \mathcal{V}$, 有

$$AX \in \mathcal{V}, \quad \forall X \in \mathcal{V}, \tag{10.1.1}$$

则称 $\mathcal{V}$ 为 A-不变子空间.

设 $\mathcal{V}$ 的维数为 k, $V \in M_{n \times k}$, 使

$$\mathcal{V} = \operatorname{Span} \operatorname{Col}(V).$$

也就是说, $\operatorname{Col}(V)$ 就是 $\mathcal{V}$ 的基底. 那么, 显然有

命题 10.1.1　$\mathcal{V}$ 是 A 的不变子空间, 当且仅当存在 $G \in M_k$, 使得

$$AV = VG. \tag{10.1.2}$$

取适当的坐标, 使 $V = \operatorname{Span}\left\{\delta_n^1, \delta_n^2, \cdots, \delta_n^k\right\}$. 容易验证, 在这个坐标下有

命题 10.1.2　设 $V = \operatorname{Span}\left\{\delta_n^1, \delta_n^2, \cdots, \delta_n^k\right\}$, 则 V 为 A-不变子空间, 当且仅当

$$A = \begin{bmatrix} A_{11} & A_{12} \\ 0 & A_{22} \end{bmatrix}, \tag{10.1.3}$$

这里 $A_{11} \in M_k$.

10.2　能控子空间与能控性分解

定义 10.2.1　考虑系统 (9.1.6). 它的能控子空间指这些点的集合: 存在控制, 使系统从时刻 0 出发, 轨线在某个时刻 $T > 0$ 达到该点.

定理 10.2.1 系统 (9.1.6) 的能控子空间为

$$V_C = \operatorname{Span} \operatorname{Col}\{C\}.$$

这里 $\operatorname{Span} \operatorname{Col}\{C\}$ 指由 C 的列向量张成的子空间.

容易验证:

命题 10.2.1 能控子空间 V_C 是 A-不变子空间.

现在设 $\operatorname{rank}(C) = r$. 则可在 C 中选出 r 个线性无关列 $\{\xi_1, \xi_2, \cdots, \xi_r\}$, 任找 $n - r$ 个向量 $\{\eta_1, \eta_2, \cdots, \eta_{n-r}\}$, 使

$$H = [\xi_1, \xi_2, \cdots, \xi_r, \eta_1, \eta_2, \cdots, \eta_{n-r}]$$

为一非奇异矩阵. 令

$$x = Hz, \quad 即 \quad z = H^{-1}x := Tx.$$

那么, 容易验证在 z 坐标下有

$$\begin{bmatrix} \dot{z}^1 \\ \dot{z}^2 \end{bmatrix} = \begin{bmatrix} A_{11} & A_{12} \\ 0 & A_{22} \end{bmatrix} z + \begin{bmatrix} B_1 \\ 0 \end{bmatrix} u. \tag{10.2.1}$$

这里 (A_{11}, B_1) 是一个能控对, z^1 是 r 维的能控子空间, z^2 是 $n - r$ 维的不能控子空间. 式(10.2.1) 称为能控性分解.

下面给一个简单例子:

例 10.2.1 给定线性系统

$$\dot{x} = \begin{bmatrix} 1 & 1 & -1 \\ 0 & 1 & 0 \\ 2 & 0 & 1 \end{bmatrix} x + \begin{bmatrix} 1 \\ 0 \\ 2 \end{bmatrix} u. \tag{10.2.2}$$

容易验证 $\operatorname{rank}(C) = 2$. 取 $D = (0, 1, 0)^{\mathrm{T}}$, 则

$$H := [B, AB, D] = \begin{bmatrix} 1 & -1 & 0 \\ 0 & 0 & 1 \\ 2 & 4 & 0 \end{bmatrix}$$

非奇异. 令

$$x = Hz, \quad 或 z = H^{-1}x := Tx.$$

那么, 在 z 坐标下有

$$\begin{bmatrix} \dot{z}_1 \\ \dot{z}_2 \\ \dot{z}_3 \end{bmatrix} = \begin{bmatrix} 2 & 1 & -\frac{1}{3} \\ -3 & 0 & \frac{2}{3} \\ 0 & 0 & 1 \end{bmatrix} \begin{bmatrix} z_1 \\ z_2 \\ z_3 \end{bmatrix} + \begin{bmatrix} 0 \\ 1 \\ 0 \end{bmatrix} u. \tag{10.2.3}$$

这里, (z_1, z_2) 张成能控子空间.

10.3 能观子空间与能观性分解

定义 10.3.1　考虑系统 (9.1.6). 它的不能观子空间指这些点的集合:

$$V_O^c = \left\{ x_0 \mid W_O(t)x_0 = 0, \; t > 0 \right\}$$

命题 10.3.1　(不能观子空间)

(i) 不能观子空间可表示为

$$V_O^c = \begin{bmatrix} C \\ CA \\ \vdots \\ CA^{n-1} \end{bmatrix}^{\perp} = \left\{ x \in \mathbb{R}^n \; \middle\| \; \begin{bmatrix} C \\ CA \\ \vdots \\ CA^{n-1} \end{bmatrix} x = 0 \right\}. \tag{10.3.1}$$

(ii) 不能观子空间是 A-不变子空间.

类似于能控性, 我们有如下能观性分解.

命题 10.3.2　设 $V_O = \mathrm{Span}\left\{\delta_n^1, \delta_n^2, \cdots, \delta_n^k\right\}$, $V_O^c = \mathrm{Span}\left\{\delta_n^{k+1}, \delta_n^{k+2}, \cdots, \delta_n^n\right\}$. 那么, 系统 (9.1.6) 可表示为

$$\begin{aligned} \dot{x} &= \begin{bmatrix} A_{11} & 0 \\ A_{21} & A_{22} \end{bmatrix} x + Bu \\ y &= \begin{bmatrix} C_1 & 0 \end{bmatrix} x, \end{aligned} \tag{10.3.2}$$

这里 $A_{11} \in M_k$, 并且 (A_{11}, C_1) 是一能观对. 式(10.3.2) 称为能观性分解.

10.4 Kalman 分解

考虑系统 (9.1.6), 拟同时对它进行能控性及能观性分解. 我们将状态空间分为四个部分:

(i) 能控能观子空间 $V_C \cap V_O$;

(ii) 能控不能观子空间 $V_C \cap V_O^c$;

(iii) 不能控能观子空间 $V_C^c \cap V_O$;

(iv) 不能控不能观子空间 $V_C^c \cap V_O^c$.

选取坐标 $z = (z^1, z^2, z^3, z^4)$, 使 z^1, z^2, z^3, z^4 分别对应以上四个子空间. 注意到 V_C, V_O^c, $V_C \cap V_O^c$, $V_C \cup V_O^c$ 都是 A-不变子空间, 应用命题 10.1.2 即可得如下结论:

命题 10.4.1 利用上述记号, 则

(i) 在 z 坐标下系统 (9.1.6) 可表示为

$$
\begin{bmatrix} \dot{z}^1 \\ \dot{z}^2 \\ \dot{z}^3 \\ \dot{z}^4 \end{bmatrix} = \begin{bmatrix} A_{11} & 0 & A_{13} & 0 \\ A_{21} & A_{22} & A_{23} & A_{24} \\ 0 & 0 & A_{33} & 0 \\ 0 & 0 & A_{43} & A_{44} \end{bmatrix} \begin{bmatrix} z^1 \\ z^2 \\ z^3 \\ z^4 \end{bmatrix} + \begin{bmatrix} B_1 \\ B_2 \\ 0 \\ 0 \end{bmatrix} u,
$$

$$
y = \begin{bmatrix} C_1 & 0 & C_3 & 0 \end{bmatrix} \begin{bmatrix} z^1 \\ z^2 \\ z^3 \\ z^4 \end{bmatrix}. \tag{10.4.1}
$$

式 (10.4.1) 称为线性系统 (9.1.6) 的 Kalman 分解.

(ii) 在分解中 (A_{11}, B_1) 为可控对, (A_{11}, C_1) 为可观对.

$$
\begin{aligned}
\dot{z}^1 &= A_{11} z^1 + B_1 u \\
y &= C_1 z^1,
\end{aligned} \tag{10.4.2}
$$

称为线性系统 (9.1.6) 的最小实现.

下面给出一个例子:

例 10.4.1 考虑线性系统 (9.1.6). 设

$$
A = \begin{bmatrix} 3 & 1 & -4 & -5 & -5 \\ 1 & 1 & 5 & 4 & 1 \\ -7 & -2 & -5 & -3 & 5 \\ 5 & 1 & 5 & 4 & -3 \\ 3 & 2 & -4 & -6 & -5 \end{bmatrix}, \quad B = \begin{bmatrix} -3 \\ 2 \\ -1 \\ 2 \\ -3 \end{bmatrix},
$$

$$
C = \begin{bmatrix} 3 & 2 & 1 & 0 & -2 \end{bmatrix}.
$$

容易算出

$$
\operatorname{rank}(C) = 3, \quad \operatorname{rank}(O) = 3.
$$

于是

$$V_C = \mathrm{Span}\{B, AB, A^2B\} = \mathrm{Span}\left\{\begin{bmatrix} -3 \\ 2 \\ -1 \\ 2 \\ -3 \end{bmatrix}, \begin{bmatrix} 2 \\ -1 \\ 1 \\ -1 \\ 2 \end{bmatrix}, \begin{bmatrix} -4 \\ 4 \\ -4 \\ 4 \\ -4 \end{bmatrix}\right\},$$

$$V_O^c = \begin{bmatrix} C \\ CA \\ CA^2 \end{bmatrix}^\perp = \mathrm{Span}\left\{\begin{bmatrix} 2 \\ -2 \\ 0 \\ 0 \\ 1 \end{bmatrix}, \begin{bmatrix} 0 \\ 0 \\ 2 \\ -2 \\ 1 \end{bmatrix}\right\}.$$

利用这两个子空间, 不难构造以下各子空间:

$$V_C \cap V_O^c = \mathrm{Span}\left\{\begin{bmatrix} -1 \\ 1 \\ -1 \\ 1 \\ -1 \end{bmatrix}\right\};$$

$$V_C \cap V_O = \mathrm{Span}\left\{\begin{bmatrix} -3 \\ 2 \\ -1 \\ 2 \\ -3 \end{bmatrix}, \begin{bmatrix} 2 \\ -1 \\ 1 \\ -1 \\ 2 \end{bmatrix}\right\},$$

$$V_C \cup V_O^c = \mathrm{Span}\left\{\begin{bmatrix} -3 \\ 2 \\ -1 \\ 2 \\ -3 \end{bmatrix}, \begin{bmatrix} 2 \\ -1 \\ 1 \\ -1 \\ 2 \end{bmatrix}, \begin{bmatrix} -4 \\ 4 \\ -4 \\ 4 \\ -4 \end{bmatrix}, \begin{bmatrix} 2 \\ -2 \\ 0 \\ 0 \\ 1 \end{bmatrix}\right\},$$

$$V_C^c \cap V_O = \left[V_C \cup V_O^c\right]^\perp = \mathrm{Span}\left\{\begin{bmatrix} 2 \\ 1 \\ 0 \\ -1 \\ -2 \end{bmatrix}\right\}.$$

令

$$
V_1 = \begin{bmatrix} -3 \\ 2 \\ -1 \\ 2 \\ -3 \end{bmatrix}, \quad
V_2 = \begin{bmatrix} 2 \\ -1 \\ 1 \\ -1 \\ 2 \end{bmatrix}, \quad
V_3 = \begin{bmatrix} -4 \\ 4 \\ -4 \\ 4 \\ -4 \end{bmatrix}, \quad
V_4 = \begin{bmatrix} 2 \\ 1 \\ 0 \\ -1 \\ -2 \end{bmatrix}, \quad
V_5 = \begin{bmatrix} 2 \\ -2 \\ 0 \\ 0 \\ 1 \end{bmatrix},
$$

则有

$$
\begin{aligned}
V_C \cap V_O &= \mathrm{Span}\{V_1, V_2\}; \\
V_C \cap V_O^c &= \mathrm{Span}\{V_3\}; \\
V_C^c \cap V_O &= \mathrm{Span}\{V_4\}; \\
V_C^c \cap V_O^c &= \mathrm{Span}\{V_5\}.
\end{aligned}
$$

构造

$$
T = \begin{bmatrix} V_1, V_2, V_3, V_4, V_5 \end{bmatrix},
$$

令坐标变换为

$$
x = Tz,
$$

则可得到

$$
\begin{cases}
\dot{z} = \tilde{A}z + \tilde{B}u \\
y = \tilde{C}z,
\end{cases}
\tag{10.4.3}
$$

这里

$$
\tilde{A} = T^{-1}AT = \begin{bmatrix}
0 & 0 & 0 & -12 & 0 \\
1 & 0 & 0 & 13 & 0 \\
0 & 1 & -2 & 12 & 1.25 \\
0 & 0 & 0 & -2 & 0 \\
0 & 0 & 0 & 6 & 2
\end{bmatrix}, \quad
\tilde{B} = T^{-1}B = \begin{bmatrix} 1 \\ 0 \\ 0 \\ 0 \\ 0 \end{bmatrix},
$$

$$
\tilde{C} = CT = \begin{bmatrix} 0 & 1 & 0 & 12 & 0 \end{bmatrix}.
$$

容易看出, 这是一个 Kalman 分解. 由此可得, 原系统的一个最小实现为

$$
\begin{cases}
\dot{z} = \begin{bmatrix} 0 & 0 \\ 1 & 0 \end{bmatrix} z + \begin{bmatrix} 1 \\ 0 \end{bmatrix} u \\
y = \begin{bmatrix} 0 & 1 \end{bmatrix} z.
\end{cases}
\tag{10.4.4}
$$

10.5　反馈能控标准型

考查一个控制系统

$$\begin{cases} \dot{x} = Ax + Bu \\ y = Cx, \end{cases} \tag{10.5.1}$$

这里 $x \in \mathbb{R}^n, u \in \mathbb{R}^m, y \in \mathbb{R}^s$. 这样的系统集合可以用三元集表示:

$$\mathcal{L}_{n,m,s} = \{(A, B, C) | A \in \mathcal{M}_n,\ B \in \mathcal{M}_{n \times m},\ C \in \mathcal{M}_{s \times n}\}.$$

我们允许同时做两种变换:

(i) 状态反馈: 即

$$u = Kx + \psi v, \tag{10.5.2}$$

这里 $K \in \mathcal{M}_{m \times n}, \psi \in GL(m, \mathbb{R})$.

(ii) 坐标变换: 即

$$z = Tx, \tag{10.5.3}$$

这里 $T \in GL(n, \mathbb{R})$.

经这两种变换, 系统变为

$$\begin{cases} \dot{z} = \tilde{A}z + \tilde{B}v \\ y = \tilde{C}z, \end{cases} \tag{10.5.4}$$

这里,

$$\tilde{A} = T(A + BK)T^{-1}, \quad \tilde{B} = TB\psi, \quad \tilde{C} = CT^{-1}. \tag{10.5.5}$$

可以看作 $(T, K, \psi) \in GL(n, \mathbb{R}) \times \mathcal{M}_{m \times n} \times GL(m, \mathbb{R})$ 作用在 $\mathcal{L}_{n,m,s}$ 上. 这是否是一个群作用呢? 我们考查两次作用

$$(T_1, K_1, \psi_1) : (A, B, C) \mapsto (A_1, B_1, C_1),$$
$$(T_2, K_2, \psi_2) : (A_1, B_1, C_1) \mapsto (A_2, B_2, C_2).$$

则

$$A_1 = T_1(A + BK_1)T_1^{-1}, \quad B_1 = T_1 B\psi_1, \quad C_1 = CT_1^{-1};$$

$$
\begin{aligned}
A_2 &= T_2(A_1 + B_1 K_2)T_2^{-1} \\
&= T_2\left[T_1(A + BK_1)T_1^{-1} + T_1 B\psi_1 K_2\right]T_2^{-1} \\
&= T_2 T_1 A T_1^{-1} T_2^{-1} + T_2 T_1 B\left(K_1 T_1^{-1} + \psi_1 K_2\right)T_2^{-1},
\end{aligned}
$$

$$
B_2 = T_2 B_1 \psi_2 = T_2 T_1 B \psi_1 \psi_2,
$$

$$
C_2 = C_1 T_2^{-1} = C T_1^{-1} T_2^{-1}.
$$

在集合

$$
G := \{(T, K, \psi) | T \in GL(n, \mathbb{R}),\ K \in \mathcal{M}_{m \times n},\ \psi \in GL(m, \mathbb{R})\}
$$

上定义一种运算 ⊙ 如下:

$$
(T_1, K_1, \psi_1) \odot (T_2, K_2, \psi_2) := \left(T_2 T_1, \left[K_1 T_1^{-1} + \psi_1 K_2\right]T_2^{-1}, \psi_1 \psi_2\right). \tag{10.5.6}
$$

那么, 容易证明, $(G, \odot)$ 是一个群. 在这个群作用下, $\mathcal{L}_{n,m,s}$ 每一条群轨道上所有的系统反馈等价. 也就是说, 其中每个系统都可以经坐标变换加反馈变为另一个系统. 于是我们可以在每一条轨线上找出一个代表元, 它具有最简单的形式, 称为标准型. 如果不考虑输出, 即令

$$
\mathcal{L}_{n,m} = \{(A, B) | A \in \mathcal{M}_n,\ B \in \mathcal{M}_{n \times m}\}.
$$

$\mathcal{L}_{n,m}$ 上的一类标准型在应用上特别重要, 称为 Brunovsky 标准型.

定理 10.5.1 [44] 设 (A, B) 为能控对, 则存在 $k \leqslant m$, 使它反馈等价于以下标准型, 称为 (反馈) Brunovsky 标准型:

$$
\tilde{A} = \begin{bmatrix} A_{11} & A_{12} & \cdots & A_{1k} \\ 0 & A_{22} & \cdots & A_{2k} \\ \vdots & \vdots & & \vdots \\ 0 & 0 & \cdots & A_{kk} \end{bmatrix}, \quad \tilde{B} = \begin{bmatrix} B_1 & * & \cdots & * & * \\ 0 & B_2 & \cdots & * & \\ \vdots & \vdots & & \vdots & \vdots \\ 0 & 0 & \cdots & B_k & * \end{bmatrix}, \tag{10.5.7}
$$

这里

$$
A_{ii} = \begin{bmatrix} 0 & 1 & \cdots & 0 \\ \vdots & \vdots & & \vdots \\ 0 & 0 & \cdots & 1 \\ 0 & 0 & \cdots & 0 \end{bmatrix}, \quad A_{ij} = \begin{bmatrix} 0 & 0 & \cdots & 0 \\ \vdots & \vdots & & \vdots \\ 0 & 0 & \cdots & 0 \\ * & * & \cdots & * \end{bmatrix}, \quad B_i = \begin{bmatrix} 0 \\ \vdots \\ 0 \\ 1 \end{bmatrix}.
$$

容易看出, 对单输入系统 $(m = 1)$ 有以下结论:

推论 10.5.1 设 (A, b) 为单输入能控系统, 则它反馈等价于以下 (反馈) Brunovsky 标准型:

$$\tilde{A} = \begin{bmatrix} 0 & 1 & \cdots & 0 \\ \vdots & \vdots & & \vdots \\ 0 & 0 & \cdots & 1 \\ 0 & 0 & \cdots & 0 \end{bmatrix}, \quad \tilde{b} = \begin{bmatrix} 0 \\ \vdots \\ 0 \\ 1 \end{bmatrix}. \tag{10.5.8}$$

实际上, 只要用坐标变换, 就可以得到 (非反馈)Brunovsky 标准型. 它指在式(10.5.7) 中 A_{ii} 满足

$$A_{ii} = \begin{bmatrix} 0 & 1 & \cdots & 0 \\ \vdots & \vdots & & \vdots \\ 0 & 0 & \cdots & 1 \\ * & * & \cdots & * \end{bmatrix}.$$

这里, 最后一行中的 * 代表不确定元素. 显然, 状态反馈很容易把它们变为零. 同理可定义单输入系统的 (非反馈)Brunovsky 标准型.

对于单输入系统 (A, b) 标准型, 可用下面的方法得到:

算法 10.5.1 [47]   (单输入Brunovsky标准型构造方法)

- *步骤* 1: 计算 A 的特征方程:

$$\det(sI - A) = s^n + a_{n-1}s^{n-1} + \cdots + a_1 s + a_0.$$

- *步骤* 2: 构造坐标变换阵 T:

$$T = CM,$$

这里

$$C = [b, Ab, \cdots, A^{n-1}b];$$

$$M = \begin{bmatrix} a_1 & a_2 & \cdots & a_{n-1} & 1 \\ a_2 & a_3 & \cdots & 1 & 0 \\ \vdots & & & & \\ a_{n-1} & 1 & \cdots & 0 & 0 \\ 1 & 0 & \cdots & 0 & 0 \end{bmatrix}.$$

- *步骤* 3: 构造 Brunovsky 标准型:

$$\tilde{A} := T^{-1}AT; \quad \tilde{b} = T^{-1}b.$$

例 10.5.1 令

$$A = \begin{bmatrix} 1 & 1 & 2 \\ -1 & 0 & 1 \\ 1 & 0 & -1 \end{bmatrix}, \quad b = \begin{bmatrix} -1 \\ 0 \\ 1 \end{bmatrix},$$

则

$$C = [b, Ab, A^2 b] = \begin{bmatrix} -1 & 1 & -1 \\ 0 & 2 & -3 \\ 1 & -2 & 3 \end{bmatrix}.$$

易知, C 非奇异, 系统可控.

$$\det(\lambda I - A) = \lambda^3 - 2\lambda.$$

于是有

$$M = \begin{bmatrix} -2 & 0 & 1 \\ 0 & 1 & 0 \\ 1 & 0 & 0 \end{bmatrix},$$

$$T = CM = \begin{bmatrix} 1 & 1 & -1 \\ -3 & 2 & 0 \\ 1 & -2 & 1 \end{bmatrix}.$$

最后可得 Brunovsky 标准型如下:

$$\tilde{A} = T^{-1}AT = \begin{bmatrix} 0 & 1 & 0 \\ 0 & 0 & 1 \\ 0 & 2 & 0 \end{bmatrix}, \quad \tilde{b} = T^{-1}b = \begin{bmatrix} 0 \\ 0 \\ 1 \end{bmatrix}.$$

定义 10.5.1 给定线性系统 (A, B), 这里 $A \in \mathcal{M}_{n \times n}$, $B \in \mathcal{M}_{n \times m}$. 考虑能控性矩阵

$$C = [B, AB, \cdots, A^{n-1}B].$$

我们从左到右, 寻找与左边向量线性无关的向量, 将这些线性无关向量按 b_i 重新排序为

$$M = [b_1, Ab_1, \cdots, A^{\mu_1 - 1}b_1, b_2, Ab_2, \cdots, A^{\mu_2 - 1}b_2, \cdots, b_m, Ab_m, \cdots, A^{\mu_m - 1}b_m]. \tag{10.5.9}$$

则 $\{\mu_1, \mu_2, \cdots, \mu_m\}$ 称为系统的能控性指标集.

显然, $\sum\limits_{i=1}^{n} \mu_i \leqslant n$. 系统完全能控当且仅当 $\sum\limits_{i=1}^{n} \mu_i \leqslant n$.

下面给出多输入系统的 Brunovsky 标准型的算法:

算法 10.5.2 [46] (多输入 Brunovsky 标准型构造方法)

- 步骤 1: 计算 $P = M^{-1}$, 这里 M 由式(10.5.9) 定义.

- 步骤 2: 找出 P 的第 $\mu_1, \mu_1 + \mu_2, \cdots, \mu_1 + \mu_2 + \cdots + \mu_m$ 行, 即

$$
\begin{aligned}
R_1 &= \text{Row}_{\mu_1}(P) \\
R_2 &= \text{Row}_{\mu_1 + \mu_2}(P) \\
&\vdots \\
R_m &= \text{Row}_{\mu_1 + \mu_2 + \cdots + \mu_m}(P).
\end{aligned}
$$

构造矩阵

$$
T = \begin{bmatrix} R_1 \\ R_1 A \\ \cdots \\ R_1 A^{\mu_1 - 1} \\ \vdots \\ R_m \\ R_m A \\ \cdots \\ R_m A^{\mu_m - 1} \end{bmatrix}^{-1}
$$

- 步骤 3: 构造 Brunovsky 标准型:

$$
\tilde{A} := T^{-1} A T; \quad \tilde{b} = T^{-1} b.
$$

下面给出一个例子.

例 10.5.2 考虑系统 (A, B), 这里

$$
A = \begin{bmatrix} 0 & 1 & 0 & 0 & 0 \\ 0 & 0 & 1 & 0 & 0 \\ 1 & -1 & 0 & 0 & 0 \\ 0 & 0 & 0 & 0 & 1 \\ 0 & 0 & 0 & 0 & -1 \end{bmatrix}, \quad B = [b_1, b_2] = \begin{bmatrix} 0 & 0 \\ 0 & 0 \\ 1 & 0 \\ 0 & 1 \\ 0 & 1 \end{bmatrix}.
$$

容易找出 C 中的线性无关列为 b_1, b_2, Ab_1, Ab_2, A^2b_1. 重排可得

$$
\begin{aligned}
M &= [b_1,\ Ab_1,\ A^2b_1,\ b_2,\ Ab_2] \\
&= \begin{bmatrix} 0 & 0 & 1 & 0 & 0 \\ 0 & 1 & 0 & 0 & 0 \\ 1 & 0 & -1 & 0 & 0 \\ 0 & 0 & 0 & 1 & 1 \\ 0 & 0 & 0 & 1 & -1 \end{bmatrix}
\end{aligned}
$$

$$
M^{-1} = \begin{bmatrix} 1 & 0 & 1 & 0 & 0 \\ 0 & 1 & 0 & 0 & 0 \\ 1 & 0 & 0 & 0 & 0 \\ 0 & 0 & 0 & 0.5 & 0.5 \\ 0 & 0 & 0 & 0.5 & -0.5 \end{bmatrix}
$$

因此

$$
T = \begin{bmatrix} \mathrm{Row}_3\left(M^{-1}\right) \\ \mathrm{Row}_3\left(M^{-1}\right)A \\ \mathrm{Row}_3\left(M^{-1}\right)A^2 \\ \mathrm{Row}_5\left(M^{-1}\right) \\ \mathrm{Row}_5\left(M^{-1}\right)A \end{bmatrix}^{-1} = \begin{bmatrix} 1 & 0 & 0 & 0 & 0 \\ 0 & 1 & 0 & 0 & 0 \\ 0 & 0 & 1 & 0 & 0 \\ 0 & 0 & 0 & 2 & 1 \\ 0 & 0 & 0 & 0 & 1 \end{bmatrix}.
$$

最后, 可得到 Brunovsky 标准型如下:

$$
\tilde{A} = T^{-1}AT = \begin{bmatrix} 0 & 1 & 0 & 0 & 0 \\ 0 & 0 & 1 & 0 & 0 \\ 1 & -1 & 0 & 0 & 0 \\ 0 & 0 & 0 & 0 & 1 \\ 0 & 0 & 0 & 0 & -1 \end{bmatrix}, \quad \tilde{B} = T^{-1}B = \begin{bmatrix} 0 & 0 \\ 0 & 0 \\ 1 & 0 \\ 0 & 0 \\ 0 & 1 \end{bmatrix}.
$$

10.6 习题与课程探索

10.6.1 习题

1. 考查系统

$$
\dot{x}_1 = x_2 + u, \quad \dot{x}_2 = -x_2 - u, \quad y = 2x_1 + 3x_2.
$$

试给出系统的能控分解与能观分解. 请从你的答案中解释这两种分解的直观意义.

2. 设

$$A = \begin{bmatrix} -1 & 0 \\ 0 & -1 \end{bmatrix}, \quad B = \begin{bmatrix} 1 & 0 \\ 0 & 1 \end{bmatrix}, \quad C = \begin{bmatrix} -1 & 1 \end{bmatrix}.$$

问 (A, B, C) 是否是最小实现? 如果不是, 找出它的最小实现. 系统最小实现与原系统有什么样的内在联系与差别?

3. 证明表达式 (10.5.6) 定义了 G 上的一个群结构.

4. 考虑

$$\dot{x} = \begin{bmatrix} \lambda & 0 \\ 0 & \bar{\lambda} \end{bmatrix} + \begin{bmatrix} b_1 \\ b_2 \end{bmatrix} u$$

$$y = \begin{bmatrix} c_1 & \bar{c}_2 \end{bmatrix} x$$

其中, "-" 表示复共轭. 试证, 利用变换 $x = Q_1 \tilde{x}$, 将方程变换为

$$\dot{\tilde{x}} = \tilde{A} \tilde{x} + \tilde{b} u,$$

$$y = \tilde{c}_1 \tilde{x}.$$

其中

$$Q_1 = \begin{bmatrix} -\bar{\lambda} & b_1 \\ -\lambda \bar{b}_1 & \bar{b}_1 \end{bmatrix}, \tilde{A} = \begin{bmatrix} 0 & 1 \\ -\lambda\bar{\lambda} & \lambda + \bar{\lambda} \end{bmatrix}, b = \begin{bmatrix} 0 \\ 1 \end{bmatrix}$$

$$\tilde{c}_1 = \begin{bmatrix} -2\Re(\bar{\lambda} b_1 c_1) & 2\Re(b_1 c_1) \end{bmatrix}$$

这里, $\Re(a)$ 为 a 的实部.

5. 试将方程

$$\dot{x} = \begin{bmatrix} -1 & -2 & -2 \\ 0 & -1 & 1 \\ 1 & 0 & -1 \end{bmatrix} x + \begin{bmatrix} 2 \\ 0 \\ 1 \end{bmatrix} u$$

$$y = \begin{bmatrix} 1 & 1 & 0 \end{bmatrix} x$$

变换为能控标准型.

6. 考虑如下三阶线性系统:

$$\dot{x} = \begin{bmatrix} 1 & 1 & 0 \\ 0 & 1 & 0 \\ 0 & 1 & 1 \end{bmatrix} x + \begin{bmatrix} 0 & 1 \\ 1 & 0 \\ 0 & 1 \end{bmatrix} u,$$

$$y = \begin{bmatrix} 1 & 1 & 1 \end{bmatrix} x.$$

试给出系统的 Kalman 分解以及其最小实现, 并给出系统可达集的数学刻画.

10.6.2　课程探索

1. Brunovsky 标准型结构的线性系统有什么特征? 根据这种特征, 你能否给出采用线性控制器的闭环系统? 能否针对标准型结构设计出控制器使得闭环稳定? 请针对例 10.5.2 设计出控制器使系统稳定.

2. 自学并理解平衡实现 (balanced realization) 的相关知识及应用.

3. 能控分解与能观分解除了从代数角度来理解, 能否从其他角度来理解? 比如能否从几何的角度来看这些空间的结构?

第 11 章　线性系统的解耦与镇定

本章开始讨论线性系统如何进行控制设计的问题. 线性系统的解耦是线性系统控制设计中的重要问题. 解耦问题与系统的几何结构密切相关, 因此, 要研究它必须首先分析状态空间中各种与控制相关的子空间的性质. 线性系统的镇定是线性系统控制设计中的关键问题, 而镇定问题是否有解与系统的能控性有内在的关联: 如果一个线性系统完全能控, 那么系统就可以任意配置极点. 本章内容可参考文献 [43–45].

11.1　(A, B)-不变子空间

考查线性系统

$$\dot{x} = Ax + Bu, \quad x \in \mathbb{R}^n, \ u \in \mathbb{R}^m. \tag{11.1.1}$$

如果使用状态反馈 $u = Kx + \phi v$, 则得到

$$\dot{x} = \tilde{A}x + \tilde{B}v, \tag{11.1.2}$$

这里 $\tilde{A} = A + BK$, $\tilde{B} = B\phi$. 对于 $\tilde{A}$ 的不变子空间称为反馈不变子空间, 也称为(A, B)-不变子空间.

定义 11.1.1　考查线性系统 (11.1.1), $\mathcal{V} \subset \mathbb{R}^n$ 为 $\mathbb{R}^n$ 中的一个线性子空间. 如果存在 $K \in \mathcal{M}_{m \times n}$, 使对任一向量 $X \in \mathcal{V}$ 有

$$(A + BK)X \in \mathcal{V}, \quad \forall X \in \mathcal{V}, \tag{11.1.3}$$

则称 $\mathcal{V}$ 为 (A, B)-不变子空间.

下面这个引理很重要, 它使 (A, B)-不变子空间这一概念易于检验.

引理 11.1.1　$\mathcal{V} \subset \mathbb{R}^n$ 是 (A, B)-不变子空间, 当且仅当

$$A\mathcal{V} \subset \mathcal{V} + \mathcal{B}, \tag{11.1.4}$$

这里 $\mathcal{B} = \operatorname{Span} \operatorname{Col}(B)$.

证明　(必要性) 式 (11.1.3)$\Rightarrow$ 式 (11.1.4) 是显然的.
(充分性) 记 $\dim(\mathcal{V}) = \ell$. 取适当坐标, 使

$$\mathcal{V} = \operatorname{Span} \operatorname{Col}(V),$$

这里

$$V = \begin{bmatrix} I_\ell \\ 0 \end{bmatrix} \in \mathcal{M}_{n \times \ell}.$$

在这个坐标下, 记

$$\mathcal{B} = \mathrm{Span}\,\mathrm{Col}(B).$$

由式(11.1.4) 可知, 存在 $R \in \mathcal{M}_{\ell \times \ell}$ 以及 $S \in \mathcal{M}_{m \times \ell}$, 使得

$$AV = VR + BS. \tag{11.1.5}$$

令 $F = [-S, *] \in \mathcal{M}_{m \times n}$, 这里 $*$ 表示我们不关心其取值, 则

$$(A + BF)V = VR.$$

$\square$

11.2 干扰解耦

考虑系统

$$\begin{cases} \dot{x} = Ax + Bu + P\xi \\ y = Cx, \end{cases} \tag{11.2.1}$$

这里 $x \in \mathbb{R}^n, u \in \mathbb{R}^m, \xi \in \mathbb{R}^\ell, y \in \mathbb{R}^s$. ξ 是干扰.

定义 11.2.1 考查系统 (11.2.1). 干扰解耦问题指, 找出反馈 $u = Kx$, 使对闭环反馈系统干扰 ξ 不影响输出.

定理 11.2.1 设 $\mathcal{V}$ 为包含于 $\ker(C)$ 中的最大 (A, B)-不变子空间, 则系统 (11.2.1) 的干扰解耦问题可解, 当且仅当

$$P_i \in \mathcal{V}, \quad i = 1, 2, \cdots, \ell. \tag{11.2.2}$$

下面我们讨论寻找包含于 $\ker(C)$ 中的最大 (A, B)-不变子空间的算法.

定义如下递推算法:

$$\begin{cases} \mathcal{V}_0 := \ker(C), \\ \mathcal{V}_k = \mathcal{V}_0 \cap A^{-1}(\mathcal{B} + \mathcal{V}_{k-1}), \quad k = 1, 2, \cdots. \end{cases} \tag{11.2.3}$$

定理 11.2.2 [42] 对于算法 (11.2.3),

(i) 存在 k^* 使 $\mathcal{V}_{k^*+1} = \mathcal{V}_{k^*}$;

(ii) $\mathcal{V}_{k^*}$ 是 $\ker(C)$ 中的最大 (A, B)-不变子空间.

注意, $A^{-1}(\mathcal{S})$ 可用习题 1 中的式 (11.5.1) 计算.

例 11.2.1 考虑系统

$$\dot{x} = Ax + Bu + P\xi, \tag{11.2.4}$$

$$y = Cx, \tag{11.2.5}$$

这里

$$A = \begin{bmatrix} 0 & 1 & 0 & 0 & 0 \\ 0 & 0 & 1 & 0 & 0 \\ 0 & 0 & 0 & 0 & 0 \\ 0 & 0 & 0 & 1 & 0 \\ 0 & 0 & 0 & 0 & 0 \end{bmatrix}, \quad B = \begin{bmatrix} 0 & 0 \\ 0 & 0 \\ 1 & 0 \\ 0 & 0 \\ 0 & 1 \end{bmatrix},$$

$$P = \begin{bmatrix} 1 \\ 1 \\ 1 \\ 1 \\ 1 \end{bmatrix}, \quad C = \begin{bmatrix} 1 & 0 & 0 & -1 & 0 \\ 1 & -1 & 0 & 0 & 0 \\ 0 & 0 & 0 & 1 & -1 \end{bmatrix}.$$

利用算法 (11.2.3), 首先计算

$$\mathcal{V}_0 := \ker(C) = \mathrm{Span} \left(\begin{bmatrix} 0 \\ 0 \\ 1 \\ 0 \\ 0 \end{bmatrix}, \begin{bmatrix} 1 \\ 1 \\ 0 \\ 1 \\ 1 \end{bmatrix} \right),$$

$$\mathcal{B} + \mathcal{V}_0 = \mathrm{Span} \left(\begin{bmatrix} 0 \\ 0 \\ 1 \\ 0 \\ 0 \end{bmatrix}, \begin{bmatrix} 0 \\ 0 \\ 0 \\ 0 \\ 1 \end{bmatrix}, \begin{bmatrix} 1 \\ 1 \\ 0 \\ 1 \\ 1 \end{bmatrix} \right).$$

利用式 (11.5.1), 我们有

$$A^{-1}(\mathcal{B} + \mathcal{V}_0)$$
$$= \left[A^{\mathrm{T}}(\mathcal{B} + \mathcal{V}_0)^{\perp} \right]^{\perp}$$
$$= \mathrm{Span} \left(\begin{bmatrix} 1 \\ 0 \\ 0 \\ 0 \\ 0 \end{bmatrix}, \begin{bmatrix} 0 \\ 1 \\ 1 \\ 1 \\ 0 \end{bmatrix}, \begin{bmatrix} 0 \\ 0 \\ 0 \\ 0 \\ 1 \end{bmatrix} \right).$$

因而

$$
\mathcal{V}_1 = \mathrm{Span} \left\{ \begin{bmatrix} 1 \\ 1 \\ 1 \\ 1 \\ 1 \end{bmatrix} \right\}.
$$

容易检验

$$
\mathcal{V}_i = \mathcal{V}_1, \quad i > 1.
$$

因此, $\mathcal{V}^* = \mathcal{V}_1$ 为 $\ker(C)$ 中最大 (A, B)-不变子空间. 由 $P \in \mathcal{V}^*$ 可知, 干扰解耦问题可解.

下面寻找解耦的反馈律, 实际上, 引理 11.1.1 的证明给了一种计算 K 的方法. 先找一坐标, 使

$$
\mathcal{V} = \mathrm{Span} \left\{ \begin{bmatrix} I_k \\ 0 \end{bmatrix} \right\}.
$$

取 $x = Tz$, 这里

$$
T = \begin{bmatrix} 1 & 0 & 0 & 0 & 0 \\ 1 & 1 & 0 & 0 & 0 \\ 1 & 0 & 1 & 0 & 0 \\ 1 & 0 & 0 & 1 & 0 \\ 1 & 0 & 0 & 0 & 1 \end{bmatrix}.
$$

则有 $\tilde{A} = T^{-1}AT$, $\tilde{B} = T^{-1}B$, $\tilde{\mathcal{V}} = \mathrm{Span}\{\delta_5^1\}$. 易知, 在新坐标下

$$
\tilde{A}\tilde{\mathcal{V}} = \tilde{B}S + \tilde{V}R,
$$

这里 $S = [-1, 1]^{\mathrm{T}}, R = 1$. 根据式 (11.1.5) 可得 ($K$ 不唯一)

$$
\tilde{K} = \begin{bmatrix} 1 & 0 & 0 & 0 & 0 \\ -1 & 0 & 0 & 0 & 0 \end{bmatrix},
$$

在原状态空间下有

$$
K = \tilde{K}T^{-1} = \begin{bmatrix} 1 & 0 & 0 & 0 & 0 \\ -1 & 0 & 0 & 0 & 0 \end{bmatrix}.
$$

11.3 线性系统的稳定性

考虑定常线性系统

$$
\dot{x}(t) = Ax(t), \quad x \in \mathbb{R}^n, \quad x(0) = x_0. \tag{11.3.1}
$$

定义 11.3.1　系统 (11.3.1) 称为渐近稳定的, 如果对任意初值 x_0

$$\lim_{t \to \infty} x(t) = 0 \tag{11.3.2}$$

均成立.

接下来, 我们考虑状态方程 (11.3.1) 的解. 我们熟知, 对于齐次线性方程 $\dot{x}(t) = ax(t)$ (其中 $x(t)$ 为标量), 可以通过幂级数法求解. 事实上, 对于 n 维齐次线性方程组 (11.3.1), 我们也可以使用幂级数法求解 (熟悉拉普拉斯变换的同学也可以用拉普拉斯变换求解).

设状态方程 (11.3.1) 的解为

$$x(t) = b_0 + b_1 t + b_2 t^2 + \cdots + b_k t^k + \cdots,$$

其中, $b_0, b_1, b_2, \cdots, b_k, \cdots$ 都是 n 维向量, 是待定系数. 当 $t = 0$ 时,

$$x|_{t=0} = x_0 = b_0.$$

为了求得其余各项系数, 对 $x(t)$ 求导, 并代入方程 (11.3.1), 可得

$$
\begin{aligned}
\dot{x}(t) &= b_1 + 2b_2 t + 3b_3 t^2 + \cdots + kb_k t^{k-1} + \cdots \\
&= A(b_0 + b_1 t + b_2 t^2 + \cdots + b_k t^k + \cdots)
\end{aligned} \tag{11.3.3}
$$

式 (11.3.3) 对所有的 t 都成立, 故而有

$$
\begin{cases}
b_1 = Ab_0 \\
b_2 = \frac{1}{2}Ab_1 = \frac{1}{2}A^2 b_0 \\
b_3 = \frac{1}{3}Ab_2 = \frac{1}{3!}A^3 b_0 \\
\quad \vdots \\
b_k = \frac{1}{k!}A^k b_0,
\end{cases} \tag{11.3.4}
$$

且有 $b_0 = x_0$. 所以

$$
\begin{aligned}
x(t) &= b_0 + Ab_0 t + \frac{1}{2!}A^2 b_0 t^2 + \cdots + \frac{1}{k!}A^k b_0 t^k + \cdots \\
&= \left(I + At + \frac{1}{2!}A^2 t^2 + \cdots + \frac{1}{k!}A^k t^k + \cdots \right) x_0.
\end{aligned} \tag{11.3.5}
$$

我们定义矩阵的指数函数

$$\exp(At) = e^{At} = I + At + \frac{1}{2!}A^2 t^2 + \cdots + \frac{1}{k!}A^k t^k + \cdots,$$

则有

$$x(t) = \exp(At)x_0.$$

同时, 对于坐标变换 $z = Tx$ 有

$$\dot{z}(t) = TAT^{-1}z(t).$$

因此, 不妨假定 A 具有约当标准型. 于是, 不难得到如下结论:

定理 11.3.1 [21]　系统 (11.3.1) 是渐近稳定的, 当且仅当 A 为 Hurwitz 矩阵, 即 A 的所有特征值均有负实部.

前面介绍的稳定性是经典系统的稳定性, 下面我们介绍现代控制理论中的李雅普诺夫稳定性, 李雅普诺夫稳定性理论更具有普适性 (也可以分析非线性系统).

考虑系统 (11.3.1), 如果状态 x_e 满足 $Ax_e = 0$, 那么 x_e 称为平衡状态. 事实上, 对于线性定常系统 (11.3.1), 如果 A 非奇异, 系统只有唯一的零解, 即系统只有一个位于状态空间原点的平衡状态; 如果 A 奇异, 则系统存在无限多个平衡状态. 根据系统状态与平衡状态在时间 $t \to \infty$ 时差的范数是无界、有界以及趋于零, 能够将平衡状态定义为不稳定、稳定以及渐近稳定.

定义 11.3.2　设 x_e 是系统 (11.3.1) 的平衡状态. 如果对于任意实数 $\epsilon > 0$, 都存在另一个实数 $\delta(\epsilon) > 0$, 使得从区域

$$\|x_0 - x_e\| \leqslant \delta(\epsilon) \tag{11.3.6}$$

内的任意状态 x_0 出发, 系统方程的解 $x(t)$ 对于任意时间 $t > t_0$ 都满足

$$\|x_t - x_e\| \leqslant \epsilon, \tag{11.3.7}$$

则称状态 x_e 是李雅普诺夫意义下稳定的.

李雅普诺夫稳定性理论中, 有两种方法判断系统的稳定性, 分别称为李雅普诺夫第一法和李雅普诺夫第二法, 也称为间接法和直接法. 接下来分别介绍判断线性定常系统李雅普诺夫稳定性的间接法和直接法. 定理11.3.2 给出了间接法.

定理 11.3.2　对于系统 (11.3.1), 如果 A 的所有特征值均具有非正 (负或零) 实部, 且具有零实部的特征值为 A 的最小多项式的单根, 则系统的平衡状态是李雅普诺夫意义下稳定的.

接下来介绍直接法. 直接法是通过选取与系统状态有关的能量函数, 结合能量函数的导数进行判断, 选取的能量函数称为李雅普诺夫函数. 设系统 (11.3.1) 有唯一的平衡状态 (原点), 取正定二次型函数 $V(x) = x^{\mathrm{T}}Px$ 作为可能的李雅普诺夫函数, 考虑系统的状态方程, 有

$$\dot{V}(x) = \dot{x}^{\mathrm{T}}Px + x^{\mathrm{T}}P\dot{x} = x^{\mathrm{T}}(A^{\mathrm{T}}P + PA)x. \tag{11.3.8}$$

令

$$A^{\mathrm{T}}P + PA = -Q, \tag{11.3.9}$$

则

$$\dot{V}(x) = -x^{\mathrm{T}} Q x. \tag{11.3.10}$$

定理 11.3.3 对于系统 (11.3.1), 平衡状态 $x_e = 0$ 渐近稳定的充要条件是, 对于任意给定的一个正定对称矩阵 Q, 有唯一的正定对称矩阵 P 使得式 (11.3.9) 成立.

11.4　线性系统的镇定

考虑线性控制系统

$$\dot{x}(t) = A x(t) + B u(t), \quad x \in \mathbb{R}^n, \ u \in \mathbb{R}^m. \tag{11.4.1}$$

定义 11.4.1 考虑系统 (11.4.1), 所谓镇定是指寻找反馈控制

$$u(t) = K x(t), \tag{11.4.2}$$

使闭环系统

$$\dot{x}(t) = (A + BK) x(t) \tag{11.4.3}$$

为渐近稳定.

定理 11.4.1 考虑系统 (11.4.1), 如果 (A, B) 可控, 则系统是可镇定的.

证明　先考虑单输入的情况, 回忆推论 10.5.1, 我们从 Brunovsky 标准型 (10.5.7) 出发. 设

$$K = \begin{bmatrix} k_1 & k_2 & \cdots & k_n \end{bmatrix},$$

则得

$$A + BK = \begin{bmatrix} 0 & 1 & \cdots & 0 \\ \vdots & \vdots & & \vdots \\ 0 & 0 & \cdots & 1 \\ k_1 & k_2 & \cdots & k_n \end{bmatrix}.$$

因此, 其特征函数为

$$\psi(\lambda) := \det\left[\lambda I_n - (A + BK)\right] = \lambda^n - k_n \lambda^{n-1} - k_{n-1} \lambda^{n-2} - \cdots - k_n. \tag{11.4.4}$$

显然, 任给 $\{\lambda_1, \lambda_2, \cdots, \lambda_n\}$, 都可以找到 $\{k_1, k_2, \cdots, k_n\}$, 使 $\psi(\lambda) = 0$ 的根为 $\{\lambda_1, \lambda_2, \cdots, \lambda_n\}$.

至于多输入的情况, 利用 Brunovsky 标准型 (10.5.7) 同理可证.　　　　□

对于一般的线性系统, 我们考虑其能控性分解 (参见式 (10.2.1)).

$$\begin{bmatrix} \dot{x}^1 \\ \dot{x}^2 \end{bmatrix} = \begin{bmatrix} A_{11} & A_{12} \\ 0 & A_{22} \end{bmatrix} x + \begin{bmatrix} B_1 \\ 0 \end{bmatrix} u. \tag{11.4.5}$$

因为 (A_{11}, B_1) 是能控对, 则存在 K_1 使 $A_{11} + B_1 K_1$ 为 Hurwitz 矩阵. 设 $K = [K_1, *] \in \mathcal{M}_{m \times n}$, $\tilde{A} := A + BK$, 则

$$\tilde{A} = \begin{bmatrix} A_{11} + B_1 K_1 & \tilde{A}_{12} \\ 0 & A_{22} \end{bmatrix}.$$

注意到, 不可控子空间

$$\dot{x}^2(t) = A_{22} x^2(t)$$

不受反馈控制影响, 我们有如下定理:

定理 11.4.2 系统 (11.4.1) 是可镇定的当且仅当其不可控子空间是渐近稳定的.

实际操作时, 要先对系统做能控性分解, 然后检验不能控部分是否稳定. 我们用一个例子来说明.

例 11.4.1 设系统为

$$\dot{x} = Ax + b_1 u_1 + b_2 u_2, \tag{11.4.6}$$

这里

$$A = \begin{bmatrix} -1 & -3 & 0 & -1 & 3 \\ 0 & 1 & 0 & -1 & 0 \\ 1 & 2 & 0 & 1 & -2 \\ 0 & 2 & 0 & 0 & -3 \\ 0 & 1 & 0 & 0 & -1 \end{bmatrix}, \quad b_1 = \begin{bmatrix} 1 \\ 0 \\ -1 \\ -1 \\ 0 \end{bmatrix}, \quad b_2 = \begin{bmatrix} 0 \\ 0 \\ 1 \\ 0 \\ 0 \end{bmatrix}.$$

容易看出, $\mathrm{rank}(C) = 4$. 构造一坐标变换为

$$P = [A^2 b_1, A b_1, b_1, b_2, \xi],$$

这里 ξ 是任选的, 满足: P 非奇异. 例如, 选 $\xi = [1, 0, 0, 0, 0]^{\mathrm{T}}$. 于是得到

$$\tilde{A} = P^{-1} A P = \begin{bmatrix} 0 & 1 & 0 & 0 & 0 \\ -1 & 0 & 1 & 0 & 0 \\ 1 & 0 & 0 & 0 & 0 \\ 0 & 0 & 0 & 0 & 1 \\ 0 & 0 & 0 & 0 & -1 \end{bmatrix}, \quad \tilde{b}_1 = P^{-1} b_1 = \begin{bmatrix} 0 \\ 0 \\ 1 \\ 0 \\ 0 \end{bmatrix}, \quad \tilde{b}_2 = P^{-1} b_2 = \begin{bmatrix} 0 \\ 0 \\ 0 \\ 1 \\ 0 \end{bmatrix}.$$

由于不能控部分特征值为 -1, 系统是可镇定的.

为了方便镇定设计, 我们可对第一个能控块

$$\tilde{A}_{11} = \begin{bmatrix} 0 & 1 & 0 \\ -1 & 0 & 1 \\ 1 & 0 & 0 \end{bmatrix}, \quad \tilde{b} = \begin{bmatrix} 0 \\ 0 \\ 1 \end{bmatrix}$$

再做一次坐标变换: 因为

$$C = [\tilde{b}, A_{11}\tilde{b}, A_{11}^2\tilde{b}] = \begin{bmatrix} 0 & 0 & 1 \\ 0 & 1 & 0 \\ 1 & 0 & 0 \end{bmatrix},$$

且

$$\det(\lambda I - A_{11}) = \lambda^3 + \lambda - 1,$$

可知

$$M = \begin{bmatrix} 1 & 0 & 1 \\ 0 & 1 & 0 \\ 1 & 0 & 0 \end{bmatrix}.$$

因此, 有

$$T = CM = \begin{bmatrix} 1 & 0 & 0 \\ 0 & 1 & 0 \\ 1 & 0 & 1 \end{bmatrix}.$$

从而可得

$$\bar{A}_{11} := T^{-1}\tilde{A}_{11}T = \begin{bmatrix} 0 & 1 & 0 \\ 0 & 0 & 1 \\ 1 & -1 & 0 \end{bmatrix}, \quad \bar{b} = T^{-1}\tilde{b} = \begin{bmatrix} 0 \\ 0 \\ 1 \end{bmatrix}.$$

综上可知, 对系统 (11.4.6) 做坐标变换:

$$z = \Psi x,$$

这里

$$\Psi = \mathrm{diag}(T, I_2) \times P,$$

则得到系统

$$\dot{z} = \bar{A}x + \bar{b}_1 u_1 + \bar{b}_2 u_2, \tag{11.4.7}$$

这里

$$\bar{A} = \begin{bmatrix} 0 & 1 & 0 & 0 & 0 \\ 0 & 0 & 1 & 0 & 0 \\ 1 & -1 & 0 & 0 & 0 \\ 0 & 0 & 0 & 0 & 1 \\ 0 & 0 & 0 & 0 & -1 \end{bmatrix}, \quad \bar{b}_1 = \begin{bmatrix} 0 \\ 0 \\ 1 \\ 0 \\ 0 \end{bmatrix}, \quad \bar{b}_2 = \begin{bmatrix} 0 \\ 0 \\ 0 \\ 1 \\ 0 \end{bmatrix}.$$

利用式 (11.4.7), 镇定设计极为简单.

11.5 习题与课程探索

11.5.1 习题

1. 设 $\mathcal{S} \subset \mathbb{R}^n$. 证明

$$A^{-1}(\mathcal{S}) = \left(A^{\mathrm{T}}\mathcal{S}^\perp\right)^\perp. \tag{11.5.1}$$

2. 设控制系统 (11.4.1) 完全能控, 则可任意设置反馈系统 $A + BK$ 的特征值, 控制中称其为极点配置. 令

$$A = \begin{bmatrix} 0 & 1 & 1 \\ 1 & 0 & -1 \\ 1 & -2 & 1 \end{bmatrix}, \quad b = \begin{bmatrix} 1 \\ 0 \\ 1 \end{bmatrix}.$$

(a) 证明 (A, b) 可控.

(b) 将极点配置到 $\{-1, -2, -1\}$.

3. 证明若 $\dot{x} = A(t)x$ 在 t_0 处是李雅普诺夫稳定的, 则对 $t_1 > t_0$ 也是李雅普诺夫稳定的.

4. 系统 $\dot{x} = 2t(t + 1)^{-2}x$ 在 $x = 0$ 处是否渐近稳定、一致稳定、一致渐近稳定, 为什么?

5. 具有如下参数矩阵的系统是李雅普诺夫意义稳定、渐近稳定、不稳定的吗?

$$A = \begin{bmatrix} 1 & 0 & 0 \\ 0 & 2 & 0 \\ 0 & 0 & -1 \end{bmatrix}, A = \begin{bmatrix} -2 & 1 \\ -2 & 0 \end{bmatrix}, A = \begin{bmatrix} 0 & 1 & 0 \\ 0 & 0 & 1 \\ 0 & -1 & -2 \end{bmatrix}.$$

6. 已知系统

$$\dot{x} = \begin{bmatrix} \lambda & 1 & 0 \\ 0 & \lambda & 0 \\ 0 & 0 & \lambda \end{bmatrix} x + \begin{bmatrix} 0 & 0 \\ 1 & 0 \\ 0 & 1 \end{bmatrix} u,$$

$$y = \begin{bmatrix} 1 & 2 & 0 \\ 0 & 1 & 1 \end{bmatrix} x$$

是 BIBO 稳定的, 能否得出其 $\Re(\lambda) < 0$ 的结论? 为什么?

7. 设 P 满足李雅普诺夫方程 $AP + PA^{\mathrm{T}} = -Q$, 证明

$$P = \mathrm{e}^{At} P \mathrm{e}^{A^{\mathrm{T}} t} + \int_0^t \mathrm{e}^{At} Q E^{A^{\mathrm{T}} t} \mathrm{d}t.$$

8. 设系统 $\dot{x} = Ax + Bu$, 当 $u = B^{\mathrm{T}} W^{-1}(T) x$,

$$W(T) = \int_0^T \mathrm{e}^{At} B B^{\mathrm{T}} \mathrm{e}^{-A^{\mathrm{T}} t} \mathrm{d}t.$$

T 是正实数时, 证明: 闭环系统是渐近稳定的, 且 $V(x) = x^{\mathrm{T}} W^{-1}(T) x$ 是系统的一个李雅普诺夫函数.

9. 寻找所给系统的李雅普诺夫函数, 求出其零解渐近稳定的条件.

(a) $\dot{x} = ax$;

(b) $\dot{x}_1 = x_2, \dot{x}_2 = -ax_1 - bx_2$.

10. 给定如下线性定常系统:

$$\dot{x} = \begin{bmatrix} 0 & 1 & 2 \\ 0 & 1 & 0 \\ 1 & 1 & 1 \end{bmatrix} x + \begin{bmatrix} 0 & 1 \\ 1 & 0 \\ 0 & 1 \end{bmatrix} u.$$

判断系统是否完全可控. 如果不完全可控, 系统能否镇定? 如果能镇定, 试设计状态反馈矩阵 K, 使系统镇定.

11. 考虑线性定常系统 $\Sigma(A, B, C)$, 其中

$$A = \begin{bmatrix} 0 & 0 & 5 \\ 1 & 0 & -1 \\ 0 & 1 & -3 \end{bmatrix}, B = \begin{bmatrix} -2 & 0 \\ 1 & -2 \\ 0 & 1 \end{bmatrix}, C = \begin{bmatrix} 0 & 0 & 1 \end{bmatrix}.$$

判断开环系统是否稳定, 如果不稳定, 试设计输出反馈使系统镇定.

11.5.2 课程探索

1. 若一个线性系统不满足定理 11.3.1 的条件, 其轨线是否一定发散? 能否给出轨线不发散的充分必要条件?

2. 试研究离散时间系统的稳定性判据与镇定问题, 并从中总结离散时间系统与连续时间系统有何异同.

3. 二维自治线性系统的分类. 考虑定常线性系统 $\dot{x} = Ax$, 设 $A \in \mathbb{R}^{2 \times 2}$. 假设 A 的每个元素只能取值于 1, 0, -1. 试对矩阵 A 的所有 $3^4 = 81$ 种选择, 编程探讨系统的稳定性, 并画出其相图. 试将所有情形根据其稳定性特征进行分类.

4. 区间系统的稳定性. 考虑不确定的定常线性系统 $\dot{x} = Ax$, 矩阵 A 未知, 但其每个元素 a_{ij} 的上下界 $\bar{a}_{ij}, \underline{a}_{ij}$ 已知. 试讨论上下界满足什么条件能够保证区间线性系统 $\dot{x} = Ax$ 的稳定性.

5. 干扰解耦与能控性. 前述的干扰解耦问题与系统 (A, B) 的能控性有什么联系? 如果 (A, B) 能控, 试针对能控标准型情形给出一个干扰解耦问题的求解方法. 进一步, 在一般情形下, 如果 (A, B) 不完全能控, 讨论 Yokoyama 控制结构相伴标准型[48] 时干扰解耦问题的求解方法.

第 12 章　最优控制与博弈*

控制系统的最优控制问题是现代控制理论研究的一个基本问题. 它的理论基础是庞特里亚金的极大值原理, 后者被称为现代控制理论的三大柱石之一. 控制与博弈关系密切, 例如, 微分对策也是控制论学者的主要研究对象之一[49]. 本章首先讨论线性系统在二次性能指标下的最优控制问题, 给出最优解. 由此出发, 进而讨论多目标下的均衡解. 最优控制问题在许多标准控制论教材中有详尽讨论, 例如文献 [50], 关于多目标纳什均衡解, 可参见文献 [51, 52].

12.1　泛函极值问题

设系统满足运动方程

$$f(x, \dot{x}, t) = 0, \quad x(t_0) = x_0, \ x(t_f) = x_d. \tag{12.1.1}$$

考虑泛函极值 $\min\limits_{x(t)} J[x]$, 这里

$$J[x] = \int_{t_0}^{t_f} g(x, \dot{x}, t)\mathrm{d}t. \tag{12.1.2}$$

泛函极值问题指在满足式 (12.1.1) 的 $\{x(t)\}$ 集合中寻找最优轨线 $x^*(t)$, 使泛函 $J[x]$ 最小. $J[x]$ 称为泛函, 是因为它的自变量是一族函数.

定理 12.1.1 [53]　定义拉格朗日变量

$$L(x, \dot{x}, \lambda, t) := g(x, \dot{x}, t) + \lambda^{\mathrm{T}}(t)f(x, \dot{x}, t), \tag{12.1.3}$$

这里 $\lambda(t) \in \mathbb{R}^n$ 为拉格朗日乘子. 那么, 最优轨线 $x^*(t)$ 满足如下的欧拉方程:

$$\frac{\partial L}{\partial x} - \frac{\mathrm{d}}{\mathrm{d}t}\frac{\partial L}{\partial \dot{x}} = 0. \tag{12.1.4}$$

下面给出一个例子.

例 12.1.1　设一个质点在控制 (力) $u(t)$ 作用下运动, 则运动方程为

$$\begin{cases} \dot{x}_1(t) = x_2(t) \\ \dot{x}_2(t) = u(t). \end{cases} \tag{12.1.5}$$

设初始及终点位置与速度为

$$x(0) = x_0 = \begin{bmatrix} 1 \\ 2 \end{bmatrix}, \quad x(1) = x_e = \begin{bmatrix} 0 \\ 0 \end{bmatrix}.$$

优化指标为

$$\min_{u(t)} J[u], \quad \text{这里} \quad J[u] = \frac{1}{2} \int_0^1 u^2(t) \mathrm{d}t. \tag{12.1.6}$$

于是拉格朗日变量为

$$L = \frac{1}{2} u^2 + \lambda_1 (x_2 - \dot{x}_1) + \lambda_2 (u - \dot{x}_2).$$

欧拉方程为

$$\begin{cases} \dfrac{\partial L}{\partial x_1} - \dfrac{\mathrm{d}}{\mathrm{d}t} \dfrac{\partial L}{\partial \dot{x}_1} = \dot{\lambda}_1 = 0 \\[2mm] \dfrac{\partial L}{\partial x_2} - \dfrac{\mathrm{d}}{\mathrm{d}t} \dfrac{\partial L}{\partial \dot{x}_2} = \lambda_1 + \dot{\lambda}_2 = 0 \\[2mm] \dfrac{\partial L}{\partial u} - \dfrac{\mathrm{d}}{\mathrm{d}t} \dfrac{\partial L}{\partial \dot{u}} = u + \lambda_2 = 0, \end{cases} \tag{12.1.7}$$

依次解得

$$\begin{cases} \lambda_1 = c_1 \\ \lambda_2 = -c_1 t + c_2 \\ u = c_1 t - c_2. \end{cases}$$

代入式 (12.1.5) 得

$$\begin{aligned} x_1(t) &= \frac{1}{6} c_1 t^3 - \frac{1}{2} c_2 t^2 + c_3 t + c_4 \\ x_2(t) &= \frac{1}{2} c_1 t^2 - c_2 t + c_3. \end{aligned}$$

代入初始值与终值, 解得

$$c_1 = 24, \quad c_2 = 14, \quad c_3 = 2, \quad c_4 = 1.$$

于是, 最优控制为

$$u^*(t) = 24t + 14.$$

12.2 线性系统的最优控制

考查线性系统

$$\dot{x} = Ax + Bu, \quad x \in \mathbb{R}^n, \ u \in \mathbb{R}^m, \ x(0) = x_0. \tag{12.2.1}$$

给定二次性能指标

$$J = \int_0^\infty \left[x^{\mathrm{T}}(t) Q x(t) + u^{\mathrm{T}}(t) R u(t) \right] \mathrm{d}t, \tag{12.2.2}$$

这里 Q 为半正定对称矩阵 $(Q \geqslant 0)$, R 为正定对称矩阵 $(R > 0)$.

定义 12.2.1 线性系统 (12.2.1) 在二次性能指标 (12.2.2) 下的最优控制指找出最优控制律 $u^*(t)$, 使它所对应的性能指标 $J = J^*$ 最小.

定理 12.2.1 [53] 设 (A, B) 可控, (A, C) 可观 (这里 C 满足 $C^\mathrm{T}C = Q$, 不唯一), 则线性系统 (12.2.1) 在二次性能指标 (12.2.2) 下的最优控制律是唯一的, 为

$$u^*(t) = -R^{-1}B^\mathrm{T}Px(t). \tag{12.2.3}$$

其相应的最优性能指标为

$$J^* = x_0^\mathrm{T}Px_0. \tag{12.2.4}$$

这里 P 为正定对称矩阵 $(P > 0)$, 满足如下代数黎卡提方程:

$$PA + A^\mathrm{T}P - PBR^{-1}B^\mathrm{T}P + Q = 0. \tag{12.2.5}$$

注 1. 如果 (A, B) 可控, (A, C) 可观 (这里 C 满足 $C^\mathrm{T}C = Q$), 则代数黎卡提方程 (12.2.5) 有唯一解 $P > 0$.

2. 利用最优控制律 (12.2.3), 则闭环系统

$$\dot{x}(t) = \left(A - BR^{-1}B^\mathrm{T}P\right)x(t), \quad x(0) = x_0 \tag{12.2.6}$$

是渐近稳定的. 式 (12.2.6) 的解记作 $x^*(t)$, 称为最优轨线.

下面给出一个数值的例子.

例 12.2.1 考虑系统

$$\begin{bmatrix} \dot{x}_1(t) \\ \dot{x}_2(t) \end{bmatrix} = \begin{bmatrix} 0 & 1 \\ 0 & 0 \end{bmatrix} x(t) + \begin{bmatrix} 0 \\ 1 \end{bmatrix} u.$$

设

$$J = \int_0^\infty \left[x_1^2(t) + u^2(t)\right] \mathrm{d}t.$$

寻找最优控制, 使 J 最小.

现在

$$Q = \begin{bmatrix} 1 & 0 \\ 0 & 0 \end{bmatrix}.$$

不妨令 $C = [1, 0]$, 则 $CC^\mathrm{T} = Q$. 不难验证: (A, B) 可控, (A, C) 可观. 代数黎卡提方程 (12.2.5) 变为

$$P\begin{bmatrix} 0 & 1 \\ 0 & 0 \end{bmatrix} + \begin{bmatrix} 0 & 0 \\ 1 & 0 \end{bmatrix}P - P\begin{bmatrix} 0 & 0 \\ 0 & 1 \end{bmatrix}P + \begin{bmatrix} 1 & 0 \\ 0 & 0 \end{bmatrix} = 0,$$

解得

$$P = \begin{bmatrix} \sqrt{2} & 1 \\ 1 & \sqrt{2} \end{bmatrix} > 0. \tag{12.2.7}$$

于是, 最优控制为

$$u^*(t) = -R^{-1}B^{\mathrm{T}}Px(t) = \begin{bmatrix} -1 & -\sqrt{2} \end{bmatrix} x(t). \tag{12.2.8}$$

由最优控制生成的闭环系统为

$$\begin{bmatrix} \dot{x}_1 \\ \dot{x}_2 \end{bmatrix} = \begin{bmatrix} 0 & 1 \\ -1 & -\sqrt{2} \end{bmatrix} x(t). \tag{12.2.9}$$

容易检验式(12.2.9) 的系数矩阵为 Hurwitz 矩阵, 因此, 它是渐近稳定的.

12.3　从最优控制到博弈

如果一个系统只有一个性能指标, 控制的目的就是要优化这个性能指标, 这就是一个最优控制问题. 如果一个系统有多个性能指标, 每一个控制的目的是优化相对应的性能指标, 这个问题就变成一个博弈问题. 对于一般博弈问题, 各个控制 (即不同的玩家) 有着自己的目标, 这些目标通常是互相矛盾的, 即所谓非合作博弈, 此时, 就必须重新定义解和寻找求解的方法.

下面给一个多目标优化的例子, 它是个经典的博弈模型, 称为古诺 (Cournot) 双头垄断模型.

有两个企业 1, 2 生产同种产品, 产量分别为 x_1, x_2. 于是市场总供给为: $Q = x_1 + x_2$. 市场的出清价格为: $P(Q) = a - Q$. 设企业生产一件产品的成本为 c. 问企业 i 应生产多少产品使其利润最大?

显然, 利润 c_i, $i = 1,2$ 满足

$$\begin{cases} u_1(x_1, x_2) = x_1 \left[a - (x_1 + x_2) - c \right] \\ u_2(x_1, x_2) = x_2 \left[a - (x_1 + x_2) - c \right]. \end{cases} \tag{12.3.1}$$

对给定 x_2, 最优 x_1 应满足

$$\frac{\partial u_1}{\partial x_1} = -2x_1 - x_2 + a - c := 0, \tag{12.3.2}$$

解得

$$x_1 = \frac{1}{2}(a - x_2 - c). \tag{12.3.3}$$

同理可得

$$x_2 = \frac{1}{2}(a - x_1 - c). \tag{12.3.4}$$

式 (12.3.3) 和式 (12.3.4) 称为最佳响应函数. 指对对方所取策略最好的应对之策. 最佳响应函数的解称为纳什均衡. 这时, 任何人企图单独改变策略都无法得到更好的结果.

从方程 (12.3.3) 和方程 (12.3.4) 容易解出纳什均衡解为

$$x_1^* = x_2^* = \frac{a - c}{3}.$$

12.4 线性系统博弈模型

考虑一个线性系统

$$\dot{x} = Ax + \sum_{i=1}^{m} B_i u^i. \tag{12.4.1}$$

给定一组二次性能指标

$$J_i = \int_0^\infty \left[x^{\mathrm{T}}(t)Q_i x(t) + (u^i)^{\mathrm{T}}(t)R_i u^i(t) \right] \mathrm{d}t, \quad i = 1, 2, \cdots, m. \tag{12.4.2}$$

设控制 u^i 的目的是最小化 J_i, $i = 1, 2, \cdots, m$.

仿照式(12.2.4)~式 (12.2.5), 设 "最优控制" 为

$$(u^i)^* = -R_i^{-1} B_i^{\mathrm{T}} P_i x(t), \quad i = 1, 2, \cdots, m, \tag{12.4.3}$$

则得到一组耦合的代数黎卡提方程

$$P_i A_i + A_i^{\mathrm{T}} P_i - P_i B_i R_i^{-1} B_i^{\mathrm{T}} P_i + Q_i = 0, \quad i = 1, 2, \cdots, m. \tag{12.4.4}$$

这里

$$A_i = A - \sum_{j \neq i} B_j R_j^{-1} B_j^{\mathrm{T}} P_j, \quad i = 1, 2, \cdots, m.$$

根据定理 12.2.1, 即可得到如下结论:

定理 12.4.1 设耦合的代数黎卡提方程 (12.4.4) 有一组正定解 P_i, $i = 1, 2, \cdots, m$. 并且 (A_i, B_i) 可控, (A_i, C_i) 可观, (这里, $C_i^{\mathrm{T}} C_i = Q_i$), 那么, 由式(12.4.3) 定义的 $(u^i)^*$, $i = 1, 2, \cdots, m$ 为一组纳什均衡解.

下面的例子来自参考文献 [54].

例 12.4.1　考虑系统

$$\dot{x} = \begin{bmatrix} 0 & 1 \\ 0 & 0 \end{bmatrix} x + \begin{bmatrix} 0 \\ 1 \end{bmatrix} u_1 + \begin{bmatrix} 1 \\ 1 \end{bmatrix} u_2. \tag{12.4.5}$$

控制 u_1 和 u_2 的目的分别为最小化以下的 J_1 和 J_2.

$$J_1(u_1, u_2) = \int_0^\infty \left(x^{\mathrm{T}} \begin{bmatrix} 6 & 10 \\ 10 & 18 \end{bmatrix} x + 0.5 u_1^2 \right) \mathrm{d}t;$$

$$J_2(u_1, u_2) = \int_0^\infty \left(x^{\mathrm{T}} \begin{bmatrix} 6 & 13 \\ 13 & 30 \end{bmatrix} x + 2 u_2^2 \right) \mathrm{d}t.$$

设纳什均衡解为

$$u_1^* = -R_1^{-1} B_1^{\mathrm{T}} P_1^* x, \quad u_2^* = -R_2^{-1} B_2^{\mathrm{T}} P_2^* x,$$

则 P_1^*, P_2^* 满足如下耦合黎卡提方程:

$$\begin{cases} P_1^*(A - B_2 R_2^{-1} B_2^{\mathrm{T}} P_2^*) + (A - B_2 R_2^{-1} B_2^{\mathrm{T}} P_2^*)^{\mathrm{T}} P_1^* + Q_1 - P_1^* B_1 R_1^{-1} B_1^{\mathrm{T}} P_1^* = 0 \\ P_2^*(A - B_1 R_1^{-1} B_1^{\mathrm{T}} P_1^*) + (A - B_1 R_1^{-1} B_1^{\mathrm{T}} P_1^*)^{\mathrm{T}} P_2^* + Q_2 - P_2^* B_2 R_2^{-1} B_2^{\mathrm{T}} P_2^* = 0. \end{cases}$$

不难验证, 其解为

$$P_1^* = \begin{bmatrix} 1 & 1 \\ 1 & 2 \end{bmatrix}; \quad P_2^* = \begin{bmatrix} 1 & 1 \\ 1 & 3 \end{bmatrix}.$$

于是, 纳什均衡解为

$$\begin{cases} u_1^* = -R_1^{-1} B_1^{\mathrm{T}} P_1^* x = -2x_1 - 4x_2 \\ u_2^* = -R_2^{-1} B_2^{\mathrm{T}} P_2^* x = -x_1 - 2x_2. \end{cases}$$

12.5　习题与课程探索

12.5.1　习题

1. 在古诺双头垄断模型中, 如果两企业生产单件产品的成本 $c_1 \neq c_2$, 试给出纳什均衡解.

2. 检验例 12.4.1 的解是否满足定理 12.4.1 的条件.

3. **最小二乘状态跟踪.** 考虑系统 $x(t+1) = Ax(t) + Bu(t) \in \mathbb{R}^n$, 初始条件 $x(0) = 0$. 这里不假设该系统是能控的. 期望的参考信号 $x_{\text{des}}(t) \in R^n$ 已知 $(t = 1, 2, \cdots, N)$, 控制任务是系统状态能够跟踪参考信号给出的轨迹. 对任意反馈控制律 u, 我们引入如下均方跟踪误差:

$$E(u) = \frac{1}{N} \sum_{t=1} N \|x(t) - x_{\text{des}}(t)\|^2.$$

(a) 试解释在一般情形下, 如何给出最优控制律 u_{opt} 以极小化性能指标 E. 你的答案可以涉及广义逆.

(b) 如果该系统能控, 是否存在唯一的最优控制律 u_{opt} 达到 $E(u)$ 的最小值? 验证你的答案.

(c) 对如下系统找到最优控制律以及相应的最优性能指标 $E(u_{\text{opt}})$:

$$A = \begin{bmatrix} 0.8 & 0.1 & 0.1 \\ 1 & 0 & 0 \\ 0 & 1 & 0 \end{bmatrix}, B = \begin{bmatrix} 1 \\ 0 \\ 0 \end{bmatrix},$$

这里取 $N = 10$, 参考轨迹取为 $x_{\text{des}}(t) = \begin{bmatrix} t & 0 & 0 \end{bmatrix}^{\text{T}}$.

12.5.2　课程探索

1. 怎样解耦合代数黎卡提方程?

2. 最小二次能量控制与能控性的关系.

(a) 证明从原点出发, 能使状态在某一步到达点 x_{des} 的最小能量控制律对应的最小能量指标可由一个矩阵 P 表示出:

$$\min \left\{ \sum_{\tau=0}^{t-1} \|u(\tau)\|^2 \,\Big|\, x(0) = 0, x(t) = x_{\text{des}} \right\} = x_{\text{des}}^{\text{T}} P x_{\text{des}}$$

其中矩阵

$$P = \lim_{t \to \infty} \left(\int_0^t e^{\tau A} B B^{\text{T}} e^{\tau A^{\text{T}}} d\tau \right)^{-1}$$

对非零矩阵 B 总有意义.

(b) 请进一步证明:

● 如果矩阵 A 稳定, 则矩阵 P 正定: $P > 0$. (该结论意为: 不可能不消耗任何能量来使状态到期望的某点.)

- 如果矩阵 A 不稳定, 则矩阵 P 具有非零的子空间. 请举例说明.

(c) 最小能量控制律记为 $u_{\ln}(\tau), \tau = 0, 1, \cdots, t$ (本质上是一个线性方程组的最小范数解), 其对应的最小能量指标也可表示为

$$\int_0^t \|u_{\ln}(\tau)\|^2 \mathrm{d}\tau = x_{\mathrm{des}}^{\mathrm{T}} Q(t)^{-1} x_{\mathrm{des}},$$

其中

$$Q(t) = \int_0^t \mathrm{e}^{\tau A} B B^{\mathrm{T}} \mathrm{e}^{\tau A^{\mathrm{T}}} \mathrm{d}\tau.$$

证明

$$(A, B) \text{ 能控} \iff Q(t) > 0, \forall t > 0 \iff \exists s > 0, \quad \text{s.t. } Q(s) > 0.$$

3. 有限时间最优跟踪问题. 前面所讨论的最优控制解决的是无穷时间最优调节器问题, 即 $t \to \infty$ 时 $x(t) \to 0$.

- 试讨论有限时间段时的最优调节器问题, 即 $x(t_f) = 0$. 二次性能指标为

$$J = \int_0^{t_f} \left[x^{\mathrm{T}}(t) Q x(t) + u^{\mathrm{T}}(t) R u(t) \right] \mathrm{d}t. \tag{12.5.1}$$

- 试讨论有限时间段时的最优跟踪器问题, 即期望 $x(t)$ 跟踪已知信号 $x^*(t)$. 二次性能指标为

$$J = \int_0^{t_f} \left[\tilde{x}^{\mathrm{T}}(t) Q \tilde{x}(t) + u^{\mathrm{T}}(t) R u(t) \right] \mathrm{d}t, \tag{12.5.2}$$

其中, $\tilde{x}(t) = x(t) - x^*(t)$.

4. 斯塔克尔伯格 (Stackelberg) 博弈模型[55]. 有两个企业 1, 2 生产同种产品, 产量分别为 x_1, x_2. 于是市场总供给为: $Q = x_1 + x_2$. 市场的出清价格为: $P(Q) = a - Q$. 设企业生产一件产品的成本为 c. 企业 1 在市场上占据领导地位, 而企业 2 在市场上为从属地位. 两个企业之间存在着行动次序的区别. 产量的决定依据以下次序: 领导者企业决定一个产量, 跟随者企业可以观察到这个产量, 然后根据领导者企业的产量来决定其产量. 需要注意的是, 领导者企业在决定自己的产量时, 充分了解跟随者企业会如何行动——这意味着领导者企业可以知道跟随者企业的反应函数. 因此, 领导者企业会预期到自己决定的产量对跟随者企业的影响. 在考虑这种影响的情况下, 领导者企业所决定的产量将是一个以跟随者企业的反应函数为约束的利润最大化产量. 在模型中, 领导者企业的决策不再需要自己的反应函数. 问两个企业应如何确定自己产品的数量? 试将这一模型与古诺博弈模型予以比较.

第 13 章 逻辑与逻辑动态系统

一个力学系统, 大至星球运行, 小至质点运动, 都可以用一个微分方程 (或差分方程) 来描述. 但是, 还有另一类过程, 例如, 刑侦过程中的推断, 经济或军事行为中的决策过程、博弈等, 这些过程是逻辑演化过程, 要考虑的是逻辑变量及其运算. 本章简单介绍逻辑变量及其运算, 然后引入逻辑动态系统, 重点在于介绍逻辑及逻辑动态系统的半张量积表示法. 逻辑的半张量积表示可参见文献 [20], 关于逻辑动态系统的半张量积方法可参见文献 [28]. 关于布尔网络拓扑结构的内容主要来自文献 [56].

13.1 命题逻辑

定义 13.1.1 1. 一个陈述, 如果判断其为 "真" 或 "假" 有意义, 它就叫作一个命题. "真" 通常记作 "T" 或 "1"; "假" 通常记作 "F" 或 "0".

$$\mathcal{D} := \{1, 0\}.$$

2. 一个变量 x, 如果它只能取 "0" 或 "1", 即 $x \in \mathcal{D}$, 则称为一个逻辑变量.

3. 设 $x_i \in \mathcal{D}, i = 1, 2, \cdots, n$. 一个映射 $f : \mathcal{D}^n \to \mathcal{D}$ 称为一个 n 元逻辑函数, 它可以表示为

$$y = f(x_1, x_2, \cdots, x_n).$$

逻辑函数也称布尔函数, 当 $n \leqslant 2$ 时, 逻辑函数也称逻辑算子.

例 13.1.1 以下是关于命题与陈述的几个例子:

(i) 以下的陈述是命题: "这是一条狗" "煤是白的" "外星球上也有人类".

(ii) 以下的陈述不是命题: "三国演义" "一党政治" "叙利亚的局势变化".

下面介绍一些常用的逻辑算子:

● "非" (negation): 这是一个一元逻辑算子, 通常记作 ¬. 逻辑算子的取值通常用真值表表示. 表 13.1.1 所示为 "非" 的真值表.

表 13.1.1 "非" 的真值表

x	$\neg x$
1	0
0	1

● "析取" (disjunction): 这是一个二元逻辑算子, 通常记作 ∨. 表 13.1.2 所示为 "析取" 的真值表.

表 13.1.2 "析取" 的真值表

x	y	$x \vee y$
1	1	1
1	0	1
0	1	1
0	0	0

● "合取" (conjunction): 这是一个二元逻辑算子, 通常记作 ∧. 表 13.1.3 所示为 "合取" 的真值表.

表 13.1.3 "合取" 的真值表

x	y	$x \wedge y$
1	1	1
1	0	0
0	1	0
0	0	0

● "蕴涵" (conditional): 这是一个二元逻辑算子, 通常记作 →. 表 13.1.4 所示为 "蕴涵" 的真值表.

表 13.1.4 "蕴涵" 的真值表

x	y	$x \rightarrow y$
1	1	1
1	0	0
0	1	1
0	0	1

● "等价" (bi-conditional): 这是一个二元逻辑算子, 通常记作 ↔. 表 13.1.5 所示为 "等价" 的真值表.

表 13.1.5 "等价" 的真值表

x	y	$x \leftrightarrow y$
1	1	1
1	0	0
0	1	0
0	0	1

● "异或" (exclusive or): 这是一个二元逻辑算子, 通常记作 $\bar{\vee}$. 表 13.1.6 所示为 "异或" 的真值表.

表 13.1.6 "异或" 的真值表

x	y	$x\bar{\vee}y$
1	1	0
1	0	1
0	1	1
0	0	0

利用以上逻辑算子的真值表, 我们可以构造一般逻辑函数的真值表, 举例如下:

例 13.1.2　设 $w = (x \vee \neg y)\bar{\vee}z$, 则 w 的真值表构造如表 13.1.7所示.

表 13.1.7 w的真值表

x	y	z	$\neg y$	$x \vee \neg y$	$w = (x \vee \neg y)\bar{\vee}z$
1	1	1	0	1	0
1	1	0	0	1	1
1	0	1	1	1	0
1	0	0	1	1	1
0	1	1	0	0	1
0	1	0	0	0	0
0	0	1	1	1	0
0	0	0	1	1	1

定义 13.1.2　(逻辑函数的范式)

(i) 一个逻辑函数称为简单合 (析) 取式, 如果它由一组逻辑变量或其非变量经合 (析) 取组成.

(ii) 一个逻辑函数称为析 (合) 取范式, 如果它由一组简单合 (析) 取式经析 (合) 取联结组成.

例 13.1.3 以下为一些合取范式与析取范式的例子:

- $x \wedge \neg y, \neg x \wedge y \wedge \neg w$ 为简单合取式;

- $x \vee \neg y, \neg x \vee \neg y \vee w$ 为简单析取式;

- $z \vee (x \wedge \neg y) \vee (\neg x \wedge y \wedge \neg w)$ 为析取范式;

- $\neg z \wedge (x \vee \neg y) \wedge (\neg x \vee \neg y \vee w)$ 为合取范式.

命题 13.1.1 [57, 58] 任一逻辑函数都能表示成析取范式, 也都能表示成合取范式.

定义 13.1.3 一组逻辑算子称为完备集, 如果任何一个逻辑函数都可以用它们表示出.

根据命题 13.1.1, $\{\neg, \vee, \wedge\}$ 显然是个完备集. 实际上 $\{\neg, \vee\}$ 和 $\{\neg, \wedge\}$ 都是完备集.

13.2 布尔函数的代数表示

为了用矩阵运算代替逻辑运算, 我们做如下等价:

$$1 \sim \delta_2^1 = \begin{bmatrix} 1 \\ 0 \end{bmatrix}, \quad 0 \sim \delta_2^2 = \begin{bmatrix} 0 \\ 1 \end{bmatrix}. \tag{13.2.1}$$

这样, 一个逻辑变量 x 就可以用一个 2 维向量 $\begin{bmatrix} x \\ 1-x \end{bmatrix}$ 来表示了.

为叙述方便, 定义一些记号:

(i) $\mathcal{D}_k = \{1, 2, \cdots, k\}$, 或 $\mathcal{D}_k = \{0, \dfrac{1}{k-1}, \dfrac{2}{k-1}, \cdots, 1\}$. 于是 $\mathcal{D}_2 = \mathcal{D}$.

(ii) $\Delta_k = \text{Col}\{I_k\}$.

(iii) 对于矩阵 $L \in \mathcal{M}_{k \times n}$, 如果 $\text{Col}(L) \subset \Delta_k$, 则称 L 为一逻辑矩阵. 一个逻辑矩阵可表示如下:

$$L = \begin{bmatrix} \delta_k^{i_1}, \delta_k^{i_2}, \cdots, \delta_k^{i_n} \end{bmatrix} := \delta_k [i_1, i_2, \cdots, i_n].$$

(iv) 所有 $k \times n$ 维的逻辑矩阵集合记为 $\mathcal{L}_{k \times n}$.

(v) 设 $x = (x_1, x_2, \cdots, x_k)^{\mathrm{T}} \in \mathbb{R}^k$. 如果 $x_i \geqslant 0, i = 1, 2, \cdots, k$, 且 $\sum\limits_{i=1}^{k} x_i = 1$, 则称 x 为概率向量. 所有 k 维概率向量集合记作 $\varUpsilon_k$.

(vi) 对于矩阵 $A \in \mathcal{M}_{m \times n}$, 如果 $\mathrm{Col}(A) \subset \varUpsilon_m$, 则称 A 为概率矩阵. 所有 $m \times n$ 概率矩阵集合记作 $\varUpsilon_{m \times n}$.

现在, 我们对每一个逻辑算子定义一个矩阵, 使逻辑运算转化为矩阵运算. 例如, 对 "非"运算, 定义

$$M_n := \begin{bmatrix} 0 & 1 \\ 1 & 0 \end{bmatrix} = \delta_2[2, 1],$$

那么, 在向量表达形式下有

$$\neg x = M_n x. \tag{13.2.2}$$

对于二元逻辑算子 $\wedge, \vee, \rightarrow, \leftrightarrow, \bar{\vee}$, 定义其相应的结构矩阵 M_c, M_d, M_i, M_e 及 M_m 如下:

$$M_c := \delta_2[1, 2, 2, 2]; \quad M_d := \delta_2[1, 1, 1, 2]; \quad M_i := \delta_2[1, 2, 1, 1];$$
$$M_e := \delta_2[1, 2, 2, 1]; \quad M_m := \delta_2[2, 1, 1, 2].$$

那么, 容易检验

$$\begin{aligned}
x \wedge y &= M_c xy \\
x \vee y &= M_d xy \\
x \rightarrow y &= M_i xy \\
x \leftrightarrow y &= M_e xy \\
x \bar{\vee} y &= M_m xy.
\end{aligned} \tag{13.2.3}$$

那么, 是不是对每一个逻辑函数都可以找到一个矩阵, 使其运算转化为矩阵乘法呢? 答案是肯定的.

定理 13.2.1 [28]　设 $f : \mathcal{D}^n \rightarrow \mathcal{D}$, 则存在唯一的逻辑矩阵 $M_f \in \mathcal{L}_{2 \times 2^n}$, 使在向量形式下

$$f(x_1, x_2, \cdots, x_n) = M_f \ltimes_{i=1}^{n} x_i. \tag{13.2.4}$$

这里, M_f 称为 f 的结构矩阵.

这个定理的形式证明并不重要, 重要的是对每一个逻辑函数如何找到其结构矩阵. 为了达到这个目的, 我们需要引入降阶矩阵. 定义 k 维降阶矩阵

$$R_k^P := \mathrm{diag}(\delta_k^1, \delta_k^2, \cdots, \delta_k^k) = \delta_{k^2}[1, k + 2, 2k + 3, \cdots, k^2]. \tag{13.2.5}$$

之所以称它为降阶矩阵, 是因为它可用于降阶.

命题 13.2.1 设 $x \in \Delta_k$, 则

$$x^2 = R_k^P x. \tag{13.2.6}$$

利用降阶矩阵与换位矩阵, 不难给出一个逻辑函数的结构矩阵.

例 13.2.1 设

$$f(x_1, x_2, x_3) = (x_1 \wedge x_2) \bar{\vee} (x_1 \vee x_3). \tag{13.2.7}$$

在向量形式下有

$$
\begin{aligned}
f(x_1, x_2, x_3) &= M_m(M_c x_1 x_2)(M_d x_1 x_3) \\
&= M_m M_c (I_4 \otimes M_d) x_1 x_2 x_1 x_3 \\
&= M_m M_c (I_4 \otimes M_d) x_1 W_{[2,2]} x_1 x_2 x_3 \\
&= M_m M_c (I_4 \otimes M_d)(I_2 \otimes W_{[2,2]}) x_1^2 x_2 x_3 \\
&= M_m M_c (I_4 \otimes M_d)(I_2 \otimes W_{[2,2]}) R_2^P x_1 x_2 x_3 \\
&= M_f \ltimes_{i=1}^{3} x_i := M_f x.
\end{aligned}
$$

这里

$$
\begin{aligned}
x &= \ltimes_{i=1}^{3} x_i, \\
M_f &= M_m M_c (I_4 \otimes M_d)(I_2 \otimes W_{[2,2]}) R_2^P \\
&= \delta_2[2, 2, 1, 1, 1, 2, 1, 2].
\end{aligned}
$$

13.3 布尔网络

20 世纪 60 年代初, 法国生物学家 Jacob 和 Monod 发现细胞中的调节基因可以打开或关闭其他基因, 从而形成基因网络. 他们因此在 1965 年获得了诺贝尔生理学或医学奖. 在他们发现的启发下, 美国学者 Kauffman 提出用布尔网络来刻画细胞与基因调控网络. 此后, 相关研究取得很大成功, 从而使布尔网络成为系统生物学研究的一个有效工具[59, 60].

一个布尔网络可以用一个网络图来描述. 例如, 图 13.3.1 是一个具有三个结点的布尔网络. 结点 A, B, C 在每个时刻 t 可取不同的逻辑值. 每个结点在 $t + 1$ 时刻的值是它的邻域结点在 t 时刻值的一个逻辑函数. 网络图通常只画出邻域关系, 这时, 我们将引起某一结点 "入度" 的那些结点称为该点的邻域. 例如, 图 13.3.1 中, A 的邻域为 $\{B, C\}$, 记作 $U(A) = \{B, C\}$; B 的邻域为 $U(B) = \{A\}$; C 的邻域为 $U(C) = \{B, C\}$. 其次, 我们还需要将网

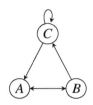

图 13.3.1 布尔网络

络的逻辑动态过程用逻辑函数表示出. 例如, 该布尔网络的动态方程可表示为式 (13.3.1).

$$
\begin{cases}
A(t+1) = B(t) \bar{\vee} C(t) \\
B(t+1) = \neg A(t) \\
C(t+1) = B(t) \wedge \neg C(t).
\end{cases}
\tag{13.3.1}
$$

一个 n 个结点的布尔网络, 其动力学演化方程可表示为

$$
\begin{cases}
x_1(t+1) = f_1(x_1(t), x_2(t), \cdots, x_n(t)) \\
x_2(t+1) = f_2(x_1(t), x_2(t), \cdots, x_n(t)) \\
\quad\vdots \\
x_n(t+1) = f_n(x_1(t), x_2(t), \cdots, x_n(t)).
\end{cases}
\tag{13.3.2}
$$

为了得到演化方程的代数状态空间表示, 我们需要一些准备.

命题 13.3.1 设 $x \in \Upsilon_m, y \in \Upsilon_n, z \in \Upsilon_r$. 定义

$$
\begin{aligned}
F_{[m,n,r]} &:= I_m \otimes \mathbf{1}_{nr}^{\mathrm{T}}; \\
M_{[m,n,r]} &:= \mathbf{1}_m^{\mathrm{T}} \otimes I_n \otimes \mathbf{1}_r^{\mathrm{T}}; \\
R_{[m,n,r]} &:= \mathbf{1}_{mn}^{\mathrm{T}} \otimes I_r.
\end{aligned}
$$

那么

$$
\begin{aligned}
F_{[m,n,r]} xyz &= x; \\
M_{[m,n,r]} xyz &= y; \\
R_{[m,n,r]} xyz &= z.
\end{aligned}
\tag{13.3.3}
$$

如果只有两个因子, 则有如下结论:

推论 13.3.1 设 $x \in \Upsilon_m, y \in \Upsilon_n$. 定义

$$
\begin{aligned}
F_{[m,n]} &:= I_m \otimes \mathbf{1}_n^{\mathrm{T}}; \\
R_{[m,n]} &:= \mathbf{1}_m^{\mathrm{T}} \otimes I_n.
\end{aligned}
$$

那么

$$
\begin{aligned}
F_{[m,n]}xy &= x; \\
R_{[m,n]}xy &= y.
\end{aligned}
\tag{13.3.4}
$$

考虑演化方程 (13.3.2). 设 f_i 的结构矩阵为 M_i, $i = 1, 2, \cdots, n$, 那么, 在向量形式下有

$$
\begin{cases}
x_1(t + 1) = M_1 x(t) \\
x_2(t + 1) = M_2 x(t) \\
\quad \vdots \\
x_n(t + 1) = M_n x(t),
\end{cases}
\tag{13.3.5}
$$

这里 $x(t) = \ltimes_{i=1}^{n} x_i(t)$.

命题 13.3.2 设 $u = M \ltimes_{i=1}^{n} x_i \in \Delta_p$, $v = N \ltimes_{i=1}^{n} x_i \in \Delta_q$, 那么

$$
uv = (M * N) \ltimes_{i=1}^{n} x_i \in \Delta_{pq},
\tag{13.3.6}
$$

这里, $*$ 是 Khatri-Rao 积.

利用命题 13.3.2, 方程组 (13.3.5) 可表示为

$$
x(t + 1) = Lx(t),
\tag{13.3.7}
$$

这里

$$
L = M_1 * M_2 * \cdots * M_n.
$$

式 (13.3.7) 称为演化方程 (13.3.2) 的代数状态空间表达.

例 13.3.1 考虑布尔网络 (13.3.1). 先寻找每个方程的向量形式. 为让其包含所有变量的积, 需要命题 13.3.1 或其推论 13.3.1. 对第一个方程

$$
\begin{aligned}
A(t + 1) &= M_m B(t) C(t) \\
&= M_m R_{[2,2]} A(t) B(t) C(t) \\
&= \delta_2[2, 1, 1, 2, 2, 1, 1, 2] A(t) B(t) C(t) := M_1 x(t),
\end{aligned}
$$

这里 $x(t) = A(t)B(t)C(t)$. 类此可算出

$$
B(t + 1) = M_2 x(t), \quad C(t + 1) = M_3 x(t),
$$

这里

$$
\begin{aligned}
M_2 &= \delta_2[2, 2, 2, 2, 1, 1, 1, 1], \\
M_3 &= \delta_2[1, 2, 2, 2, 1, 2, 2, 2].
\end{aligned}
$$

最后可得代数状态空间方程

$$x(t+1) = Lx(t),$$

这里

$$L = M_1 * M_2 * M_3 = \delta_8[7, 4, 4, 8, 5, 2, 2, 6].$$

13.4 布尔控制网络

一个布尔网络, 如果一些结点, 其值可以依设计要求任意选择, 则将这样的结点称为输入或控制; 如果还有一些结点, 它们的值不影响网络演化, 则这些结点称为输出. 带有输入- 输出的布尔网络称为布尔控制网络.

一个 n 个结点的布尔控制网络的动态方程可表示成

$$\begin{cases} x_1(t+1) = f_1(x_1(t), x_2(t), \cdots, x_n(t), u_1(t), u_2(t), \cdots, u_m(t)) \\ x_2(t+1) = f_2(x_1(t), x_2(t), \cdots, x_n(t), u_1(t), u_2(t), \cdots, u_m(t)) \\ \quad \vdots \\ x_n(t+1) = f_n(x_1(t), x_2(t), \cdots, x_n(t), u_1(t), u_2(t), \cdots, u_m(t)), \end{cases} \tag{13.4.1}$$

$$y_j(t) = g_j(x_1(t), x_2(t), \cdots, x_n(t)), \quad j = 1, 2, \cdots, p.$$

这里 $u_i(t), i = 1, 2, \cdots, m$ 是控制; $y_j(t), j = 1, 2, \cdots, p$ 是输出.

利用逻辑变量的向量表示, 类似于布尔网络, 也可以得到布尔控制网络 (13.4.1) 的代数状态空间表示:

$$\begin{cases} x(t+1) = Lu(t)x(t) \\ y(t) = Hx(t), \end{cases} \tag{13.4.2}$$

这里 $x(t) = \ltimes_{i=1}^n x_i(t)$, $u(t) = \ltimes_{i=1}^m u_i(t)$, $y(t) = \ltimes_{i=1}^p y_i(t)$, $L \in \mathcal{L}_{2^n \times 2^{n+m}}$, $H \in \mathcal{L}_{2^p \times 2^n}$.

下面给出一个例子.

例 13.4.1 设一布尔控制网络的网络拓扑如图 13.4.1所示. 其动态方程为

$$\begin{cases} A(t+1) = B(t) \vee u_1(t) \\ B(t+1) = \neg C(t) \leftrightarrow u_2(t) \\ C(t+1) = \neg A(t), \end{cases} \tag{13.4.3}$$

$$y(t) = B(t) \wedge C(t).$$

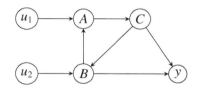

图 13.4.1 布尔控制网络网络拓扑

那么, 我们有

$$
\begin{aligned}
A(t+1) &= M_d u_1(t) B(t) \\
&= M_d F_{[2,2]} u(t) M_{[2,2,2]} x(t) \\
&= M_d F_{[2,2]} \left(I_4 \otimes M_{[2,2,2]} \right) u(t) x(t) \\
&= L_1 u(t) x(t), \\
B(t+1) &= M_e M_n u_2(t) C(t) \\
&= M_e M_n R_{[2,2]} u(t) R_{[4,2]} x(t) \\
&= M_e M_n R_{[2,2]} \left(I_4 \otimes R_{[4,2]} \right) u(t) x(t) \\
&= L_2 u(t) x(t), \\
C(t+1) &= M_n A(t) \\
&= M_n F_{[2,4]} x(t) \\
&= M_n F_{[2,4]} R_{[4,2]} u(t) x(t) \\
&:= L_3 u(t) x(t), \\
y(t) &= M_c B(t) C(t) \\
&= M_c R_{[2,2]} x(t) \\
&:= H x(t).
\end{aligned}
$$

于是可得

$$
\begin{aligned}
L_1 &= M_d F_{[2,2]} \left(I_4 \otimes M_{[2,2,2]} \right) \\
&= \delta_2[1,1,1,1,1,1,1,1,1,1,1,1,1,1,1,1, \\
&\qquad 1,1,2,2,1,1,2,2,1,1,2,2,1,1,2,2], \\
L_2 &= M_e M_n R_{[2,2]} \left(I_4 \otimes R_{[4,2]} \right) \\
&= \delta_2[2,1,2,1,2,1,2,1,1,2,1,2,1,2,1,2, \\
&\qquad 2,1,2,1,2,1,2,1,1,2,1,2,1,2,1,2], \\
L_3 &= M_n F_{[2,4]} R_{[4,2]} \\
&= \delta_2[2,2,2,2,1,1,1,1,2,2,2,2,1,1,1,1, \\
&\qquad 2,2,2,2,1,1,1,1,2,2,2,2,1,1,1,1].
\end{aligned}
$$

最后, 我们得到系统 (13.4.3) 的代数状态空间表达式 (13.4.2), 其中 $x(t) = A(t)B(t)C(t)$, $u(t) = u_1(t)u_2(t)$, 以及

$$
\begin{aligned}
L &= L_1 * L_2 * L_3 \\
&= \delta_8[4, 2, 4, 2, 3, 1, 3, 1, 2, 4, 2, 4, 1, 3, 1, 3, \\
&\qquad 4, 2, 8, 6, 3, 1, 7, 5, 2, 4, 6, 8, 1, 3, 5, 7],
\end{aligned}
$$

$$
H = M_c R_{[2,2]} = \delta_2[1, 2, 2, 2, 1, 2, 2, 2].
$$

13.5 布尔网络的拓扑结构

定义 13.5.1 考虑布尔网络 (13.3.2). 下面给出不动点与极限环的定义, 二者统称为吸引子 (attractor).

- 如果 $x(t) = x_e$, 必有 $x(s) = x_e, \forall s > t$, 则 x_e 称为一个不动点 (fixed point).

- 如果 $x(t) = x_0$, 则有 $x(t + j) = x_j$, $j = 1, 2, \cdots, \ell$, $x_l = x_0$. 这时 $(x_0, x_1, \cdots, x_\ell = x_0)$ 被称为一个极限环 (cycle). 设 $x_i \neq x_j, 0 \leqslant i < j \leqslant \ell - 1$, 则称 ℓ 为极限环的长度.

因为布尔网络只有有限个点 (设为 n), 而每个点只有两种可能状态, 所以总共只有 2^n 个状态. 在向量形式下, $x(t) \in \Delta_{2^n}$. 因此, 至多经过 2^n 个时刻, 必出现重复状态. 换言之, 布尔网络的轨线一定要收敛到一个吸引子. 因此, 不动点和极限环是布尔网络最重要的拓扑结构.

定理 13.5.1 考虑布尔网络 (13.3.2), 其代数表达式为 (13.3.7).

(i) $\delta_{2^n}^i$ 是其不动点, 当且仅当式 (13.3.7) 中 L 的对角线元素

$$
\ell_{ii} = 1.
$$

(ii) 布尔网络 (13.3.2) 的不动点数(记为 N_e) 为

$$
N_e = \text{tr}(L). \tag{13.5.1}
$$

下面考虑极限环. 首先引入一个记号: 设 $s, k \in \mathbb{Z}_+$ 为两个正整数. 如果 $k < s$ 且 $\frac{s}{k} \in \mathbb{Z}_+$, 则 k 称为 s 的真因子. 所有 s 的真因子的集合记为 $\mathcal{P}(s)$. 例如, $\mathcal{P}(8) = \{1, 2, 4\}$, $\mathcal{P}(12) = \{1, 2, 3, 4, 6\}$ 等.

注意到, 如果 x 在一个长度为 ℓ 的极限环上, 则 x 为 L^ℓ 的不动点. 利用定理 13.5.1, 再考虑到可能的重复, 则不难得到如下的结论.

定理 13.5.2 布尔网络 (13.3.2) 的长度为 s 的极限环数, 记作 N_s, 可由下式递推得到:

$$\begin{cases} N_1 = N_e, \\ N_s = \dfrac{\operatorname{tr}(L^s) - \sum\limits_{k \in \mathcal{P}(s)} k N_k}{s}, & 2 \leqslant s \leqslant 2^n. \end{cases} \tag{13.5.2}$$

下面讨论如何找到极限环. 如果

$$\operatorname{tr}(L^s) - \sum_{k \in \mathcal{P}(s)} k N_k > 0, \tag{13.5.3}$$

则称 s 为非平凡指数.

设 s 为非平凡指数. 记 ℓ_{ii}^s 为 L^s 的第 i 个对角元素. 定义为

$$C_s = \{i \mid \ell_{ii}^s = 1\}, \quad s = 1, 2, \cdots, 2^n,$$

并且

$$D_s = C_s \bigcap_{i \in \mathcal{P}(s)} C_i^c,$$

这里 C_i^c 是 C_i 的余集.

利用这些记号, 不难得到

命题 13.5.1 设 $x_0 = \delta_{2^n}^i$. 那么, $\{x_0, Lx_0, \cdots, L^s x_0\}$ 为长度为 s 的极限环, 当且仅当 $i \in D_s$.

利用定理 13.5.1 就可找到一个布尔网络的所有不动点. 利用定理 13.5.2 及命题 13.5.1 就可以找到所有的极限环. 具体步骤可见如下例子.

例 13.5.1 考查系统

$$\begin{cases} x_1(t+1) = x_2(t) \wedge x_3(t) \\ x_2(t+1) = \neg x_1(t) \\ x_3(t+1) = x_2(t) \vee x_3(t). \end{cases} \tag{13.5.4}$$

不难算出, 其向量形式为

$$\begin{cases} x_1(t+1) = \delta_2[1, 2, 2, 2, 1, 2, 2, 2] x(t) \\ x_2(t+1) = \delta_2[2, 2, 2, 2, 1, 1, 1, 1] x(t) \\ x_3(t+1) = \delta_2[1, 1, 1, 2, 1, 1, 1, 2] x(t). \end{cases} \tag{13.5.5}$$

于是有代数状态空间方程

$$x(t+1) = Lx(t), \tag{13.5.6}$$

这里

$$L = M_1 * M_2 * M_3 = \delta_8[3, 7, 7, 8, 1, 5, 5, 6].$$

容易检验

$$\text{tr}(L^s) = \begin{cases} 0, & s < 4 \\ 4, & s \geqslant 4. \end{cases}$$

由定理 13.5.1 可知, 系统没有不动点. 由定理 13.5.2 可知, 系统只有一个长度为 4 的极限环. 计算得

$$L^4 = \delta_8[1, 3, 3, 1, 5, 7, 7, 3].$$

根据命题 13.5.1, 任选一个对角元为 1 的列 (显然可选 $\text{Col}_i(L^4)$, $i = 1, 3, 5, 7$), 设选 $Z = \text{Col}_1(L^4) = \delta_8^1$, 于是有

$$LZ = \delta_8^3, \quad L^2 Z = \delta_8^7, \quad L^3 Z = \delta_8^5, \quad L^4 Z = Z.$$

即

$$\delta_8^1 \rightarrow \delta_8^3 \rightarrow \delta_8^7 \rightarrow \delta_8^5 \rightarrow \delta_8^1$$

为一极限环. 返回到 (x_1, x_2, x_3) 的布尔值, 则极限环可表示成

$$(1, 1, 1) \rightarrow (1, 0, 1) \rightarrow (0, 0, 1) \rightarrow (0, 1, 1) \rightarrow (1, 1, 1).$$

13.6 习题与课程探索

13.6.1 习题

1. 证明 De Morgan 定律

$$\neg(x \wedge y) = (\neg x) \vee (\neg y);$$
$$\neg(x \vee y) = (\neg x) \wedge (\neg y). \tag{13.6.1}$$

2. 证明

$$\neg a = 1 - a;$$
$$a \vee b = \max\{a, b\};$$
$$a \wedge b = \min\{a, b\};$$
$$a \rightarrow b = (\neg a) \vee (a \wedge b);$$
$$a \leftrightarrow b = (a \rightarrow b) \wedge (b \rightarrow a). \tag{13.6.2}$$

3. 考虑逻辑函数

$$f(x, y, z) = (x \leftrightarrow y) \vee (\neg z).\qquad(13.6.3)$$

   (a) 给出 f 的真值表.

   (b) 给出 f 的结构矩阵 M_f.

   (c) 计算 f 的析取范式.

   (d) 计算 f 的合取范式.

4. 考虑逻辑函数

$$f(x, y, z, w) = (x \bar{\vee} y) \wedge (z \rightarrow w).\qquad(13.6.4)$$

   (a) 给出 f 的真值表.

   (b) 给出 f 的结构矩阵 M_f.

   (c) 计算 f 的析取范式.

   (d) 计算 f 的合取范式.

5. 考虑布尔网络

$$\begin{cases} x_1(t+1) = x_2(t) \wedge x_3(t) \\ x_2(t+1) = (\neg x_3(t)) \leftrightarrow x_4(t) \\ x_3(t+1) = \neg x_4(t) \\ x_4(t+1) = x_1(t) \bar{\vee} x_2(t). \end{cases}\qquad(13.6.5)$$

计算它的不动点和极限环.

6. 考虑布尔控制网络

$$\begin{cases} x_1(t+1) = x_2(t) \wedge x_3(t) \\ x_2(t+1) = (\neg x_3(t)) \leftrightarrow x_4(t) \\ x_3(t+1) = \neg x_4(t) \\ x_4(t+1) = x_1(t) \bar{\vee} x_2(t). \end{cases}\qquad(13.6.6)$$

$$y_1 = x_1 \vee x_4,$$

$$y_2 = \neg (x_3 \leftrightarrow x_4).$$

计算它的代数状态空间表示式.

13.6.2 课程探索

1. 考虑 3 值逻辑: 逻辑变量取值为 $\mathcal{D}_3 = \{0, 0.5, 1\}$. 利用式 (13.6.2) 作为 3 值逻辑的相关算子的定义, 作等价 $\delta_3^3 = 0, \delta_3^2 = 0.5, \delta_3^1 = 1$. 给出以上算子的结构矩阵.

2. 探讨 3 值逻辑的标准型.

第 14 章 逻辑系统的状态空间方法

Kalman 提出的状态空间方法是现代控制理论的三大支柱之一. 它从线性系统开始, 后来推广到非线性系统, 再到分布参数系统的泛函空间, 成为系统分析与综合的基本平台. 对于逻辑动态系统, 如何定义适当的状态空间, 从而引入有效的状态空间方法, 这对逻辑动态系统的分析与控制极具重要性. 本章内容主要来自文献 [61].

14.1 状态空间与子空间

考查一个布尔网络

$$
\begin{cases}
x_1(t+1) = f_1(x_1(t), x_2(t), \cdots, x_n(t)) \\
\vdots \\
x_n(t+1) = f_n(x_1(t), x_2(t), \cdots, x_n(t)), \quad x_i \in \mathcal{D},
\end{cases}
\tag{14.1.1}
$$

或者一个布尔控制网络

$$
\begin{cases}
x_1(t+1) = f_1(x_1(t), x_2(t), \cdots, x_n(t), u_1(t), u_2(t), \cdots, u_m(t)) \\
\vdots \\
x_n(t+1) = f_n(x_1(t), x_2(t), \cdots, x_n(t), u_1(t), u_2(t), \cdots, u_m(t)),
\end{cases}
\tag{14.1.2}
$$

$$
y_j(t) = h_j(x_1(t), x_2(t), \cdots, x_n(t)), \quad j = 1, 2, \cdots, p; \; x_i, u_i, y_j \in \mathcal{D}.
$$

与连续状态的力学系统不同, 这里没有自然的状态空间结构. 于是, 我们必须给出一个合理的定义.

定义 14.1.1 考虑布尔网络 (14.1.1) 或布尔控制网络 (14.1.2).

1. 其状态空间记作 $\mathcal{X}$, 定义为由 $x_1, x_2, \cdots, x_n$ 的所有逻辑函数组成的集合, 记作 $\mathcal{F}_\ell\{x_1, x_2, \cdots, x_n\}$. 即

$$
\mathcal{X} = \mathcal{F}_\ell\{x_1, x_2, \cdots, x_n\}.
\tag{14.1.3}
$$

2. 设 $z_1, z_2, \cdots, z_k \in \mathcal{X}$. 那么, 由 $z_1, z_2, \cdots, z_k$ 生成的子空间, 记作 $\mathcal{Z}$, 指 $z_1, z_2, \cdots, z_k$ 的逻辑函数集合. 即

$$
\mathcal{Z} = \mathcal{F}_\ell\{z_1, z_2, \cdots, z_k\}.
\tag{14.1.4}
$$

设 $\xi \in \mathcal{X}$, 则 ξ 为 $x_1, x_2, \cdots, x_n$ 的一个逻辑函数. 记

$$\xi = g(x_1, x_2, \cdots, x_n).$$

于是, ξ 的向量形式为

$$\xi = M_g \ltimes_{i=1}^n x_i,$$

这里 $M_g \in \mathcal{L}_{2 \times 2^n}$ 是函数 g 的结构矩阵. 注意到 M_g 可表示为

$$\delta_2[i_1, i_2, \cdots i_{2^n}],$$

这里 i_s 可以等于 1 或 2. 因此, 可以有 2^{2^n} 个不同的逻辑函数, 从而有

$$|\mathcal{X}| = 2^{2^n}.$$

利用函数集合表示子空间是一种常用的方法. 例如: 在线性代数中, n 维空间上所有的线性函数也是一个 n 维空间, 称为对偶空间; 关于部分变量的线性函数构成子空间; 等等. 用逻辑函数集合表示逻辑动态系统的状态空间及子空间, 其重要原因是: 在向量表示下, 子空间可以与逻辑矩阵相对应.

设 $\mathcal{Z} = \mathcal{F}_\ell\{z_1, z_2, \cdots, z_k\}$ 为 $\mathcal{X} = \mathcal{F}_\ell\{x_1, x_2, \cdots, x_n\}$ 的一个子空间, 那么, 每个 $z_i \in \mathcal{X}$ 都是 $x_1, x_2, \cdots, x_n$ 的一个逻辑函数. 于是有

$$z_i = g_i(x_1, x_2, \cdots, x_n), \quad i = 1, 2, \cdots, k.$$

设 g_i 的结构矩阵为 M_i, 那么, 在向量形式下有

$$z_i = M_i \ltimes_{i=1}^n x_j, \quad i = 1, 2, \cdots, k.$$

记 $z = \ltimes_{j=1}^k z_j$, $x = \ltimes_{j=1}^n x_j$, 于是有

$$z = M_{\mathcal{Z}} x, \tag{14.1.5}$$

这里

$$M_{\mathcal{Z}} := M_1 * M_2 * \cdots * M_k \in \mathcal{L}_{2^k \times 2^n},$$

称为子空间 $\mathcal{Z}$ 的结构矩阵. 容易证明, 子空间 $\mathcal{Z}$ 的性质完全由其结构矩阵决定.

14.2 坐标变换

从现代控制理论中不难看出, 状态空间方法的强大生命力来自坐标变换, 因为适当的坐标反映了能刻画系统特殊性质的各种子空间. 因此, 对于逻辑动态系统状态空间的坐标变换同样十分重要.

定义 14.2.1 设 $\mathcal{Z} = \mathcal{F}_\ell\{z_1, z_2, \cdots, z_n\} \subset \mathcal{X}$. 为了记号的方便, 我们也将 $Z = (z_1, z_2, \cdots, z_n)^T$ 当作一个列向量. 由 $X = (x_1, x_2, \cdots, x_n)^T \mapsto Z = (z_1, z_2 \cdots, z_n)^T$ 所定义的映射 $G : \mathcal{D}^n \to \mathcal{D}^n$ 称为一个坐标变换, 如果 G 是一一映射的.

下面考虑 G 的具体逻辑表达式:

$$G : \begin{cases} z_1 = g_1(x_1, x_2, \cdots, x_n) \\ z_2 = g_2(x_1, x_2, \cdots, x_n) \\ \quad\vdots \\ z_n = g_n(x_1, x_2, \cdots, x_n). \end{cases} \tag{14.2.1}$$

利用逻辑的向量表示, 记 $x = \ltimes_{i=1}^n x_i, z = \ltimes_{i=1}^n z_i$, 并设 G 的结构矩阵为 M_G. 于是可得到 G 的代数表达式

$$z = M_G x, \tag{14.2.2}$$

这里 $M_G \in \mathcal{L}_{2^n \times 2^n}$. 于是, 显然有如下结论:

定理 14.2.1 G 是一个坐标变换, 当且仅当其结构矩阵 M_G 非奇异.

注 如果 $T \in \mathcal{L}_{s \times s}$ 并且非奇异, 则 T 为一正交矩阵. 因此, 如果 G 是一个逻辑坐标变换, 那么, M_G 就是一个正交矩阵, 于是式 (14.2.2) 等价于

$$x = M_G^T z. \tag{14.2.3}$$

下面给出一个坐标变换的具体例子.

例 14.2.1 设

$$\begin{cases} z_1 = \neg x_2 \\ z_2 = x_1 \leftrightarrow x_2 \\ z_3 = \neg x_3. \end{cases} \tag{14.2.4}$$

记 $x = x_1 x_2 x_3, z = z_1 z_2 z_3$. 那么

$$\begin{aligned} z &= z_1 z_2 z_3 \\ &= M_n x_2 M_e x_1 x_2 M_n x_3 \\ &= M_n (I_2 \otimes M_e) W_{[2]} x_1 x_2^2 M_n x_3 \\ &= M_n (I_2 \otimes M_e) W_{[2]} (I_2 \otimes R_2^P) x_1 x_2 M_n x_3 \\ &= M_n (I_2 \otimes M_e) W_{[2]} (I_2 \otimes R_2^P)(I_4 \otimes M_n) x_1 x_2 x_3 \\ &:= Tx, \end{aligned} \tag{14.2.5}$$

这里 $T \in \mathcal{L}_{8 \times 8}$ 为

$$\begin{aligned} T &= M_n (I_2 \otimes M_e) W_{[2]} (I_2 \otimes R_2^P)(I_4 \otimes M_n) \\ &= \delta_8[6, 5, 4, 3, 8, 7, 2, 1]. \end{aligned} \tag{14.2.6}$$

其中 $W_{[2]}$ 是换位矩阵 $W_{[2,2]}$ 的缩写. 容易检验 T 是非奇异的, 因此, 式 (14.2.4) 是一个逻辑坐标变换. 其逆变换为

$$
\begin{cases}
x_1 = z_1 \bar\vee z_2 \\
x_2 = \neg z_1 \\
x_3 = \neg z_3.
\end{cases}
\tag{14.2.7}
$$

下面考虑布尔网络的逻辑坐标变换.

给定一个布尔网络, 设其代数状态空间表达式为

$$
x(t+1) = Lx(t), \quad x \in \Delta_{2^n}.
\tag{14.2.8}
$$

令 $z = Tx : \Delta_{2^n} \to \Delta_{2^n}$ 为一逻辑坐标变换, 那么

$$
z(t+1) = Tx(t+1) = TLx(t) = TLT^{-1}z(t).
$$

即, 在 z 坐标下布尔网络的动态方程 (14.2.8) 变为

$$
z(t+1) = \tilde{L}z(t),
\tag{14.2.9}
$$

这里

$$
\tilde{L} = TLT^{\mathrm{T}}.
\tag{14.2.10}
$$

下面考虑布尔控制网络, 设其代数状态空间表达式为

$$
\begin{cases}
x(t+1) = Lu(t)x(t), \quad x \in \Delta_{2^n},\ u \in \Delta_{2^m} \\
y(t) = Hx(t), \qquad\qquad y \in \Delta_{2^p}.
\end{cases}
\tag{14.2.11}
$$

设 $z = Tx : \Delta_{2^n} \to \Delta_{2^n}$ 为一逻辑坐标变换. 类似于布尔网络, 布尔控制网络的动态方程 (14.2.11) 在新坐标下可表示为

$$
\begin{aligned}
z(t+1) &= \tilde{L}u(t)z(t), \quad z \in \Delta_{2^n},\ u \in \Delta_{2^m} \\
y(t) &= \tilde{H}z(t), \qquad y \in \Delta_{2^p},
\end{aligned}
\tag{14.2.12}
$$

这里

$$
\begin{aligned}
\tilde{L} &= TL(I_{2^m} \otimes T^{\mathrm{T}}), \\
\tilde{H} &= HT^{\mathrm{T}}.
\end{aligned}
\tag{14.2.13}
$$

下面给出一个例子.

例 14.2.2 考虑如下布尔控制网络:

$$\begin{cases} x_1(t+1) = (x_1(t) \to x_3(t)) \\ x_2(t+1) = (x_2(t) \leftrightarrow x_3(t)) \\ x_3(t+1) = u(t) \wedge x_1(t), \end{cases}$$

$$y(t) = x_1(t) \leftrightarrow x_2(t).$$

(14.2.14)

在代数形式下有

$$\begin{array}{rcl rcl}
x_1(t+1) & = & M_i x_1(t) x_3(t) & = & M_i F_{[2,2]} x(t) \\
& = & M_i F_{[2,2]} R_{[2,8]} u(t) x(t) & := & M_1 u(t) x(t) \\
x_2(t+1) & = & M_e x_2(t) x_3(t) & = & M_e R_{[2,4]} x(t) \\
& = & M_e R_{[2,4]} R_{[2,8]} u(t) x(t) & := & M_2 u(t) x(t) \\
x_3(t+1) & = & M_c u(t) x_1(t) & = & M_c u(t) F_{[2,4]} x(t) \\
& = & M_c \left(I_2 \otimes F_{[2,4]} \right) u(t) x(t) & := & M_3 x(t),
\end{array}$$

这里

$$\begin{array}{rcl}
M_1 & = & \delta_2[1, 2, 1, 2, 1, 1, 1, 1, 1, 2, 1, 2, 1, 1, 1, 1], \\
M_2 & = & \delta_2[1, 2, 2, 1, 1, 2, 2, 1, 1, 2, 2, 1, 1, 2, 2, 1], \\
M_3 & = & \delta_2[1, 1, 1, 1, 2, 2, 2, 2, 2, 2, 2, 2, 2, 2, 2, 2].
\end{array}$$

$$y(t) = M_e x_1(t) x_2(t) = M_e F_{[4,2]} x(t).$$

于是有

$$\begin{cases} x(t+1) = Lu(t)x(t) \\ y(t) = Hx(t), \end{cases}$$

(14.2.15)

这里

$$\begin{array}{rcl}
L & = & M_1 * M_2 * M_3 \\
& = & \delta_8[1, 7, 3, 5, 2, 4, 4, 2, 2, 8, 4, 6, 2, 4, 4, 2], \\
H & = & M_e F_{[4,2]} \\
& = & \delta_2[1, 1, 2, 2, 2, 2, 1, 1].
\end{array}$$

下面考虑坐标变换 (14.2.4). 即 $z = Tx$, 这里

$$T = \delta_8[6, 5, 4, 3, 8, 7, 2, 1].$$

利用式 (14.2.13), 在 z 坐标下式 (14.2.15) 变为

$$\begin{cases} z(t+1) = \tilde{L}u(t)z(t) \\ y(t) = \tilde{H}x(t), \end{cases}$$

(14.2.16)

这里

$$\begin{aligned}
\tilde{L} &= TL(I_2 \otimes T^{\mathrm{T}}) \\
&= \delta_8[5, 3, 8, 4, 2, 6, 3, 5, 5, 3, 7, 3, 1, 5, 3, 5], \\
\tilde{H} &= HT^{\mathrm{T}} \\
&= \delta_2[1, 1, 2, 2, 1, 1, 2, 2].
\end{aligned}$$

14.3　正规子空间

定义 14.3.1　设

$$\mathcal{Z} = \mathcal{F}_\ell\{z_1, z_2, \cdots, z_k\} \subset \mathcal{X} = \mathcal{F}_\ell\{x_1, x_2, \cdots, x_n\}$$

为一逻辑子空间. $\mathcal{Z}$ 称为一个正规子空间, 如果存在 $\{z_{k+1}, z_{k+2}, \cdots, z_n\} \subset \mathcal{X}$ 使得

$$T : (x_1, x_2, \cdots, x_n) \mapsto (z_1, z_2, \cdots, z_n)$$

为一坐标变换.

讨论几个例子.

例 14.3.1　给定三变量 (也称三维) 逻辑状态空间 $\mathcal{X} = \mathcal{F}_\ell\{x_1, x_2, x_3\}$. 其子空间 $\mathcal{Z} = \mathcal{F}_\ell\{z_1, z_2\} \subset \mathcal{X}$.

1. 设

$$\begin{cases} z_1 = x_1 \leftrightarrow x_2 \\ z_2 = x_2 \bar{\vee} x_3, \end{cases} \tag{14.3.1}$$

容易算出, 它们的代数表达式为

$$\begin{cases} z_1 = \delta_2[1, 1, 2, 2, 2, 2, 1, 1]x_1 x_2 x_3 \\ z_2 = \delta_2[2, 1, 1, 2, 2, 1, 1, 2]x_1 x_2 x_3. \end{cases} \tag{14.3.2}$$

我们通过构造坐标变换来证明 $\mathcal{Z}$ 为一个正规子空间. 为此设

$$z_3 = (x_1 \wedge (x_2 \leftrightarrow x_3)) \vee (\neg x_1 \wedge (x_2 \bar{\vee} x_3)),$$

在向量形式下, 它可表示为

$$z_3 = \delta_2[1, 2, 2, 1, 2, 1, 1, 2]x_1 x_2 x_3. \tag{14.3.3}$$

记 $z = z_1 z_2 z_3$ 及 $x = x_1 x_2 x_3$, 容易算得

$$z = Lx = \delta_8[3, 2, 6, 7, 8, 5, 1, 4]x. \tag{14.3.4}$$

因为 $L \in \mathcal{L}_{8\times 8}$ 非奇异, z 是一组新坐标, 因此 $\mathcal{Z}$ 是一个正规子空间.

2. 设

$$\begin{cases} z_1 = x_1 \to x_2 \\ z_2 = x_2 \bar{\vee} x_3, \end{cases} \tag{14.3.5}$$

则它们的代数表达式为

$$\begin{cases} z_1 = \delta_2[1, 1, 2, 2, 1, 1, 1, 1]x := M_1 x \\ z_2 = \delta_2[2, 1, 1, 2, 2, 1, 1, 2]x := M_2 x. \end{cases} \tag{14.3.6}$$

设 $z_3 \in X$, 其代数表达式为

$$z_3 = \delta_2[r_1, r_2, r_3, r_4, r_5, r_6, r_7, r_8] := M_3 x,$$

于是有 $z = Tx$, 这里 $T = M_1 * M_2 * M_3$. 即

$$\text{Col}_i(T) = \text{Col}_i(M_1) \ltimes \text{Col}_i(M_2) \ltimes \text{Col}_i(M_3), \quad i = 1, 2, \cdots, 8.$$

现在

$$\begin{aligned} \text{Col}_2(T) &= \delta_2^1 \ltimes \delta_2^1 \ltimes \delta_2^{r_2}, \\ \text{Col}_6(T) &= \delta_2^1 \ltimes \delta_2^1 \ltimes \delta_2^{r_6}, \\ \text{Col}_7(T) &= \delta_2^1 \ltimes \delta_2^1 \ltimes \delta_2^{r_7}. \end{aligned}$$

因为 $r_i \in \{1, 2\}$, r_2, r_6, r_7 中必有两个相等. 故 T 是奇异的, 即 $\mathcal{Z}$ 不是一个正规子空间.

给定一组逻辑函数 z_i, $i = 1, 2, \cdots, k$, 设其逻辑表达式为

$$z_i = g_i(x_1, x_2, \cdots, x_n), \quad i = 1, 2, \cdots, k, \tag{14.3.7}$$

设子空间 $\mathcal{Z} = \mathcal{F}_\ell\{z_1, z_2, \cdots, z_k\}$. 我们想知道, 何时 $\mathcal{Z}$ 为一个正规子空间? 如果 $\mathcal{Z}$ 为一个 k 维正规子空间, 则 $\{z_1, z_2, \cdots, z_k\}$ 称为它的基底. 设 $\mathcal{Z}$ 的结构矩阵为 $M_{\mathcal{Z}}$, 即

$$z = M_{\mathcal{Z}} x,$$

这里 $M_{\mathcal{Z}} \in \mathcal{L}_{2^k \times 2^n}$. 从前面的例子不难得到如下的一般性结论:

定理 14.3.1 设 $\mathcal{Z} = \mathcal{F}_\ell\{z_1, z_2, \cdots, z_k\}$. $\mathcal{Z}$ 为一个 k 维正规子空间, 且 $\{z_1, z_2, \cdots, z_k\}$ 为其基底, 当且仅当, $M_{\mathcal{Z}}$ 具有 2^k 组互不相同的列, 而每一组的个数均为 2^{n-k}.

实际上, 我们也可以直接由 g_i, $i = 1, 2, \cdots, k$ 的结构矩阵来判定正规子空间. 设 g_i 的结构矩阵为

$$M_i = \delta_2[r_{i,1}, r_{i,2}, \cdots, r_{i,n}], \quad i = 1, 2, \cdots, k.$$

定义其示性矩阵为

$$G(M_1, M_2, \cdots, M_k) := \begin{bmatrix} r_{1,1} & r_{1,2} & \cdots & r_{1,n} \\ r_{2,1} & r_{2,2} & \cdots & r_{2,n} \\ \vdots & \vdots & & \vdots \\ r_{k,1} & r_{k,2} & \cdots & r_{k,n} \end{bmatrix}. \tag{14.3.8}$$

那么, 不难得到 $\mathcal{Z}$ 与 G 之间具有如下关系:

推论 14.3.1　$\mathcal{Z}$ 为一个 k 维正规子空间, 且 $\{z_1, z_2, \cdots, z_k\}$ 为其基底, 当且仅当, G 具有 2^k 组互不相同的列, 而每一组的个数均为 2^{n-k}.

下面通过几个例子说明怎样从正规子空间构造新坐标.

例 14.3.2　(从正规子空间构造新坐标的例子)

1. 回忆例 14.3.1 的第一个例子. 由式 (14.3.2) 可得

$$G = \begin{bmatrix} 1 & 1 & 2 & 2 & 2 & 2 & 1 & 1 \\ 2 & 1 & 1 & 2 & 2 & 1 & 1 & 2 \end{bmatrix}.$$

它显然满足推论 14.3.1 的要求. 要构造新坐标, 只要补上的坐标变量使扩充的 G 的各列都不相同即可. 例如, $[1, 2, 2, 1, 2, 1, 1, 2]$ 显然满足要求. 其实, 这就是式 (14.3.3). 还有许多选择, 对这个例子, 只要 $r_1 \neq r_8, r_2 \neq r_7, r_3 \neq r_6, r_4 \neq r_5$ 就可以了. 所以, 可以选 $[r_1, r_2, r_3, r_4, 3 - r_4, 3 - r_3, 3 - r_2, 3 - r_1]$. 例如 $[2, 1, 1, 2, 1, 2, 2, 1]$ 等.

2. 设 $X = \mathcal{F}_\ell\{x_1, x_2, x_3, x_4\}$, $\mathcal{Z} = \mathcal{F}_\ell\{z_1, z_2\}$, 这里

$$z_1 = \delta_2[2, 1, 1, 1, 1, 2, 2, 1, 2, 2, 1, 1, 2, 1, 2, 2]x,$$
$$z_2 = \delta_2[2, 1, 1, 2, 1, 1, 1, 2, 2, 2, 2, 1, 2, 2, 1, 1]x.$$

容易看出, $\mathcal{Z}$ 是一个正规子空间. 要利用 $\{z_1, z_2\}$ 构造新坐标, 只要选择 $\{z_3, z_4\}$ 使示性矩阵 $G(z_1, z_2, z_3, z_4)$ 的各列均不相同即可. 以下为一种选法:

$$z_3 = \delta_2[1, 1, 2, 2, 1, 2, 1, 1, 1, 2, 2, 2, 2, 1, 1, 2]x,$$
$$z_4 = \delta_2[1, 2, 2, 1, 1, 2, 1, 1, 2, 2, 2, 1, 1, 2, 2, 1]x.$$

在结束本节前, 我们讨论一下如何从逻辑变量的代数表达式返回逻辑表示式.

命题 14.3.1　设 $z = z(x_1, x_2, \cdots, x_n)$ 为一逻辑函数, 其结构矩阵为 M_z, 即

$$z = M_z \ltimes_{i=1}^n x_i, \tag{14.3.9}$$

这里 $M_z \in \mathcal{L}_{2 \times 2^n}$. 记 $M_z = [M_1, M_2]$, 这里 $M_i \in \mathcal{L}_{2 \times 2^{n-1}}, i = 1, 2$. 那么

$$z = [x_1 \wedge f_1(x_2, x_3, \cdots, x_n)] \vee [\neg x_1 \wedge f_2(x_2, x_3, \cdots, x_n)], \tag{14.3.10}$$

这里 f_i 的结构矩阵为 $M_i, i = 1, 2$.

下面介绍几个记号:

(i) 设 $0 \leqslant i \leqslant 2^n - 1$, $\mu^n(i) := [\mu_1^n(i), \mu_2^n(i) \cdots, \mu_n^n(i)]$ 为 i 的二进制表示, 即 $\mu_k^n(i) \in \{0, 1\}$, $k = 1, 2, \cdots, n$, 并且

$$\sum_{k=1}^{n} \mu_k^n(i) \times 2^{n-k} = i.$$

(ii) 记 $\neg^0$ 为恒等算子, 即 $\neg^0 x \equiv x$, $x \in \{0, 1\}$. $\neg^1 = \neg$, 即 $\neg^1 x \equiv \neg x$.

(iii) 记 $z = z(x_1, x_2, \cdots, x_n)$ 的结构矩阵为

$$M_z = [M_1, M_2, \cdots, M_{2^{n-1}}], \tag{14.3.11}$$

这里 $M_i \in \mathcal{L}_{2 \times 2}$, $i = 1, 2, \cdots, 2^{n-1}$.

利用上述记号, 如果反复应用命题 14.3.1, 即可得到以下结果:

推论 14.3.2 设 $z = z(x_1, x_2, \cdots, x_n)$ 的结构矩阵为式 (14.3.11), 则

$$\begin{aligned} z = \ &\bigvee_{i=1}^{2^{n-1}} \left(\neg^{\mu_1^{n-1}(i-1)} x_1\right) \wedge \left(\neg^{\mu_2^{n-1}(i-1)} x_2\right) \wedge \cdots \wedge \\ &\left(\neg^{\mu_{n-1}^{n-1}(i-1)} x_{n-1}\right) \wedge f_i(x_n), \end{aligned} \tag{14.3.12}$$

这里 f_i 的结构矩阵为 M_i, $i = 1, 2, \cdots, 2^{n-1}$.

注意, M_i 有四种可能形态, 它们分别导出如下的逻辑表达式:

$$\begin{aligned} M_i = \begin{bmatrix} 1 & 0 \\ 0 & 1 \end{bmatrix} &\Rightarrow f_i(x_n) = x_n, \\ M_i = \begin{bmatrix} 0 & 1 \\ 1 & 0 \end{bmatrix} &\Rightarrow f_i(x_n) = \neg x_n, \\ M_i = \begin{bmatrix} 1 & 1 \\ 0 & 0 \end{bmatrix} &\Rightarrow f_i(x_n) = 1, \\ M_i = \begin{bmatrix} 0 & 0 \\ 1 & 1 \end{bmatrix} &\Rightarrow f_i(x_n) = 0. \end{aligned}$$

下面计算一个例子.

例 14.3.3 在例 14.3.2 的例 2 中,

$$z_1 = \delta_2[2, 1, 1, 1, 1, 2, 2, 1, 2, 2, 1, 1, 2, 1, 2, 2]x.$$

可得

$$\begin{aligned} M_1 = M_4 = M_7 = \delta_2[2, 1] &\Rightarrow f_1(x_4) = f_4(x_4) = f_7(x_4) = \neg x_4, \\ M_2 = M_6 = \delta_2[1, 1] &\Rightarrow f_2(x_4) = f_6(x_4) = 1, \\ M_3 = \delta_2[1, 2] &\Rightarrow f_3(x_4) = x_4, \\ M_5 = M_8 = \delta_2[2, 2] &\Rightarrow f_5(x_4) = f_8(x_4) = 0. \end{aligned}$$

最后可得

$$
\begin{aligned}
z_1 & = (x_1 \wedge x_2 \wedge x_3 \wedge \neg x_4) \vee (x_1 \wedge x_2 \wedge \neg x_3 \wedge 1) \vee \\
& \quad (x_1 \wedge \neg x_2 \wedge x_3 \wedge x_4) \vee (x_1 \wedge \neg x_2 \wedge \neg x_3 \wedge \neg x_4) \vee \\
& \quad (\neg x_1 \wedge x_2 \wedge x_3 \wedge 0) \vee (\neg x_1 \wedge x_2 \wedge \neg x_3 \wedge 1) \vee \\
& \quad (\neg x_1 \wedge \neg x_2 \wedge x_3 \wedge \neg x_4) \vee (\neg x_1 \wedge \neg x_2 \wedge \neg x_3 \wedge 0) \\
& = (x_1 \wedge x_2 \wedge x_3 \wedge \neg x_4) \vee (x_1 \wedge x_2 \wedge \neg x_3) \vee \\
& \quad (x_1 \wedge \neg x_2 \wedge x_3 \wedge x_4) \vee (x_1 \wedge \neg x_2 \wedge \neg x_3 \wedge \neg x_4) \vee \\
& \quad (\neg x_1 \wedge x_2 \wedge \neg x_3 \wedge 1) \vee (\neg x_1 \wedge \neg x_2 \wedge x_3 \wedge \neg x_4).
\end{aligned}
$$

关于 z_2, z_3, z_4 的计算留做练习.

14.4 不变子空间

给定一个逻辑动态系统

$$
\begin{cases}
x_1(t+1) = f_1(x_1, x_2, \cdots, x_n) \\
x_2(t+1) = f_2(x_1, x_2, \cdots, x_n) \\
\quad \vdots \\
x_n(t+1) = f_n(x_1, x_2, \cdots, x_n).
\end{cases}
\tag{14.4.1}
$$

定义 14.4.1 考虑逻辑动态系统 (14.4.1). $\mathcal{Z} = \mathcal{F}_\ell\{z^1\} = \mathcal{F}_\ell\{z_1^1, z_2^1, \cdots, z_s^1\}$ 称为系统的不变子空间, 如果存在 $z^2 = \{z_1^2, z_2^2, \cdots, z_{n-s}^2\}$, 使 $x \mapsto z = \{z^1, z^2\}$ 为一坐标变换, 并且, 在 z 坐标下系统可表示为

$$
\begin{cases}
z^1(t+1) = F^1(z^1(t)), & z^1 \in \mathcal{D}^s \\
z^2(t+1) = F^2(z(t)), & z^2 \in \mathcal{D}^{n-s}.
\end{cases}
\tag{14.4.2}
$$

设式 (14.4.1) 的代数状态空间表示为

$$
x(t+1) = Lx(t),
\tag{14.4.3}
$$

则有如下结论:

定理 14.4.1 考查系统 (14.4.1) 及其代数形式 (14.4.3). 设 $\mathcal{Z} = \mathcal{F}_\ell\{z_1, z_2, \cdots, z_s\}$ 为正规子空间, 其代数表达式为

$$
z = Qx,
\tag{14.4.4}
$$

这里 $z = \ltimes_{i=1}^s z_i$, $Q \in \mathcal{L}_{2^s \times 2^n}$. 那么,

1. $\mathcal{Z}$ 为系统 (14.4.1) 的不变子空间, 当且仅当

$$\text{Row}(QL) \subset \text{Span}_{\mathcal{B}} \text{Row}(Q), \tag{14.4.5}$$

这里 $\text{Span}_{\mathcal{B}}$ 指系数属于 $\mathcal{B}$.

2. 条件 (14.4.5) 等价于: 存在 $H \in \mathcal{L}_{2^s \times 2^s}$, 使得

$$QL = HQ. \tag{14.4.6}$$

下面给出一个例子.

例 14.4.1 考查如下系统:

$$\begin{cases} x_1(t+1) = (x_1(t) \wedge x_2(t) \wedge \neg x_4(t)) \vee (\neg x_1(t) \wedge x_2(t)) \\ x_2(t+1) = x_2(t) \vee (x_3(t) \leftrightarrow x_4(t)) \\ x_3(t+1) = (x_1(t) \wedge \neg x_4(t)) \vee (\neg x_1(t) \wedge x_2(t)) \vee (\neg x_1(t) \wedge \neg x_2(t) \wedge x_4(t)) \\ x_4(t+1) = x_1(t) \wedge \neg x_2(t) \wedge x_4(t). \end{cases} \tag{14.4.7}$$

易知, 其代数表示为

$$x(t+1) = Lx(t), \tag{14.4.8}$$

这里

$$L = \delta_{16}[11, 1, 11, 1, 11, 13, 15, 9, 1, 2, 1, 2, 9, 15, 13, 11].$$

设 $\mathcal{Z} = \mathcal{F}_\ell\{z_1, z_2, z_3\}$, 这里

$$\begin{cases} z_1 = x_1 \bar{\vee} x_4 \\ z_2 = \neg x_2 \\ z_3 = x_3 \leftrightarrow \neg x_4. \end{cases} \tag{14.4.9}$$

记 $x = \ltimes_{i=1}^{4} x_i$, $z = \ltimes_{i=1}^{3} z_i$, 则有

$$z = Qx,$$

这里

$$Q = \delta_8[8, 3, 7, 4, 6, 1, 5, 2, 4, 7, 3, 8, 2, 5, 1, 6].$$

容易检验

$$QL = \delta_8[3, 8, 3, 8, 3, 2, 1, 4, 8, 3, 8, 3, 4, 1, 2, 3],$$

它满足式(14.4.5). 因此 $\mathcal{Z}$ 是系统 (14.4.7) 的不变子空间.

实际上, 可选 $z_4 = x_4$, 使得

$$\begin{cases} z_1 = x_1 \bar{\vee} x_4 \\ z_2 = \neg x_2 \\ z_3 = x_3 \leftrightarrow \neg x_4 \\ z_4 = x_4 \end{cases} \tag{14.4.10}$$

为一坐标变换. 而在这个新坐标下, 系统 (14.4.7) 变为

$$\begin{cases} z_1(t+1) = z_1(t) \rightarrow z_2(t) \\ z_2(t+1) = z_2(t) \wedge z_3(t) \\ z_3(t+1) = \neg z_1(t) \\ z_4(t+1) = z_1(t) \vee z_2(t) \vee z_4(t). \end{cases} \tag{14.4.11}$$

式 (14.4.11) 显然具有如式 (14.4.2)所示的标准形式.

14.5　习题与课程探索

14.5.1　习题

1. 在例 14.3.2 的例 2 中,

$$z_2 = \delta_2[2,1,1,2,1,1,1,2,2,2,2,1,2,2,1,1]x,$$
$$z_3 = \delta_2[1,1,2,2,1,2,1,1,1,2,2,2,2,1,1,2]x,$$
$$z_4 = \delta_2[1,2,2,1,1,2,1,1,2,2,2,1,1,2,2,1]x.$$

试给出它们的逻辑表达式.

2. 一个 3 结点布尔网络, 其代数状态空间表达式为

$$x(t+1) = \delta_8[3,5,4,2,7,1,3,1]x(t).$$

试写出其每个结点的逻辑动态表达式.

3. 实际上, 命题 14.3.1 及推论 14.3.2 给出了计算一个逻辑表达式析取范式的标准算法. 试给出一个逻辑表达式合取范式的标准算法.

4. $\mathcal{Z} = \mathcal{F}_\ell\{z_1, z_2, \cdots, z_k\}$ 是 X 的一个正规子空间, $\{z_{i_1}, z_{i_2}, \cdots, z_{i_l}\} \subset \{z_1, z_2, \cdots, z_k\}$. 试证明: $\mathcal{Z}' := \mathcal{F}_\ell\{z_{i_1}, z_{i_2}, \cdots, z_{i_l}\}$ 也是 X 的一个正规子空间.

5. $\mathcal{Z} = \mathcal{F}_\ell\{z_1, z_2, \cdots, z_k\}$ 和 $\mathcal{Z}' = \mathcal{F}_\ell\{z'_1, z'_2, \cdots, z'_t\}$ 都是 $\mathcal{X}$ 的正规子空间. 问 $\mathcal{W} := \mathcal{F}_\ell\{z_1, z_2, \cdots, z_k, z'_1, z'_2, \cdots, z'_t\}$ 是否一定是 $\mathcal{X}$ 的一个正规子空间? 如果 "是", 给出证明; 如果 "不是", 给出反例, 并说明何时 $\mathcal{W}$ 是一个正规子空间.

14.5.2　课程探索

1. 给定一个布尔网络

$$x(t + 1) = Lx(t),$$

如何找到它的所有 (非平凡) 不变子空间? ("非平凡" 指不是全空间或空集.)

2. 对布尔控制网络, 试探讨反馈不变子空间 $\mathcal{V}$. 即寻找反馈控制 $u = Gx$, 使得闭环系统

$$x(t + 1) = Lu(t)x(t) = LGx(t)^2 = LGR_{2^n}^P x(t) := \tilde{L}x(t)$$

关于 $\mathcal{V}$ 具有不变性.

第15章 布尔网络的能控性与能观性

能控性与能观性是控制系统最基本的两个要素, 布尔控制网络也不例外. 目前, 对布尔控制网络的能控性与能观性的研究最为深入, 成果丰富. 本章仅介绍基本概念与结论. 本章的结果主要来自文献 [62, 63]. 这方面的后续研究很多, 例如文献 [64–67], 等等.

15.1 可达与能控性

考查一个布尔控制网络

$$
\begin{cases}
x_1(t + 1) = f_1(x_1(t), x_2(t), \cdots, x_n(t), u_1(t), u_2(t), \cdots, u_m(t)) \\
\qquad \vdots \\
x_n(t + 1) = f_n(x_1(t), x_2(t), \cdots, x_n(t), u_1(t), u_2(t), \cdots, u_m(t)),
\end{cases}
\tag{15.1.1}
$$

$$
y_j(t) = h_j(x_1(t), x_2(t), \cdots, x_n(t)), \quad j = 1, 2, \cdots, p; \ x_i, u_i, y_j \in \mathcal{D}.
$$

记其代数状态空间表示为

$$
\begin{aligned}
x(t + 1) &= Lu(t)x(t), \\
y(t) &= Hx(t),
\end{aligned}
\tag{15.1.2}
$$

这里, $L \in \mathcal{L}_{2^n \times 2^{n+m}}$, $H \in \mathcal{L}_{2^p \times 2^n}$.

当我们考虑系统能控性时, 暂时不必考虑输出.

定义 15.1.1 考虑系统 (15.1.1).

(i) 给定初态 $\vec{x}_0 = (x_0^1, x_0^2, \cdots, x_0^n)$ 及末态 $\vec{x}_d = (x_d^1, x_d^2, \cdots, x_d^n)$. 称 $\vec{x}_d$ 自 $\vec{x}_0$ 可达, 如果存在 $T > 0$, 控制 $\{U(t), t = 1, 2, \cdots, T - 1\}$, 使系统轨线 $\vec{x}(U, t)$ 在该控制驱动下, 可以从 $\vec{x}(U, 0) = \vec{x}_0$ 出发, 在 T 时刻到达 $\vec{x}_d$, 即 $\vec{x}(U, T) = \vec{x}_d$.

(ii) 称系统是能控的, 如果对任意 $\vec{x}_0$ 和 $\vec{x}_d$, $\vec{x}_d$ 自 $\vec{x}_0$ 可达.

我们用 $\vec{x}$ 表示 $(x_1, x_2, \cdots, x_n)$, $x_i \in \mathcal{D}$; 用 x 表示 $\ltimes_{i=1}^n x_i$, $x_i \in \Delta_2$. 它们是一一对应的.

15.1.1 网络输入

设控制是由一控制网络决定的, 即

$$
\begin{cases}
u_1(t+1) = g_1(u_1(t), u_2(t), \cdots, u_m(t)) \\
u_2(t+1) = g_2(u_1(t), u_2(t), \cdots, u_m(t)) \\
\quad\vdots \\
u_m(t+1) = g_m(u_1(t), u_2(t), \cdots, u_m(t)).
\end{cases}
\tag{15.1.3}
$$

其代数状态空间表示为

$$
u(t+1) = Gu(t),
\tag{15.1.4}
$$

这里, $G \in \mathcal{L}_{2^m \times 2^m}$.

定义 15.1.2 给定控制网络的结构矩阵 G, 相应的控制-状态传递矩阵记作 $\Theta^G(t, 0)$, 定义如下: 对任一 $u_0 \in \Delta_{2^m}$ 和 $x_0 \in \Delta_{2^n}$, 我们有

$$
x(t) = \Theta^G(t, 0)u_0 x_0, \quad x(t) \in \Delta_{2^n}, \ t > 0.
\tag{15.1.5}
$$

利用数学归纳法, 不难证明以下公式:

命题 15.1.1 控制-状态传递矩阵可计算如下:

$$
\begin{aligned}
\Theta^G(t, 0) \quad = \quad & LG^{t-1}(I_{2^m} \otimes LG^{t-2})(I_{2^{2m}} \otimes LG^{t-3}) \cdots (I_{2^{(t-1)m}} \otimes L) \otimes \\
& (I_{2^{(t-2)m}} \otimes R_{2^m}^P)(I_{2^{(t-3)m}} \otimes R_{2^m}^P) \cdots (I_{2^m} \otimes R_{2^m}^P) R_{2^m}^P.
\end{aligned}
\tag{15.1.6}
$$

其中, $R_{2^m}^P$ 是降阶矩阵 (参见式 (13.3.5)).

利用公式即可检验系统可控性.

定理 15.1.1 考虑系统 (15.1.1) 及控制律 (15.1.4), 则 X_d 是自 X_0 出发 s 步可到达的, 当且仅当

$$
X_d \in \mathrm{Col}\left\{\Theta^G(s, 0)W_{[2^n, 2^m]}X_0\right\}.
\tag{15.1.7}
$$

下面给出一个例子.

例 15.1.1 考虑系统

$$
\begin{cases}
x_1(t+1) = x_2(t) \leftrightarrow x_3(t) \\
x_2(t+1) = x_3(t) \vee u_1(t) \\
x_3(t+1) = x_1(t) \wedge u_2(t).
\end{cases}
\tag{15.1.8}
$$

设控制网络为

$$\begin{cases} u_1(t+1) = g_1(u_1(t), u_2(t)) \\ u_2(t+1) = g_2(u_1(t), u_2(t)), \end{cases} \tag{15.1.9}$$

其中

$$\begin{cases} g_1(u_1(t), u_2(t)) = \neg u_2(t) \\ g_2(u_1(t), u_2(t)) = u_1(t). \end{cases} \tag{15.1.10}$$

又设 $x_1(0) = 1, x_2(0) = 0, x_3(0) = 1$, 考虑 $s = 5$. 记 $u(t) = u_1(t)u_2(t)$, 则

$$u(t+1) = u_1(t+1)u_2(t+1) = M_n u_2(t)u_1(t) = M_n W_{[2]} u(t),$$

其中 $W_{[2]}$ 是换位矩阵 $W_{[2,2]}$ 的缩写. 故

$$G = M_n W_{[2]} = \delta_4[3, 1, 4, 2].$$

$$x(t+1) = M_e B(t) C(t) M_d C(t) u_1(t) M_c A(t) u_2(t) = L x(t),$$

这里 $L \in \mathcal{L}_{8 \times 32}$ 为

$$L = \delta_8[1, 5, 5, 1, 2, 6, 6, 2, 2, 6, 6, 2, 2, 6, 6, 2, 1, 7, 5, 3, 2, 8, 6, 4, 2, 8, 6, 4, 2, 8, 6, 4].$$

$$R_{2^2}^P = \delta_{16}[1, 6, 11, 16].$$

利用式 (15.1.6), 则 $\Theta(5, 0) \in \mathcal{L}_{8 \times 32}$ 为

$$\begin{aligned} \Theta(5, 0) &= LG^4 (I_{2^2} \otimes LG^3)(I_{2^4} \otimes LG^2)(I_{2^6} \otimes LG)(I_{2^8} \otimes L) \otimes \\ & \quad (I_{2^6} \otimes R_{2^2}^P)(I_{2^4} \otimes R_{2^2}^P)(I_{2^2} \otimes R_{2^2}^P) R_{2^2}^P \\ &= \delta_8[6, 5, 5, 6, 6, 5, 5, 6, 2, 2, 2, 2, 2, 2, 2, 2, \\ & \qquad 8, 8, 8, 8, 2, 2, 2, 2, 4, 8, 4, 8, 4, 8, 4, 8]. \end{aligned}$$

设 $\vec{x}_0 = (x_1(0), x_2(0), x_3(0)) = (1, 0, 1)$, 即

$$X_0 = x_1(0)x_2(0)x_3(0) = \delta_2^1 \delta_2^2 \delta_2^1 = \delta_8^3.$$

于是可得

$$\Theta(5, 0) W_{[8,4]} X_0 = \delta_8[5, 2, 8, 4].$$

记可达集为 $R_5(\vec{x}_0)$, 根据定理 15.1.1,

$$R_5((1, 0, 1)) = \mathrm{Col}\,(\Theta(5, 0) W_{[8,4]} X_0) = \delta_8 \{5, 2, 8, 4\}.$$

转为布尔形式, 有

$$R_5((1,0,1)) = \{(0,1,1),(1,1,0),(0,0,0),(1,0,0)\}.$$

最后, 要找出相应的初始控制. 因为

$$x_d = \Theta(5,0)W_{[8,4]}X_0u_0 = \delta_8[5,2,8,4]u_0,$$

要达到 $\delta_8^5 \sim (0,1,1)$, 则 $u_0 = \delta_4^1$, 即 $u_1(0) = 1, u_2(0) = 1$.

类似地, 要达到其他 3 点:

$$\{(1,1,0);\ (0,0,0);\ (1,0,0)\},$$

相应的控制为

$$(u_1(0), u_2(0)) = \{(1,0);(0,1);(0,0)\}$$

15.1.2　自由输入

考虑系统 (15.1.1). 对给定 $X_0, X_d \in \Delta_{2^n}$, 我们考查是否存在布尔控制序列 $u(t) \in \mathcal{D}^m$, $t = 0, 1, \cdots, T - 1$, 使相应轨线从 $x(0) = X_0$ 在该控制下到达 $x(T) = X_d$.

定义 $\tilde{L} = LW_{[2^n, 2^m]}$, 那么, 式 (15.1.2) 的状态方程可表示为

$$x(t+1) = \tilde{L}x(t)u(t). \tag{15.1.11}$$

重复利用这个表达式可得

$$x(T) = \tilde{L}^T x(0)u(0)u(1) \cdots u(T-1). \tag{15.1.12}$$

因此, 不难得到以下结论:

定理 15.1.2　*存在布尔控制序列, 使得从 X_0 出发 T 步可到达 X_d, 当且仅当*

$$X_d \in \text{Col}\{\tilde{L}^s X_0\}. \tag{15.1.13}$$

考查如下例子:

例 15.1.2　给定系统

$$\begin{cases} x_1(t+1) = x_3(t) \wedge u_1(t) \\ x_2(t+1) = \neg u_2(t) \\ x_3(t+1) = x_1(t) \vee x_2(t). \end{cases} \tag{15.1.14}$$

其向量形式为

$$\begin{cases} x_1(t+1) = M_c x_3(t)u_1(t) \\ x_2(t+1) = M_n u_2(t) \\ x_3(t+1) = M_d x_1(t)x_2(t). \end{cases} \tag{15.1.15}$$

记 $x(t) = x_1(t)x_2(t)x_3(t)$, $u(t) = u_1(t)u_2(t)$. 容易算出

$$x(t + 1) = \tilde{L}x(t)u(t), \tag{15.1.16}$$

这里 $\tilde{L} \in \mathcal{L}_{8\times32}$ 为

$$\tilde{L} = \delta_8[3, 1, 7, 5, 3, 1, 7, 5, 7, 5, 7, 5, 7, 5, 7, 5,$$
$$3, 1, 7, 5, 3, 1, 7, 5, 8, 6, 8, 6, 8, 6, 8, 6].$$

设 $\vec{x}_0 = (x_1(0), x_2(0), x_3(0)) = (0, 0, 0)$. 我们考虑 $T = 3$ 的可达集. $\tilde{L}^3 X_0 \in \mathcal{L}_{8\times64}$ 为

$$\tilde{L}^3 X_0 = \delta_8[8, 6, 8, 6, 3, 1, 7, 5, 8, 6, 8, 6, 3, 1, 7, 5,$$
$$7, 5, 7, 5, 3, 1, 7, 5, 8, 6, 8, 6, 3, 1, 7, 5,$$
$$8, 6, 8, 6, 3, 1, 7, 5, 8, 6, 8, 6, 3, 1, 7, 5,$$
$$7, 5, 7, 5, 3, 1, 7, 5, 8, 6, 8, 6, 3, 1, 7, 5].$$

根据定理 15.1.2, 除 δ_8^2 及 δ_8^4 外, 其他状态均可达. 任选一可达状态, 例如 $\delta_8^5 \sim (0, 1, 1)$. 因为 $\tilde{L}^3 x_0$ 的第 8 列, 第 16 列, 第 18 列, 第 20 列等为 δ_8^5, 则控制 δ_{64}^8, 或 δ_{64}^{16}, 或 δ_{64}^{18}, 或 δ_{64}^{20} 等, 可将初态 $(0, 0, 0)$ 驱至 $(0, 1, 1)$. 例如选 δ_{64}^8, 即

$$u_1(0)u_2(0)u_1(1)u_2(1)u_1(2)u_2(2) = \delta_{64}^8.$$

不难算出

$$u_1(0) = 1;\ u_2(0) = 1;\ u_1(1) = 1;\ u_2(1) = 0;\ u_1(2) = 0;\ u_2(2) = 0.$$

不难验证, 对该系统, 取 $T = 1$, $\vec{x}_0 = (0, 0, 0)$ 的可达集为

$$R_1(\vec{x}_0) = \{(0, 1, 0), (0, 0, 0)\}.$$

当 $T > 1$ 时, 可达集为

$$R_T(\vec{x}_0) = \{(1, 1, 1), (1, 0, 1), (0, 1, 1), (0, 1, 0), (0, 0, 1), (0, 0, 0)\}, \quad T > 1.$$

由定理 15.1.2 可推得:

推论 15.1.1　X_d 是从 X_0 可达, 当且仅当

$$X_d \in \text{Col}\{\cup_{i=1}^{\infty} \tilde{L}^i X_0\}. \tag{15.1.17}$$

关于布尔控制网络的可达集, 我们有如下结果:

命题 15.1.2　记 $R(X_0)$ 为 X_0 的可达集, 则有

1. $R(x_0)$ 是 $\text{Col}\{\tilde{L}\}$ 的子集;

2. 设 k^* 为最小的正整数 k, 使得

$$\text{Col}\{\tilde{L}^{k+1}X_0\} \subset \text{Col}\{\tilde{L}^s X_0 \mid s = 1, 2, \cdots, k\},$$

那么, 可达集

$$R(X_0) = \text{Col}\{\cup_{i=1}^{k^*}\tilde{L}^i X_0\}. \tag{15.1.18}$$

15.2 能观性

定义 15.2.1 考查布尔控制网络 (15.1.1).

1. 状态 x_1 和 x_2 称为可区分的, 如果对 $Hx_1 \neq Hx_2$, 存在 $T > 0$, 控制序列 $\{u(0), u(1), \cdots, u(T)\}$, 使得初值分别为 $x_0 = x_1$ 与 $x_0 = x_2$ 的两条轨线在 $T + 1$ 时刻不等, 即

$$\begin{aligned}
y^1(T+1) &= y(T+1)(u(T), u(T-1), \cdots, u(0), x_1) \\
&\neq y^2(T+1) = y(T+1)(u(T), u(T-1), \cdots, u(0), x_2).
\end{aligned} \tag{15.2.1}$$

2. 系统 (15.1.1) 称为能观的, 如果任何两个初值点 $x_0, y_0 \in \mathcal{D}_{2^n}$ 均可区分.

我们通过如下步骤构造一个能观性矩阵:

- 步骤 1: 依如下步骤构造一个矩阵序列 $\Gamma_i \in \mathcal{L}_{2^p \times 2^n}$, $i = 1, 2, \cdots$:

$$\begin{aligned}
\Gamma_1 &= \left\{L\delta_{2^m}^i \mid i = 1, 2, \cdots, 2^m\right\}; \\
\Gamma_{k+1} &= \left\{L\delta_{2^m}^i \gamma \mid \gamma \in \Gamma_k; \ i = 1, 2, \cdots, 2^m\right\}, \quad k \geqslant 1.
\end{aligned}$$

如果 $\text{Col}\{\Gamma_{k^*+1}\} \subset \text{Col}\{\Gamma_i \mid i \leqslant k^*\}$, 则 $k^* + 1$ 称为退化步骤. 设 $k^* > 0$ 为最后一个非退化步骤, 序列止步于 k^*. (由于序列元素至多有 2^n 个不同的列, $k^* \leqslant 2^n$.)

- 步骤 2: 构造另一组序列 $H_i \in \mathcal{L}_{2^p \times 2^n}$: 这里 $H_0 = H$,

$$H_i = H\Gamma_i = \{H\gamma \mid \gamma \in \Gamma_i\}, \quad i \leqslant k^*.$$

- 步骤 3: 设 $h_j^i = \delta_{2^p}[r_1, r_2, \cdots, r_{2^n}] \in H_i$, 简化其为

$$\vec{h}_j^i = (r_1, r_2, \cdots, r_{2^n}).$$

选择 H_i 中线性无关向量:

$$\vec{h}_j^i \in H_i, \quad j = 1, 2, \cdots, n_i; \ i = 1, 2, \cdots, k^*.$$

构造能观矩阵如下:

$$
C = \begin{bmatrix} \vec{h}^0 \\ \vec{h}_1^1 \\ \vdots \\ \vec{h}_{n_1}^1 \\ \vdots \\ \vec{h}_1^{k^*} \\ \vdots \\ \vec{h}_{n_{k^*}}^{k^*} \end{bmatrix}. \tag{15.2.2}
$$

称 C 为能观性矩阵.

定理 15.2.1　设系统 (15.1.1) 全局能控, 则系统能观, 当且仅当 C 的任意两列均不相同.

下面的例子来自文献 [28].

例 15.2.1　考查系统

$$
\begin{cases} x_1(t+1) = x_2(t) \leftrightarrow x_3(t) \\ x_2(t+1) = x_3(t) \vee u_1(t) \\ x_3(t+1) = x_1(t) \wedge u_2(t), \end{cases} \tag{15.2.3}
$$

$$
y_1(t) = x_1(t),
$$

$$
y_2(t) = x_2(t) \vee x_3(t).
$$

易知, 其代数表达式为

$$
\begin{aligned} x(t+1) &= Lu(t)x(t), \\ y(t) &= Hx(t), \end{aligned} \tag{15.2.4}
$$

这里

$L = \delta_8[1, 5, 5, 1, 2, 6, 6, 2, 2, 6, 6, 2, 2, 6, 6, 2, 1, 7, 5, 3, 2, 8, 6, 4, 2, 8, 6, 4, 2, 8, 6, 4]$,
$H = \delta_4[1, 1, 1, 2, 3, 3, 3, 4]$.

直接计算可得

$$
\begin{aligned} HL\delta_4^1 &= \delta_4[1, 3, 3, 1, 1, 3, 3, 1]; \\ HL\delta_4^2 &= \delta_4[1, 3, 3, 1, 1, 3, 3, 1]; \\ HL\delta_4^3 &= \delta_4[1, 3, 3, 1, 1, 4, 3, 2]; \\ HL\delta_4^4 &= \delta_4[1, 4, 3, 2, 1, 4, 3, 2]. \end{aligned}
$$

于是, 能观性矩阵为

$$
C = \begin{bmatrix} H \\ HL\delta_4^1 \\ HL\delta_4^2 \\ HL\delta_4^3 \\ HL\delta_4^4 \\ \vdots \end{bmatrix} = \begin{bmatrix} 1 & 1 & 1 & 2 & 3 & 3 & 3 & 4 \\ 1 & 3 & 3 & 1 & 1 & 3 & 3 & 1 \\ 1 & 3 & 3 & 1 & 1 & 4 & 3 & 2 \\ 1 & 4 & 3 & 2 & 1 & 4 & 3 & 2 \\ \vdots & \vdots & \vdots & \vdots & \vdots & \vdots & \vdots & \vdots \end{bmatrix}.
$$

显然, C 没有相同的列. 该系统全局能控[28]. 因此, 由定理 15.2.1 可知, 该系统能观.

从以上例子可以看出, 定理 15.2.1 的不足之处在于, 在构造能观性矩阵 C 时, 如果在有限步后得到的矩阵仍然有相同的列, 那么, 我们在什么时候停止计算呢? 因此, 从应用的角度看, 定理 15.2.1 只是一个充分条件. 下面我们给出一个充要条件, 这个结果基于文献[68], 它的基本想法来自有限自动机[69].

能观的关键是看任何两个初始点对是否可区分. 因此, 我们可以对所有的状态点对进行分类.

记 X 为所有状态集合. 将 $X \times X$ 分为

$$
X \times X = D \bigcup \Xi \bigcup \Theta, \tag{15.2.5}
$$

这里

$$
D := \{\{x, x\} | x \in X\} \subset X \times X
$$

称为对角点对;

$$
\Xi := \left\{\{x, \bar{x}\} | x \neq \bar{x} \text{ 并且 } Hx = H\bar{x}\right\} \subset X \times X
$$

称为 H-不可区分点对;

$$
\Theta := \left\{\{x, \bar{x}\} | x \neq \bar{x} \text{ 并且 } Hx \neq H\bar{x}\right\} \subset X \times X
$$

称为 H-可区分点对.

注意: 我们总认为 $\{x, y\} = \{y, x\}$, 即每个点对中的两个点无顺序区别.

定义 15.2.2 1. 一个状态对 $\{x, \bar{x}\}$ 可转移到另一状态对 $\{z, \bar{z}\}$, 记作 $\{x, \bar{x}\} \to \{z, \bar{z}\}$, 如果存在控制 u 使得 $z = Lux$ 且 $\bar{z} = Lu\bar{x}$, 或者 $z = Lu\bar{x}$ 且 $\bar{z} = Lux$.

2. 记

$$
w_{\{x, \bar{x}\} \to \{z, \bar{z}\}}
$$

为驱使 $\{x, \bar{x}\}$ 到达 $\{z, \bar{z}\}$ 的不同的控制的数目, 称转移指数.

显然, 可转移等价于转移指数为正; 不可转移等价于转移指数为零.

下面讨论如何计算转移指数 w.

设 $x = \delta_{2^n}^p$, $\bar{x} = \delta_{2^n}^q$, $z = \delta_{2^n}^\alpha$, $\bar{z} = \delta_{2^n}^\beta$. 将 L 等分为 2^m 份:

$$L = [L_1, L_2, \cdots, L_{2^m}].$$

则有如下命题:

命题 15.2.1　$\{x, \bar{x}\}$ 可被控制 $\delta_{2^m}^j$ 驱至 $\{z, \bar{z}\}$, 当且仅当

$$\left\{\mathrm{Col}_p(L_j), \mathrm{Col}_q(L_j)\right\} = \left\{\delta_{2^n}^\alpha, \delta_{2^n}^\beta\right\}. \tag{15.2.6}$$

利用命题 15.2.1 容易算出转移指数 $w_{\{x,\bar{x}\} \to \{z,\bar{z}\}}$. 然后, 我们可根据转移指数构造转移矩阵:

记不可区分的点对集合为

$$\Xi = \{\xi_1, \xi_2, \cdots, \xi_r\},$$

则可以构造转移矩阵 $\mathcal{W} \in \mathcal{M}_{r \times (r+1)}$ 如下:

$$\mathcal{W} = \begin{bmatrix} w_{1,1} & w_{1,2} & \cdots & w_{1,r} & w_{1,r+1} \\ w_{2,1} & w_{2,2} & \cdots & w_{2,r} & w_{2,r+1} \\ \vdots & & & & \\ w_{r,1} & w_{r,2} & \cdots & w_{r,r} & w_{r,r+1} \end{bmatrix}. \tag{15.2.7}$$

这里

$$w_{i,j} = w_{\xi_i \to \xi_j}, \quad j \neq r+1$$

是 ξ_i 到 ξ_j 的转移指数;

$$w_{i,r+1} = w_{\xi_i \to D}$$

是 ξ_i 到任何对角对的转移指数.

其次, 定义行不可区分指数 d_i 如下:

$$d_i = \sum_{j=1}^{r+1} w_{i,j}, \quad i = 1, 2, \cdots, r. \tag{15.2.8}$$

显然, d_i 也是 $\xi_i \to \Xi \bigcup D$ 的转移指数. 即

$$d_i = w_{\xi_i \to \Xi \bigcup D}. \tag{15.2.9}$$

利用行不可区分指数, 可构造另一矩阵 $\mathcal{U}^0 = (u_{i,j}) \in \mathcal{M}_{r \times (r+1)}$, 它将用于迭代生成能观性矩阵. 这个矩阵可通过改造 $\mathcal{W}$ 得到. 其相应元素由以下方法确定. 先定前 r 列:

$$u_{i,j}^0 = \begin{cases} 1, & w_{i,j} > 0 \\ 0, & w_{i,j} = 0, \end{cases} \quad i = 1, 2, \cdots, r; \ j = 1, 2, \cdots, r.$$

然后定最后一列的每个元素$(i = 1, 2, \cdots, r)$:

$$u_{i,r+1}^0 = \begin{cases} 1, & d_i < 2^m \\ 0, & d_i = 2^m. \end{cases}$$

于是, 生成的 $\mathcal{U}^0$ 是一个布尔矩阵.

这个矩阵是以下迭代算法的初始矩阵. 下面讨论迭代算法: 利用 $\mathcal{U}^0$, 迭代算法只要能够从 $\mathcal{U}^k$ 构造出 $\mathcal{U}^{k+1}$ 即可.

算法 15.2.1 设 $\mathcal{U}^k = \left(u_{i,j}^k\right)$ 已知, 构造 $\mathcal{U}^{k+1}$:

- 对 $i = 1, 2, \cdots, r$, 如果 $u_{i,r+1}^k = 1$, 则

$$\mathrm{Col}_{r+1}\left(\mathcal{U}^{k+1}\right) = \mathrm{Col}_{r+1}\left(\mathcal{U}^k\right) \bigvee \mathrm{Col}_i\left(\mathcal{U}^k\right). \tag{15.2.10}$$

- 如果

$$\mathcal{U}^{k^*+1} = \mathcal{U}^{k^*}, \tag{15.2.11}$$

则令

$$\mathcal{U}^* := \mathcal{U}^{k^*}, \tag{15.2.12}$$

算法停止.

定理 15.2.2 考虑系统 (15.1.1), 其代数表达式为式 (15.4.2).

- 系统是可观的, 当且仅当

$$\mathrm{Col}_{r+1}\left(\mathcal{U}^*\right) = \mathbf{1}_r. \tag{15.2.13}$$

- $\xi_i = (x_0, \bar{x}_0)$ 是不可区分点对, 当且仅当 $\mathcal{U}^*$ 的 $(i, r+1)$ 个元素为零:

$$u_{i,r+1} = 0. \tag{15.2.14}$$

下面给出一个例子:

例 15.2.2   考查系统

$$
\left\{
\begin{array}{rcl}
x_1(t+1) & = & [u(t) \wedge \neg(x_1(t) \wedge x_2(t) \wedge x_3(t))] \vee \{\neg u(t) \wedge \\
& & [(x_1(t) \wedge (x_2(t) \vee \neg x_3(t))) \vee (\neg x_1(t) \wedge x_2(t) \wedge \neg x_3(t))]\} \\
x_2(t+1) & = & \{u(t) \wedge [(x_1(t) \wedge x_2(t) \wedge \neg x_3(t)) \vee \\
& & (\neg x_1(t) \wedge x_2(t) \wedge x_3(t)) \vee \neg(x_1(t) \vee x_2(t) \vee x_3(t))]\} \vee \\
& & \{\neg u(t) \wedge [(x_1(t) \wedge x_2(t)) \vee (\neg x_1(t) \wedge x_2(t) \wedge x_3(t))]\} \\
x_3(t+1) & = & [u(t) \wedge \neg(x_2(t) \wedge x_3(t))] \vee \\
& & [\neg u(t) \wedge (\neg x_1(t) \wedge \neg x_2(t) \wedge x_3(t))] \\
\\
y_1(t) & = & x_1(t) \vee \neg x_2(t) \vee x_3(t) \\
y_2(t) & = & \neg x_1(t) \vee x_2(t) \wedge \neg x_3(t).
\end{array}
\right.
\tag{15.2.15}
$$

其代数形式:

$$
\begin{array}{rcl}
x(t+1) & = & Lu(t)x(t) \\
y(t) & = & Hx(t),
\end{array}
\tag{15.2.16}
$$

这里

$$
\begin{array}{rcl}
L & = & \delta_8[8\ 1\ 3\ 3\ 2\ 3\ 3\ 1\ 1\ 4\ 5\ 3\ 5\ 3\ 7\ 7], \\
H & = & \delta_4[2\ 1\ 2\ 2\ 2\ 2\ 3\ 2\ 1].
\end{array}
$$

易得, 其H-不可区分对为

$$
\begin{array}{rl}
\Xi = & \{\xi_1 = \{\delta_8^1, \delta_8^3\}, \xi_2 = \{\delta_8^1, \delta_8^4\}, \xi_3 = \{\delta_8^1, \delta_8^5\}, \\
& \xi_4 = \{\delta_8^1, \delta_8^7\}, \xi_5 = \{\delta_8^2, \delta_8^8\}, \xi_6 = \{\delta_8^3, \delta_8^4\}, \\
& \xi_7 = \{\delta_8^3, \delta_8^5\}, \xi_8 = \{\delta_8^3, \delta_8^7\}, \xi_9 = \{\delta_8^4, \delta_8^5\}, \\
& \xi_{10} = \{\delta_8^4, \delta_8^7\}, \xi_{11} = \{\delta_8^5, \delta_8^7\}\}.
\end{array}
$$

利用命题15.2.1, 转移阵W 如表15.2.1所示(其中最后一列为d_i).

注意: 最后一列为"1": 该行可观; 为"0": (暂时)不可观.

能观阵$\mathcal{U}_0$ 如表所示.

当$i \in J_0 := \{1, 2, 4, 7, 9, 11\}$ 时$u_{i,r+1}^0 = 1$, 则

$$
\begin{array}{rcl}
V_d^1 & = & \mathrm{Col}_{r+1}(\mathcal{U}^0) \bigcup \cup_{i \in J_0} \mathrm{Col}_i(\mathcal{U}^0) \\
& = & [1\ 1\ 0\ 1\ 0\ 1\ 1\ 1\ 1\ 0\ 1]^{\mathrm{T}}.
\end{array}
$$

我们有$u_{i,r+1}^1 = 1$, 这里$i \in J_1 := \{1, 2, 4, 6, 7, 8, 9, 11\}$, 于是

$$
\begin{array}{rcl}
V_d^2 & = & \mathrm{Col}_{r+1}(\mathcal{U}^1) \bigcup \cup_{i \in J_1} \mathrm{Col}_i(\mathcal{U}^1) \\
& = & [1\ 1\ 0\ 1\ 0\ 1\ 1\ 1\ 1\ 1\ 1]^{\mathrm{T}}.
\end{array}
$$

表 15.2.1 转移阵 $\mathcal{W}$

	ξ_1	ξ_2	ξ_3	ξ_4	ξ_5	ξ_6	ξ_7	ξ_8	ξ_9	ξ_{10}	ξ_{11}	D	d_i
ξ_1	0	0	1	0	0	0	0	0	0	0	0	0	1
ξ_2	1	0	0	0	0	0	0	0	0	0	0	0	1
ξ_3	0	0	1	0	1	0	0	0	0	0	0	0	2
ξ_4	0	0	0	1	0	0	0	0	0	0	0	0	1
ξ_5	0	0	0	0	0	0	0	0	0	1	0	1	2
ξ_6	0	0	0	0	0	0	1	0	0	0	0	1	2
ξ_7	0	0	0	0	0	0	0	0	0	0	0	1	1
ξ_8	0	0	0	0	0	0	0	0	0	0	1	1	2
ξ_9	0	0	0	0	0	0	1	0	0	0	0	0	1
ξ_{10}	0	0	0	0	0	0	0	1	0	0	0	1	2
ξ_{11}	0	0	0	0	0	0	0	0	0	0	1	0	1

表 15.2.2 能观阵 $\mathcal{U}_0$

P	ξ_1	ξ_2	ξ_3	ξ_4	ξ_5	ξ_6	ξ_7	ξ_8	ξ_9	ξ_{10}	ξ_{11}	V_d^0
ξ_1	0	0	1	0	0	0	0	0	0	0	0	1
ξ_2	1	0	0	0	0	0	0	0	0	0	0	1
ξ_3	0	0	1	0	1	0	0	0	0	0	0	0
ξ_4	0	0	0	1	0	0	0	0	0	0	0	1
ξ_5	0	0	0	0	0	0	0	0	0	1	0	0
ξ_6	0	0	0	0	0	0	1	0	0	0	0	0
ξ_7	0	0	0	0	0	0	0	0	0	0	0	1
ξ_8	0	0	0	0	0	0	0	0	0	0	1	0
ξ_9	0	0	0	0	0	0	1	0	0	0	0	1
ξ_{10}	0	0	0	0	0	0	0	1	0	0	0	0
ξ_{11}	0	0	0	0	0	0	0	0	0	0	1	1

可知 $u_{i,r+1}^2 = 1, i \in J_2 := \{1, 2, 4, 6, 7, 8, 9, 10, 11\}$, 于是

$$
\begin{aligned}
V_d^3 &= \operatorname{Col}_{r+1}\left(\mathcal{U}^2\right) \bigcup \cup_{i \in J_2} \operatorname{Col}_i\left(\mathcal{U}^2\right) \\
&= [1\ 1\ 0\ 1\ 1\ 1\ 1\ 1\ 1\ 1\ 1]^{\mathrm{T}}.
\end{aligned}
$$

最后可知 $u_{i,r+1}^3 = 1, i \in J_3 := \{1, 2, 4, 5, 6, 7, 8, 9, 10, 11\}$, 因此

$$
\begin{aligned}
V_d^* = V_d^4 &= \operatorname{Col}_{r+1}\left(\mathcal{U}^3\right) \bigcup \cup_{i \in J_3} \operatorname{Col}_i\left(\mathcal{U}^3\right) \\
&= [1\ 1\ 1\ 1\ 1\ 1\ 1\ 1\ 1\ 1\ 1]^{\mathrm{T}}.
\end{aligned}
$$

于是可知布尔控制网络(15.2.15) 是可观的.

15.3 输入-状态关联矩阵

考虑布尔控制系统 (15.1.1). 如果对 $x(t) = x$ 存在控制 u 使 $x(t + 1) = y$, 则称 y 是 (u, x) 可达的, 因为下一个时刻的控制 $u(t + 1)$ 可以任选, 我们也可以说, 对任意 $v \in \Delta_{2^m}$, (v, y) 是 (u, x) 可达的, 记作 $(u, x) \to (v, y)$. 这样, 我们可以在输入-状态乘积空间中定义一个输入-状态转移图. 它的顶点是

$$
V = \{(u, x) \mid u \in \mathcal{D}^m, x \in \mathcal{D}^n\},
$$

边是

$$
E = \{[(u, x), (v, y)] \mid (u, x) \to (v, y)\}.
$$

定义 15.3.1　布尔控制系统的输入-状态转移图的邻接矩阵称为该系统的输入-状态关联矩阵, 记为 $\mathcal{J}$.

我们用下面的例子来说明它.

例 15.3.1　考虑系统

$$
\begin{cases}
x_1(t + 1) = (x_1(t) \vee x_2(t)) \wedge u(t) \\
x_2(t + 1) = x_1(t) \leftrightarrow u(t).
\end{cases}
\tag{15.3.1}
$$

记 $x(t) = x_1(t) \ltimes x_2(t)$, 容易算出其代数表达式为

$$
x(t + 1) = Lu(t)x(t),
\tag{15.3.2}
$$

这里

$$
L = \delta_4[1, 1, 2, 4, 4, 4, 3, 3].
\tag{15.3.3}
$$

简记 $(u, (x_1, x_2)) \sim (u, x_1, x_2)$, 则输入-状态转移图的顶点为

$$V = \{(111), (110), (101), (100), (011), (010), (001), (000)\} := \{V_i \mid i = 1, 2, \cdots, 8\}.$$

于是, 如果 $u(t) = 1, x_1(t) = 1, x_2(t) = 1$, 则由系统 (15.3.1) 可得 $x_1(t+1) = 1, x_2(t+1) = 1$. 根据定义, 有

$$[(1, 1, 1), (1, 1, 1)] \in E, \quad [(1, 1, 1), (0, 1, 1)] \in E,$$

即 $[V_1, V_1] \in E, [V_1, V_5] \in E.$

类似地可得所有的边. 于是有系统的输入-状态转移图如图 15.3.1所示.

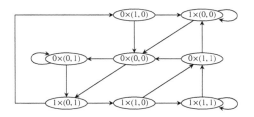

图 15.3.1 输入-状态转移图

现在, 输入-状态关联矩阵 $\mathcal{J} \in \mathcal{B}_{8\times 8}$ 可构造如下:

$$\mathcal{J}_{ij} = \begin{cases} 1, & [V_j, V_i] \in E \\ 0, & \text{其他.} \end{cases}$$

不难得到

$$\mathcal{J} = \begin{bmatrix} 1 & 1 & 0 & 0 & 0 & 0 & 0 & 0 \\ 0 & 0 & 1 & 0 & 0 & 0 & 0 & 0 \\ 0 & 0 & 0 & 0 & 0 & 0 & 1 & 1 \\ 0 & 0 & 0 & 1 & 1 & 1 & 0 & 0 \\ 1 & 1 & 0 & 0 & 0 & 0 & 0 & 0 \\ 0 & 0 & 1 & 0 & 0 & 0 & 0 & 0 \\ 0 & 0 & 0 & 0 & 0 & 0 & 1 & 1 \\ 0 & 0 & 0 & 1 & 1 & 1 & 0 & 0 \end{bmatrix}. \tag{15.3.4}$$

15.4 关联矩阵与能控能观性

实际上, 输入-状态关联矩阵是一个控制与状态的联合转移矩阵, 它显然可以用来刻画系统的动态过程, 如系统的能控性等.

在讨论其应用前, 我们先对输入-状态关联矩阵的结构进行一点分析, 从而发现 $\mathcal{J}$ 的一个简单算法. 比较式 (15.3.3) 与式 (15.3.4), 不难发现,

$$\mathcal{J} = \begin{bmatrix} L \\ L \end{bmatrix}.$$

这是偶然的吗? 其实不是, 如果考虑到 $u(t+1)$ 可以自由选择, 即, 如果 $[u, x] \to [v, y]$, 则 $[u, x] \to [w, y]$, $\forall w \in \mathcal{D}^m$. 因此, 有:

命题 15.4.1   设系统 (15.2.3) 的结构矩阵为 L (见式 (15.2.4)), 那么, 它的输入-状态关联矩阵为

$$\mathcal{J} = \left.\begin{bmatrix} L \\ L \\ \vdots \\ L \end{bmatrix}\right\} 2^m \in \mathcal{B}_{2^{m+n} \times 2^{m+n}}. \tag{15.4.1}$$

定义 15.4.1   一个矩阵 $A \in \mathcal{M}_{m \times n}$ 称为以 τ 为周期的行周期矩阵, 如果 $\tau < m$ 为 m 的因子并且

$$\mathrm{Row}_{i+\tau}(A) = \mathrm{Row}_i(A), \quad 1 \leqslant i \leqslant m - \tau.$$

命题 15.4.2   (行周期矩阵)

1. $A \in \mathcal{M}_{m \times m}$ 是周期为 k 的行周期矩阵 (记 $m = \tau k$), 当且仅当

$$A = \mathbf{1}_\tau \otimes A_0,$$

这里 $A_0 \in \mathcal{M}_{k \times m}$ 由 A 的首 k 行组成, 称为 A 的基块.

2. $A \in \mathcal{M}_{m \times m}$ 是周期为 k 的行周期矩阵, 则 A^s, $s \in \mathbb{Z}_+$ 也是周期为 k 的行周期矩阵.

记 $\mathcal{J}^s$ 的基块为 $\mathcal{J}_0^s$. 将 L 矩阵分为 2^m 块 $2^n \times 2^n$ 的方阵:

$$L = [L_1 \ L_2 \ \cdots \ L_{2^m}],$$

然后定义

$$M := \sum_{i=1}^{2^m} L_i. \tag{15.4.2}$$

那么, 我们有如下公式计算 $\mathcal{J}^s$ 的基块:

命题 15.4.3

$$\mathcal{J}_0^{s+1} = M^s L. \tag{15.4.3}$$

实际上, 式 (15.4.2) 可直接用于检验系统的能控性.

定理 15.4.1 考虑系统 (15.1.1). 设 M 由式(15.4.2) 定义.

1. $x(s) = \delta_{2^n}^\alpha$ 是从 $x(0) = \delta_{2^n}^j$ 出发 s 步可达, 当且仅当

$$(M^s)_{\alpha j} > 0. \tag{15.4.4}$$

2. 定义能控性矩阵

$$C := \sum_{s=1}^{2^n} M^s. \tag{15.4.5}$$

- $x = \delta_{2^n}^\alpha$ 是从 $x(0) = \delta_{2^n}^j$ 可达, 当且仅当

$$C_{\alpha j} > 0. \tag{15.4.6}$$

- 系统在 $x(0) = \delta_{2^n}^j$ 可控, 当且仅当

$$\mathrm{Col}_j(C) > 0. \tag{15.4.7}$$

- 系统可控, 当且仅当能控性矩阵为正矩阵, 即

$$C > 0. \tag{15.4.8}$$

由前面的讨论可以看出, 在定义能控性矩阵时 C 阵元素的具体值不影响能控性的判别, 为方便计, 我们可用 "∨" 代替真正的加法. 即在布尔矩阵加法或乘法中令 $1 + 1 = 1$, 其他运算依旧. 在该意义下的矩阵幂 M^s 记为 $M^{(s)}$. 于是, 能控性矩阵可定义为

$$C := \bigvee_{s=1}^{2^n} M^{(s)}, \tag{15.4.9}$$

则定理 15.4.1 的结论依旧成立. 下面是一个简单例子.

例 15.4.1 考虑布尔控制网络

$$\begin{cases} x_1(t+1) = (x_1(t) \leftrightarrow x_2(t)) \vee u_1(t) \\ x_2(t+1) = \neg x_1(t) \wedge u_2(t). \end{cases} \tag{15.4.10}$$

记 $x(t) = \ltimes_{i=1}^2 x_i(t), u = \ltimes_{i=1}^2 u_i(t)$, 有

$$x(t+1) = Lu(t)x(t), \tag{15.4.11}$$

这里

$$L = \delta_4[2\ 2\ 1\ 1\ 2\ 2\ 2\ 2\ 2\ 4\ 3\ 1\ 2\ 4\ 4\ 2].$$

于是

$$M = \bigvee_{i=1}^{4} L_i = \begin{bmatrix} 0 & 0 & 1 & 1 \\ 1 & 1 & 1 & 1 \\ 0 & 0 & 1 & 0 \\ 0 & 1 & 1 & 0 \end{bmatrix}.$$

1. 从 $x(0) = \delta_4^2$ 出发, 能否到达 δ_4^1? 直接计算可得

$$(M^{(1)})_{12} = 0, \quad (M^{(2)})_{12} > 0.$$

因此, $x(2) = \delta_4^1$ 由 $x(0) = \delta_4^2$ 出发 2 步可达.

2. 系统在哪些点可控? 系统是否可控? 系统的能控性矩阵为

$$C = \sum_{s=1}^{2^2} M^{(s)} = \begin{bmatrix} 1 & 1 & 1 & 1 \\ 1 & 1 & 1 & 1 \\ 0 & 0 & 1 & 0 \\ 1 & 1 & 1 & 1 \end{bmatrix}.$$

根据定理 15.4.1, 我们有

- 系统不是完全可控的, 但它在 $x_0 = \delta_4^3 \sim (0,1)$ 可控.

- 如果从 $x_0 = \delta_4^1 \sim (1,1)$, 或 $x_0 = \delta_4^2 \sim (1,0)$, 或 $x_0 = \delta_4^4 \sim (0,0)$ 出发, 都不能到达 $x_d = \delta_4^3 \sim (0,1)$.

下面介绍用输入-状态关联矩阵讨论能观性的结果. 先做一点记号上的准备.

定义 15.4.2　对布尔矩阵 $A = (a_{ij}) \in \mathcal{B}_{m \times n}$, 其布尔权重为

$$wb(A) := \begin{cases} 0, & A = 0 \\ 1, & \text{其他}. \end{cases} \tag{15.4.12}$$

定义

$$\tilde{\mathcal{J}}_0^{(s)} := \mathcal{J}_0^{(s)} W_{[2^n, 2^m]}, \tag{15.4.13}$$

将它分为 2^n 个 $2^n \times 2^m$ 的块矩阵如下:

$$\tilde{\mathcal{J}}_0^{(s)} = \left[\left(\tilde{\mathcal{J}}_0^{(s)}\right)_1 \ \left(\tilde{\mathcal{J}}_0^{(s)}\right)_2 \ \cdots \ \left(\tilde{\mathcal{J}}_0^{(s)}\right)_{2^n} \right], \tag{15.4.14}$$

这里 $\left(\tilde{\mathcal{J}}_0^{(s)}\right)_i \in \mathcal{B}_{2^n \times 2^m}$, $i = 1, 2, \cdots, 2^n$.

下面给出能观性的主要结果:

定理 15.4.2 考虑系统 (15.1.1), 其代数表达式为式 (15.4.2). 如果

$$\bigvee_{s=1}^{2^n} \left[\left(H \ltimes \left(\tilde{\mathcal{J}}_0^{(s)} \right)_i \right) \tilde{\vee} \left(H \ltimes \left(\tilde{\mathcal{J}}_0^{(s)} \right)_j \right) \right] \neq 0, \quad 1 \leqslant i < j \leqslant 2^n, \tag{15.4.15}$$

则系统能观.

以下的推论是一个等价的表达形式.

推论 15.4.1 考虑系统 (15.1.1), 其代数表达式为式 (15.4.2). 记

$$O_{ij} := \bigvee_{s=1}^{2^n} \left[\left(H \ltimes \left(\tilde{\mathcal{J}}_0^{(s)} \right)_i \right) \tilde{\vee} \left(H \ltimes \left(\tilde{\mathcal{J}}_0^{(s)} \right)_j \right) \right].$$

如果

$$\bigwedge_{1 \leqslant i < j \leqslant 2^n} wb(O_{ij}) = 1, \tag{15.4.16}$$

则系统能观.

与定理 15.2.1 相比, 定理 15.4.2 (或推论 15.4.1) 只是充分条件, 但后者不要求系统能控. 下面给出一个例子.

例 15.4.2 考虑例 15.4.1 中的系统 (15.4.10). 设输出为

$$y(t) = x_1(t) \vee x_2(t), \tag{15.4.17}$$

于是

$$y(t) = Hx(t) = \delta_2[1\ 1\ 1\ 2]x(t). \tag{15.4.18}$$

记

$$O_{ij} = \bigvee_{s=1}^{2^2} \left[\left(H \ltimes \left(\tilde{\mathcal{J}}_0^{(s)} \right)_i \right) \tilde{\vee} \left(H \ltimes \left(\tilde{\mathcal{J}}_0^{(s)} \right)_j \right) \right].$$

简单计算可得

$$O_{12} = \begin{bmatrix} 0 & 0 & 1 & 1 \\ 0 & 0 & 1 & 1 \end{bmatrix}, \quad O_{13} = \begin{bmatrix} 0 & 0 & 0 & 1 \\ 1 & 0 & 0 & 1 \end{bmatrix}, \quad O_{14} = \begin{bmatrix} 0 & 0 & 0 & 0 \\ 1 & 0 & 1 & 0 \end{bmatrix},$$

$$O_{23} = \begin{bmatrix} 0 & 0 & 1 & 0 \\ 1 & 0 & 1 & 0 \end{bmatrix}, \quad O_{24} = \begin{bmatrix} 0 & 0 & 1 & 1 \\ 1 & 0 & 1 & 1 \end{bmatrix}, \quad O_{34} = \begin{bmatrix} 0 & 0 & 0 & 1 \\ 0 & 0 & 1 & 1 \end{bmatrix}.$$

因此有

$$\bigwedge_{1 \leqslant i < j \leqslant 4} wb(O_{ij}) = 1.$$

故系统能观.

15.5 习题与课程探索

15.5.1 习题

1. (布尔代数) 设 $a, b \in \{0, 1\}$. 定义:

$$a +_{\mathcal{B}} b := a \vee b; \quad a \times_{\mathcal{B}} b := a \wedge b.$$

利用 $+_{\mathcal{B}}$ 和 $\times_{\mathcal{B}}$:

- 对于两个布尔矩阵 $A, B \in \mathcal{B}_{m \times n}$, 定义加法:

$$A + B := C \in \mathcal{B}_{m \times n},$$

这里

$$c_{i,j} = a_{i,j} +_{\mathcal{B}} b_{i,j}, i = 1, 2, \cdots, m; \ j = 1, 2, \cdots, n.$$

- 对于两个布尔矩阵 $A \in \mathcal{B}_{m \times n}, B \in \mathcal{B}_{n \times s}$, 定义乘法:

$$AB := C \in \mathcal{B}_{m \times s},$$

这里

$$\begin{aligned} c_{i,j} &= a_{i,1} \times_{\mathcal{B}} b_{1,j} +_{\mathcal{B}} a_{i,2} \times_{\mathcal{B}} b_{2,j} +_{\mathcal{B}} \cdots +_{\mathcal{B}} a_{i,n} \times_{\mathcal{B}} b_{n,j}, \\ &\quad i = 1, 2, \cdots, m; \ j = 1, 2, \cdots, s. \end{aligned}$$

利用上述定义计算: $A + B$; $A^{(3)}$; $A^{(2)} + B^{(3)}$. 这里

$$A = \begin{bmatrix} 1 & 0 & 1 \\ 0 & 1 & 1 \\ 1 & 1 & 0 \end{bmatrix}, \quad B = \begin{bmatrix} 0 & 0 & 1 \\ 1 & 0 & 0 \\ 0 & 1 & 0 \end{bmatrix}.$$

2. 在上题中, 如果加法改为

$$a +_{\mathcal{B}} b := a + b \pmod 2,$$

其余不变, 重新计算上题.

3. 给定一个布尔控制网络

$$\begin{cases} x_1(t+1) = (\neg x_2(t)) \bar{\vee} u_1(t) \\ x_2(t+1) = (x_1(t) \to x_2) \wedge u_2(t), \\ \quad y(t) = x_1(t) \vee x_2(t). \end{cases} \tag{15.5.1}$$

- 讨论系统 (15.5.1) 在状态反馈控制下的能控性.

- 讨论系统 (15.5.1) 在自由控制序列下的能控性.

- 讨论系统 (15.5.1) 的能观性.

4. 考查例 15.2.1 中的系统 (15.1.1). 检验其能控性.

5. 考查系统

$$
\begin{cases}
x_1(t+1) = x_2(t) \bar{\vee} x_3(t) \\
x_2(t+1) = u_1(t) \rightarrow (\neg x_3(t)) \\
x_3(t+1) = u_2(t) \leftrightarrow x_1(t), \\
\quad y_1(t) = x_3(t), \\
\quad y_2(t) = x_1(t) \vee x_2(t).
\end{cases}
\tag{15.5.2}
$$

- 讨论系统 (15.5.2) 在自由控制序列下的能控性.

- 讨论系统 (15.5.2) 的能观性.

15.5.2 课程探索

1. 如果在状态空间中有一些状态是永远不能达到的 (这在基因调控网络中可能出现), 在这种情况下讨论能控性与能观性.

2. 讨论输出反馈 $u = Ky$ 下的能控性问题.

3. 对 k 值逻辑网络讨论能控性与能观性.

第 16 章 集合能控性及其应用

集合能控性是一个新概念. 本章首先给出集合能控的充要条件. 然后, 应用集合能控的结果, 讨论了布尔网络控制的三个基本问题: (1) 系统的输出能控; (2) 系统在混杂控制下的能控性; (3) 系统的能观性. 借助巧妙构造相应的初始集和终止集, 将这些问题转化为相应的等价的集合能控问题. 从而分别给出三个问题解的充要条件. 本章的结果主要基于文献[70].

16.1 集合的能控性

考查一个典型的布尔控制系统

$$\begin{cases} x_1(t+1) = f_1(x_1(t), x_2(t), \cdots, x_n(t), u_1(t), u_2(t), \cdots, u_m(t)) \\ x_2(t+1) = f_2(x_1(t), x_2(t), \cdots, x_n(t), u_1(t), u_2(t), \cdots, u_m(t)) \\ \qquad\qquad\qquad\qquad\qquad \vdots \\ x_n(t+1) = f_n(x_1(t), x_2(t), \cdots, x_n(t), u_1(t), u_2(t), \cdots, u_m(t)), \\ y_j(t) = h_j(x_1(t), x_2(t), \cdots, x_n(t)), \quad j = 1, 2, \cdots, p, \end{cases} \tag{16.1.1}$$

这里 $x_i \in \mathcal{D}, i = 1, 2, \cdots, n$ 为状态变量; $u_j \in \mathcal{D}, j = 1, 2, \cdots, m$ 为控制变量; $y_k \in \mathcal{D}$, $k = 1, 2, \cdots, p$ 为输出变量; $f_i : D^{m+n} \to D, i = 1, 2, \cdots, n$ 及 $h_j : D^n \to D, j = 1, 2, \cdots, p$ 为布尔函数.

记其代数状态空间表示为

$$\begin{cases} x(t+1) = Lu(t)x(t) \\ y(t) = Hx(t), \end{cases} \tag{16.1.2}$$

这里, $L \in \mathcal{L}_{2^n \times 2^{n+m}}, H \in \mathcal{L}_{2^p \times 2^n}$.

记 $N = \{1, 2, \cdots, n\}$ 为布尔网络的结点集. 设 $s \in 2^N$, 则 s 的示性向量, 记作 $V(s) \in \mathbb{R}^n$, 定义为

$$(V(s))_i = \begin{cases} 1, & i \in s \\ 0, & i \notin s. \end{cases}$$

设有 N 的两个子集族 $P^0 \subset 2^N$ 及 $P^d \subset 2^N$, 分别称为初始集和目标集, 记为

$$\begin{aligned} P^0 &:= \left\{ s_1^0, s_2^0, \cdots, s_\alpha^0 \right\} \subset 2^N, \\ P^d &:= \left\{ s_1^d, s_2^d, \cdots, s_\beta^d \right\} \subset 2^N. \end{aligned} \tag{16.1.3}$$

利用初始集和目标集, 可定义集能控性如下:

定义 16.1.1 考查系统(16.1.1) 及初始集 P^0 和目标集 P^d. 该系统称为

1. 从 $s_j^0 \in P^0$ 到 $s_i^d \in P^d$ 集能控, 如果存在 $x^0 \in s_j^0$ 和 $x^d \in s_i^d$, 使得 x^d 是从 x^0 (在自由输入序列下) 能控的.

2. 在 s_j^0 集能控, 如果对任何 $s_i^d \in P^d$, 系统从 s_j^0 到 s_i^d 均集能控.

3. 集能控, 如果系统在任何 $s_j^0 \in P^0$ 均集能控.

设初始集与目标集如式(16.1.3) 所示, 定义 J^0 及 J^d 的示性矩阵如下:

$$
\begin{aligned}
J_0 &:= \begin{bmatrix} V(s_1^0) & V(s_2^0) & \cdots & V(s_\alpha^0) \end{bmatrix} \in \mathscr{B}_{2^n \times \alpha}; \\
J_d &:= \begin{bmatrix} V(s_1^d) & V(s_2^d) & \cdots & V(s_\beta^d) \end{bmatrix} \in \mathscr{B}_{2^n \times \beta}.
\end{aligned}
\tag{16.1.4}
$$

利用式(16.1.4), 我们定义集能控性矩阵如下:

$$
C_S := J_d^{\mathrm{T}} \times_{\mathscr{B}} C \times_{\mathscr{B}} J_0 \in \mathscr{B}_{\beta \times \alpha},
\tag{16.1.5}
$$

这里 C 是系统的能控性矩阵(见式(15.4.5)), 它是布尔矩阵.

记 $C_S = (c_{ij})$. 利用以上记号, 不难证明如下的集能控性基本定理.

定理 16.1.1 考查系统(16.1.1), 设初始集 P^0 及目标集 P^d 如式(16.1.3) 所示, 且集能控性矩阵 $C_S = (c_{ij})$ 由式(16.1.5) 定义, 则

1. 系统(16.1.1) 由 s_j^0 到 s_i^d 能控, 当且仅当 $c_{i,j} = 1$;

2. 系统(16.1.1) 在 s_j^0 能控, 当且仅当 $\mathrm{Col}_j(C_S) = \mathbf{1}_\beta$;

3. 系统(16.1.1) 在 s_j^0 能控, 当且仅当 $C_S = \mathbf{1}_{\beta \times \alpha}$.

例 16.1.1 考查系统

$$
\begin{cases}
x_1(t+1) = (x_1(t) \leftrightarrow x_2(t)) \vee u_1(t) \\
x_2(t+1) = \neg x_1(t) \wedge u_2(t), \\
\quad y(t) = x_1(t) \wedge x_2(t).
\end{cases}
\tag{16.1.6}
$$

不难算出

$$
C = \begin{bmatrix} 1 & 1 & 1 & 1 \\ 1 & 1 & 1 & 1 \\ 0 & 0 & 1 & 0 \\ 1 & 1 & 1 & 1 \end{bmatrix}.
$$

1. 设

$$
\begin{cases}
P^d = \left\{ s_1^d = (\delta_4^1, \delta_4^2), \;\; s_2^d = (\delta_4^3, \delta_4^4) \right\} \\
P^0 = \left\{ s_1^0 = (\delta_4^1), \;\; s_2^0 = (\delta_4^2, \delta_4^3, \delta_4^4) \right\},
\end{cases}
\tag{16.1.7}
$$

则得

$$
J_d = \begin{bmatrix} 1 & 0 \\ 1 & 0 \\ 0 & 1 \\ 0 & 1 \end{bmatrix}, \quad
J_0 = \begin{bmatrix} 1 & 0 \\ 0 & 1 \\ 0 & 1 \\ 0 & 1 \end{bmatrix}.
$$

于是有

$$
C_S = J_d^{\mathrm{T}} C J_0 = \begin{bmatrix} 1 & 1 \\ 1 & 1 \end{bmatrix}.
$$

因此, 系统(16.1.6) 关于由式(16.1.7) 所定义的初始集 P^0 及目标集 P^d 集能控.

2. 设

$$
\begin{cases}
P^d = \left\{ s_1^d = (\delta_4^3) \right\} \\
P^0 = \left\{ s_1^0 = (\delta_4^1, \delta_4^2, \delta_4^3), s_2^0 = (\delta_4^1, \delta_4^4) \right\},
\end{cases}
\tag{16.1.8}
$$

则得

$$
J_d = \begin{bmatrix} 0 \\ 0 \\ 1 \\ 0 \end{bmatrix}, \quad
J_0 = \begin{bmatrix} 1 & 1 \\ 1 & 0 \\ 1 & 0 \\ 0 & 1 \end{bmatrix}.
$$

于是有

$$
C_S = J_d^{\mathrm{T}} C J_0 = \begin{bmatrix} 1 & 0 \end{bmatrix}.
$$

因此, 系统(16.1.6) 关于由式(16.1.8) 所定义的初始集 P^0 及目标集 P^d 不是完全集能控的.

16.2　输出能控性

下面的定义可以看作文献[71] 中定义的离散时间形式.

定义 16.2.1　系统(16.1.1) 称为输出能控的, 如果对任意的 $x(0) = x^0$ 以及任意的 y^d, 总存在 $T > 0$ 以及一个控制序列 $u(0), u(1), \cdots, u(T-1)$ 使得 $y(T) = y^d$.

定义 16.2.2　考查系统(16.1.1).

1. 一个分割称为基于输出的分割, 如果

$$s_j^d = \left\{ x \mid Hx = \delta_{2^p}^j \right\}, \quad j = 1, 2, \cdots, 2^p. \tag{16.2.1}$$

2. 一个分割称为最细分割, 如果

$$s_i^0 = \{x_i\}, \quad i = 1, 2, \cdots, 2^n. \tag{16.2.2}$$

利用条件(16.2.1) 及条件(16.2.2), 我们定义

$$\begin{cases} P^d := \left\{ s_j^d \mid j = 1, 2, \cdots, 2^p \right\} \\ P^0 := \left\{ s_i^0 \mid i = 1, 2, \cdots, 2^n \right\}. \end{cases} \tag{16.2.3}$$

根据 P^d 和 P^0 的结构, 不难知道:系统是输出能控的, 当且仅当, 它是从上述 P^0 到 P^d 能控的. 注意到 P^0 与 P^d 的示性矩阵分别为 I_{2^n} 及 H, 利用定理16.1.1 可得如下结果:

定理 16.2.1 系统(16.1.1) 是输出能控的, 当且仅当, 输出能控矩阵

$$C_Y = C_S = HC \tag{16.2.4}$$

为正矩阵, 即 $C_S = \mathbf{1}_{2^p \times 2^n}$.

例 16.2.1 重新考查系统(16.1.6). 不难算出

$$J_d = M_\wedge^{\mathrm{T}} = (\delta_2[1, 2, 2, 2])^{\mathrm{T}}.$$

于是

$$C_Y = J_d^{\mathrm{T}} C = \begin{bmatrix} 1 & 1 & 1 & 1 \\ 1 & 1 & 1 & 1 \end{bmatrix} > 0.$$

因此, 系统(16.1.6) 是输出能控的.

16.3 混合型输入系统的能控性

本节考虑混合型输入系统, 其方程为

$$\begin{cases} x_1(t + 1) = f_1(x_1(t), x_2(t), \cdots, x_n(t), u_1(t), u_2(t), \cdots, u_r(t), \\ \qquad\qquad v_1(t), v_2(t), \cdots, v_s(t)) \\ x_2(t + 1) = f_2(x_1(t), x_2(t), \cdots, x_n(t), u_1(t), u_2(t), \cdots, u_r(t), \\ \qquad\qquad v_1(t), v_2(t), \cdots, v_s(t)) \\ \qquad\vdots \\ x_n(t + 1) = f_n(x_1(t), x_2(t), \cdots, x_n(t), u_1(t), u_2(t), \cdots, u_r(t), \\ \qquad\qquad v_1(t), v_2(t), \cdots, v_s(t)), \end{cases} \tag{16.3.1}$$

这里$v_j(t), j = 1, 2, \cdots, s$ 为自由输入序列, $u_i(t), i = 1, 2, \cdots, r$ 为网络输入, 满足输入方程

$$\begin{cases} u_1(t + 1) = g_1(u_1(t), u_2(t), \cdots, u_r(t)) \\ u_2(t + 1) = g_2(u_1(t), u_2(t), \cdots, u_r(t)) \\ \quad\vdots \\ u_r(t + 1) = g_r(u_1(t), u_2(t), \cdots, u_r(t)). \end{cases} \tag{16.3.2}$$

将式(16.3.1) 和式(16.3.2) 转换为代数形式, 则得式(16.3.3) 和式(16.3.4):

$$x(t + 1) = Lv(t)u(t)x(t), \tag{16.3.3}$$

$$u(t + 1) = Gu(t), \tag{16.3.4}$$

这里$x(t) = \ltimes_{i=1}^{n} x_i(t), u(t) = \ltimes_{j=1}^{r} u_j(t),$ 及$v(t) = \ltimes_{k=1}^{s} v_k(t).$

将式(16.3.3) 及式(16.3.4) 放到一起, 则得

$$\begin{cases} u(t + 1) = Gu(t) \\ x(t + 1) = Lv(t)u(t)x(t). \end{cases} \tag{16.3.5}$$

令$w(t) = u(t)x(t)$ 为一族新状态变量, 那么式(16.3.5) 变为

$$w(t + 1) = \Phi v(t)w(t), \tag{16.3.6}$$

这里

$$\Phi = \left[G(\mathbf{1}_{2^s}^{\mathrm{T}} \otimes I_{2^r} \otimes \mathbf{1}_{2^n}^{\mathrm{T}}) \right] * L,$$

这里$*$ 是Khatri-Rao 积.

由以上构造不难看出系统(15.3.1) 的能控性可转化为系统(16.3.6) 在适当集合下的集合能控性. 详见如下定理.

定理 16.3.1 系统(16.3.1) 在混合输入下能控, 当且仅当, 系统(16.3.6) 关于以下初始集及目标集是集能控的:

$$P^d = P^0 = \{s_i \mid i = 1, 2, \cdots, 2^n\}, \tag{16.3.7}$$

这里

$$s_i = \left\{ w \mid \mathbf{1}_{2^r}^{\mathrm{T}} w = \delta_{2^n}^i \right\}.$$

注 1. 对于系统(16.3.6) 以及由式(16.3.7) 定义的初始集与目标集, 我们可以构造集能控性矩阵C_S. 利用这个集能控性矩阵, 可以给出初始集中一个元素(点集)到目标集中一个元素(点集)的能控性. 准确地说, $[C_S]_{i,j} = 1$, 即s_j^0 可被控制到s_i^d.

2. 不难看出, 对于系统(16.3.6) 以及由式(16.3.7) 定义的初始集与目标集, 相应的初始集与目标集的示性矩阵均为

$$J^0 = J^d = [\underbrace{I_{2^n}, I_{2^n}, \cdots, I_{2^n}}_{2^r}]^{\mathrm{T}}. \tag{16.3.8}$$

例 16.3.1 考虑布尔控制系统

$$\begin{cases} x_1(t+1) = (u_1(t) \vee v(t)) \wedge x_2(t) \\ x_2(t+1) = u_2(t) \leftrightarrow x_3(t) \\ x_3(t+1) = (v(t) \bar{\vee} x_1(t)) \vee x_2(t), \end{cases} \tag{16.3.9}$$

这里 $v(t)$ 为自由控制序列, $\{u_1(t), u_2(t)\}$ 为网络输入, 满足

$$\begin{cases} u_1(t+1) = u_1(t) \wedge u_2(t) \\ u_2(t+1) = \neg u_2(t). \end{cases} \tag{16.3.10}$$

令

$$w(t) = u_1(t)u_2(t)x_1(t)x_2(t)x_3(t),$$

直接计算可得

$$w(t+1) = \Phi v(t)w(t), \tag{16.3.11}$$

这里

$$\begin{aligned} \Phi = \quad & \delta_{32}[\quad 9, 11, 14, 16, 9, 11, 13, 15, 19, 17, 24, 22, 19, 17, 23, 21, \\ & 25, 27, 30, 32, 25, 27, 29, 31, 19, 17, 24, 22, 19, 17, 23, 21, \\ & 9, 11, 13, 15, 9, 11, 14, 16, 19, 17, 23, 21, 19, 17, 24, 22, \\ & 29, 31, 29, 31, 29, 31, 30, 32, 23, 21, 23, 21, 23, 21, 24, 22 \quad] \\ := \quad & [\quad \Phi_1, \Phi_2 \quad]. \end{aligned}$$

定义

$$M = \Phi_1 +_{\mathcal{B}} \Phi_2,$$

则能控性矩阵为

$$C = \sum_{\mathcal{B}}{}_{j=1}^{2^{n+r}} M^{(j)}.$$

同时, 我们知道

$$J_d = J_0 = [\underbrace{I_8, \cdots, I_8}_{4}]^{\mathrm{T}}.$$

于是, 相应的集能控性矩阵为

$$
\begin{aligned}
C_S &= J_d^{\mathrm{T}} C J_0 \\
&= J_d^{\mathrm{T}} \left(\sum_{\mathcal{B}}{}_{i=1}^{32} M^{(i)} \right) J_0 \\
&= \begin{bmatrix}
1 & 1 & 1 & 1 & 1 & 1 & 1 & 1 \\
0 & 0 & 0 & 0 & 0 & 0 & 0 & 0 \\
1 & 1 & 1 & 1 & 1 & 1 & 1 & 1 \\
0 & 0 & 0 & 0 & 0 & 0 & 0 & 0 \\
1 & 1 & 1 & 1 & 1 & 1 & 1 & 1 \\
1 & 1 & 1 & 1 & 1 & 1 & 1 & 1 \\
1 & 1 & 1 & 1 & 1 & 1 & 1 & 1 \\
0 & 1 & 1 & 1 & 0 & 1 & 1 & 1
\end{bmatrix}.
\end{aligned}
$$

于是可知, 状态 $\delta_8^1 \sim (1,1,1)$, $\delta_8^3 \sim (1,0,1)$, $\delta_8^5 \sim (0,1,1)$, $\delta_8^6 \sim (0,1,0)$, $\delta_8^7 \sim (0,0,1)$ 可以从任何初始点到达; $\delta_8^2 \sim (1,1,0)$ 及 $\delta_8^4 \sim (1,0,0)$ 从任何点出发都到达不了. 从 $\delta_8^1 \sim (1,1,1)$ 与 $\delta_8^5 \sim (0,1,1)$ 出发, 无法到达 $\delta_8^8 \sim (0,0,0)$, 从其他点出发, 则可到达 $\delta_8^8 \sim (0,0,0)$.

原系统不是该混合控制下完全能控的.

考查一个自由布尔网络

$$
x(t+1) = M x(t). \tag{16.3.12}
$$

类似于式(16.3.4), 我们可以构造一个"能控性矩阵"如下:

$$
C_0 := \sum_{\mathcal{B}}{}_{i=1}^{2^n} M^{(i)}. \tag{16.3.13}
$$

将 C 换成 C_0, 则关于布尔网络能控性的结果依然成立. (严格地说, 现在应称为能达性.)

现在考虑只有网络输入的系统的能控性. 那么, 系统(16.3.5) 变为

$$
\begin{cases}
u(t+1) = G u(t) \\
x(t+1) = L u(t) x(t).
\end{cases} \tag{16.3.14}
$$

类似于对系统(16.3.5) 的处理方法, 我们可将系统(16.3.14) 变为

$$
w(t+1) = \Phi w(t), \tag{16.3.15}
$$

这里 $w(t) = u(t)x(t)$, 并且 $\Phi = [G(I_{2^r} \otimes \mathbf{1}_{2^n}^{\mathrm{T}})] * L$. 于是

$$
C = \sum_{\mathcal{B}}{}_{j=1}^{2^{n+r}} \Psi^{(j)}. \tag{16.3.16}
$$

相应地, 集能控性矩阵可构造如下:

$$C_n := J_d^{\mathrm{T}} C J_0, \tag{16.3.17}$$

这里 $J_d = J_0$ 由式(16.3.8) 定义.

推论 16.3.1 设系统(16.3.1) 中 $s = 0$ (即, 只有网络输入). 那么, 它能控, 当且仅当, $C_n = \mathbf{1}_{2^n \times 2^n}$.

16.4 能观性

回忆上一章, 我们将乘积状态空间 $\Delta_{2^n} \times \Delta_{2^n}$ 中的点对分为三类:

$$D = \{zx \mid z = x\}, \tag{16.4.1}$$

$$\Theta = \{zx \mid z \neq x, Hz = Hx\}, \tag{16.4.2}$$

$$\Xi = \{zx \mid Hz \neq Hx\}. \tag{16.4.3}$$

利用系统(16.1.2), 我们构造一个二重系统

$$\begin{cases} z_{t+1} = Lu(t)z(t) \\ x_{t+1} = Lu(t)x(t). \end{cases} \tag{16.4.4}$$

于是, 系统(16.4.1) 的能观性可转换为系统(16.4.4) 适当的集能控性. 构造初始集与目标集如下:

$$P^0 := \bigcup_{zx \in \Theta} \{zx\} \tag{16.4.5}$$

和

$$P^d := \Xi. \tag{16.4.6}$$

注意到式(16.4.5) 表明每个 $zx \in \Theta$ 为 P^0 的一个元素, 而式(16.4.6) 表明 P^d 只有一个元素, 这就是 Ξ. 于是我们有如下结果:

定理 16.4.1 系统(16.1.1) 是能观的, 当且仅当, 系统(16.4.4) 是从初始集 P^0 到目标集 P^d 能控, 这里初始集 P^0 与目标集 P^d 分别由式(16.4.5) 与式(16.4.6) 定义.

例 16.4.1 考查系统

$$\begin{cases} x_1(t+1) = (x_1(t) \leftrightarrow x_2(t)) \vee u_1(t) \\ x_2(t+1) = \neg x_1(t) \wedge u_2(t), \\ \quad y_1(t) = x_1(t) \vee x_2(t). \end{cases} \tag{16.4.7}$$

其代数形式为

$$\begin{aligned} x(t+1) &= Lu(t)x(t), \\ y &= Hx(t), \end{aligned} \tag{16.4.8}$$

这里

$$L = \delta_4[2, 2, 1, 1, 2, 2, 2, 2, 2, 4, 3, 1, 2, 4, 4, 2],$$
$$H = \delta_2[1, 1, 1, 2].$$

构造二重系统如下:

$$\begin{cases} z(t+1) = Lu(t)z(t) \\ x(t+1) = Lu(t)x(t). \end{cases} \tag{16.4.9}$$

容易算出

$$\begin{aligned} \Theta &= \left\{ \{\delta_4^1, \delta_4^2\}, \{\delta_4^1, \delta_4^3\}, \{\delta_4^2, \delta_4^3\} \right\} \\ &\sim \left\{ \delta_{16}^2, \delta_{16}^3, \delta_{16}^7, \right\} \\ &:= \{\theta_1, \theta_2, \theta_3\}; \end{aligned}$$

以及

$$\begin{aligned} \Xi &= \left\{ \{\delta_4^1, \delta_4^4\}, \{\delta_4^2, \delta_4^4\}, \{\delta_4^3, \delta_4^4\} \right\} \\ &\sim \left\{ \delta_{16}^4, \delta_{16}^8, \delta_{16}^{12}, \right\}. \end{aligned}$$

令 $w(t) = z(t)x(t)$, 则系统(16.4.9) 可表示为

$$\begin{aligned} z_{t+1} &= L\left(I_4 \otimes I_4 \otimes \mathbf{1}_4^{\mathrm{T}}\right) uw, \\ x_{t+1} &= L\left(I_4 \otimes \mathbf{1}_4^{\mathrm{T}} \otimes I_4\right) uw. \end{aligned}$$

最后可得

$$w(t+1) = Mu(t)w(t), \tag{16.4.10}$$

这里

$$\begin{aligned} M = \delta_{16}[&6, 6, 5, 5, 6, 6, 5, 5, 2, 2, 1, 1, 2, 2, 1, 1, \\ &6, 6, 6, 6, 6, 6, 6, 6, 6, 6, 6, 6, 6, 6, 6, 6, \\ &6, 8, 7, 5, 14, 16, 15, 13, 10, 12, 11, 9, 2, 4, 3, 1, \\ &6, 8, 8, 6, 14, 16, 16, 14, 14, 16, 16, 14, 6, 8, 8, 6] \\ :=& [M_1, M_2, M_3, M_4]. \end{aligned}$$

系统(16.4.9) 的能控性矩阵可由下式算得:

$$C := \sum_{\mathcal{B}}{}_{j=1}^{16} \left(\sum_{\mathcal{B}}{}_{i=1}^{4} M_i \right)^{(j)} \in \mathcal{B}_{16 \times 16}.$$

最后, 我们考查系统(16.4.9) 的集能控性. 注意到初始集为 $P^0 = \{\theta \in \Theta\} = \{\theta_1, \theta_2, \theta_3\}$, 目标集为 $P^d = \Xi$, 不难算出

$$J_d = \begin{bmatrix} 0 & 0 & 0 & 1 & 0 & 0 & 0 & 1 & 0 & 0 & 0 & 1 & 0 & 0 & 0 & 0 \end{bmatrix}^{\mathrm{T}}$$

及

$$J_0 = \begin{bmatrix} 0 & 1 & 0 & 0 & 0 & 0 & 0 & 0 & 0 & 0 & 0 & 0 & 0 & 0 & 0 & 0 \\ 0 & 0 & 1 & 0 & 0 & 0 & 0 & 0 & 0 & 0 & 0 & 0 & 0 & 0 & 0 & 0 \\ 0 & 0 & 0 & 0 & 0 & 0 & 1 & 0 & 0 & 0 & 0 & 0 & 0 & 0 & 0 & 0 \end{bmatrix}^{\mathrm{T}}.$$

于是有

$$C_S = J_d^{\mathrm{T}} C J_0 = \begin{bmatrix} 1 & 1 & 1 \end{bmatrix} > 0.$$

由定理16.4.1 可知, 系统(16.4.7) 是能观的.

16.5 习题与课程探索

16.5.1 习题

1. 考查下述混合控制系统的能控性:

$$\begin{cases} x_1(t+1) = x_2(t) \wedge u(t) \\ x_2(t+1) = v(t) \leftrightarrow x_1(t), \end{cases} \tag{16.5.1}$$

这里$u(t)$ 是自由序列输入, $v(t)$ 是网络输入, 满足

$$v(t+1) = \neg v(t). \tag{16.5.2}$$

2. 考查下述系统的能观性:

$$\begin{cases} x_1(t+1) = \neg x_2(t) \vee u_1(t) \\ x_2(t+1) = x_1(t) \bar{\vee} u_2(t), \\ \quad y(t) = x_1(t) \wedge x_2(t). \end{cases} \tag{16.5.3}$$

3. 考查系统(16.5.3) 的输出能控性.

16.5.2　课程探索

1. 讨论布尔网络的输出镇定问题.

2. 讨论混合控制系统的输出能控问题.

3. 对 k 值或混合值逻辑网络讨论集合能控性问题以及相应的应用问题.

第 17 章　布尔网络的干扰解耦

干扰解耦问题 (Disturbance Decoupling Problem, DDP) 是一个经典的控制问题. 关于线性与非线性系统的干扰解耦问题在控制理论中均有详尽讨论, 可分别参见文献 [42] 与文献 [72]. 本章讨论布尔控制网络的干扰解耦问题. 本章内容可参见文献 [28]. 文献 [73, 74] 给出了一些新进展.

17.1　干扰解耦的动态模型

带干扰的布尔控制网络的动态方程可表示如下:

$$
\begin{cases}
x_1(t+1) = f_1(x_1(t), x_2(t), \cdots, x_n(t), u_1(t), u_2(t), \cdots, u_m(t), \xi_1(t), \xi_2(t), \cdots, \xi_q(t)) \\
x_2(t+1) = f_2(x_1(t), x_2(t), \cdots, x_n(t), u_1(t), u_2(t), \cdots, u_m(t), \xi_1(t), \xi_2(t), \cdots, \xi_q(t)) \\
\quad \vdots \\
x_n(t+1) = f_n(x_1(t), x_2(t), \cdots, x_n(t), u_1(t), u_2(t), \cdots, u_m(t), \xi_1(t), \xi_2(t), \cdots, \xi_q(t)), \\
\quad y_j(t) = h_j(x(t)), \quad j = 1, 2, \cdots, p,
\end{cases}
$$

$$(17.1.1)$$

这里 $\xi_i(t)$, $i = 1, 2, \cdots, q$ 为干扰. 记 $x(t) = \ltimes_{i=1}^{n} x_i(t)$, $u(t) = \ltimes_{i=1}^{m} u_i(t)$, $\xi(t) = \ltimes_{i=1}^{q} \xi_i(t)$, $y(t) = \ltimes_{i=1}^{p} y_i(t)$. 那么, 式 (17.1.1) 的代数状态空间表示为

$$
\begin{cases}
x(t+1) = Lu(t)\xi(t)x(t) \\
y(t) = Hx(t),
\end{cases}
$$

$$(17.1.2)$$

这里 $L \in \mathcal{L}_{2^n \times 2^{n+m+q}}$, $H \in \mathcal{L}_{2^p \times 2^n}$.

所谓干扰解耦, 就是要找一个合适的控制, 使得干扰不影响系统的输出. 先用一个简单例子来刻画一下.

例 17.1.1 考查如下的带干扰的布尔控制网络:

$$
\begin{cases}
x_1(t+1) = x_2(t) \wedge \xi(t) \\
x_2(t+1) = x_3(t) \vee u_1(t) \\
x_3(t+1) = x_4(t) \wedge [(x_2(t) \rightarrow \xi(t)) \vee u_1(t)] \\
x_4(t+1) = \neg x_3(t) \vee [\xi(t) \wedge u_2(t)], \\
\quad y(t) = x_3(t) \wedge x_4(t).
\end{cases}
$$

$$(17.1.3)$$

如果我们选择控制

$$
u_1(t) = x_2(t), \quad u_2(t) = 0,
$$

于是, 闭环系统变为

$$
\begin{cases}
x_1(t + 1) = x_2(t) \wedge \xi(t) \\
x_2(t + 1) = x_3(t) \vee x_2(t) \\
x_3(t + 1) = x_4(t) \\
x_4(t + 1) = \neg x_3(t),
\end{cases}
\tag{17.1.4}
$$
$$
y(t) = x_3(t) \wedge x_4(t).
$$

显然, 干扰不再影响输出.

我们给出如下严格定义:

定义 17.1.1 考查系统 (17.1.1). 干扰解耦问题是指寻找状态反馈控制

$$
u(t) = \phi(x(t)),
\tag{17.1.5}
$$

以及一个坐标变换 $z = T(x)$, 使在 z 坐标下闭环系统变为

$$
\begin{cases}
z^1(t + 1) = F^1(z(t), \phi(x(t)), \xi(t)) \\
z^2(t + 1) = F^2(z^2(t)),
\end{cases}
\tag{17.1.6}
$$
$$
y(t) = G(z^2(t)).
$$

由定义 17.1.1 可知, 要解干扰解耦问题需要解决两个问题:

(i) 找到一个正规子空间 z^2, 它涵盖了输出.

(ii) 设计一个控制和 z^2 的补空间 z^1, 使干扰在 z^2 的动力学方程中消失.

我们依次解决这两个问题.

17.2 Y-友好子空间

定义 17.2.1 设 $X = \mathcal{F}_\ell\{x_1, x_2, \cdots, x_n\}$ 是系统的状态空间, $Y = \mathcal{F}_\ell\{y_1, y_2, \cdots, y_p\} \subset X$. 一个正规子空间 $Z \subset X$ 称为 Y-友好子空间, 如果 $y_i \in Z$, $i = 1, 2, \cdots, p$. 一个具有最小维数的 Y-友好子空间称为最小 Y-友好子空间.

如果 Y 是系统输出, Y-友好子空间也称输出友好子空间. 下面讨论如何构造 (最小) Y-友好子空间.

设 $Y = \mathcal{F}_\ell\{y_1, y_2, \cdots, y_p\} \subset X$, $\{y_1, y_2, \cdots, y_p\}$ 为 p 个逻辑函数, 定义 $y = \ltimes_{i=1}^p y_i$. 那么, y 在代数形式下为

$$
y = \delta_{2^p}[i_1, i_2, \cdots, i_{2^n}]x := Hx.
\tag{17.2.1}
$$

记 H 中 j 的个数为 n_j, 即

$$n_j = \left| \{k \mid i_k = j, 1 \leqslant k \leqslant 2^n\} \right|, \quad j = 1, 2, \cdots, 2^p.$$

那么, 我们有如下结论:

定理 17.2.1 设 $y = \ltimes_{i=1}^p y_i$, 其代数表达式为式(17.2.1).

1. 存在 r 维 Y-友好子空间, 当且仅当, $n_j(j = 1, 2, \cdots, 2^p)$ 具有公共的 (2 型) 因子 2^{n-r}.

2. 设 2^{n-r} 为 $n_j (j = 1, 2, \cdots, 2^p)$ 具有的最大的公共 (2 型) 因子, 那么, 最小 Y-友好子空间维数为 r.

我们寻找一个算法来构造 Y-友好子空间: 设 2^{n-r} 为 n_i 的公共因子, 记 $n_i = m_i \cdot 2^{n-r}$, $i = 1, 2, \cdots, 2^p$. 将 H 的列 $\mathrm{Col}(H)$ 分为 2^p 个子集 J_i, $i = 1, 2, \cdots, 2^p$. $k \in J_i$ 表明 H 的第 k 列是 $\mathrm{Col}_k(H) = \delta_{2^p}^i$.

利用相应的结构矩阵不难看出, 寻找 Y-友好子空间就等于构造一个正规子空间的结构矩阵 $T_0 \in \mathcal{L}_{2^r \times 2^n}$, 使我们能够找到一个 $G \in \mathcal{L}_{2^p \times 2^r}$, 使得

$$GT_0 = H. \tag{17.2.2}$$

下面给出一个算法来寻找 Y-友好子空间.

算法 17.2.1 (构造一个正规子空间的结构矩阵 T_0)

- 步骤 1: 将 T_0 的行按如下方法分成 2^p 块: B_1 由首 m_1 行组成, B_2 由接下来的 m_2 行组成等, 直至 B_{2^p} 由最后的 m_{2^p} 行组成. (注意, $\sum_{i=1}^{2^p} m_i = 2^r$.) 将 T_0 元素分成 $2^p \times 2^p$ 子集如下:

$$T_0^{i,j} = \{t_{r,s} \mid r \in B_i, s \in J_j\}, \quad i, j = 1, 2, \cdots, 2^p.$$

(注意, $T_0^{i,j}$ 一般不是子块, 因 J_j 不连续.)

- 步骤 2: 将 $T_0^{i,j}$ 看成一个 $m_i \times (m_j 2^{n-r})$ 子矩阵. 定义其值为

$$T_0^{i,j} = \begin{cases} B_{m_i} \otimes \mathbf{1}_{2^{n-r}}^{\mathrm{T}}, & i = j \\ 0, & \text{其他}. \end{cases} \tag{17.2.3}$$

- 步骤 3: 设

$$z = \ltimes_{i=1}^r z_i := T_0 x.$$

反算出 z_i, $i = 1, 2, \cdots, r$.

命题 17.2.1 设 2^{n-r} 为 n_i ($i = 1, 2, \cdots, 2^p$) 的公共因子. 那么, 由算法 17.2.1 产生的 z_i, $i = 1, 2, \cdots, r$ 形成 r 维 Y-友好子空间.

证明　构造

$$G = \begin{bmatrix} \mathbf{1}_{m_1}^{\mathrm{T}} & 0 & \cdots & 0 \\ 0 & \mathbf{1}_{m_2}^{\mathrm{T}} & \cdots & 0 \\ \vdots & & & \\ 0 & 0 & \cdots & \mathbf{1}_{m_{2^p}}^{\mathrm{T}} \end{bmatrix}. \tag{17.2.4}$$

根据 T_0 的构造, 不难验证

$$y = GT_0x = Gz. \tag{17.2.5}$$

□

下面用一个例子说明这个构造方法.

例 17.2.1　设 $\mathcal{X} = \mathcal{F}_\ell\{x_1, x_2, x_3, x_4\}$. 并设 y_1, y_2 与 x_1, x_2, x_3, x_4 依赖关系如下:

$$\begin{aligned} y_1 &= f_1(x_1, x_2, x_3, x_4) = (x_1 \leftrightarrow x_3) \wedge (x_2 \bar{\vee} x_4), \\ y_2 &= f_2(x_1, x_2, x_3, x_4) = x_1 \wedge x_3. \end{aligned} \tag{17.2.6}$$

我们寻找最小 Y-友好子空间. 记 $y = y_1y_2$, $x = x_1x_2x_3x_4$, 容易算得

$$\begin{aligned} y_1 &= M_cM_ex_1x_3M_px_2x_4 \\ &= M_cM_e(I_4 \otimes M_p)x_1x_3x_2x_4 \\ &= M_cM_e(I_4 \otimes M_p)(I_2 \otimes W_{[2]})x_1x_2x_3x_4 \\ &:= M_1x, \end{aligned}$$

其中 $W_{[2]}$ 是换位矩阵 $W_{[2,2]}$ 的缩写. 于是, f_1 的结构矩阵 M_1 为

$$\begin{aligned} M_1 &= M_cM_e(I_4 \otimes M_p)(I_2 \otimes W_{[2]}) \\ &= \delta_2[2, 1, 2, 2, 1, 2, 2, 2, 2, 2, 2, 1, 2, 2, 1, 2]. \end{aligned}$$

类似地, 可算得 $y_2 = M_2x$, 这里

$$M_2 = \delta_2[1, 1, 2, 2, 1, 1, 2, 2, 2, 2, 2, 2, 2, 2, 2, 2].$$

最终可得

$$y = Mx,$$

这里

$$M = \delta_4[3, 1, 4, 4, 1, 3, 4, 4, 4, 4, 4, 2, 4, 4, 2, 4].$$

由 M 可算出 $n_1 = n_2 = n_3 = 2$ 及 $n_4 = 10$. 它们的公共 2 型因子为 2^{n-r}, 于是, 最小 Y-友好子空间的维数为 $r = 3$.

为构造 T_0, 我们有

$$J_1 = \{2, 5\}; \quad J_2 = \{12, 15\}; \quad J_3 = \{1, 6\};$$
$$J_4 = \{3, 4, 7, 8, 9, 10, 11, 13, 14, 16\}.$$

因为 $m_1 = m_2 = m_3 = 1$ 及 $m_4 = 5$, 则 $I_1 = \{1\}, I_2 = \{2\}, I_3 = \{3\}, I_4 = \{4, 5, 6, 7, 8\}$. 设 $T_0^{1,1}$ 为 $\mathbf{1}_2^{\mathrm{T}}$, 不难知道 T_0 的第 2 与第 5 列为 δ_8^1. 类此, T_0 的第 12 与第 55 列为 δ_8^2 等. 最后, 可算得 T_0 如下:

$$T_0 = \delta_8[3\ 1\ 4\ 4\ 1\ 3\ 5\ 5\ 6\ 6\ 7\ 2\ 7\ 8\ 2\ 8]. \tag{17.2.7}$$

矩阵 G 可由式 (17.2.4) 算出:

$$G = \delta_4[1\ 2\ 3\ 4\ 4\ 4\ 4\ 4]. \tag{17.2.8}$$

最后, 设最小 Y-友好子空间由 $\{z_1, z_2, z_3\}$ 生成. 记 $z = z_1 z_2 z_3$, 则得

$$z = T_0 x.$$

记 $z_i := E_i x, i = 1, 2, 3$. 不难从 T_0 算出 z_i 的结构矩阵 E_i 如下:

$$E_1 = \delta_2[1\ 1\ 1\ 1\ 1\ 1\ 2\ 2\ 2\ 2\ 2\ 1\ 2\ 2\ 1\ 2],$$
$$E_2 = \delta_2[2\ 1\ 2\ 2\ 1\ 2\ 1\ 1\ 1\ 1\ 2\ 1\ 2\ 2\ 1\ 2], \tag{17.2.9}$$
$$E_3 = \delta_2[1\ 1\ 2\ 2\ 1\ 1\ 1\ 1\ 2\ 2\ 1\ 2\ 1\ 2\ 2\ 2].$$

返回逻辑表达式为

$$
\begin{aligned}
z_1 &= \{x_1 \wedge [x_2 \vee (\neg x_2 \wedge x_3)]\} \vee \{\neg x_1 \wedge ([x_2 \wedge \neg(x_3 \vee x_4)] \vee [\neg x_2 \wedge (\neg x_3 \wedge x_4)])\}, \\
z_2 &= \{x_1 \wedge [(x_2 \wedge (x_3 \wedge \neg x_4)) \vee (\neg x_2 \wedge (x_3 \to x_4))]\} \vee \\
&\quad \{\neg x_1 \wedge [(x_2 \wedge (x_3 \vee (\neg x_3 \wedge \neg x_4))) \vee (\neg x_2 \wedge (\neg x_3 \wedge x_4))]\}, \\
z_3 &= \{x_1 \wedge [(x_2 \wedge x_3) \vee \neg x_2]\} \vee \{\neg x_1 \wedge [(x_2 \wedge (\neg x_3 \wedge x_4)) \vee (\neg x_2 \wedge (x_3 \wedge x_4))]\}.
\end{aligned}
\tag{17.2.10}
$$

同样, 不难算出

$$
\begin{aligned}
y_1 &= \delta_2[1\ 1\ 2\ 2\ 2\ 2\ 2\ 2]z, \\
y_2 &= \delta_2[1\ 2\ 1\ 2\ 2\ 2\ 2\ 2]z.
\end{aligned}
$$

于是可知

$$
\begin{aligned}
y_1 &= z_1 \wedge z_2, \\
y_2 &= z_1 \wedge z_3.
\end{aligned}
\tag{17.2.11}
$$

17.3 解耦控制设计

上一节讨论了 Y-友好子空间的计算. 现在假定一个 Y-友好子空间 $\mathcal{Z} = \mathcal{F}_\ell\{z^2\}$ 已给定. 那么, 我们就可以找到 z^1, 使 $z = \{z^1, z^2\}$ 为一新坐标系, 并且, 在 z 坐标下, 系统 (17.1.1) 可表示为

$$\begin{cases} z^1(t+1) = F^1(z(t), u(t), \xi(t)) \\ z^2(t+1) = F^2(z(t), u(t), \xi(t)), \\ \quad\quad y(t) = G(z^2(t)). \end{cases} \tag{17.3.1}$$

式 (17.3.1) 称为输出友好型.

比较式 (17.3.1) 与式 (17.1.6), 不难看出, 要解决干扰解耦问题, 就是要寻找反馈控制 $u(t) = u(z(t))$, 使得

$$F^2(z(t), u(z(t)), \xi(t)) = \tilde{F}^2(z^2(t)). \tag{17.3.2}$$

设 $z^2 = (z_1^2, z_2^2, \cdots, z_k^2)$, $\mathcal{Z}^2 := \mathcal{F}_\ell\{z^2\}$ 为 k 维子空间, 定义

$$\begin{aligned} & e_1(z^2) = z_1^2 \wedge z_2^2 \wedge \cdots \wedge z_k^2, && e_2(z^2) = z_1^2 \wedge z_2^2 \wedge \cdots \wedge \neg z_k^2, \\ & e_3(z^2) = z_1^2 \wedge z_2^2 \wedge \cdots \wedge \neg z_{k-1}^2 \wedge z_k^2, && e_4(z^2) = z_1^2 \wedge z_2^2 \wedge \cdots \wedge \neg z_{k-1}^2 \wedge \neg z_k^2, \\ & \cdots && e_{2^k}(z^2) = \neg z_1^2 \wedge \neg z_2^2 \wedge \cdots \wedge \neg z_k^2, \end{aligned} \tag{17.3.3}$$

则

$$\mathcal{Z}^2 = \mathcal{F}_\ell\{e_i \mid 1 \leqslant i \leqslant 2^k\}.$$

称 $\{e_i \mid 1 \leqslant i \leqslant 2^k\}$ 为 $\mathcal{Z}^2$ 的合取基.

利用命题 14.3.1 不难看出, F^2 中的每一个方程, 记作 F_j^2, $j = 1, 2, \cdots, k$, 可表示成

$$F_j^2(z(t), u(t), \xi(t)) = \bigvee_{i=1}^{2^k} [e_i(z^2(t)) \wedge Q_j^i(z^1(t), u(t), \xi(t))], \quad j = 1, 2, \cdots, k. \tag{17.3.4}$$

利用表达形式 (17.3.4) 可得:

命题 17.3.1　$F^2(z(t), u(t), \xi(t)) = F^2(z^2(t))$, 当且仅当在表达式 (17.3.4) 中

$$Q_j^i(z^1(t), u(t), \xi(t)) = \text{const.}, \quad j = 1, 2, \cdots, k; \ i = 1, 2, \cdots, 2^p. \tag{17.3.5}$$

综合以上讨论可得到如下结果:

定理 17.3.1　考查系统 (17.1.1). 干扰解耦问题可解, 当且仅当以下条件成立:

(i) 存在一个 Y-友好子空间, 使系统在这个 Y-友好坐标下表示为形如式(17.3.1)的输出友好型.

(ii) 在系统(17.3.1) 中, 将 F^2 表示为标准形式 (17.3.4),存在控制 $u(t) = u(z(t))$ 使式(17.3.5) 成立.

我们用一个例子说明解耦过程.

例 17.3.1 考查下列系统:

$$\begin{cases} x_1(t+1) = x_4(t)\bar{\vee}u_1(t) \\ x_2(t+1) = (x_2(t)\bar{\vee}x_3(t)) \wedge \neg\xi(t) \\ x_3(t+1) = [(x_2(t) \leftrightarrow x_3(t)) \vee \xi(t)]\bar{\vee}[(x_1 \leftrightarrow x_5) \vee u_2(t)] \\ x_4(t+1) = [u_1(t) \rightarrow (\neg x_2(t) \vee \xi(t))] \wedge (x_2(t) \leftrightarrow x_3(t)) \\ x_5(t+1) = (x_4(t)\bar{\vee}u_1(t)) \leftrightarrow [(u_2(t) \wedge \neg x_2(t)) \vee x_4(t)], \\ \quad y(t) = x_4(t) \wedge (x_1(t) \leftrightarrow x_5(t)), \end{cases} \tag{17.3.6}$$

这里 $u_1(t), u_2(t)$ 为控制, $\xi(t)$ 为干扰, $y(t)$ 为输出.

记 $x(t) = \ltimes_{i=1}^{5} x_i(t), u = u_1(t)u_2(t)$, 将式 (17.3.6) 转化为代数形式

$$\begin{aligned} x(t+1) &= Lu(t)\xi(t)x(t), \\ y(t) &= Hx(t), \end{aligned} \tag{17.3.7}$$

这里

$$\begin{aligned}
L = \delta_{32}[&30,\ 30,\ 14,\ 14,\ 32,\ 32,\ 16,\ 16,\ 32,\ 32,\ 15,\ 15,\ 30,\ 30,\ 13,\ 13, \\
&30,\ 30,\ 14,\ 14,\ 32,\ 32,\ 16,\ 16,\ 32,\ 32,\ 15,\ 15,\ 30,\ 30,\ 13,\ 13, \\
&32,\ 32,\ 16,\ 16,\ 20,\ 20,\ 4,\ 4,\ 20,\ 20,\ 3,\ 3,\ 30,\ 30,\ 13,\ 13, \\
&32,\ 32,\ 16,\ 16,\ 20,\ 20,\ 4,\ 4,\ 20,\ 20,\ 3,\ 3,\ 30,\ 30,\ 13,\ 13, \\
&30,\ 26,\ 14,\ 10,\ 32,\ 28,\ 16,\ 12,\ 32,\ 28,\ 16,\ 12,\ 30,\ 26,\ 14,\ 10, \\
&26,\ 30,\ 10,\ 14,\ 28,\ 32,\ 12,\ 16,\ 28,\ 32,\ 12,\ 16,\ 26,\ 30,\ 10,\ 14, \\
&32,\ 28,\ 16,\ 12,\ 20,\ 24,\ 4,\ 8,\ 20,\ 24,\ 4,\ 8,\ 30,\ 26,\ 14,\ 10, \\
&28,\ 32,\ 12,\ 16,\ 24,\ 20,\ 8,\ 4,\ 24,\ 20,\ 8,\ 4,\ 26,\ 30,\ 10,\ 14, \\
&13,\ 13,\ 29,\ 29,\ 15,\ 15,\ 31,\ 31,\ 15,\ 15,\ 32,\ 32,\ 13,\ 13,\ 30,\ 30, \\
&13,\ 13,\ 29,\ 29,\ 15,\ 15,\ 31,\ 31,\ 15,\ 15,\ 32,\ 32,\ 13,\ 13,\ 30,\ 30, \\
&13,\ 13,\ 29,\ 29,\ 3,\ 3,\ 19,\ 19,\ 3,\ 3,\ 20,\ 20,\ 13,\ 13,\ 30,\ 30, \\
&13,\ 13,\ 29,\ 29,\ 3,\ 3,\ 19,\ 19,\ 3,\ 3,\ 20,\ 20,\ 13,\ 13,\ 30,\ 30, \\
&13,\ 9,\ 29,\ 25,\ 15,\ 11,\ 31,\ 27,\ 15,\ 11,\ 31,\ 27,\ 13,\ 9,\ 29,\ 25, \\
&9,\ 13,\ 25,\ 29,\ 11,\ 15,\ 27,\ 31,\ 11,\ 15,\ 27,\ 31,\ 9,\ 13,\ 25,\ 29, \\
&13,\ 9,\ 29,\ 25,\ 3,\ 7,\ 19,\ 23,\ 3,\ 7,\ 19,\ 23,\ 13,\ 9,\ 29,\ 25, \\
&9,\ 13,\ 25,\ 29,\ 7,\ 3,\ 23,\ 19,\ 7,\ 3,\ 23,\ 19,\ 9,\ 13,\ 25,\ 29],
\end{aligned}$$

$$H = \delta_2[1,2,2,2,1,2,2,2,1,2,2,2,1,2,2,2,1,2,2,2,1,2,2,2,1,2,2,2,1,2,2,2].$$

先找一个最小 Y-友好子空间. 考查 H, 容易得到 $n_1 = 8, n_2 = 24$. 于是, 我们有最大 2 型公因数为 $2^s = 2^3$, 并且 $m_1 = 1, m_2 = 3$. 于是, 最小 Y-友好子空间维数为 $n - s = 5 - 3 = 2$. 利用算法 17.2.1, 可得到

$$T_0 = \delta_4[1, 2, 3, 4, 1, 2, 3, 4, 1, 2, 3, 4, 1, 2, 3, 4, 2, 1, 4, 3, 2, 1, 4, 3, 2, 1, 4, 3, 2, 1, 4, 3],$$

以及

$$G = \delta_2[1, 2, 2, 2].$$

设最小 Y-友好子空间为 $\mathcal{Z}^2 = \mathcal{F}_\ell\{z_4, z_5\}$. 现在设

$$z_4 = M_4 x, \quad z_5 = M_5 x,$$

则不难从 T_0 算出 M_4 和 M_5 如下:

$$M_4 = \delta_2[1, 1, 2, 2, 1, 1, 2, 2, 1, 1, 2, 2, 1, 1, 2, 2, 1, 1, 2, 2, 1, 1, 2, 2, 1, 1, 2, 2, 1, 1, 2, 2],$$
$$M_5 = \delta_2[1, 2, 1, 2, 1, 2, 1, 2, 1, 2, 1, 2, 1, 2, 1, 2, 2, 1, 2, 1, 2, 1, 2, 1, 2, 1, 2, 1, 2, 1, 2, 1].$$

选择 $z_i = M_i x, i = 1, 2, 3$, 使 $z = \{z_1, z_2, z_3, z_4, z_5\}$ 为一新坐标. 这时, 只要将 $M_i, i = 1, 2, 3, 4, 5$ (略去 δ_2) 排列成一矩阵

$$G := \begin{bmatrix} M_1 \\ M_2 \\ M_3 \\ M_4 \\ M_5 \end{bmatrix},$$

如果每一列均不相同, 则 z 为一新坐标. 例如可选

$$M_1 = \delta_2[1, 1, 1, 1, 1, 1, 1, 1, 1, 1, 1, 1, 1, 1, 1, 1, 2, 2, 2, 2, 2, 2, 2, 2, 2, 2, 2, 2, 2, 2, 2, 2],$$
$$M_2 = \delta_2[2, 2, 2, 2, 2, 2, 2, 2, 1, 1, 1, 1, 1, 1, 1, 1, 2, 2, 2, 2, 2, 2, 2, 1, 1, 1, 1, 1, 1, 1, 1, 1],$$
$$M_3 = \delta_2[1, 1, 1, 1, 2, 2, 2, 2, 2, 2, 2, 2, 1, 1, 1, 1, 1, 1, 1, 1, 2, 2, 2, 2, 2, 2, 2, 1, 1, 1, 1, 1].$$

返回逻辑形式有

$$\begin{cases} z_1 = x_1 \\ z_2 = \neg x_2 \\ z_3 = x_2 \leftrightarrow x_3 \\ z_4 = x_4 \\ z_5 = x_1 \leftrightarrow x_5. \end{cases} \tag{17.3.8}$$

记 $z = \ltimes_{i=1}^5 z_i$ 及 $x = \ltimes_{i=1}^5 x_i$, 那么式 (17.3.8) 的代数形式为 $z = Tx$, 这里

$$T = \delta_{32}[9, 10, 11, 12, 13, 14, 15, 16, 5, 6, 7, 8, 1, 2, 3, 4, 26, 25,$$
$$28, 27, 30, 29, 32, 31, 22, 21, 24, 23, 18, 17, 20, 19].$$

反之, $x = T^{\mathrm{T}} z$, 这里

$$T^{\mathrm{T}} = \delta_{32}[13, 14, 15, 16, 9, 10, 11, 12, 1, 2, 3, 4, 5, 6, 7, 8, 30, 29,$$
$$32, 31, 26, 25, 28, 27, 18, 17, 20, 19, 22, 21, 24, 23].$$

于是, 式 (17.3.8) 的逆变换为

$$\begin{cases} x_1 = z_1 \\ x_2 = \neg z_2 \\ x_3 = z_2 \bar{\vee} z_3 \\ x_4 = z_4 \\ x_5 = z_1 \leftrightarrow z_5. \end{cases}$$

最后, 在 z 坐标下, 系统 (17.3.6) 变为

$$\begin{aligned} z(t+1) &= Tx(t+1) = TLu(t)\xi(t)x(t) = TLu(t)\xi(t)T^{\mathrm{T}} z(t) \\ &= TL(I_8 \otimes T^{\mathrm{T}})u(t)\xi(t)z(t) := \tilde{L}u(t)\xi(t)z(t), \end{aligned}$$

及

$$y(t) = Hx(t) = HT^{\mathrm{T}} z(t) := \tilde{H} z(t),$$

这里

$$\tilde{L} = \delta_{32}[17, \quad 17, \quad 1, \quad 1, \quad 19, \quad 19, \quad 3, \quad 3, \quad 17, \quad 17, \quad 2, \quad 2, \quad 19, \quad 19, \quad 4, \quad 4,$$

$$17, \quad 17, \quad 1, \quad 1, \quad 19, \quad 19, \quad 3, \quad 3, \quad 17, \quad 17, \quad 2, \quad 2, \quad 19, \quad 19, \quad 4, \quad 4,$$

$$17, \quad 17, \quad 1, \quad 1, \quad 27, \quad 27, \quad 11, \quad 11, \quad 19, \quad 19, \quad 4, \quad 4, \quad 27, \quad 27, \quad 12, \quad 12,$$

$$17, \quad 17, \quad 1, \quad 1, \quad 27, \quad 27, \quad 11, \quad 11, \quad 19, \quad 19, \quad 4, \quad 4, \quad 27, \quad 27, \quad 12, \quad 12,$$

$$17, \quad 21, \quad 2, \quad 6, \quad 19, \quad 23, \quad 4, \quad 8, \quad 17, \quad 21, \quad 2, \quad 6, \quad 19, \quad 23, \quad 4, \quad 8,$$

$$17, \quad 21, \quad 2, \quad 6, \quad 19, \quad 23, \quad 4, \quad 8, \quad 17, \quad 21, \quad 2, \quad 6, \quad 19, \quad 23, \quad 4, \quad 8,$$

$$17, \quad 21, \quad 2, \quad 6, \quad 27, \quad 31, \quad 12, \quad 16, \quad 19, \quad 23, \quad 4, \quad 8, \quad 27, \quad 31, \quad 12, \quad 16,$$

$$17, \quad 21, \quad 2, \quad 6, \quad 27, \quad 31, \quad 12, \quad 16, \quad 19, \quad 23, \quad 4, \quad 8, \quad 27, \quad 31, \quad 12, \quad 16,$$

$$1, \quad 1, \quad 17, \quad 17, \quad 3, \quad 3, \quad 19, \quad 19, \quad 1, \quad 1, \quad 18, \quad 18, \quad 3, \quad 3, \quad 20, \quad 20,$$

$$1, \quad 1, \quad 17, \quad 17, \quad 3, \quad 3, \quad 19, \quad 19, \quad 1, \quad 1, \quad 18, \quad 18, \quad 3, \quad 3, \quad 20, \quad 20,$$

$$1, \quad 1, \quad 17, \quad 17, \quad 11, \quad 11, \quad 27, \quad 27, \quad 1, \quad 1, \quad 18, \quad 18, \quad 11, \quad 11, \quad 28, \quad 28,$$

$$1, \quad 1, \quad 17, \quad 17, \quad 11, \quad 11, \quad 27, \quad 27, \quad 1, \quad 1, \quad 18, \quad 18, \quad 11, \quad 11, \quad 28, \quad 28,$$

$$1, \quad 5, \quad 18, \quad 22, \quad 3, \quad 7, \quad 20, \quad 24, \quad 1, \quad 5, \quad 18, \quad 22, \quad 3, \quad 7, \quad 20, \quad 24,$$

$$1, \quad 5, \quad 18, \quad 22, \quad 3, \quad 7, \quad 20, \quad 24, \quad 1, \quad 5, \quad 18, \quad 22, \quad 3, \quad 7, \quad 20, \quad 24,$$

$$1, \quad 5, \quad 18, \quad 22, \quad 11, \quad 15, \quad 28, \quad 32, \quad 1, \quad 5, \quad 18, \quad 22, \quad 11, \quad 15, \quad 28, \quad 32,$$

$$1, \quad 5, \quad 18, \quad 22, \quad 11, \quad 15, \quad 28, \quad 32, \quad 1, \quad 5, \quad 18, \quad 22, \quad 11, \quad 15, \quad 28, \quad 32],$$

$$\tilde{H} = \delta_2[1, 2, 2, 2, 1, 2, 2, 2, 1, 2, 2, 2, 1, 2, 2, 2, 1, 2, 2, 2, 1, 2, 2, 2, 1, 2, 2, 2, 1, 2, 2, 2].$$

于是, 在 z 坐标下的方程变为

$$\begin{cases} z_1(t+1) = z_4(t) \bar{\vee} u_1(t) \\ z_2(t+1) = z_3(t) \vee \xi(t) \\ z_3(t+1) = z_5(t) \vee u_2(t) \\ z_4(t+1) = [u_1(t) \to (z_2(t) \vee \xi(t))] \wedge z_3(t) \\ z_5(t+1) = (u_2(t) \wedge z_2(t)) \vee z_4(t), \\ \quad y = z_4 \wedge z_5. \end{cases} \tag{17.3.9}$$

现在, 最小 Y-友好子空间为 (z_4, z_5). 如果选择

$$u_1(t) = z_2(t) = \neg x_2(t), \quad u_2(t) = 0,$$

那么, 只有 z_3 未消去. 但 z_3 方程中并无干扰, 于是, 只要将 (z_3, z_4, z_5) 看作 Y-友好子空间, 显然式 (17.3.9) 具有干扰解耦形式 (17.1.6).

17.4 习题与课程探索

17.4.1 习题

1. 某系统的状态空间为 $X = \mathcal{F}_\ell\{x_1, x_2, x_3, x_4, x_5\}$. 试对如下两种情形, 找出最小 Y-友好子空间:

(a)

$$y = x_2 \leftrightarrow x_3.$$

(b)

$$\begin{cases} y_1 = x_1 \leftrightarrow x_5 \\ y_2 = x_2 \bar{\vee} x_4. \end{cases}$$

2. 最小 Y-友好子空间是否唯一? 如果是, 试证之; 如果不是, 试举出反例.

3. 考虑下述系统的干扰解耦问题:

$$\begin{cases} x_1(t+1) = ((x_1(t) \leftrightarrow x_2(t)) \wedge x_2(t) \wedge u(t) \leftrightarrow \xi \\ x_2(t+1) = (x_1(t) \leftrightarrow x_2(t)) \wedge x_2(t) \wedge u(t), \\ \quad y(t) = x_2(t). \end{cases}$$

4. 设 W 是一个 Y-友好子空间, 则一定存在一个最小 Y-友好子空间 V, 使 $V \subset W$. 试证之.

5. 考查下列系统的干扰解耦问题:

$$\begin{cases} x_1(t+1) = ((x_1(t) \rightarrow x_2(t)) \vee [(x_1(t) \leftrightarrow x_3(t)) \rightarrow \xi(t)] \vee (u_1(t) \rightarrow x_4(t)) \\ x_2(t+1) = (x_1(t) \rightarrow \xi(t)) \leftrightarrow (u_2(t) \wedge x_4(t)) \\ x_3(t+1) = [((x_1(t) \leftrightarrow x_2(t)) \wedge \xi(t)) \rightarrow u_1(t)] \leftrightarrow (x_3(t) \wedge \neg x_4(t)) \\ x_4(t+1) = (x_3(t) \leftrightarrow x_4(t)) \rightarrow [(x_1(t) \rightarrow \xi(t)) \wedge u_2(t)], \\ \quad y_1(t) = x_3(t), \\ \quad y_2(t) = x_4(t). \end{cases}$$

17.4.2 课程探索

1. 如果最小 Y-友好子空间不满足定理 17.3.1, 是否干扰解耦问题就不能解了? 如果不是, 下一步该怎么办?

2. 如果不要求友好子空间是正规子空间, 应能得到干扰解耦问题的更一般的解. 试讨论这种情况.

第 18 章 一般逻辑动态网络

除了前面介绍过的确定型布尔网络外, 本章将介绍一些更一般的逻辑动态网络, 包括随机布尔网络、概率布尔网络以及多值的逻辑网络. 这些结果不仅本身有明确的物理意义, 而且, 在动态博弈中有大量应用. 本章内容主要基于文献 [75, 76]. 相关的近期研究论文有许多, 例如文献 [73, 77, 78] 等.

18.1 非齐次布尔网络

考查一个布尔网络, 将它的结点分成 k 组 $\{x^1, x^2, \cdots, x^k\}$, 其中, 当 x_j^i 更新它的状态值时, 它可以使用 x^s, $s < i$ 的当前状态. 这样, 其网络动态方程变为

$$
\begin{cases}
x^1(t+1) = f^1(x^1(t), x^2(t), \cdots, x^k(t)) \\
x^2(t+1) = f^2(x^1(t+1), x^2(t), \cdots, x^k(t)) \\
\quad\vdots \\
x^k(t+1) = f^k(x^1(t+1), \cdots, x^{k-1}(t+1), x^k(t)),
\end{cases}
\tag{18.1.1}
$$

这里 $x^i \in \mathcal{D}^{n_i}$, $\sum\limits_{i=1}^{k} n_i = n$. 这样的布尔网络称为非齐次布尔网络.

原则上, 非齐次布尔网络可以转换为齐次布尔网络, 我们用一个简单例子来说明这一点.

例 18.1.1 考查系统

$$
\begin{cases}
x_1(t+1) = x_1(t) \wedge x_3(t) \\
x_2(t+1) = x_1(t+1) \leftrightarrow x_2(t) \\
x_3(t+1) = x_2(t+1) \vee x_3(t).
\end{cases}
\tag{18.1.2}
$$

在向量形式下有

$$
\begin{cases}
x_1(t+1) = M_c x_1(t) x_3(t) \\
x_2(t+1) = M_e x_1(t+1) x_2(t) \\
x_3(t+1) = M_d x_2(t+1) x_3(t).
\end{cases}
\tag{18.1.3}
$$

记 $x(t) = x_1(t) x_2(t) x_3(t)$. 第一个方程可写成

$$
\begin{aligned}
x_1(t+1) &= M_c x_1(t) x_3(t) \\
&= M_c W_{[2,2]} x(t) \\
&:= L_1 x(t).
\end{aligned}
$$

将第一个方程代入第二个方程得

$$
\begin{aligned}
x_2(t+1) &= M_e M_c x_1(t) x_3(t) x_2(t) \\
&= M_e M_c x_1(t) W_{[2,2]} x_2(t) x_3(t) \\
&= M_e M_c \left(I_2 \otimes W_{[2,2]} \right) x(t) \\
&:= L_2 x(t)
\end{aligned}
$$

同理

$$
\begin{aligned}
x_3(t+1) &= M_d L_2 x_1(t) x_2(t) x_3^2(t) \\
&= M_d L_2 \left(I_4 \otimes R_3^P \right) x(t) \\
&:= L_3 x(t).
\end{aligned}
$$

容易算出

$$
\begin{aligned}
L_1 &= \delta_2[1, 2, 1, 2, 2, 2, 2, 2], \\
L_2 &= \delta_2[1, 2, 2, 1, 2, 2, 1, 1], \\
L_3 &= \delta_2[1, 2, 1, 1, 1, 2, 1, 1].
\end{aligned}
$$

$$
L = L_1 * L_2 * L_3 = \delta_8[1, 8, 3, 5, 7, 8, 5, 5].
$$

故式 (18.1.2) 可表示为

$$
x(t+1) = Lx(t).
$$

转化为逻辑形式有

$$
\begin{cases}
x_1(t+1) = x_1(t) \wedge x_3(t) \\
x_2(t+1) = [x_1(t) \wedge \neg(x_2(t) \bar{\vee} x_3(t))] \vee [\neg x_1 \wedge \neg x_2] \\
x_3(t+1) = (x_2(t) \wedge x_3(t)) \vee \neg x_2(t).
\end{cases}
\tag{18.1.4}
$$

18.2 随机布尔网络

随机布尔网络与普通布尔网络有类似的状态更新规则, 只是演化规则不再是确定性的. 这里仅仅考虑一种典型的情形: 在每一个时刻只有一个结点更新, 而这个结点是随机选出的. 所以它的演化方程可写成

$$
\begin{cases}
x_i(t+1) = f_i(x_1(t), x_2(t), \cdots, x_n(t)) \\
x_j(t+1) = x_j(t), \quad j \neq i,
\end{cases}
\tag{18.2.1}
$$

这里, 每个结点以等概率被选中, 即

$$
P(i=1) = P(i=2) = \cdots = P(i=n) = \frac{1}{n}.
$$

这就构成一个随机布尔网络.

对每个选定的 i, 系统 (18.2.1) 是一个齐次布尔网络. 因此, 有它的代数状态空间表示

$$x(t + 1) = L_i x(t), \quad i = 1, 2, \cdots, n. \tag{18.2.2}$$

现在 $x(t)$ 是一个随机向量, 我们需要用新的方法来刻画它. 记

$$\Upsilon_s = \{r \in \mathbb{R}^s \mid r_i \geqslant 0, i = 1, 2, \cdots, s; \sum_{i=1}^{s} r_i = 1\}.$$

如果

$$P\left(x(t) = \delta_{2^n}^i\right) = r_i, \quad i = 1, 2, \cdots, 2^n,$$

那么, 我们用 $r = (r_1, r_2, \cdots, r_{2^n})^{\mathrm{T}}$ 来表示 $x(t)$. 其实, 它表示的是 $x(t)$ 的期望值. 利用这个记号, 系统 (18.2.1) 的代数状态空间表示为

$$x(t + 1) = L x(t), \tag{18.2.3}$$

这里

$$L = \frac{1}{n} \sum_{i=1}^{n} L_i$$

是一个列马尔科夫转移矩阵.

以上介绍的随机布尔网络在理论和应用上均有其特殊的重要性. 该类随机布尔网络可以看作一种特殊的概率布尔网络. 我们将在下一节详细讨论概率布尔网络, 那里的结论也可用于随机布尔网络.

18.3 概率布尔网络

概率布尔网络无论在理论上还是在基因调控网络的实际应用中都很重要, 见文献 [79]. 本节内容主要参考文献 [80].

定义 18.3.1 *给定一个 n 个结点的布尔网络*

$$\begin{cases} x_1(t + 1) = f_1(x_1(t), x_2(t), \cdots, x_n(t)), \\ x_2(t + 1) = f_2(x_1(t), x_2(t), \cdots, x_n(t)), \\ \quad \vdots \\ x_n(t + 1) = f_n(x_1(t), x_2(t), \cdots, x_n(t)), \end{cases} \tag{18.3.1}$$

这里, *逻辑函数 f_i 可在一有限集中任选:*

$$f_i \in \left\{ f_i^1, f_i^2, \cdots, f_i^{\ell_i} \right\}, \tag{18.3.2}$$

并且 $f_i = f_i^j$ 的概率为

$$P\{f_i = f_i^j\} = p_i^j, \quad j = 1, 2, \cdots, \ell_i. \tag{18.3.3}$$

显然

$$\sum_{j=1}^{\ell_i} p_i^j = 1, \quad i = 1, 2, \cdots, n.$$

由式 (18.3.1) ~ 式 (18.3.3) 所确定的布尔网络称为一个概率布尔网络.

设系统 (18.3.1) 的代数状态空间表达式为

$$x(t + 1) = Lx(t), \tag{18.3.4}$$

这里, $L \in \Upsilon_{2^n \times 2^n}$.

通常用一个 K 矩阵来刻画一个概率布尔网络的可能模态:

$$K = \begin{bmatrix} 1 & 1 & \cdots & 1 & 1 \\ 1 & 1 & \cdots & 1 & 2 \\ \vdots & \vdots & & \vdots & \vdots \\ 1 & 1 & \cdots & 1 & \ell_n \\ 1 & 1 & \cdots & 2 & 1 \\ 1 & 1 & \cdots & 2 & 2 \\ \vdots & \vdots & & \vdots & \vdots \\ 1 & 1 & \cdots & 2 & \ell_n \\ \vdots & \vdots & & \vdots & \vdots \\ \ell_1 & \ell_2 & \cdots & \ell_{n-1} & \ell_n \end{bmatrix}. \tag{18.3.5}$$

可知, $K \in \mathcal{M}_{N \times n}$, 这里 $N = \prod_{j=1}^{n} \ell_j$. K 称为模态标识矩阵.

现在, K 的每一行代表一种可能的模态. 记 $K = (k_{ij})$. 那么, 第 i 个模态为

$$f_j = f_j^{k_{i,j}}, \quad j = 1, 2, \cdots, n. \tag{18.3.6}$$

记其代数形式为

$$x(t + 1) = L_i x(t), \quad i = 1, 2, \cdots, N.$$

于是有

$$P(L = L_i) = P_i, \quad i = 1, 2, \cdots, N, \tag{18.3.7}$$

这里

$$P_i = \prod_{j=1}^{n} p_j^{k_{ij}}.$$

因此, 在期望意义下有

$$L = \sum_{i=1}^{N} P_i L_i, \tag{18.3.8}$$

这里, L 是一个列马尔科夫转移矩阵.

根据马尔科夫链的性质有 (参见第 3 章):

命题 18.3.1 设 L 非周期且不可约, 则系统 (18.3.1) 存在一个不动点 (稳态分布) $x_e \in \Upsilon_{2^n}$.

下面给出一个例子.

例 18.3.1 考虑下面的系统:

$$\begin{cases} x_1(t+1) = f_1(x_1(t), x_2(t), x_3(t)) \\ x_2(t+1) = f_2(x_1(t), x_2(t), x_3(t)) \\ x_3(t+1) = f_3(x_1(t), x_2(t), x_3(t)), \end{cases} \tag{18.3.9}$$

这里

$$\begin{cases} f_1^1 = [x_1(t) \wedge (\neg(x_2(t) \wedge x_3(t)))] \vee [(\neg x_1(t)) \wedge x_2(t)] \\ f_1^2 = [x_1(t) \wedge (\neg(x_3(t) \rightarrow x_2(t)))] \vee [(\neg x_1(t)) \wedge (\neg(x_2(t) \leftrightarrow x_3(t)))], \end{cases}$$

且

$$P(f_1 = f_1^1) = 0.4, \quad P(f_1 = f_1^2) = 0.6.$$

$$\begin{cases} f_2^1 = [x_1(t) \wedge (x_2(t) \leftrightarrow x_3(t))] \vee [(\neg x_1(t)) \wedge (\neg(x_2(t))] \\ f_2^2 = [x_1(t) \wedge x_2(t)] \vee [(\neg x_1(t)) \wedge (x_2(t) \leftrightarrow x_3(t))], \end{cases}$$

且

$$P(f_2 = f_2^1) = 0.6, \quad P(f_2 = f_2^2) = 0.4.$$

$$\begin{cases} f_3^1 = x_1(t) \wedge (x_3(t) \rightarrow x_2(t)) \\ f_3^2 = [x_1(t) \wedge x_2(t) \wedge x_3(t)] \vee [(\neg x_1(t)) \wedge x_3(t)], \end{cases}$$

且

$$P(f_3 = f_3^1) = 0.4, \quad P(f_3 = f_3^2) = 0.6.$$

模态标识矩阵 K 及各模态实现的概率为

$$K = \begin{bmatrix} 1 & 1 & 1 \\ 1 & 1 & 2 \\ 1 & 2 & 1 \\ 1 & 2 & 2 \\ 2 & 1 & 1 \\ 2 & 1 & 2 \\ 2 & 2 & 1 \\ 2 & 2 & 2 \end{bmatrix}, \qquad \begin{aligned} & P_1 = 0.4 \times 0.6 \times 0.4 = 0.096, \\ & P_2 = 0.4 \times 0.6 \times 0.6 = 0.144, \\ & P_3 = 0.4 \times 0.4 \times 0.4 = 0.064, \\ & P_4 = 0.4 \times 0.4 \times 0.6 = 0.096, \\ & P_5 = 0.6 \times 0.6 \times 0.4 = 0.144, \\ & P_6 = 0.6 \times 0.6 \times 0.6 = 0.216, \\ & P_7 = 0.6 \times 0.4 \times 0.4 = 0.096, \\ & P_8 = 0.6 \times 0.4 \times 0.6 = 0.144. \end{aligned}$$

记 f_i^j 的结构矩阵为 M_i^j. 易知

$$\begin{aligned} M_1^1 &= \delta_2[2, 1, 1, 1, 1, 1, 2, 2], \\ M_1^2 &= \delta_2[2, 2, 1, 2, 2, 1, 1, 2], \\ M_2^1 &= \delta_2[1, 2, 2, 1, 2, 2, 1, 1], \\ M_2^2 &= \delta_2[1, 1, 2, 2, 1, 2, 2, 1], \\ M_3^1 &= \delta_2[1, 1, 2, 1, 2, 2, 2, 2], \\ M_3^2 &= \delta_2[1, 2, 2, 2, 1, 2, 1, 2]. \end{aligned}$$

记 $x(t) = x_1(t)x_2(t)x_3(t)$. 那么, 对第一个模型有

$$x(t + 1) = L_1 x(t),$$

这里

$$L_1 = M_1^1 * M_2^1 * M_3^1 = \delta_8[8\ 1\ 1\ 1\ 1\ 1\ 8\ 8].$$

类此可得 $L_i, i = 2, 3, \cdots, 8$. 最后可得概率布尔网络方程

$$x(t + 1) = Lx(t), \tag{18.3.10}$$

这里

$$L = \sum_{i=1}^{8} P_i L_i = \begin{bmatrix} 0 & 0.4 & 0 & 0 & 0 & 0 & 0.6 & 0 \\ 0 & 0 & 0 & 0 & 0.4 & 0 & 0 & 0 \\ 0 & 0 & 0 & 0.4 & 0 & 0 & 0 & 0 \\ 0 & 0 & 1 & 0 & 0 & 1 & 0 & 0 \\ 1 & 0 & 0 & 0 & 0 & 0 & 0 & 1 \\ 0 & 0 & 0 & 0.6 & 0 & 0 & 0 & 0 \\ 0 & 0 & 0 & 0 & 0.6 & 0 & 0 & 0 \\ 0 & 0.6 & 0 & 0 & 0 & 0 & 0.4 & 0 \end{bmatrix}.$$

18.4　k 值与混合值逻辑网络

一些逻辑变量可能不是非此即彼的. 例如命题 A: "某先生是老人". 显然, 如果某先生不是特别老或者还很年轻, 仅用 "真" 和 "假" 来描述命题 A 是不够的. 为了更准确地刻画这类命题, 一种方法即容许在 "真" $(A = 1)$ 和 "假" $(A = 0)$ 之间增加若干中间值, 这就产生了 k 值逻辑. 记

$$\mathcal{D}_k = \left\{1 = T, \frac{k-2}{k-1}, \cdots, \frac{1}{k-1}, 0 = F\right\}.$$

定义 18.4.1　一个逻辑变量 A, 如果 A 在 $\mathcal{D}_k$ 中取值, 即 $A \in \mathcal{D}_k$, 则 A 为一 k 值逻辑变量.

在 k 值逻辑中, 有一些常用的逻辑算子: 设 $A, B \in \mathcal{D}_k$.

(i) 非 $(\neg)$

$$\neg A = 1 - A. \tag{18.4.1}$$

(ii) 合取 $(\wedge)$

$$A \wedge B = \min\{A, B\}. \tag{18.4.2}$$

(iii) 析取 $(\vee)$

$$A \vee B = \max\{A, B\}. \tag{18.4.3}$$

定义式 (18.4.1) ~ 式 (18.4.3) 是普通逻辑算子的自然推广. 至于 "蕴涵" "等价" 等, 不同的多值逻辑可以有不同的定义. 为简单化, 我们均采用自然推广. 即

(iv) 蕴涵 $(\rightarrow)$

$$P \rightarrow Q := (\neg P) \vee Q. \tag{18.4.4}$$

(v) 等价 $(\leftrightarrow)$

$$P \leftrightarrow Q := (P \rightarrow Q) \wedge (Q \rightarrow P). \tag{18.4.5}$$

(vi) 异或 $(\bar{\vee})$

$$P \bar{\vee} Q := \neg(P \leftrightarrow Q). \tag{18.4.6}$$

类似于二值逻辑, k 值逻辑也可以表示为向量形式. 即令

$$\delta_k^i \sim \frac{k-i}{k-1}, \quad i = 1, 2, \cdots, k. \tag{18.4.7}$$

利用向量形式, 每一个逻辑算子也可以用它的代数形式表示.

例 18.4.1 在以下的算子结构矩阵中, 我们添加一个上标, 它代表 k.

(i) $\neg$:

$$M_n^k = \delta_k[k, k-1, \cdots, 1]. \tag{18.4.8}$$

(ii) $\wedge$:

$$M_c^3 = \delta_3[1, 2, 3, 2, 2, 3, 3, 3, 3]. \tag{18.4.9}$$

(iii) $\vee$:

$$M_d^3 = \delta_3[1, 1, 1, 1, 2, 1, 1, 2, 3]. \tag{18.4.10}$$

(iv) $\rightarrow$:

$$M_i^3 = \delta_3[1, 2, 3, 1, 2, 2, 1, 1, 1]. \tag{18.4.11}$$

(v) $\leftrightarrow$:

$$M_e^3 = \delta_3[1, 2, 3, 2, 2, 2, 3, 2, 1]. \tag{18.4.12}$$

(vi) $\bar{\vee}$:

$$M_m^3 = \delta_3[3, 2, 1, 2, 2, 2, 1, 2, 3]. \tag{18.4.13}$$

一个 k 值逻辑网络可表示为

$$\begin{cases} x_1(t+1) = f_1(x_1(t), x_2(t), \cdots, x_n(t)) \\ x_2(t+1) = f_2(x_1(t), x_2(t), \cdots, x_n(t)) \\ \quad \vdots \\ x_n(t+1) = f_n(x_1(t), x_2(t), \cdots, x_n(t)), \end{cases} \tag{18.4.14}$$

这里, $x_i \in \mathcal{D}_k$, $f_i : \mathcal{D}_k^n \to \mathcal{D}_k$, $i = 1, 2, \cdots, n$. 它是布尔网络的自然推广.

在向量形式下, $x_i \in \Delta_k$. 令 f_i 的结构矩阵为 $M_i \in \mathcal{L}_{k \times k^n}$, 则得

$$x_i(t+1) = M_i x(t), \quad i = 1, 2, \cdots, n. \tag{18.4.15}$$

记 $x(t) = \ltimes_{i=1}^{n} x_i(t)$, 则系统 (18.4.14) 有如下代数表达式:

$$x(t + 1) = Lx(t), \tag{18.4.16}$$

这里

$$L = M_1 * M_2 * \cdots * M_n.$$

几乎所有布尔网络的性质都可以推广到 k 值逻辑网络. 例如, 关于 k 值逻辑网络的不动点与极限环, 有如下结果:

定理 18.4.1　考虑 k 值逻辑网络 (18.4.14).

1. $\delta_{k^n}^i$ 为其不动点, 当且仅当在其代数表达式 (18.4.16) 中 L 的对角元 $\ell_{ii} = 1$. 记 N_e 为 k 值逻辑网络 (18.4.14) 的不动点数, 则

$$N_e = \text{tr}(L). \tag{18.4.17}$$

2. 长度为 s 的极限环数, 记为 N_s, 可用下式递推算出:

$$\begin{cases} N_1 = N_e \\ N_s = \dfrac{\text{tr}(L^s) - \sum\limits_{t \in \mathcal{P}(s)} t N_t}{s}, \quad 2 \leqslant s \leqslant k^n. \end{cases} \tag{18.4.18}$$

3. 长度为 s 的极限环元素, 记为 C_s, 即

$$C_s = \mathcal{D}_a(L^s) \backslash \bigcup_{t \in \mathcal{P}(s)} \mathcal{D}_a(L^t), \tag{18.4.19}$$

这里 $\mathcal{D}_a(L)$ 是 L 的对角非零的列的集合.

下面给出一个例子.

例 18.4.2　考虑 3 值逻辑系统

$$\begin{cases} x_1(t + 1) = x_1(t) \\ x_2(t + 1) = x_1(t) \rightarrow x_3(t) \\ x_3(t + 1) = x_2(t) \vee x_4(t) \\ x_4(t + 1) = \neg x_2(t) \\ x_5(t + 1) = \neg x_3(t). \end{cases} \tag{18.4.20}$$

不难算出, 在其代数表达式 $x(t + 1) = Lx(t)$ 中

$$L = \delta_{243}[9, 9, 9, \cdots, 181, 181, 181] \in \mathcal{L}_{243 \times 243}.$$

直接计算可证明如下结果:

$$\text{tr}(L^t) = 5, \quad t = 1, 3, \cdots,$$

以及

$$\mathrm{tr}(L^t) = 11, \quad t = 2, 4, \cdots.$$

利用定理 18.4.1, 可知系统 (18.4.20) 有 5 个不动点和 3 个长度为 2 的极限环. 并且不难得到, 其不动点为

$$E_1 = \delta_{3^5}^{9} \sim (1, 1, 1, 0, 0),$$

$$E_2 = \delta_{3^5}^{41} \sim (1, 0.5, 0.5, 0.5, 0.5),$$

$$E_3 = \delta_{3^5}^{90} \sim (0.5, 1, 1, 0, 0),$$

$$E_4 = \delta_{3^5}^{122} \sim (0.5, 0.5, 0.5, 0.5, 0.5),$$

$$E_5 = \delta_{3^5}^{171} \sim (0, 1, 1, 0, 0).$$

其极限环为

$$(1, 1, 0.5, 0.5, 0) \quad \rightarrow (1, 0.5, 1, 0, 0.5) \quad \rightarrow (1, 1, 0.5, 0.5, 0),$$

$$(1, 1, 0, 1, 0) \quad \rightarrow (1, 0, 1, 0, 1) \quad \rightarrow (1, 1, 0, 1, 0),$$

$$(0.5, 1, 0.5, 0.5, 0) \quad \rightarrow (0.5, 0.5, 1, 0, 0.5) \quad \rightarrow (0.5, 1, 0.5, 0.5, 0).$$

定义 18.4.2 一个 n 结点混合值逻辑网络, 其结点可取不同的有限值, 即 $x_i(t) \in \mathcal{D}_{k_i}$, $i = 1, 2, \cdots, n$. 其动态方程仍可以用一般逻辑演化方程 (18.4.14) 来表示, 但 $f_i : \prod_{i=1}^{n} \mathcal{D}_{k_i} \rightarrow \mathcal{D}_{k_i}$, $i = 1, 2, \cdots, n$.

混合值逻辑网络, 其逻辑意义已经不重要, 它更多地被看作有限集上的演化过程, 例如, 演化博弈. 因此, 讨论的出发点常常是其代数表达式, 而代数表达式通常不再从逻辑表达式得到. 类似于布尔网络或 k 值网络, 在向量形式下, $x_i(t) \in \Delta_{k_i}$, $i = 1, 2, \cdots, n$. 记 $k = \prod_{i=1}^{k} k_i$. 同样, 对每一个 f_i, 有唯一的结构矩阵 $M_i \in \mathcal{L}_{k \times k^n}$, 使式 (18.4.15) 成立, 最后, 可得其代数表达式 (18.4.16).

注 非齐次、随机及概率布尔网络都可以自然地推广到 k 值与混合值的情况. 如果从代数表达式出发, 从布尔网络得到的结果可以很自然地推广到一般有限值的情况.

18.5 一般逻辑控制网络

本章此前讨论的各种逻辑网络, 都可以在网络中加上相应类型的控制, 使之变为逻辑控制网络. 从数学上看, 逻辑控制网络的动态方程就是在逻辑网络的动态方程中加上相容的控制变量. 例如, 考虑一个 k 值概率逻辑控制网络, 其状态变量为 $x_i(t) \in \Upsilon_k$,

$i = 1, 2, \cdots, n$, 控制变量为 $u_i(t) \in \Upsilon_k$, $i = 1, 2, \cdots, m$. 记 $x(t) = \ltimes_{i=1}^n x_i(t)$, $u(t) = \ltimes_{i=1}^m u_i(t)$. 那么, 网络动态方程可表示为

$$x(t + 1) = Lu(t)x(t), \tag{18.5.1}$$

这里, $L \in \Upsilon_{2^n \times 2^{n+m}}$.

所有布尔网络的控制问题都可以推广到一般逻辑控制网络上, 但相应的结果却未必成立, 因此, 有大量的相关问题需要研究. 本节仅讨论两个例子.

18.5.1 混合值逻辑系统的坐标变换

考虑一个混合值逻辑控制系统

$$\begin{cases} x_1(t + 1) = f_1(x_1(t), x_2(t), \cdots, x_n(t), u_1(t), u_2(t), \cdots, u_m(t)) \\ x_2(t + 1) = f_2(x_1(t), x_2(t), \cdots, x_n(t), u_1(t), u_2(t), \cdots, u_m(t)) \\ \quad \vdots \\ x_n(t + 1) = f_n(x_1(t), x_2(t), \cdots, x_n(t), u_1(t), u_2(t), \cdots, u_m(t)), \\ y_j(t) = h_j(x_1(t), x_2(t), \cdots, x_n(t)), \quad j = 1, 2, \cdots, p. \end{cases} \tag{18.5.2}$$

这里 $x_i \in \mathcal{D}_{k_i}$ $(i = 1, 2, \cdots, n)$, $u_l \in \mathcal{D}_{r_l}$ $(l = 1, 2, \cdots, m)$, $y_j \in \mathcal{D}_{s_j}$ $(j = 1, 2, \cdots, p)$. $f_j : \prod_{i=1}^n \mathcal{D}_{k_i} \times \prod_{i=1}^m \mathcal{D}_{r_i} \to \mathcal{D}_{k_j}$ $(j = 1, 2, \cdots, n)$.

记 $x(t) = \ltimes_{i=1}^n x_i(t)$, $u(t) = \ltimes_{i=1}^m u_i(t)$, $y(t) = \ltimes_{j=1}^p y_j(t)$, $k = \prod_{i=1}^n k_i$, $r = \prod_{i=1}^m r_i$, $s = \prod_{j=1}^p s_j$, 则系统 (18.5.3) 有其代数表示式

$$\begin{aligned} x(t + 1) &= Lu(t)x(t), \\ y(t) &= Hx(t). \end{aligned} \tag{18.5.3}$$

设 $z_i \in \mathcal{X} = \mathcal{F}_\ell\{x_1, x_2, \cdots, x_n\}$, $i = 1, 2, \cdots, N$. 记 $z = \ltimes_{i=1}^N z_i$. 如果 z 的代数表达式为

$$z = Tx,$$

这里 $T \in \mathcal{L}_{k \times k}$ 非奇异, 则

$$\Phi : (x_1, x_2, \cdots, x_n) \mapsto (z_1, z_2, \cdots, z_N)$$

为一坐标变换. 在 z 坐标下, 系统变为

$$\begin{aligned} z(t + 1) &= \tilde{L}u(t)z(t), \\ y(t) &= \tilde{H}z(t), \end{aligned} \tag{18.5.4}$$

这里

$$\begin{aligned} \tilde{L} &= TL(I_r \otimes T^{-1}), \\ \tilde{H} &= HT^{\mathrm{T}}. \end{aligned}$$

18.5.2 概率布尔控制网络的能控性

先回忆确定性布尔网络的能控性: 考查一个布尔控制网络

$$x(t + 1) = Lu(t)x(t), \tag{18.5.5}$$

这里 $x(t) = \ltimes_{i=1}^n x_i(t) \in \Delta_{2^n}, u(t) = \ltimes_{i=1}^m u_i(t) \in \Delta_{2^m}, L \in \mathcal{L}_{2^n \times 2^{n+m}}$. 记

$$L = [L_1\ L_2\ \cdots\ L_{2^m}],$$

然后定义 (见式(15.4.2)):

$$M := \sum_{i=1}^{2^m} {}_{\mathcal{B}} L_i. \tag{18.5.6}$$

上面的加法是指布尔加法, 即

$$a +_{\mathcal{B}} b := a \vee b, \quad a, b \in \mathcal{D}_2.$$

与式 (15.4.2) 不同, 这里 M 仍然是个布尔矩阵. 利用布尔加法而得到的布尔矩阵幂乘记作

$$A \times_{\mathcal{B}} A := A^{(2)}.$$

利用这些记号, 我们可得到如下能控性定理. 它本质上和定理 15.4.1 是一样的.

定理 18.5.1 考虑系统 (18.5.5). 设 M 由式 (18.5.6) 定义, 则

1. $x(s) = \delta_{2^n}^\alpha$ 是从 $x(0) = \delta_{2^n}^j$ 出发 s 步可达, 当且仅当

$$M_{\alpha j}^{(s)} > 0. \tag{18.5.7}$$

2. 定义能控性矩阵

$$C := \sum_{s=1}^{k^n} {}_{\mathcal{B}} M^{(s)}. \tag{18.5.8}$$

- $x = \delta_{2^n}^\alpha$ 是从 $x(0) = \delta_{2^n}^j$ 可达, 当且仅当

$$C_{\alpha j} > 0. \tag{18.5.9}$$

- 系统在 $x(0) = \delta_{2^n}^j$ 能控, 当且仅当

$$\mathrm{Col}_j(C) > 0. \tag{18.5.10}$$

- 系统能控, 当且仅当能控性矩阵为正矩阵, 即

$$C > 0. \tag{18.5.11}$$

现在考虑概率布尔控制网络, 我们还用式 (18.5.5) 来描述它, 不过这时 L 由式 (18.3.8) 确定. 以下讨论的概率布尔控制网络均由式 (18.5.5) ~ 式 (18.5.11) 及式 (18.3.8) 所确定. 先给出一个严格定义.

定义 18.5.1 (概率布尔控制网络的能控性)

1. 概率布尔控制网络称为从 x_i 到 x_j 能控, 如果存在控制序列 $\{u(t) \mid t \geqslant 0\}$, 使得

$$P\big(x(t) = x_j \text{ 对某个 } t \geqslant 1 \mid x(0) = x_i\big) = 1. \tag{18.5.12}$$

2. 概率布尔控制网络称为在 x_i 能控, 如果对任一 $x_j \in \Delta_{2^n}$, 它从 x_i 到 x_j 能控.

3. 概率布尔控制网络称为能控, 如果它在任一 $x_i \in \Delta_{2^n}$ 能控.

假设: 在式 (18.3.8) 中, 每个模态的概率均为正, 即

$$P_\lambda > 0, \quad \lambda = 1, 2, \cdots, N. \tag{18.5.13}$$

对每个模态 λ, 我们可利用式(18.5.6) 构造相应的 M 矩阵, 记为 $M_\lambda, \lambda = 1, 2, \cdots, N$. 再定义

$$M_P := \sum_{\lambda=1}^{N} {}_{\mathcal{B}} M_\lambda, \tag{18.5.14}$$

进而构造

$$\mathcal{R}_P := \sum_{s=1}^{2^n} {}_{\mathcal{B}} M_P^{(s)} \in \mathcal{B}_{2^n \times 2^n}. \tag{18.5.15}$$

最后有:

定理 18.5.2 [22]　在假设的条件下, 概率布尔控制网络 (18.5.5) ~网络(18.5.11) 及式 (18.3.8) 能控, 当且仅当

$$\mathcal{R}_P > 0. \tag{18.5.16}$$

例 18.5.1　考查概率布尔控制网络

$$\begin{cases} x_1(t+1) = f_1(x_2(t), u(t)) \\ x_2(t+1) = f_2(x_1(t), x_2(t)), \end{cases} \tag{18.5.17}$$

这里

$$f_1 \in \left\{ f_1^1 = x_2(t) \bar{\vee} u(t), \ f_1^2 = x_2(t) \vee u(t), \ f_1^3 = x_2(t) \wedge u(t) \right\},$$
$$f_2 \in \left\{ f_2^1 = x_1(t) \wedge x_2(t), \ f_2^2 = x_1(t) \rightarrow x_2(t) \right\}.$$

设 f_i 等概率地选其容许函数, 则我们共可得到 6 种不同模型, 每种概率均为 $\frac{1}{6}$. 容易算出各种情况的结构矩阵如下:

$$L_1 = \delta_4[3, 2, 4, 2, 1, 4, 2, 4], \quad L_2 = \delta_4[3, 2, 3, 1, 1, 4, 1, 3],$$
$$L_3 = \delta_4[1, 2, 2, 2, 1, 4, 2, 4], \quad L_4 = \delta_4[1, 2, 1, 1, 1, 4, 1, 3],$$
$$L_5 = \delta_4[1, 4, 2, 4, 3, 4, 4, 4], \quad L_6 = \delta_4[1, 4, 1, 3, 3, 4, 3, 3].$$

利用定义式 (18.5.6), 对每个 L_λ, $\lambda = 1, 2, \cdots, 6$, 可计算相应的 M_λ 如下:

$$M_1 = \begin{bmatrix} 1 & 0 & 0 & 0 \\ 0 & 1 & 1 & 1 \\ 1 & 0 & 0 & 0 \\ 0 & 1 & 1 & 1 \end{bmatrix}, \quad M_2 = \begin{bmatrix} 1 & 0 & 1 & 1 \\ 0 & 1 & 0 & 0 \\ 1 & 0 & 1 & 1 \\ 0 & 1 & 0 & 0 \end{bmatrix}, \quad M_3 = \begin{bmatrix} 1 & 0 & 0 & 0 \\ 0 & 1 & 1 & 1 \\ 0 & 0 & 0 & 0 \\ 0 & 1 & 0 & 1 \end{bmatrix},$$

$$M_4 = \begin{bmatrix} 1 & 0 & 1 & 1 \\ 0 & 1 & 0 & 0 \\ 0 & 0 & 0 & 1 \\ 0 & 1 & 0 & 0 \end{bmatrix}, \quad M_5 = \begin{bmatrix} 1 & 0 & 0 & 0 \\ 0 & 0 & 1 & 0 \\ 1 & 0 & 0 & 0 \\ 0 & 1 & 1 & 1 \end{bmatrix}, \quad M_6 = \begin{bmatrix} 1 & 0 & 1 & 0 \\ 0 & 0 & 0 & 0 \\ 1 & 0 & 1 & 1 \\ 0 & 1 & 0 & 0 \end{bmatrix}.$$

再用定义式 (18.5.14) 可得

$$M_P = \sum_{\lambda=1}^{6} {}_\mathcal{B} M_\lambda = \begin{bmatrix} 1 & 0 & 1 & 1 \\ 0 & 1 & 1 & 1 \\ 1 & 0 & 1 & 1 \\ 0 & 1 & 1 & 1 \end{bmatrix}.$$

因为

$$M_P^{(2)} = \begin{bmatrix} 1 & 1 & 1 & 1 \\ 1 & 1 & 1 & 1 \\ 1 & 1 & 1 & 1 \\ 1 & 1 & 1 & 1 \end{bmatrix},$$

显然 $\mathcal{R}_P > 0$. 由定理 18.5.2 可知, 概率布尔控制网络 (18.5.17) 完全能控.

18.6 习题与课程探索

18.6.1 习题

1. 试将下列非齐次布尔网络转化为齐次布尔网络:

(a)

$$\begin{cases} x_1(t+1) = x_2(t) \wedge x_3(t) \\ x_2(t+1) = x_3(t) \vee x_1(t+1) \\ x_3(t+1) = x_2(t+1) \rightarrow x_3(t). \end{cases} \tag{18.6.1}$$

(b)

$$\begin{cases} x_1(t+1) = x_1(t) \bar{\vee} x_2(t) \\ x_2(t+1) = x_2(t) \rightarrow x_3(t) \\ x_3(t+1) = x_3(t) \wedge x_2(t+1) \\ x_4(t+1) = x_4(t) \vee x_1(t+1). \end{cases} \tag{18.6.2}$$

2. 一个随机布尔网络有 4 个结点, 连接成一个环 (即以 $\mathbb{Z}_4$ 标记其点, 例如, $x_4 = x_0$). 设如果结点 i 被选中更新, 则

$$\begin{cases} x_i(t+1) = x_{i-1}(t) \wedge x_{i+1}(t) \\ x_j(t+1) = x_j(t), \quad j \neq i. \end{cases} \tag{18.6.3}$$

设每点每次被选中的概率均为 0.25. 试计算其演化方程.

3. 考虑一个两结点的概率布尔网络:

$$\begin{cases} x_1(t+1) = f_1(x_1(t), x_2(t)) \\ x_2(t+1) = f_2(x_1(t), x_2(t)), \end{cases} \tag{18.6.4}$$

这里

$$f_1 = \begin{cases} f_1^1 = x_1(t) \vee x_2(t), & p_1^1 = 0.5 \\ f_1^2 = x_1(t) \wedge x_2(t), & p_1^2 = 0.5, \end{cases}$$
$$f_2 = \begin{cases} f_2^1 = x_1(t) \rightarrow x_2(t), & p_2^1 = 0.4 \\ f_2^2 = x_1(t) \bar{\vee} x_2(t), & p_2^2 = 0.6. \end{cases}$$

试给出它的代数状态空间表达式.

4. 考虑如下的 3 值逻辑系统:

$$\begin{cases} x_1(t+1) = \neg x_2(t) \\ x_2(t+1) = x_1(t) \vee x_3(t) \\ x_3(t+1) = x_1(t) \wedge x_2(t). \end{cases}$$

试找出它的所有不动点与极限环.

5. 考虑一个 k 值逻辑系统. 其状态空间可定义为 $\{x_1, x_2, \cdots, x_n\}$ 的 k 值逻辑函数集合, 记作

$$\mathcal{X} := \mathcal{F}_\ell^k \{x_1, x_2, \cdots, x_n\}.$$

如果 $g_1, g_2, \cdots, g_s \in \mathcal{F}_\ell^k$, 则由 $\{g_1, g_2, \cdots, g_s\}$ 生成的子空间是指 $\{g_1, g_2, \cdots, g_s\}$ 的 k 值逻辑函数集合, 记作

$$\mathcal{G} := \mathcal{F}_\ell^k \{g_1, g_2, \cdots, g_s\}.$$

问何时 $\mathcal{G}$ 为一个正规子空间?

6. 考虑下列概率布尔网络:

$$\begin{cases} x_1(t+1) = f_1(x_1(t), x_2(t)) \\ x_2(t+1) = f_2(x_1(t), x_2(t)), \end{cases} \tag{18.6.5}$$

这里

$$f_1 = \begin{cases} f_1^1 = \neg x_2(t), & p_1^1 = 0.6 \\ f_1^2 = x_1(t) \wedge x_2(t), & p_1^2 = 0.4, \end{cases}$$

$$f_2 = \begin{cases} f_2^1 = x_1(t) \leftrightarrow x_2(t), & p_2^1 = 0.5 \\ f_2^2 = x_1(t) \vee x_2(t), & p_2^2 = 0.5. \end{cases}$$

试讨论它的能控性.

18.6.2　课程探索

1. 一个齐次布尔网络何时可转化为非齐次布尔网络? (非齐次布尔网络在收敛性方面有优势, 可参见第 23 章).

2. 试讨论混合值逻辑网络的拓扑结构. (它有望对研究网络演化博弈起重要作用.)

第 19 章　有限博弈

博弈论也称对策论 (game theory). 各种博弈游戏和朴素的对策思想自从人类社会出现就产生了, 中国有田忌赛马的故事 (公元前 300 余年), 国外有犹太教法典《塔木德》(约公元 500 年) 中的遗产分配问题, 等等, 都是有记载的博弈论故事. 而现代博弈论则起源于 20 世纪. 通常认为, 冯·诺伊曼 (John von Neumann) 与摩根斯顿 (Oskar Morgenstern) 合著的著作《博弈论与经济行为》[4]标志着现代博弈论的诞生.

通常将博弈论分为两部分: 竞争博弈与合作博弈. 纳什 (Nash) 和他提出的纳什均衡是竞争博弈的基础[81], 沙普利 (Shapley) 等人是合作博弈的代表人物[82].

19.1　博弈的数学模型

定义 19.1.1　一个 (有限) 正规博弈 (normal game) 由三个部分组成: $G = (N, S, C)$, 这里

(i) $N = \{1, 2, \cdots, n\}$ 表示这里有 n 个玩家(局中人).

(ii) $S = \prod\limits_{i=1}^{n} S_i$ 称为局势 (profile), 其中

$$S_i = \{s_1^i, s_2^i, \cdots, s_{k_i}^i\}, \quad i = 1, 2, \cdots, n$$

是第 i 个玩家的策略 (strategy) 集, 它表示第 i 个玩家有 k_i 个策略可供选择. 局势是所有玩家策略集的笛卡儿积.

(iii) $C = (c_1, c_2, \cdots, c_n)$, 其中 $c_i : S \to \mathbb{R}$ 是第 i 个玩家的收益函数 (payoff function).

为方便计, 策略集通常记为

$$S_i = \{1, 2, \cdots, k_i\}, \quad i = 1, 2, \cdots, n.$$

这是 "有限" 博弈, 指: 玩家数 $n < \infty$; 策略数 $|S_i| < \infty, i = 1, 2, \cdots, n$. 本书今后只讨论有限博弈.

下面给出几个例子.

例 19.1.1 (囚徒困境 (prisoner's dilemma)[5])　两个小偷被捕. 由于证据不足, 如果两小偷合作 (不招供), 则每人将被判刑 1 年. 如果一个背叛 (即招供), 另一个合作, 则背叛者无罪释放, 合作者被判 9 年. 如果两个均背叛, 则每人将被判刑 6 年. 讨论每个囚徒将如何决策.

这是个典型的博弈问题.

(i) $N = \{1, 2\}$, 即玩家 1 与玩家 2.

(ii) 策略集 $S_1 = S_2 = \{1, 2\}$, 这里 1 代表合作, 2 代表背叛.

(iii) 支付函数 c_i, 通常支付函数用一个表来表示, 见表 19.1.1.

表 19.1.1 囚徒困境 (双矩阵)

P_1 \ P_2	1	2
1	−1, −1	−9, 0
2	0, −9	−6, −6

表 19.1.1 称为一个支付双矩阵 (bi-matrix), 它用不同的行对应玩家 1 不同的策略, 不同的列对应玩家 2 不同的策略. 在每个 (i, j) 位置给出两个数, 前面是玩家 1 所得, 后面是玩家 2 所得. 例如, 如果玩家 1 取策略 1 (对应第 1 行), 玩家 2 取策略 2 (对应第 2 列), 查 $(1, 2)$ 位置可知, 玩家 1 判 9 年, 玩家 2 判 0 年.

其实, 一个有限博弈的全部信息都表现在双矩阵中了. 双矩阵虽然被广泛应用, 但是, 当玩家多于两人时它很不方便, 我们试图用单矩阵代替它. 表 19.1.2 是表 19.1.1 的另一种形式.

表 19.1.2 囚徒困境 (单矩阵)

C \ P	11	12	21	22
c_1	−1	−9	0	−6
c_2	−1	0	−9	−6

表 19.1.2 中第 1 行依序列出不同的局势, 第 2 行表示相关局势下玩家 1 所得, 第 3 行表示相关局势下玩家 2 所得. 下面的例子就能看出它的好处.

例 19.1.2 3 个人玩手心手背, 如果某人与其他两人不同, 则他赢 2 分, 其他两人各输 1 分. 记玩家为 1, 2, 3, 则有如下支付矩阵 (单矩阵), 见表 19.1.3.

注 在支付表的第 1 行, 局势应严格按字典序排列. 即先让最后一个玩家的策略 s_n 从 1 变到 k_n, 然后是倒数第二个玩家的策略 s_{n-1} 从 1 变到 k_{n-1}, 等等, 直到第一个玩家的策略 s_1 从 1 变到 k_1. 这样, 才能使支付矩阵有唯一性. 后面将看到, 这种排序在应用上十分有效.

表 19.1.3 手心手背 (单矩阵)

P C	111	112	121	122	211	212	221	222
c_1	0	−1	−1	2	2	−1	−1	0
c_2	0	−1	2	−1	−1	2	−1	0
c_3	0	2	−1	−1	−1	−1	2	0

如果在博弈中, 每种局势下所有收益和为零, 即

$$\sum_{i=1}^{n} c_i(s) = 0, \quad \forall s \in S,$$

则称该博弈为零和博弈. 不难验证, 例 19.1.2 为零和博弈.

19.2 纳什均衡

定义 19.2.1 给定一个有限博弈 $G = (N, S, C)$. 一个局势 $s^* = (s_1^*, s_2^*, \cdots, s_n^*)$ 称为一个纳什均衡, 如果

$$c_i(s_1^*, s_2^*, \cdots, s_n^*) \geqslant c_i(s_1^*, s_2^*, \cdots, s_{i-1}^*, s_i, s_{i+1}^*, \cdots, s_n^*), \quad s_i \in S_i, \ i = 1, 2, \cdots, n. \quad (19.2.1)$$

纳什均衡表示竞争博弈中一个大家都能接受的策略集合, 因为任何人单独改变策略都会吃亏 (至少不会占便宜).

对有限博弈, 很容易从支付矩阵找到纳什均衡点, 我们用一个例子来说明.

例 19.2.1 考虑一个有限博弈 $G = (N, S, C)$, 这里 $N = \{1, 2, 3\}$, $S_1 = \{1, 2, 3\}$, $S_2 = \{1, 2\}$, $S_3 = \{1, 2, 3\}$. 支付矩阵见表19.2.1.

考虑 c_1, 比较它在 111, 211 以及 311 的值, 这里 $s^{-1} := \prod_{i \neq 1} s_i$ 的策略是一样的. 准确地说, $s^{-1} = s_2 \times s_3 = 11$. 由于 $c_1(111) = 1$, $c_1(211) = -2$, 及 $c_1(311) = 3$, 故

$$c_1(311) = \max_{s_1 \in S_1} c_1(s_1, 1, 1).$$

那么, 我们在最大值 3 下加一下划线. 类似地, 我们对每个 $s^{-1} \in S^{-1}$ 寻找最大值

$$\max_{s_1 \in S_1} c_1(s_1, s^{-1}), \quad s^{-1} \in S^{-1},$$

在最大值下加下划线. 对

$$\max_{s_2 \in S_2} c_2(s_2, s^{-2}), \quad s^{-2} \in S^{-2}$$

表 19.2.1 例 19.2.1 的支付矩阵

P⟍C	111	112	113	121	122	123	211	212	213
c_1	1	<u>2</u>	−1	−2	0	1	−2	1	<u>1</u>
c_2	2	<u>3</u>	<u>4</u>	<u>3</u>	2	1	<u>3</u>	2	<u>2</u>
c_3	−2	−1	<u>0</u>	−4	<u>−2</u>	−3	−3	−2	<u>0</u>

P⟍C	221	222	223	311	312	313	321	322	323
c_1	<u>1</u>	0	2	<u>3</u>	<u>2</u>	<u>1</u>	−1	<u>2</u>	−2
c_2	2	<u>3</u>	1	3	2	<u>4</u>	<u>5</u>	<u>3</u>	1
c_3	−1	−1	<u>0</u>	<u>0</u>	−3	−3	−2	<u>−1</u>	<u>−1</u>

和

$$\max_{s_3 \in S_3} c_3(s_3, s^{-3}), \quad s^{-3} \in S^{-3}$$

做同样的事.

然后考查支付矩阵的每一列. 如果某一列所有元素都加了下划线, 这一列所对应的局势就是纳什均衡点.

最后, 不难看出, 本例有两个纳什均衡点, 即 (2, 1, 3) 及 (3, 2, 2).

19.3 混合策略

是否所有的有限博弈都有满足式 (19.2.1) 的纳什均衡呢? 我们考查下面这个例子.

例 19.3.1 两人玩石头-剪刀-布 (Rock-Scissors-Paper) 游戏. 记策略 $R = 1$, $S = 2$, $P = 3$, 则有如表 19.3.1所示的支付矩阵:

表 19.3.1 石头-剪刀-布的支付矩阵

P⟍C	11	12	13	21	22	23	31	32	33
c_1	0	<u>1</u>	−1	−1	0	<u>1</u>	<u>1</u>	−1	0
c_2	0	−1	<u>1</u>	<u>1</u>	0	−1	−1	<u>1</u>	0

用前节办法我们将每种情况下的最佳反应划出. 从表 19.3.1中可以看出, 这个博弈没有定义 19.2.1 所指的纳什均衡.

玩过石头-剪刀-布游戏的人都知道, 应当随机地在 "石头" "剪刀" "布" 中任选一个. 这种策略称为混合策略 (mixed strategy).

定义 19.3.1　给定一个正规博弈.

(i)　记

$$\bar{S}_i = \left\{ \left(r_1^i, r_2^i, \cdots, r_{k_i}^i\right) \,\middle|\, r_j^i \geqslant 0, \sum_{j=1}^{k_i} r_j^i = 1 \right\}.$$

这里, $\bar{s}_i = \left(r_1^i, r_2^i, \cdots, r_{k_i}^i\right) \in \bar{S}_i$ 称为一个混合策略, 它表示第 i 个玩家以概率 r_j^i 取策略 s_j^i (简称策略 j), $j = 1, 2, \cdots, k_i$. 相应的局势集合记为

$$\bar{S} = \prod_{i=1}^{n} \bar{S}_i.$$

(ii)　$\bar{s}^* = \left(\bar{s}_1^*, \bar{s}_2^*, \cdots, \bar{s}_n^*\right)$ 称为一个纳什均衡, 如果支付函数的期望值满足

$$Ec_i(\bar{s}_1^*, \bar{s}_2^*, \cdots, \bar{s}_n^*) \geqslant Ec_i(\bar{s}_1^*, \bar{s}_2^*, \cdots, \bar{s}_{i-1}^*, \bar{s}_i, \bar{s}_{i+1}^*, \cdots, \bar{s}_n^*), \quad \bar{s}_i \in \bar{S}_i, \, i = 1, 2, \cdots, n. \quad (19.3.1)$$

由于引进了混合策略, 前面定义的 $s_i \in S_i$ 就称为纯策略 (pure strategy). 当然, 纯策略是一种特殊的混合策略.

例 19.3.2　回忆例 19.3.1. 如果允许使用混合策略, 不妨设第一个玩家的策略为 $(p_1, p_2, 1 - p_1 - p_2)$, 第二个玩家的策略为 $(q_1, q_2, 1 - q_1 - q_2)$. 于是, 期望值为

$$\begin{aligned}
E(c_1) &= p_1 q_2 - p_1(1 - q_1 - q_2) - p_2 q_1 + p_2(1 - q_1 - q_2) + \\
&\quad (1 - p_1 - p_2)q_1 - (1 - p_1 - p_2)q_2, \\
E(c_2) &= -p_1 q_2 + p_1(1 - q_1 - q_2) + p_2 q_1 - p_2(1 - q_1 - q_2) - \\
&\quad (1 - p_1 - p_2)q_1 + (1 - p_1 - p_2)q_2.
\end{aligned}$$

注意到纳什均衡是最佳响应函数的解, 计算

$$\frac{\partial E(c_1)}{\partial p_1} = q_2 - (1 - q_1 - q_2) - q_1 + q_2 := 0,$$

可得 $3q_2 = 1$, 于是

$$q_2^* = \frac{1}{3}.$$

同样, 由

$$\frac{\partial E(c_1)}{\partial p_2} = 0, \quad \frac{\partial E(c_2)}{\partial q_1} = 0, \quad \frac{\partial E(c_2)}{\partial q_2} = 0$$

可分别得到

$$q_1^* = \frac{1}{3}, \quad p_2^* = \frac{1}{3}, \quad p_1^* = \frac{1}{3}.$$

容易检验, $\bar{s}_1^* = \bar{s}_2^* = \left(\frac{1}{3}, \frac{1}{3}, \frac{1}{3}\right)$ 是纳什均衡点.

为了区别, 由纯策略组成的纳什均衡称为纯纳什均衡.

以下定理是纳什的一个主要贡献.

定理 19.3.1 [5] 任何有限博弈总存在纳什均衡, 但它可能是由混合策略构成的.

19.4 博弈与伪逻辑函数

定义 19.4.1 设 $x_i \in \mathcal{D}, i = 1, 2, \cdots, n$. 一个映射 $f : \mathcal{D}^n \to \mathbb{R}$, 记作 $f(x_1, x_2, \cdots, x_n)$, 称为一个伪布尔函数.

当 x_i 用向量表示时, 即令 $x_i \in \Delta$, 类似于布尔函数, 伪布尔函数也有如下代数表达式.

命题 19.4.1 考查一个伪布尔函数 $f : \mathcal{D}^n \to \mathbb{R}$. 当 x_i 表示为向量形式时, 则存在唯一行向量 $V_f \in \mathbb{R}^{2^n}$, 称为 f 的结构向量, 使得

$$f(x_1, x_2, \cdots, x_n) = V_f \ltimes_{i=1}^n x_i. \tag{19.4.1}$$

伪布尔函数有很广泛的应用, 特别是其优化问题曾被广泛讨论 [83]. 伪布尔函数的一个直接推广就是伪逻辑函数.

定义 19.4.2 设 $x_i \in \mathcal{D}_{k_i}, i = 1, 2, \cdots, n$. 一个映射 $f : \prod_{i=1}^n \mathcal{D}_{k_i} \to \mathbb{R}$, 记作 $f(x_1, x_2, \cdots, x_n)$, 称为一个伪逻辑函数. 当 $k_1 = k_2 = \cdots = k_n := k_0$ 时, f 称为 k_0 值伪逻辑函数, 否则称为混合值伪逻辑函数.

同样, 在向量形式下, 令 $x_i \in \Delta_{k_i}$, 伪逻辑函数也有如下代数表达式.

命题 19.4.2 考查一个伪逻辑函数 $f : \prod_{i=1}^n \mathcal{D}_{k_i} \to \mathbb{R}$. 当 x_i 表示为向量形式时, 则存在唯一行向量 $V_f \in \mathbb{R}^k$ (这里 $k = \prod_{i=1}^n k_i$), 称为 f 的结构向量, 使得

$$f(x_1, x_2, \cdots, x_n) = V_f \ltimes_{i=1}^n x_i. \tag{19.4.2}$$

回到有限博弈, 考虑策略集 $S_i = \{1, 2, \cdots, k_i\}$. 类似于多值逻辑, 我们只要将 j (第 j 个策略) 用 $\delta_{k_i}^j$ 表示, 则 $S_i \sim \Delta_{k_i}, i = 1, 2, \cdots, n$. 于是, 支付函数 $c_i : \prod_{i=1}^n \Delta_{k_i} \to \mathbb{R}, i = 1, 2, \cdots, n$, 就成为伪逻辑函数. 记 c_i 的结构向量为 V_i, 则 $(V_1, V_2, \cdots, V_n)$ 唯一确定了一个有限博弈.

命题 19.4.3 $|N| = n, |S_i| = k_i, i = 1, 2, \cdots, n$ 的有限博弈全体构成一个 nk 维线性空间 $\mathbb{R}^{nk}$, 这里 $k = \prod_{i=1}^n k_i$. 记

$$V = (V_1, V_2, \cdots, V_n) \in \mathbb{R}^{nk}, \tag{19.4.3}$$

这里 V_i 是玩家 i 的支付函数的结构向量.

以后会看到, 有限博弈的线性空间结构非常重要.

19.5 习题与课程探索

19.5.1 习题

1. 为什么例 19.2.1 得出的方法能找到纳什均衡点? 请解释.

2. Benoit & Krishna 博弈[84] (一种复杂化的囚徒困境) 的支付双矩阵见表 19.5.1. 其中策略 1: 抵赖; 策略 2: 胡扯; 策略 3: 坦白.

表 19.5.1 Benoit & Krishna 博弈 (双矩阵)

$\diagdown$ K B	1	2	3
1	10, 10	−1, −12	−1, 15
2	−12, −1	8, 8	−1, −1
3	15, −1	−1, −1	0, 0

(i) 将支付表表示为单矩阵形式.

(ii) 它是否有纯纳什均衡?

3. 考虑手心手背博弈 (见例 19.1.2). 它是否有纯纳什均衡点? 试找出它的混合纳什均衡.

4. 在田忌赛马中, 田忌与齐威王各有上、中、下三匹马. 比赛三局, 每局输赢千金.

- 写出支付矩阵.
- 将支付函数表示成伪逻辑函数.
- 它是否有纯纳什均衡?
- 找出它的混合值纳什均衡.

5. 设有一个二人博弈, 甲、乙各有两种策略. 显然, 所有这样的博弈只取决于支付函数.

- 证明所有这样的博弈集合同构于 $\mathbb{R}^8$. (提示: 将两个支付函数表示成伪逻辑函数.)
- 找出一个子集 $S \subset \mathbb{R}^8$, 使 $S = \{1, 2\}$ 成为纯纳什均衡点.
- 如果只管谁输谁赢, 不管输或赢的多少, 那么, 对所有局势两个人输赢情况相同的博弈称为等价博弈. 举一组等价博弈的例子.

19.5.2　课程探索

举一两个你所熟悉的例子, 它可以用有限博弈的形式来刻画.

第 20 章　矩阵博弈

矩阵博弈也称零和博弈. 它是最基本的, 然而也是最重要的一种博弈, 对它的讨论也有助于对一般博弈问题的理解. 本章可参见文献 [85].

20.1　凸集与数组

定义 20.1.1　在 $\mathbb{R}^n$ (或其他线性空间) 中,

(i) 设 $a, b \in \mathbb{R}^n$, 则

$$\lambda a + (1-\lambda)b, \quad \lambda \in [0,1]$$

称为 a, b 的凸组合.

(ii) 集合 $S \subset \mathbb{R}^n$ 称为一个凸集, 如果对任意两点 $a, b \in S$, 其凸组合也属于 S.

球、椭球、立方体, 都是 $\mathbb{R}^3$ 上的凸集; 圆、椭圆、三角形、矩形, 都是平面上的凸集.

定理 20.1.1 (凸集分离定理)　设 $S \subset \mathbb{R}^n$ 为一非空闭凸集, $y \in S^c$, 则存在 $0 \neq p \in \mathbb{R}^n$ 以及 $a \in \mathbb{R}$, 使得

$$p^{\mathrm{T}} x \geqslant a > p^{\mathrm{T}} y, \quad \forall x \in S. \tag{20.1.1}$$

证明　因为 S 是非空闭集. 对任意固定的 y, 连续函数 $d(x, y)$, $x \in S$, 可达到最小值, 记

$$d(x_0, y) = \min\{d(x, y) \mid x \in S\} > 0.$$

因为 $x_0 \in S$, 对任一 $x \in S$ 有

$$\lambda x + (1-\lambda)x_0 \in S, \quad \lambda \in [0,1].$$

因此

$$d(x_0, y) \leqslant d(\lambda x + (1-\lambda)x_0, y),$$

即

$$\|x_0 - y\|^2 \leqslant \|\lambda x + (1-\lambda)x_0 - y\|^2.$$

展开即得

$$\lambda \|x - x_0\|^2 + 2(x_0 - y)^{\mathrm{T}}(x - x_0) \geqslant 0.$$

令 $\lambda \to 0^+$ 得

$$(x_0 - y)^{\mathrm{T}}(x - x_0) \geqslant 0, \quad \forall x \in S.$$

令 $P := x_0 - y \neq 0, a := p^\mathrm{T} x_0$, 则得

$$p^\mathrm{T} x \geqslant a, \quad \forall x \in S.$$

另一方面,

$$a - p^\mathrm{T} y = p^\mathrm{T}(x_0 - y) = \|x_0 - y\|^2 > 0,$$

我们有

$$p^\mathrm{T} x \geqslant a > p^\mathrm{T} y, \quad \forall x \in S.$$

$\square$

凸集分离定理的几何意义如图 20.1.1 所示. 它说明: 存在超平面 $H = \{x \in \mathbb{R}^n | p^\mathrm{T} x = a\}$ 严格分离 y 与 S.

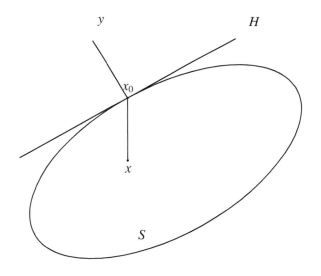

图 20.1.1 凸集分离定理

作为应用, 我们介绍如下命题:

命题 20.1.1 设 $A = (a_{i,j}) \in \mathcal{M}_{m \times n}$, 则下面两情况之一必然成立:

(i) 存在 $y \in \varUpsilon_n$, 使得

$$Ay \leqslant 0; \tag{20.1.2}$$

(ii) 存在 $x \in \varUpsilon_m$, 使得

$$A^\mathrm{T} x > 0. \tag{20.1.3}$$

证明　记 $c_j := \text{Col}_j(A)$, $j = 1, 2, \cdots, n$, 令

$$S = \text{Cov}\{c_j, \ j = 1, 2, \cdots, n, \delta_m^i, \ i = 1, 2, \cdots, m\},$$

这里 Cov 表示由后面向量生成的凸包. 下面分两种情况讨论:

- $0 \in S$: 则存在 $t \in \Upsilon_{n+m}$, 使得

$$\sum_{i=1}^{n} t_i c_i + \sum_{i=1}^{m} t_{n+i} \delta_m^i = 0.$$

依分量写出, 即得

$$t_1 a_{i,1} + t_2 a_{i,2} + \cdots + t_n a_{i,n} + t_{n+i} = 0, \quad i = 1, 2, \cdots, m.$$

于是有

$$t_1 a_{i,1} + t_2 a_{i,2} + \cdots + t_n a_{i,n} = -t_{n+i} \leqslant 0, \quad i = 1, 2, \cdots, m. \tag{20.1.4}$$

注意: $\sum\limits_{i=1}^{n} t_i > 0$, 否则由式 (20.1.4) 可知 $t_i = 0, \forall i$, 矛盾. 令

$$y_i = \frac{t_i}{\sum\limits_{i=1}^{n} t_i}, \quad i = 1, 2, \cdots, n,$$

则 $y = (y_1, y_2, \cdots, y_n)^{\text{T}} \in \Upsilon_n$, 因此不等式 (20.1.2) 成立.

- $0 \notin S$: 由凸集分离定理知, 存在 $0 \neq p \in \mathbb{R}^m$, 使得

$$p^{\text{T}} c_j > 0, \quad j = 1, 2, \cdots, n. \tag{20.1.5}$$

即

$$A^{\text{T}} p > 0.$$

又有

$$p^{\text{T}} \delta_m^i = p_i > 0, \quad i = 1, 2, \cdots, m.$$

取 $x = \frac{p}{\|p\|}$, 则 $x \in \Upsilon_n$, 且满足式 (20.1.3).

□

20.2 矩阵博弈及其纳什均衡

定义 20.2.1 一个正规博弈 $G = (N, S, C)$ 称为零和博弈, 如果

$$\sum_{i=1}^{n} c_i(s) = 0, \quad \forall s \in S. \tag{20.2.1}$$

下面考虑二人零和博弈. 设

$$S_1 = \{1, 2, \cdots, m\}, \quad S_2 = \{1, 2, \cdots, n\}.$$

记

$$c_{i,j} = c_1(i, j),$$

则

$$c_2(i, j) = -c(i, j), \quad i = 1, 2, \cdots, m; \ j = 1, 2, \cdots, n.$$

因此, 二人零和博弈也称矩阵博弈, 它由矩阵 $C = (c_{i,j})$ 完全决定.

引理 20.2.1 对二人零和博弈, 有

$$\max_{1 \leqslant i \leqslant m} \min_{1 \leqslant j \leqslant n} c(i, j) \leqslant \min_{1 \leqslant j \leqslant n} \max_{1 \leqslant i \leqslant m} c(i, j). \tag{20.2.2}$$

证明 因为

$$\min_{1 \leqslant j \leqslant n} c(i, j) \leqslant c(i, j) \leqslant \max_{1 \leqslant i \leqslant m} c(i, j), \quad i = 1, 2, \cdots, m; \ j = 1, 2, \cdots, n.$$

两边对 i 取最大, 再对 j 取最小, 即得. □

对于混合策略, 设 $\bar{i} \in \bar{S}_1, \bar{j} \in \bar{S}_2$, 并记 $e(\bar{i}, \bar{j}) = Ec(\bar{i}, \bar{j})$. 由线性性可得:

推论 20.2.1 对零和博弈, 有

$$\max_{\bar{i} \in \bar{S}_1} \min_{\bar{j} \in \bar{S}_2} e(\bar{i}, \bar{j}) \leqslant \min_{\bar{j} \in \bar{S}_2} \max_{\bar{i} \in \bar{S}_1} e(\bar{i}, \bar{j}). \tag{20.2.3}$$

命题 20.2.1 二人零和博弈有纯纳什均衡的充要条件是

$$\max_{1 \leqslant i \leqslant m} \min_{1 \leqslant j \leqslant n} c(i, j) = \min_{1 \leqslant j \leqslant n} \max_{1 \leqslant i \leqslant m} c(i, j). \tag{20.2.4}$$

证明 设 (i^*, j^*) 为纳什均衡点, 则有

$$c(i, j^*) \leqslant c(i^*, j^*) \leqslant c(i^*, j), \quad i = 1, 2, \cdots, m; \ j = 1, 2, \cdots, n. \tag{20.2.5}$$

(必要性) 利用式 (20.2.5), 对 i 取最大, 对 j 取最小, 即得

$$\max_{1 \leqslant i \leqslant m} c(i, j^*) \leqslant c(i^*, j^*) \leqslant \min_{1 \leqslant j \leqslant n} c(i^*, j).$$

由上述不等式与不等式 (20.2.2) 即得等式 (20.2.4).

(充分性) 存在 i^*, j^*, 使得

$$\min_{1 \leqslant j \leqslant n} c(i^*, j) = \max_{1 \leqslant i \leqslant m} \min_{1 \leqslant j \leqslant n} c(i, j),$$

$$\max_{1 \leqslant i \leqslant m} c(i, j^*) = \min_{1 \leqslant j \leqslant n} \max_{1 \leqslant i \leqslant m} c(i, j).$$

由式 (20.2.4) 可得

$$\min_{1 \leqslant j \leqslant n} c(i^*, j) = \max_{1 \leqslant i \leqslant m} c(i, j^*).$$

于是有

$$c(i, j^*) \leqslant \max_{1 \leqslant i \leqslant m} c(i, j^*) = \min_{1 \leqslant j \leqslant n} c(i^*, j) \leqslant c(i^*, j^*) \leqslant$$

$$\max_{1 \leqslant i \leqslant m} c(i, j^*) = \min_{1 \leqslant j \leqslant n} c(i^*, j) \leqslant c(i^*, j).$$

□

对于混合策略, 同理可得:

推论 20.2.2　二人零和博弈有混合纳什均衡的充要条件是

$$\max_{\bar{i} \in \bar{S}_1} \min_{\bar{j} \in \bar{S}_2} e(\bar{i}, \bar{j}) = \min_{\bar{j} \in \bar{S}_2} \max_{\bar{i} \in \bar{S}_1} e(\bar{i}, \bar{j}). \tag{20.2.6}$$

设 $(\bar{i}^*, \bar{j}^*) \in \bar{S}$ 为一 (混合) 纳什均衡, 则称 $\bar{i}(\bar{j})$ 为玩家 1 (2) 的最优 (混合) 策略.

命题 20.2.2　设 $\bar{i}^*$, $\bar{j}^*$ 分别为二人零和博弈的玩家 1 和 2 的最优 (混合) 策略, 则 $(\bar{i}^*, \bar{j}^*)$ 为一 (混合) 纳什均衡.

证明　由定义可知, 存在 $\bar{j}^*$ ($\bar{i}^*$) 使 $(\bar{i}^*, \bar{j}^*)$ $((\bar{i}^*, \bar{j}^*))$ 为纳什均衡. 于是有

$$e(\bar{i}, \bar{j}^*) \leqslant e(\bar{i}^*, \bar{j}^*) \leqslant e(\bar{i}^*, \bar{j}),$$

$$e(\bar{i}, \bar{j}^*) \leqslant e(\bar{i}^*, \bar{j}^*) \leqslant e(\bar{i}^*, \bar{j}).$$

因此有

$$e(\bar{i}^*, \bar{j}^*) \leqslant e(\bar{i}^*, \bar{j}^*) \leqslant e(\bar{i}^*, \bar{j}^*) \leqslant e(\bar{i}^*, \bar{j}^*) \leqslant e(\bar{i}^*, \bar{j}^*).$$

这表明

$$e(\bar{i}^*, \bar{j}^*) \leqslant e(\bar{i}^*, \bar{j}^*) = e(\bar{i}^*, \bar{j}^*).$$

于是, 对任意 $\bar{i} \in \bar{S}_1, \bar{j} \in \bar{S}_2$, 有

$$e(\bar{i}, \bar{j}^*) \leqslant e(\bar{i}^*, \bar{j}^*) = e(\bar{i}^*, \bar{j}^*) = e(\bar{i}^*, \bar{j}^*) \leqslant e(\bar{i}^*, \bar{j}).$$

□

注 由上述命题可知, 对于二人零和博弈, 如果 $(\tilde{i}^*, \tilde{j}^*)$ 和 $(\bar{i}^*, \bar{j}^*)$ 为两个混合纳什均衡, 则 $(\tilde{i}^*, \bar{j}^*)$ 和 $(\bar{i}^*, \tilde{j}^*)$ 都是混合纳什均衡. 从而可得

$$e(\tilde{i}^*, \tilde{j}^*) = e(\tilde{i}^*, \bar{j}^*) = e(\bar{i}^*, \tilde{j}^*) = e(\bar{i}^*, \bar{j}^*).$$

即, 它们有一个共同的纳什均衡值.

定理 20.2.1 二人零和博弈有混合纳什均衡的充要条件是

$$\max_{\bar{i} \in \bar{S}_1} \min_{1 \leqslant j \leqslant n} e(\bar{i}, j) = \min_{\bar{j} \in \bar{S}_2} \max_{1 \leqslant i \leqslant m} e(i, \bar{j}). \tag{20.2.7}$$

而且, 这个公共值就是共同的纳什均衡值.

证明 由

$$\min_{1 \leqslant j \leqslant n} e(\bar{i}, j) \geqslant \min_{\bar{j} \in \bar{S}_2} e(\bar{i}, \bar{j}),$$

$$\max_{1 \leqslant i \leqslant m} e(i, \bar{j}) \leqslant \max_{\bar{i} \in \bar{S}_1} e(\bar{i}, \bar{j})$$

可得

$$\max_{\bar{i} \in \bar{S}_1} \min_{1 \leqslant j \leqslant n} e(\bar{i}, j) \geqslant \max_{\bar{i} \in \bar{S}_1} \min_{\bar{j} \in \bar{S}_2} e(\bar{i}, \bar{j}), \tag{20.2.8}$$

$$\min_{\bar{j} \in \bar{S}_2} \max_{1 \leqslant i \leqslant m} e(i, \bar{j}) \leqslant \min_{\bar{j} \in \bar{S}_2} \max_{\bar{i} \in \bar{S}_1} e(\bar{i}, \bar{j}). \tag{20.2.9}$$

另一方面, 由

$$e(\bar{i}, \bar{j}) = \sum_{s=1}^{n} e(\bar{i}, s)\bar{j}_s \geqslant \min_{1 \leqslant j \leqslant n} e(\bar{i}, j),$$

$$e(\bar{i}, \bar{j}) = \sum_{s=1}^{m} e(s, \bar{j})\bar{i}_s \geqslant \max_{1 \leqslant i \leqslant m} e(i, \bar{j})$$

可得

$$\max_{\bar{i} \in \bar{S}_1} \min_{\bar{j} \in \bar{S}_2} e(\bar{i}, \bar{j}) \geqslant \max_{\bar{i} \in \bar{S}_1} \min_{1 \leqslant j \leqslant n} e(\bar{i}, j), \tag{20.2.10}$$

$$\min_{\bar{j} \in \bar{S}_2} \max_{\bar{i} \in \bar{S}_1} e(\bar{i}, \bar{j}) \leqslant \min_{\bar{j} \in \bar{S}_2} \max_{1 \leqslant i \leqslant m} e(i, \bar{j}). \tag{20.2.11}$$

由不等式 (20.2.8) 及不等式 (20.2.10) 可得

$$\max_{\bar{i} \in \bar{S}_1} \min_{\bar{j} \in \bar{S}_2} e(\bar{i}, \bar{j}) = \max_{\bar{i} \in \bar{S}_1} \min_{1 \leqslant j \leqslant n} e(\bar{i}, j).$$

由不等式 (20.2.9) 及不等式 (20.2.11) 可得

$$\min_{\bar{j} \in \bar{S}_2} \max_{\bar{i} \in \bar{S}_1} e(\bar{i}, \bar{j}) = \min_{\bar{j} \in \bar{S}_2} \max_{1 \leqslant i \leqslant m} e(i, \bar{j}).$$

于是, 等式 (20.2.7) 等价于等式 (20.2.6). 结论显见. □

定理 20.2.2　给定二人零和博弈. $(\bar{i}^*, \bar{j}^*)$ 是混合纳什均衡的充要条件是: 存在实数 φ, 满足

$$e(i, \bar{j}^*) \leqslant \varphi \leqslant e(\bar{i}^*, j), \quad i = 1, 2, \cdots, m; \ j = 1, 2, \cdots, n. \qquad (20.2.12)$$

而且, φ 就是共同的纳什均衡值.

证明　(必要性) 设 $(\bar{x}^*, \bar{y}^*)$ 为纳什均衡点. 取 $\varphi := e(\bar{x}^*, \bar{y}^*)$, 则不等式 (20.2.12) 显然成立.

(充分性) 假设不等式 (20.2.12)成立. 我们有

$$e(\bar{i}, \bar{j}^*) = \sum_{s=1}^{m} e(s, \bar{j}^*)\bar{i}_s \leqslant \varphi \sum_{s=1}^{m} \bar{i}_s = \varphi, \quad \forall \bar{i} \in \bar{S}_1;$$
$$e(\bar{i}^*, \bar{j}) = \sum_{s=1}^{n} e(\bar{i}^*, s)\bar{j}_s \geqslant \varphi \sum_{s=1}^{n} \bar{j}_s = \varphi, \quad \forall \bar{j} \in \bar{S}_2.$$

于是有

$$e(\bar{i}, \bar{j}^*) \leqslant \varphi \leqslant e(\bar{i}^*, \bar{j}), \quad \forall \bar{i} \in \bar{S}_1, \ \forall \bar{j} \in \bar{S}_2. \qquad (20.2.13)$$

令 $\bar{i} = \bar{i}^*, \bar{j} = \bar{j}^*$, 则由不等式 (20.2.13) 得 $\varphi = e(\bar{i}^*, \bar{j}^*)$. 代入不等式 (20.2.13) 可知 $(\bar{i}^*, \bar{j}^*)$ 为纳什均衡点.　　　　　　　　　　　　　　　　　　　　　　　　　　　□

20.3　纳什均衡的存在性

在上一章定理 19.3.1 中说明, 任何有限博弈都存在 (混合) 纳什均衡. (注意: 纯纳什均衡可视为混合纳什均衡的一种特例.) 因此, 下面的定理应无新意. 但在矩阵博弈的情况下, 可以给出较简洁的证明, 从而加深我们对纳什均衡的理解.

定理 20.3.1　任何矩阵博弈都存在混合纳什均衡.

证明　记

$$\varphi_1 := \max_{\bar{i} \in \bar{S}_1} \min_{1 \leqslant j \leqslant n} e(\bar{i}, j),$$
$$\varphi_2 := \min_{\bar{j} \in \bar{S}_2} \max_{1 \leqslant i \leqslant m} e(i, \bar{j}).$$

根据定理 20.2.1, 只要证明 $\varphi_1 = \varphi_2$ 就行了. 显然 $\varphi_1 \leqslant \varphi_2$. 因此, 只要证 $\varphi_1 \geqslant \varphi_2$ 即可.

根据命题 20.1.1, 必有下面两情况之一成立.

1.　存在 $\bar{j} \in \Upsilon_n$, 使得

$$e(i, \bar{j}) = \sum_{s=1}^{n} c(i, s)\bar{j}_s \leqslant 0, \quad i = 1, 2, \cdots, m.$$

于是有

$$\varphi_2 = \min_{\bar{j} \in \bar{S}_2} \max_{1 \leqslant i \leqslant m} e(i, \bar{j}) \leqslant 0. \tag{20.3.1}$$

2. 存在 $\bar{i} \in \Upsilon_m$, 使得

$$e(\bar{i}, j) = \sum_{s=1}^m c(s, j)\bar{i}_s > 0, \quad j = 1, 2, \cdots, n.$$

于是有

$$\varphi_1 = \max_{\bar{i} \in \bar{S}_1} \min_{1 \leqslant j \leqslant n} e(\bar{i}, j) > 0. \tag{20.3.2}$$

由不等式 (20.3.1) 及不等式 (20.3.2) 可知, $\varphi_1 \leqslant 0 < \varphi_2$ 不可能成立.

如果将支付函数改为 $\tilde{c}(i, j) = c(i, j) - d$, 其中 d 为任意常数. 重复上述论证即可得到, $\varphi_1 - d \leqslant 0 < \varphi_2 - d$ 不可能成立. 也就是 $\varphi_1 \leqslant d < \varphi_2$ 不可能成立. 因 d 是任意的, 故 $\varphi_1 < \varphi_2$ 不成立. □

20.4 矩阵博弈的等价性

20.4.1 二人常和博弈

矩阵博弈的最大特点是, 支付函数满足 $c_1 + c_2 = 0$. 因此, 纳什均衡点满足

$$c(\bar{i}, \bar{j}^*) \leqslant c(\bar{i}^*, \bar{j}^*) \leqslant c(\bar{i}^*, \bar{j}), \quad \forall \bar{i} \in \bar{S}_1, \forall \bar{j} \in \bar{S}_2. \tag{20.4.1}$$

作为特例, 可以用前两节中的极大极小方法讨论纳什均衡解. 实际上, 如果存在 $\alpha > 0, \beta > 0$, 以及 γ, 使得

$$\alpha c_1(s) + \beta c_2(s) + \gamma = 0, \quad \forall s \in S, \tag{20.4.2}$$

那么, 纳什均衡点应满足

$$c_1(\bar{i}, \bar{j}^*) \leqslant c_1(\bar{i}^*, \bar{j}^*),$$
$$c_2(\bar{i}^*, \bar{j}) \leqslant c_2(\bar{i}^*, \bar{j}^*).$$

第二个方程可变为

$$\left(-\frac{\alpha}{\beta}c_1 - \frac{\gamma}{\beta}\right)(\bar{i}^*, \bar{j}) \leqslant \left(-\frac{\alpha}{\beta}c_1 - \frac{\gamma}{\beta}\right)(\bar{i}^*, \bar{j}^*).$$

也就是

$$c_1(\bar{i}^*, \bar{j}^*) \leqslant c_1(\bar{i}^*, \bar{j}).$$

因此, 寻找纳什均衡只要考虑 c_1, 同时, 它满足条件 (20.4.1). 因此, 前两节的极大极小方法, 以及所有结论, 都可以推广到满足条件 (20.4.2) 的二人博弈.

当 $\alpha = \beta = 1$ 时, 满足条件 (20.4.2) 的二人博弈称为二人常和博弈, 它具有特殊的重要性.

20.4.2　等价矩阵博弈

定义 20.4.1　两个矩阵博弈 G^α, G^β 称为等价的, 如果存在实数 $p > 0$ 及 q, 使得它们的基本支付方程满足

$$c^\alpha = pc^\beta + q. \tag{20.4.3}$$

下面的定理是显然的.

定理 20.4.1　设两个矩阵博弈 G^α, G^β 等价, 则 $(\bar{i}^*, \bar{j}^*)$ 是 G^α 的纳什均衡点, 当且仅当 $(\bar{i}^*, \bar{j}^*)$ 是 G^β 的纳什均衡点. 即 G^α 和 G^β 有相同的纳什均衡点集合.

20.5　纳什均衡点的计算

本节讨论如何利用定理20.2.1求解纳什均衡点. 设矩阵博弈的支付矩阵为

$$C = \begin{bmatrix} c_{1,1} & c_{1,2} & \cdots & c_{1,n} \\ c_{2,1} & c_{2,2} & \cdots & c_{2,n} \\ \vdots & & & \\ c_{m,1} & c_{m,2} & \cdots & c_{m,n} \end{bmatrix}.$$

记

$$\bar{j}^* = (y_1, y_2, \cdots, y_n),$$
$$\bar{i}^* = (x_1, x_2, \cdots, x_m).$$

根据定理20.2.1, 不难得到如下不等式:

$$\begin{aligned} &\sum_{j=1}^{n} c_{ij} y_j \leqslant v, \quad i = 1, 2, \cdots, m, \\ &y_j \geqslant 0, \quad \sum_{j=1}^{n} y_j = 1; \\ &\sum_{i=1}^{m} c_{ij} x_i \geqslant v, \quad j = 1, 2, \cdots, n, \\ &x_i \geqslant 0, \quad \sum_{i=1}^{m} x_i = 1. \end{aligned} \tag{20.5.1}$$

利用式(20.5.1) 的任意一组解$(x_1, x_2, \cdots, x_m; y_1, y_2, \cdots, y_n)$ 构造

$$\bar{i}^* = (x_1, x_2, \cdots, x_m),$$
$$\bar{j}^* = (y_1, y_2, \cdots, y_n),$$

则$(\bar{i}^*, \bar{j}^*)$ 为一混合纳什均衡点.

注 1. 由于矩阵博弈的纳什均衡值不依赖于均衡点, 对优化问题只要找到一个均衡点就够了.

2. 有时, 直接寻找式(20.5.1) 的解不太容易. 这时, 定理20.4.1 可能用来帮助我们找到解. 利用定理我们可以首先简化支付矩阵, 使得对于简化了的支付矩阵求解变得容易. 我们用几个例子来说明.

例 20.5.1 给定一个矩阵博弈, 其支付矩阵为

$$C = \begin{bmatrix} 1 & 3 & 1 \\ -1 & 1 & 1 \\ 1 & 1 & 1 \\ 1 & -1 & 3 \end{bmatrix}, \tag{20.5.2}$$

找出它的一个纳什均衡点.

先设法简化支付矩阵C: 经观察, 设

$$\tilde{C} := [C - \mathbf{1}_{4 \times 3}]/2, \tag{20.5.3}$$

则有

$$C \sim \tilde{C} = \begin{bmatrix} 0 & 1 & 0 \\ -1 & 0 & 0 \\ 0 & 0 & 0 \\ 0 & -1 & 1 \end{bmatrix}. \tag{20.5.4}$$

利用$\tilde{C}$, 则可由定理20.2.1 得

$$\begin{cases} y_2 \leqslant v \\ -y_1 \leqslant v \\ 0 \leqslant v \\ -y_2 + y_3 \leqslant v, \end{cases} \qquad \begin{cases} -x_2 \geqslant v \\ x_1 - x_4 \geqslant v \\ x_4 \geqslant v. \end{cases}$$

显然, $v = 0$ 是唯一解. 相应这个v 的唯一解有

$$y_1^* = 1; \quad y_2^* = y_3^* = 0.$$

即$y^* = (1, 0, 0) = s_1^2$. 至于x, 它必须满足

$$\begin{cases} x_2^* = 0 \\ x_1^* \geqslant x_4^* \\ x_3^* = 1 - (x_1 + x_4). \end{cases}$$

这有许多解. 例如,

$$x^* = (1, 0, 0, 0),$$

这是个纯策略. 于是, $x = s_1^1$ 及 $y = s_1^2$ 是一个纯纳什均衡.

至于混合解则有许多. 例如, 其一为

$$x^* = (1/2, 0, 1/4, 1/4),$$

这是一个混合策略. 于是, (x^*, y^*) 是一个混合纳什均衡.

最后计算纳什均衡值. 根据式(20.5.3) 可知, v 的原始值应为1. 这就是原系统的纳什均衡值.

例 20.5.2　田忌赛马是一个著名故事. 田忌是齐国大臣, 一次, 他与齐威王赛马. 他有三匹马, 记作a, b, c. 齐威王也有三匹马, 记作A, B, C. 六匹马按速度快慢排序为$A > a > B > b > C > c$, 问它们的最佳排序是什么?

令田忌为P_1, 齐威王为P_2. P_1 与 P_2 双方均有6种排序法(策略):

$$S_1 = S_2 = \{1, 2, 3, 4, 5, 6\}.$$

每种策略号对应的排序法如下:

1: A(a), B(b), C(c);　2: A(a), C(c), B(b);

3: B(b), A(a), C(c);　4: B(b), C(c), A(a);

5: C(c), A(a), B(b);　6: C(c), B(b), A(a).

相应的支付矩阵见表20.5.1.

依下式简化支付矩阵:

$$c_{i,j} \Rightarrow \frac{c_{i,j} + 1}{2}, \quad \forall i, j, \tag{20.5.5}$$

得到新的支付矩阵, 见表20.5.2. 方程(20.5.1) 变为

$$\begin{cases} -y_1 + y_4 \leqslant v \\ -y_2 + y_3 \leqslant v \\ -y_3 + y_6 \leqslant v \\ -y_4 + y_5 \leqslant v \\ y_1 - y_5 \leqslant v \\ y_2 - y_6 \leqslant v, \end{cases} \quad \begin{cases} -x_1 + x_5 \geqslant v \\ -x_2 + x_6 \geqslant v \\ x_2 - x_3 \geqslant v \\ x_1 - x_4 \geqslant v \\ x_4 - x_5 \geqslant v \\ x_3 - x_6 \geqslant v. \end{cases} \tag{20.5.6}$$

表 20.5.1 田忌赛马的支付矩阵

P_1 \ P_2	ABC	ACB	BAC	BCA	CAB	CBA
abc	-3	-1	-1	1	-1	-1
acb	-1	-3	1	-1	-1	-1
bac	-1	-1	-3	-1	-1	1
bca	-1	-1	-1	-3	1	-1
cab	1	-1	-1	-1	-3	-1
cba	-1	1	-1	-1	-1	-3

表 20.5.2 田忌赛马的简化支付矩阵

P_1 \ P_2	ABC	ACB	BAC	BCA	CAB	CBA
abc	-1	0	0	1	0	0
acb	0	-1	1	0	0	0
bac	0	0	-1	0	0	1
bca	0	0	0	-1	1	0
cab	1	0	0	0	-1	0
cba	0	1	0	0	0	-1

于是有

$$左式 \Rightarrow v \geqslant 0,$$
$$右式 \Rightarrow v \leqslant 0.$$

即得 $v = 0$. 于是方程(20.5.6) 的一个显见解为

$$\bar{i}^* = (1/6, 1/6, 1/6, 1/6, 1/6, 1/6),$$
$$\bar{j}^* = (1/6, 1/6, 1/6, 1/6, 1/6, 1/6).$$

则纳什均衡值为

$$e(\bar{i}^*, \bar{j}^*) = \frac{1}{36} [6 * (-3) + 6 * (1) + 24 * (-1)] = -1.$$

即田忌平均输1 (千金), 齐威王赢1 (千金).

20.6 习题与课程探索

20.6.1 习题

1. 将不等式 (20.1.2) 改为

$$Ay > 0;$$

并将不等式 (20.1.3) 改为

$$A^{\mathrm{T}} x \leqslant 0.$$

证明命题 20.1.1 仍然成立.

2. 两人各执五张牌: {A (即 1), 2, 3, 4, 5}, 从中任选一张. 设甲出 a、乙出 b, 如果 $|a - b| = 4$ 或 $|a - b| = 1$, 则甲付给乙 $|a - b|$ 元钱; 如果 $|a - b| = 2$ 或 $|a - b| = 3$, 则乙付给甲 $|a - b|$ 元钱.

- 写出支付矩阵.
- 寻找纳什均衡解.

3. 对如下支付矩阵, 寻找纳什均衡解.

$$(1)\ A = \begin{bmatrix} 4 & 3 \\ 7 & 5 \end{bmatrix}; (2)\ A = \begin{bmatrix} 1 & 0 & 3 \\ 1 & -1 & 2 \\ -2 & -3 & -1 \end{bmatrix}.$$

4. 在矩阵博弈中, 设 $\bar{x} \in \bar{S}_1$, $\bar{y} \in \bar{S}_2$, $|S_1| = m$, $|S_2| = n$. 证明: $(\bar{x}, \bar{y})$ 为纳什均衡的充要条件是

$$\max_{1 \leqslant i \leqslant m} E(i, \bar{y}) = \min_{1 \leqslant j \leqslant n} E(\bar{x}, y). \tag{20.6.1}$$

5. 在矩阵博弈中, 令支付矩阵 $A \in M_{m \times n}$ 的 mn 个元素全部为 $[0, 1]$ 区间上依均匀分布产生的独立同分布随机数. 证明支付矩阵的对策中存在一个鞍点的概率为

$$\frac{m!n!}{(m+n-1)!}.$$

由此可见, 当 $m \gg 1$ 且 $n \gg 1$ 时, 以 A 为支付矩阵的博弈很难有纯纳什均衡.

20.6.2 课程探索

1. 总结寻找矩阵博弈 (混合值) 纳什均衡的线性不等式算法.

2. 比较本章介绍的纳什均衡的不等式解法与上一章的求极值方法.

3. 威尔逊(Wilson) 在1971 年发现: 几乎所有的有限博弈都有奇数个纳什均衡(包括纯或混合). 这个结果后来被称为奇数定理(Oddness Theorem).

- (懦夫博弈) 两决斗者相向开车, 相撞前各有两种策略: 转向; 冲前. 这是矩阵博弈. 支付矩阵为

$$C = \begin{bmatrix} 0 & -10 \\ 10 & -200 \end{bmatrix}.$$

它有两个纯纳什均衡, 是否满足奇数定理?

- 构造一个不满足奇数定理的例子, 进而探讨其规律.

第 21 章 演化博弈

演化博弈最早是由生物学家提出来的. 它讨论在重复博弈中如何做决策以及由此引起的结果. "虽然博弈论最初是为研究经济行为而设计的, 但结果却更好地应用到了生物学研究之中." [86] 这是因为经济行为中的自利原则 (理性假设) 在生物学中被达尔文的适应度所代替了, 而后者更具客观性. 本章的主要内容基于文献 [9, 87].

21.1 重复博弈的局势演化方程

设 $G = (N, S, C)$ 为一个有限正规博弈. 如果这个博弈被重复多次 (无穷次), 那么, 假定玩家都是理性的, 即每个玩家都会根据已有信息, 设法最大化自己的利益. 设 $|N| = n$, $|s_i| = k_i$, $i = 1, 2, \cdots, n$. 用 $x_i(t + 1)$ 表示玩家 i 在 $t + 1$ 次博弈时的策略, 那么, 有以下的演化方程:

$$\begin{cases} x_1(t + 1) = f_1(x(t), x(t-1), \cdots, x(0)) \\ x_2(t + 1) = f_2(x(t), x(t-1), \cdots, x(0)) \\ \quad \vdots \\ x_n(t + 1) = f_n(x(t), x(t-1), \cdots, x(0)), \end{cases} \tag{21.1.1}$$

这里 $x(\tau) = (x_1(\tau), x_2(\tau), \cdots, x_n(\tau))$ 表示 τ 时刻的所有策略变量.

最常见的一种演化方程, 其下一时刻策略仅依赖于当下的策略, 于是, 演化方程变为

$$\begin{cases} x_1(t + 1) = f_1(x_1(t), x_2(t), \cdots, x_n(t)) \\ x_2(t + 1) = f_2(x_1(t), x_2(t), \cdots, x_n(t)) \\ \quad \vdots \\ x_n(t + 1) = f_n(x_1(t), x_2(t), \cdots, x_n(t)). \end{cases} \tag{21.1.2}$$

系统 (21.1.1) 或系统 (21.1.2) 通常称为局势演化方程 (strategy profile dynamics). 局势演化方程是由每个玩家的策略演化方程组合而成的. 局势演化方程大致可以进一步分为两种:

- 确定型: 这时, $x_i(t) \in \mathcal{D}_{k_i}$, $i = 1, 2, \cdots, n$. 在向量形式下, 有 $x_i(t) \in \Delta_{k_i}$, 则在向量形式下有

$$x_i(t + 1) = M_i x(t), \quad i = 1, 2, \cdots, n. \tag{21.1.3}$$

这里, $x(t) = \ltimes_{i=1}^{n} x_i(t)$, $M_i \in \mathcal{L}_{k_i \times k}$ 为 f_i 的结构矩阵, $i = 1, 2, \cdots, n$. 各式相乘, 则得其代数状态空间方程:

$$x(t+1) = Mx(t), \tag{21.1.4}$$

这里

$$M = M_1 * M_2 * \cdots * M_n \in \mathcal{L}_{k \times k}. \tag{21.1.5}$$

- 概率型: 这时, 状态变量用 $x_i(t) = (r_1^i, r_2^i, \cdots, r_k^i)^{\mathrm{T}} \in \Upsilon_k$ 表示, $P(x_i(t) = \delta_k^j) = r_j$, $j = 1, 2, \cdots, k_i$. 这时, 方程 (21.1.3) 仍成立, 只是 $\mathrm{Col}_j(M_i) \in \Upsilon_{k_i}$, 它表示 $x_i(t+1)$ 的概率分布. 同样, 方程 (21.1.4) 也仍然有效, 但 M 的 (i, j) 元素记为 m_{ij}, 它表示, $x(t) = \delta_k^j$ 时 $x(t+1) = \delta_k^i$ 的概率, 这里 $k = \prod_{i=1}^{n} k_i$. 即

$$m_{ij} = P\left\{ x(t+1) = \delta_k^i \mid x(t) = \delta_k^j \right\}, \quad i, j = 1, 2, \cdots, k. \tag{21.1.6}$$

因此, M 是列概率转移矩阵. 这时, 式 (21.1.5) 可写成

$$M = M_1 * M_2 * \cdots * M_n \in \Upsilon_{k \times k}. \tag{21.1.7}$$

21.2 策略更新规则

局势演化方程, 或者说, 每个玩家的策略演化方程, 都是由他们所采用的策略更新规则 (strategy updating rule) 来决定的. 目前, 在理论研究中常用的策略更新规则一般是由专家们设计出来的. 下面举出几种常用的策略更新规则.

21.2.1 短视最优响应

短视最优响应 (myopic best response adjustment, 简称MBRA) [88]: 这一规则是指站在玩家 i 的立场上, 考查其他人在 t 时刻的策略 $s^{-i}(t)$, 选择对付他们的最佳策略, 记作

$$O_i(t) = \underset{s_i \in S_i}{\arg \max}\, c_i(s_i, s^{-i}(t)).$$

那么

- (情况 1) 如果 $x_i(t) \in O_i(t)$, 则选 $x_i(t+1) = x_i(t)$.

- (情况 2) 如果 $x_i(t) \notin O_i(t)$, 那么

— 确定型 (记作 MBRA-D): 选择最小下标 j, 使 $s_j \in O_i(t)$, 然后选定 $x_i(t+1) = s_j$.

– 概率型 (记作 MBRA-P): 以相同的概率 $(p = 1/|O_i|)$ 任选一个 $s_j \in O_i$.

对于短视最优响应, 各玩家更新时间很重要. 我们对此做以下划分:

• 时间串联型 (sequential MBRA): 一个时刻只有一个玩家更新策略. 它还可以细分为

– 周期型串联 (periodical MBRA): 玩家按顺序轮流更新:

$$
\begin{cases}
x_i(t + 1) = f_i(x_1(t), x_2(t), \cdots, x_n(t)) \\
x_j(t + 1) = x_j(t), \quad j \neq i; \quad t = kn + (i - 1), \ k = 0, 1, 2, \cdots.
\end{cases}
\tag{21.2.1}
$$

– 随机型串联 (stochastic MBRA): 每个玩家以相同的概率 $\left(p = \dfrac{1}{n}\right)$ 被选上更新自己做策略.

• 时间并联型 (parallel MBRA): 所有玩家同时更新他们的策略. 此时, 演化方程即式 (21.1.4).

• 时间级联型 (cascading MBRA): 虽然所有玩家同时更新他们的策略, 但当玩家 j 更新它的策略时, 它知道并使用玩家 i ($i < j$) 的新策略. 即

$$
\begin{cases}
x_1(t + 1) = f_1(x_1(t), x_2(t), \cdots, x_n(t)) \\
x_2(t + 1) = f_2(x_1(t + 1), x_2(t), \cdots, x_n(t)) \\
\quad \vdots \\
x_n(t + 1) = f_n(x_1(t + 1), \cdots, x_{n-1}(t + 1), x_n(t)).
\end{cases}
\tag{21.2.2}
$$

21.2.2 对数响应

带参数 $\tau > 0$ 的对数响应 (logit response, 简称LR) [89]: 这一规则是指第 i 个玩家在 $t + 1$ 时刻随机选择一个策略, 其中取策略 $s_j \in S_i$ 的概率为

$$
P_\tau^i\Big(x_i(t + 1) = s_j | x(t)\Big) = \frac{\exp\left[\frac{1}{\tau} c_i(s_j, x^{-i}(t))\right]}{\sum\limits_{s_i \in S_i} \exp\left[\frac{1}{\tau} c_i(s_i, x^{-i}(t))\right]}.
\tag{21.2.3}
$$

21.2.3 无条件模仿

无条件模仿 (unconditional imitation, 简称UI)[90]: 玩家 i 在所有玩家中选 t 时刻收益最好的玩家, 取其策略为自己下一时刻的策略. 如果最优玩家不唯一,

- 1-型 UI: 取指标最小的. 即设

$$j^* = \min\{\mu | \mu \in \arg\max_j c_j(x(t))\} \tag{21.2.4}$$

则

$$x_i(t+1) = x_{j^*}(t). \tag{21.2.5}$$

- 2-型 UI: 以相同概率取其中任意一个. 即如果

$$\arg\max_j c_j(x(t)) := \{j_1^*, j_2^*, \cdots, j_r^*\},$$

则取

$$x_i(t+1) = x_{j_\mu^*}(t), \quad \text{以概率} \ p_\mu^i = \frac{1}{r}, \quad \mu = 1, 2, \cdots, r. \tag{21.2.6}$$

21.2.4 Fermi 规则

Fermi 规则 (Fermi's rule (FM)), 简称FM. [91, 92]

以等概率任选一个玩家 j, 然后比较 j 与自己的上一次收益, 再以如下方法决定下一次策略:

$$x_i(t+1) = \begin{cases} x_j(t), & \text{以概率} \ p_t \\ x_i(t), & \text{以概率} \ 1 - p_t. \end{cases} \tag{21.2.7}$$

这里 p_t 由以下 Fermi 函数决定:

$$p_t = \frac{1}{1 + \exp\left[-\mu(c_j(t) - c_i(t))\right]}.$$

其中, 参数 $\mu > 0$ 可任选. 特别是, 当 $\mu = \infty$ 时可得

$$x_i(t+1) = \begin{cases} x_i(t), & c_i(x(t)) \geqslant c_j(x(t)) \\ x_j(t), & c_i(x(t)) < c_j(x(t)). \end{cases} \tag{21.2.8}$$

21.3 从更新策略到演化方程

本节讨论如何由策略更新规则得到策略及局势演化方程. 可以说, 局势演化方程是完全由策略更新规则所确定的. 在上一节, 我们对几种策略更新规则做了十分详尽的描述, 就是为了使它能唯一确定局势演化方程. 下面, 我们通过具体例子来说明怎样由策略更新规则确定局势演化方程.

例 21.3.1　考查例 19.2.1, 其支付矩阵为表 19.2.1. 我们讨论更新规则如何确定局势演化方程.

考虑策略更新规则为短视最优响应 (MBRA):

对玩家 1, 比较 $c_1(111)$, $c_1(211)$ 与 $c_1(311)$, 因 $c_1(111) = 1$, $c_1(211) = -2$, $c_1(311) = 3$, 故当玩家 2 及玩家 3 都取策略 1 时, 玩家 1 的最佳响应是取策略 3. 也就是说,$f_1(111) = f_1(211) = f_1(311) = 3$. 再比较 $c_1(112) = 2$, $c_1(212) = 1$, $c_1(312) = 2$, 这时, 如果考虑确定型更新 (MBRA-D), 则有 $f_1(112) = f_1(212) = f_1(312) = 1$; 如果考虑概率型更新 (MBRA-P), 则有 $f_1(112) = f_1(212) = f_1(312) = 1(\frac{1}{2}) + 3(\frac{1}{2})$. 后面这个记号表示, 取 1 的概率为 $\frac{1}{2}$, 取 3 的概率为 $\frac{1}{2}$. 类此, 就可以得到 f_1 的结构矩阵. 同样, f_2, f_3 的结构矩阵也可得到. 记

$$\begin{cases} x_1(t + 1) = f_1(x_1(t), x_2(t), x_3(t)) = M_1 \ltimes_{i=1}^3 x_i(t) := M_1 x(t), \\ x_2(t + 1) = f_2(x_1(t), x_2(t), x_3(t)) = M_2 \ltimes_{i=1}^3 x_i(t) := M_2 x(t), \\ x_3(t + 1) = f_3(x_1(t), x_2(t), x_3(t)) = M_3 \ltimes_{i=1}^3 x_i(t) := M_3 x(t). \end{cases} \tag{21.3.1}$$

最后可得到局势演化方程

$$x(t + 1) = (M_1 * M_2 * M_3)x(t) := M x(t). \tag{21.3.2}$$

这里

- MBRA-D:

$$\begin{aligned} M_1 &= \delta_3[3, 1, 2, 2, 3, 2, 3, 1, 2, 2, 3, 2, 3, 1, 2, 2, 3, 2], \\ M_2 &= \delta_2[2, 1, 1, 2, 1, 1, 1, 2, 1, 1, 2, 1, 2, 2, 1, 2, 2, 1], \\ M_3 &= \delta_3[3, 3, 3, 2, 2, 2, 3, 3, 3, 3, 3, 3, 1, 1, 1, 2, 2, 2]. \end{aligned} \tag{21.3.3}$$

$$M = \delta_{18}[18, 3, 9, 11, 14, 8, 15, 6, 9, 9, 18, 9, 16, 4, 7, 11, 17, 8]. \tag{21.3.4}$$

- MBRA-P:

$$\begin{aligned} M_1 &= \delta_3\Big[3, 1\Big(\tfrac{1}{2}\Big) + 3\Big(\tfrac{1}{2}\Big), 2\Big(\tfrac{1}{2}\Big) + 3\Big(\tfrac{1}{2}\Big), \\ &\quad 2, 3, 2, 3, 1\Big(\tfrac{1}{2}\Big) + 3\Big(\tfrac{1}{2}\Big), 2\Big(\tfrac{1}{2}\Big) + 3\Big(\tfrac{1}{2}\Big), \\ &\quad 2, 3, 2, 3, 1\Big(\tfrac{1}{2}\Big) + 3\Big(\tfrac{1}{2}\Big), 2\Big(\tfrac{1}{2}\Big) + 3\Big(\tfrac{1}{2}\Big), 2, 3, 2\Big], \\ M_2 &= \delta_2[2, 1, 1, 2, 1, 1, 1, 2, 1, 1, 2, 1, 2, 2, 1, 2, 2, 1], \\ M_3 &= \delta_3\Big[3, 3, 3, 2, 2, 2, 3, 3, 3, 3, 3, 3, 1, 1, 1, 2\Big(\tfrac{1}{2}\Big) + 3\Big(\tfrac{1}{2}\Big), \\ &\quad 2\Big(\tfrac{1}{2}\Big) + 3\Big(\tfrac{1}{2}\Big), 1\Big(\tfrac{1}{2}\Big) + 2\Big(\tfrac{1}{2}\Big) + 3\Big(\tfrac{1}{2}\Big)\Big]. \end{aligned}$$

$$\begin{aligned} M &= \delta_{18}\Big[18, 3\Big(\tfrac{1}{2}\Big) + 15\Big(\tfrac{1}{2}\Big), 9\Big(\tfrac{1}{2}\Big) + 15\Big(\tfrac{1}{2}\Big), 11, 14, 8, 15, \\ &\quad 6\Big(\tfrac{1}{2}\Big) + 18\Big(\tfrac{1}{2}\Big), 9\Big(\tfrac{1}{2}\Big) + 15\Big(\tfrac{1}{2}\Big), 9, 18, 9, 16, \\ &\quad 4\Big(\tfrac{1}{2}\Big) + 10\Big(\tfrac{1}{2}\Big), 7\Big(\tfrac{1}{2}\Big) + 13\Big(\tfrac{1}{2}\Big), 11\Big(\tfrac{1}{2}\Big) + 12\Big(\tfrac{1}{2}\Big), \\ &\quad 17\Big(\tfrac{1}{2}\Big) + 18\Big(\tfrac{1}{2}\Big), 8\Big(\tfrac{1}{2}\Big) + 9\Big(\tfrac{1}{2}\Big)\Big]. \end{aligned}$$

这里, 我们用记号 $a_1(p_1) + a_2(p_2) + \cdots + a_s(p_s)$ 表示此处值以 p_i 概率为 a_i, $i = 1, 2, \cdots, s$.

下面考虑更新时间. 实际上, 由前面的操作过程不难看出, 式 (21.3.1) 是时间并联型更新. 对于确定型 (MBRA-D) 演化方程, 我们将其改造成时间级联型更新.

回到系统 (21.3.1), 首先有

$$x_1(t + 1) = M_1 x(t) := \tilde{M}_1 x(t),$$

这里, $\tilde{M}_1 = M_1$, 见式 (21.3.3). 其次

$$
\begin{aligned}
x_2(t + 1) &= M_2 x_1(t + 1) x_2(t) x_3(t) \\
&= M_2 M_1 x_1(t) x_2(t) x_3(t) x_2(t) x_3(t) \\
&= M_2 M_1 x_1(t) R_6^P x_2(t) x_3(t) \\
&= M_2 M_1 \left(I_3 \otimes R_6^P \right) x(t) \\
&:= \tilde{M}_2 x(t),
\end{aligned}
$$

这里, R_k^P 为降阶矩阵, 其定义参见式 (13.3.5). 于是有

$$
\begin{aligned}
\tilde{M}_2 &= M_2 M_1 \left(I_3 \otimes R_6^P \right) \\
&= \delta_2[2, 1, 1, 1, 2, 1, 2, 1, 1, 1, 2, 1, 2, 1, 1, 1, 2, 1].
\end{aligned}
$$

同样地, 可得

$$
\begin{aligned}
x_3(t + 1) &= M_3 x_1(t + 1) x_2(t + 1) x_3(t) \\
&:= \tilde{M}_3 x(t),
\end{aligned}
$$

这里

$$
\begin{aligned}
\tilde{M}_3 &= M_3 M_1 \left(I_{18} \otimes \tilde{M}_2 \right) R_{18}^P \left(I_6 \otimes R_3^P \right) \\
&= \delta_3[2, 3, 3, 3, 2, 3, 2, 3, 3, 3, 2, 3, 2, 3, 3, 3, 2, 3].
\end{aligned}
$$

最后可得局势演化方程为

$$x(t + 1) = Lx(t),$$

这里

$$
\begin{aligned}
L &= \tilde{M}_1 * \tilde{M}_2 * \tilde{M}_3 \\
&= \delta_{18}[17, 3, 9, 9, 17, 9, 17, 3, 9, 9, 17, 9, 17, 3, 9, 9, 17, 9].
\end{aligned}
$$

有些策略更新规则一般只用于网络演化博弈. 此时, 有一个网络图. 例如, 无条件模仿. 如果将它用于一般演化博弈, 那么, 一次演化后大家就都一样了, 这种情况没什么意义. 但在网络中, 每一个玩家只在它邻域中选择模仿对象, 这样, 就会出现丰富的演化过程.

再从演化方程的形式看, 式 (21.1.2) 是最常见的一种, 也是本书主要的研究对象. 虽然上一节介绍的几种策略更新规则都会导致这种形式的演化方程, 但并不是每一种策略

更新规则都如此. 例如, 有一种称为虚拟玩家 (fictitious play) 的学习博弈规则, 它的策略更新规则是:

$$Ex^{-i}(t+1) = \frac{t}{t+1}Ex^{-i}(t) + \frac{1}{k+1}x^{-i}(t), \tag{21.3.5}$$

这里 $Ex^{-i}(t) \in \Upsilon_{k/k_i}$ 表示 $(x_1(t), x_2(t), \cdots, x_{i-1}(t), x_{i+1}(t), \cdots, x_n(t))$ (即除 i 外其他玩家) 的策略的期望值. 而 $x^{-i}(t) \in \Delta_{k/k_i}$ 表示 t 时刻其他玩家真正实现的策略. 然后, 玩家 i 选择对待混合策略 $Ex^{-i}(t+1)$ 的最佳响应

$$\bar{s}_i^* \in \arg\max_{\bar{s}_i \in \bar{S}_i} Ec_i\left(\bar{S}_i, Ex^{-1}(t+1)\right)$$

作为自己的新策略:

$$x_i(t+1) = \bar{s}_i^*.$$

虚拟玩家是一种很重要的学习博弈规则 [93].

21.4 策略的收敛性

与微分方程类似, 策略演化方程最强的稳定性是全局 "渐近稳定". 但由于有限博弈策略的有界 (限) 性, 只要全局收敛就足够了. 仿照微分方程理论, 我们可以通过构造李雅普诺夫函数的方法来验证收敛性.

定义 21.4.1　给定一个演化博弈 G, 设 $|N| = n$, $|S_i| = k_i$, $i = 1, 2, \cdots, n$, $k := \prod_{i=1}^{n} k_i$.

1. 一个伪逻辑函数 $\psi : \Delta_k \to \mathbb{R}$ 称为 G 的一个李雅普诺夫函数, 如果

$$\psi(x(t+1)) - \psi(x(t)) \geqslant 0, \quad t \geqslant 0, \tag{21.4.1}$$

并且, 如果 $\psi(x(t+1)) = \psi(x(t))$, 则 $x(t+1) = x(t)$.

2. 当使用混合策略时, ψ 应当用其期望值代替, 即, $E\psi : \Upsilon_k \to \mathbb{R}$ 满足

$$E\psi(x(t+1)) - E\psi(x(t)) \geqslant 0, \quad t \geqslant 0, \tag{21.4.2}$$

并且, 如果 $E\psi(x(t+1)) = E\psi(x(t))$, 则 $Ex(t+1) = Ex(t)$.

由定义可推得如下结论:

定理 21.4.1　一个演化博弈, 如果存在一个李雅普诺夫函数, 则它一定会收敛到一个平衡点.

注意, 平衡点未必唯一. 因此, 收敛到哪个平衡点依赖于初值.

设有一个演化博弈. 其局势演化方程为

$$x(t+1) = Tx(t). \tag{21.4.3}$$

容易验证以下的引理:

引理 21.4.1 一个演化博弈 G 具有李雅普诺夫函数, 当且仅当存在一个行向量 $V_\psi \in \mathbb{R}^k$, 使得

$$V_\psi(T - I_k) \geq 0.$$

而且, $V_\psi(T - I_k) = 0$ 可以推出存在 $1 \leq j \leq k$, 使得 $\mathrm{Col}_j(T) = \delta_k^j$.

利用这个引理可以得到:

定理 21.4.2 设演化博弈 G 具有局势演化方程 (21.4.3), 其中 $T = \delta_k[i_1, i_2, \cdots, i_k]$. G 具有李雅普诺夫函数, 当且仅当

(i) 方程

$$a_{i_j} \geq a_j, \quad j = 1, 2, \cdots, k, \tag{21.4.4}$$

有解 $a_j, j = 1, 2, \cdots, k$;

(ii) 如果 $a_{i_j} = a_j$, 则有 $i_j = j$.

下面给出一个例子.

例 21.4.1 一个正规博弈 $G = (N, S, C)$, 其中 $N = \{1, 2\}$, $S_1 = \{1, 2\}$, $S_2 = \{1, 2, 3\}$, 其支付矩阵见表 21.4.1.

表 21.4.1 例 21.4.1 的支付矩阵（一）

s $\diagdown$ c	11	12	13	21	22	23
c_1	1.1	1.8	2.0	2.2	1.6	3.2
c_2	3.3	2.8	3.1	2.5	3.6	4.1

使用 MBRA, 我们有最佳响应函数, 见如表 21.4.2.

表 21.4.2 例 21.4.1 的最佳响应函数

s $\diagdown$ f	11	12	13	21	22	23
f_1	2	1	2	2	1	2
f_2	1	1	1	3	3	3

使用并联 MBRA 则得

$$x_1(t+1) = \delta_2[2, 1, 2, 2, 1, 2]x(t) := M_1 x(t),$$
$$x_2(t+1) = \delta_3[1, 1, 1, 3, 3, 3]x(t) := M_2 x(t),$$

于是可得局势演化方程:

$$
\begin{aligned}
x(t+1) &= Mx(t) = M_1 * M_2 x(t) \\
&= \delta_6[4,1,4,6,3,6]x(t).
\end{aligned}
\tag{21.4.5}
$$

如果选

$$
P(x) = [2,1,4,5,3,6]x := V_p x,
\tag{21.4.6}
$$

则有

$$
V := V_p(M - I_6) = [3,1,1,1,1,0] \geqslant 0.
$$

最后, 可以验证: 如果 $V_j = 0$ 则 $j = 6$. 而当 $j = 6$ 时我们有 $\mathrm{Col}_j(M) = \delta_6^j$. 因此, $P(x)$ 是该系统的李雅普诺夫函数. 又因平衡点唯一, 该演化博弈全局收敛.

21.5　习题与课程探索

21.5.1　习题

1. 两人玩石头-剪刀-布. 策略更新规则是:

　(i) 这次赢了, 下次就不动;

　(ii) 这次输了, 下次就取对方这次的策略;

　(iii) 这次平了, 下次就取能够胜这次策略的策略.

试写出局势演化方程, 并分析其演化性质.

2. 两人玩石头-剪刀-布. 如果玩家 1 仍用上题的策略, 而玩家 2 在赢或输的情况下策略更新同上, 而在平局情况下下次等概率随机取任一策略. 试写出局势演化方程, 并分析其演化性质.

3. A, B, C 三人玩囚徒困境, 即三人同时每人各选一策略. 根据 $A - B$ 的局势判定 A 在与 B 的博弈中所得, 记为 $c_{A,B}$; 再根据 $A - C$ 的局势判定 A 在与 C 的博弈中所得, 记为 $c_{A,C}$; 最后, A 在本轮所得为 $c_A = c_{A,B} + c_{A,C}$. 类似地, 可以定义 c_B 和 c_C. 设支付双矩阵为表 21.5.1. 三人的策略更新规则如下:

- A: 无条件模仿.

- B: 短视最优响应.

- C: 等概率随机取策略 1 或 2.

针对以上策略更新规则, 试写出局势演化方程; 进一步, 请比较三人策略的优劣.

表 21.5.1 囚徒困境 (双矩阵)

P_1 \ P_2	1	2
1	$-1, -1$	$-10, 0$
2	$0, -10$	$-5, -5$

4. 考查例 21.4.1. 问题依旧, 但支付矩阵变为表 21.5.2. 试讨论其收敛性.

表 21.5.2 例 21.4.1 的支付矩阵（二）

c \ s	11	12	13	21	22	23
c_1	2.1	3.8	1.0	1.2	2.6	2.2
c_2	1.3	2.8	3.5	1.5	1.6	2.1

5. 一个有限演化博弈, 如果其局势演化方程只有唯一吸引子, 其为不动点, 则必存在一个李雅普诺夫函数. 试证之.

21.5.2 课程探索

1. 试讨论一个现实生活中演化博弈的例子 (游戏? 购物? 考试?), 建立演化模型并分析其性质.

2. "虚拟玩家" 学习博弈中的局势演化方程是什么样的?

第 22 章　博弈的控制与优化*

控制和博弈是密切相关的两个学科, 从一个或一组合作的玩家的角度看, 博弈就是控制, 与经典控制不同的是, 每个玩家控制的对象是智能化的, 有反控制能力. 本章研究, 如何从控制论的角度, 用控制论的方法研究博弈. 本章主要内容基于文献 [10, 94].

22.1 人机博弈

20 世纪 80 年代, 美国科学院院士 Axelrod 曾组织过三次 "囚徒困境重复博弈计算机程序奥林匹克竞赛"[95], 其间涌现了许多优秀的计算机策略. 如何破解这些计算机策略就形成了人机博弈问题[96].

Axelrod 的模型如下: 策略 1 为合作, 策略 2 为背叛, 支付双矩阵见表 22.1.1.

表 22.1.1 Axelrod 囚徒困境 (支付双矩阵)

P_1 \ P_2	1	2
1	3, 3	0, 5
2	5, 0	1, 1

一般来说, 机器可以应用长度为 μ 的历史信息来更新它的策略[96], 即

$$m(t + 1) = f_m(m(t - \mu + 1), m(t - \mu + 2), \cdots, m(t),$$
$$h(t - \mu + 1), h(t - \mu + 2), \cdots, h(t)), \tag{22.1.1}$$

这里, $m(t)$ 与 $h(t)$ 分别为机器与人在 t 时刻的策略, $m(t), h(t) \in \mathcal{D}$, $f_m : \mathcal{D}^{2\mu} \to \mathcal{D}$ 为一布尔函数.

我们只考虑 $\mu = 1$ 的情况, 即

$$m(t + 1) = f_m(m(t), h(t)). \tag{22.1.2}$$

在系统 (22.1.2) 中, $m(t)$ 是状态, $h(t)$ 是控制.

在囚徒困境重复博弈的程序竞赛中发现的最佳策略是 "一报还一报 (tit for tat)". 它是这样的, 即最初取合作, 以后, 对方合作就取合作, 对方背叛就背叛. 如果机器取这种策略, 那么, 方程 (22.1.2) 在向量形式下就可表示成

$$m(t + 1) = M_m h(t) m(t), \tag{22.1.3}$$

这里, 结构矩阵

$$M_m = \delta_2[1, 1, 2, 2].$$

另外, 机器也可能采用混合策略. 例如, 机器以 20% 的概率维持旧策略, 以 80% 的概率采用 "一报还一报" 策略. 这时

$$
\begin{aligned}
M_n &= 0.8\delta_2[1, 1, 2, 2] + 0.2\delta_2[1, 2, 1, 2] \\
&= \begin{bmatrix} 1 & 0.8 & 0.2 & 0 \\ 0 & 0.2 & 0.8 & 1 \end{bmatrix} \in \Upsilon_{2\times 4}.
\end{aligned}
$$

那么, 控制的目标是什么呢? 就是优化性能指标. 常见的性能指标有两种:

(i) 平均支付最优

$$J = \lim_{T \to \infty} \frac{1}{T} \sum_{t=1}^{T} c_h(m(t), h(t)). \tag{22.1.4}$$

(ii) 加权总支付最优

$$J = \sum_{t=1}^{\infty} \lambda^t c_h(m(t), h(t)). \tag{22.1.5}$$

这里, c_h 为人的支付函数, m 和 h 分别为机器与人的策略, $0 < \lambda < 1$ 称折扣因子.

当允许采用混合策略时, 性能指标定义式 (22.1.4) 和式 (22.1.5) 的右边均应改为其期望值.

因此, 人机博弈问题就是: 假定机器的策略更新规则已知, 寻找人的最佳策略, 使给定的性能指标达到最优.

22.2 纯策略模型的拓扑结构

设一个人机博弈中有 n 部机器与 m 个人. 每个玩家 (机器或人) 有 k 个策略. 取 $\mu = 1$, 则有如下模型:

$$
\begin{cases}
x_1(t+1) = f_1(x_1(t), x_2(t), \cdots, x_n(t), u_1(t), u_2(t), \cdots, u_m(t)) \\
x_2(t+1) = f_2(x_1(t), x_2(t), \cdots, x_n(t), u_1(t), u_2(t), \cdots, u_m(t)) \\
\quad\vdots \\
x_n(t+1) = f_n(x_1(t), x_2(t), \cdots, x_n(t), u_1(t), u_2(t), \cdots, u_m(t)),
\end{cases} \tag{22.2.1}
$$

这里 $x_i, u_i \in \mathcal{D}_k$, 机器策略 x_i 被视为状态变量, 人的策略 u_i 称为控制, $f_i : \mathcal{D}_k^{n+m} \to \mathcal{D}_k$ 代表的是第 i 部机器的策略更新规则.

实际上, 模型 (22.2.1) 就是一个标准的 k 值逻辑控制网络. 利用 k 值逻辑变量的向量表示, 就可以得到它的代数状态空间表达形式

$$x(t + 1) = Lu(t)x(t), \qquad (22.2.2)$$

这里 $x(t) = \ltimes_{i=1}^{n} x_i(t) \in \Delta_{k^n}$, $u(t) = \ltimes_{i=1}^{m} u_i(t) \in \Delta_{k^m}$, $L \in \mathcal{L}_{k^n \times k^{n+m}}$.

记控制-状态乘积空间为

$$\mathcal{S} = \{(U, X) \,\big|\, U = (u_1, u_2, \cdots, u_m) \in \mathcal{D}_k^m, \ X = (x_1, x_2, \cdots, x_n) \in \mathcal{D}_k^n\}.$$

利用向量形式, 记 $s(t) = u(t) \ltimes x(t)$, 则 $s(t) \in \Delta_{k^{m+n}}$. 后面将看到, 最优控制将在乘积空间的一个环上得到. 因此, 我们先讨论乘积空间 $\mathcal{S}$ 上的环. 在向量形式下乘积空间 $\mathcal{S}$ 中的图以 $\delta_{k^{m+n}}^i$ $(i = 1, 2, \cdots, k^{m+n})$ 为顶点. 我们称一条边 $\overrightarrow{\delta_{k^{m+n}}^i \delta_{k^{m+n}}^j}$ (简记作 $\delta_{k^{m+n}}\overrightarrow{(ij)}$) 存在, 如果 $s(t + 1) = \delta_{k^{m+n}}^j$ 是从 $s(t) = \delta_{k^{m+n}}^i$ 可达的 (这里 $u(t + 1)$ 可任选). 一个环是一个路径 $\{\delta_{k^{m+n}}^{i_1} \to \delta_{k^{m+n}}^{i_2} \to \cdots \to \delta_{k^{m+n}}^{i_d} \to \cdots\}$, 并且存在一个 $d > 0$, 使得 $\delta_{k^{m+n}}^{i_j} = \delta_{k^{m+n}}^{i_{j+d}}$, 满足上式的最小正数 d 称为环的长度.

对于长度为 d 的环, 由于 $s(t) = \delta_{k^{m+n}}^\ell$ 可以唯一地分解为 $u(t)x(t) = \delta_{k^m}^i \delta_{k^n}^j$, 则该环可改写成

$$C = \left\{ (\delta_{k^m}^{i(t)}, \delta_{k^n}^{j(t)}) \to (\delta_{k^m}^{i(t+1)}, \delta_{k^n}^{j(t+1)}) \to \cdots \to (\delta_{k^m}^{i(t+d-1)}, \delta_{k^n}^{j(t+d-1)}) \right\}.$$

将其简记成

$$C = \delta_{k^m} \times \delta_{k^n} \{(i(t), j(t)) \to (i(t+1), j(t+1)) \to \cdots \to (i(t+d-1), j(t+d-1))\}. \qquad (22.2.3)$$

于是有如下结论:

命题 22.2.1 一条边 $\delta_{k^{m+n}}\overrightarrow{(ij)}$ 存在, 当且仅当

$$\mathrm{Col}_i(L) = \delta_{k^n}^\ell, \qquad 其中 \quad \ell = j \pmod{k^n}. \qquad (22.2.4)$$

证明 根据定义, 边 $\delta_{k^{m+n}}\overrightarrow{(ij)}$ 存在, 当且仅当存在 $u(t + 1)$ 使得

$$u(t + 1)L\delta_{k^{m+n}}^i = \delta_{k^{m+n}}^j. \qquad (22.2.5)$$

不难看出 $L\delta_{k^{m+n}}^i = \mathrm{Col}_i(L)$, 因此, 由式 (22.2.5) 可得

$$u(t + 1) \mathrm{Col}_i(L) = \delta_{k^{m+n}}^j. \qquad (22.2.6)$$

注意到 $\delta_{k^{m+n}}^j$ 可唯一分解成 $\delta_{k^m}^\xi \delta_{k^n}^\ell$, 这里 $j = (\xi - 1)k^n + \ell$, 立得结论. $\qquad \square$

例 22.2.1 设有一布尔网络

$$x(t + 1) = Lu(t)x(t), \qquad (22.2.7)$$

这里 $u(t), x(t) \in \Delta$, 且

$$L = \delta_2[1, 2, 2, 1].$$

注意到 $\delta_4^1 \sim (1,1)$, $\delta_4^2 \sim (1,0)$, $\delta_4^3 \sim (0,1)$, $\delta_4^4 \sim (0,0)$, 于是我们可得到状态-控制转移图, 如图 22.2.1 所示.

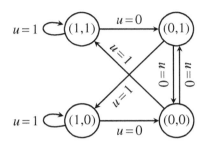

图 22.2.1 状态-控制转移图

由图 22.2.1 不难看出 $(1,1)$ 和 $(1,0)$ 为不动点, $\{(0,1) \rightarrow (0,0)\}$, $\{(0,1) \rightarrow (1,0) \rightarrow (0,0)\}$, $\{(1,1) \rightarrow (0,1) \rightarrow (0,0)\}$, $\{(0,0) \rightarrow (1,1) \rightarrow (0,1) \rightarrow (1,0)\}$, $\{(1,1) \rightarrow (1,1) \rightarrow (0,1) \rightarrow (0,0)\}$, $\{(1,0) \rightarrow (1,0) \rightarrow (0,0) \rightarrow (0,1)\}$ 为全部长度小于或等于 4 的环.

在简单情况下, 不动点和环可以由状态-控制转移图直接找出. 但当 m 和 n 不太小时, 状态-控制转移图是很难画出来的. 因此, 需要一个公式来计算.

由代数状态空间表达形式 (22.2.2), 我们有

$$
\begin{aligned}
x(t + d) &= Lu(t + d - 1)x(t + d - 1) \\
&= Lu(t + d - 1)Lu(t + d - 2) \cdots Lu(t + 1)Lu(t)x(t) \\
&= L(I_{k^m} \otimes L)u(t + d - 1)u(t + d - 2) \\
&\quad Lu(t + d - 3)Lu(t + d - 4) \cdots Lu(t)x(t) \\
&:= L_d(\ltimes_{\ell=1}^d u(t + d - \ell))x(t),
\end{aligned}
\tag{22.2.8}
$$

这里

$$L_d = \prod_{i=1}^d (I_{k^{(i-1)m}} \otimes L) \in \mathcal{L}_{k^n \times k^{dm+n}}.$$

在计算环之前, 先介绍一些记号.

- 设 $d \in \mathbb{Z}_+$, $\mathcal{P}(d)$ 为 d 的恰当因子 (即小于 d 的因子).

- 设 $i, k, m \in \mathbb{Z}_+$, 那么

$$\theta_k^m(i, d) := \{(j, \ell) | \ell \in \mathcal{P}(d) \text{ 并且 } j < k^{\ell m} \text{ 使得 } \delta_{k^{dm}}^i = (\delta_{k^{\ell m}}^j)^{\frac{d}{\ell}}\}. \tag{22.2.9}$$

要找出 $\theta_k^m(i,d)$, 我们可将 $\delta_{k^{dm}}^i$ 分解为 $\ltimes_{\alpha=1}^d \delta_{k^m}^{i_\alpha}$ 以检验 $\{i_1, i_2, \cdots, i_d\}$ 是否是一个环. 下面用一个例子来说明.

例 22.2.2 在本例中, 设 $d = 6$, 则 $\mathcal{P}(d) = \{1, 2, 3\}$. 设 $m, k, d \in \mathbb{Z}_+$ 给定. 利用显见的公式 $\delta_{k^\alpha}^a \delta_{k^\beta}^b = \delta_{k^{\alpha+\beta}}^{(a-1)k^\beta+b}$ 可知, 对每一个 $\ell \in \mathcal{P}(d)$ 至多有一个 j 使得 $(j, \ell) \in \theta_k^m(i, d)$.

例如, 设 $m = n = k = 2, d = 6$.

- 令 $i = 1$, 则 $\delta_{k^{dm}}^i = \delta_{2^{12}}^1 = (\delta_{2^2}^1)^6 = (\delta_{2^4}^1)^3 = (\delta_{2^6}^1)^2$. 故 $\theta_2^2(1, 6) = \{(1, 1), (1, 2), (1, 3)\}$.

- 令 $i = 2$, 则 $\delta_{2^{12}}^2 = (\delta_{2^2}^1)^5 \delta_{2^2}^2$ 无解. 故 $\theta_2^2(2, 6) = \varnothing$.

- 令 $i = 2^6 + 2$, 则 $\delta_{2^{12}}^{2^6+2} = (\delta_{2^2}^1 \delta_{2^2}^1 \delta_{2^2}^2)^2 = (\delta_{2^6}^2)^2$. 故 $\theta_2^2(2^6 + 2, 6) = \{(2, 3)\}$.

下面设逻辑类型 k 与输入数 m 固定. 于是, 将 $\theta_k^m(i, d)$ 简记为 $\theta(i, d)$, 我们有:

定理 22.2.1 k 值逻辑网络 (22.2.2) 的长度为 d 的环的个数可由以下公式递推得到:

$$N_d = \frac{1}{d} \sum_{i=1}^{k^{dm}} T(\text{Blk}_i(L_d)), \tag{22.2.10}$$

这里

$$T(\text{Blk}_i(L_d)) = \text{tr}(\text{Blk}_i(L_d)) - \sum_{(j,\ell) \in \theta(i,d)} T(\text{Blk}_j(L_\ell)).$$

证明 乘积空间 $\mathcal{S}$ 里的每个环是状态空间的环与控制空间的环的乘积. 我们先看状态空间的环: 设 $x(t)$ 为状态空间长度为 d 的环, 由式(22.2.8) 可知

$$x(t) = L_d(\ltimes_{\ell=1}^d u(t + d - \ell))x(t).$$

如果 $u(t + d - 1), \cdots, u(t)$ 固定, 设 $\ltimes_{\ell=1}^d u(t + d - \ell) = \delta_{k^{dm}}^i$, 那么

$$x(t) = \text{Blk}_i(L_d)x(t).$$

如果 $x(t) = \delta_{k^n}^j$, 这意味着 $\text{Blk}_i(L_d)$ 的 (j, j)-位元素为 1. 因此, 在状态空间中, 在控制 $u(t+d-1), \cdots, u(t)$ 作用下, 长度为 d 的环为 $\{x(t) \to Lu(t)x(t) \to L_2u(t+1)u(t)x(t) \to \cdots \to L_du(t + d - 1) \cdots u(t)x(t)\}$. 这样, 将环与给定的 u 相乘, 我们得到状态-控制空间长度为 d 的环. 因此, 长度为 d 的环, 包括多重环, 个数应为 $\frac{1}{d} \sum_{i=1}^{k^{dm}} \text{tr}(\text{Blk}_i(L_d))$.

显然, 如果 ℓ 是 d 的恰当因子, 并且 $x(t)$ 分别为在控制 $\widetilde{u}(t + \ell - 1) \cdots \widetilde{u}(t) = \delta_{k^{\ell m}}^j$ 下长度为 ℓ 的环, 和在控制 $u(t + d - 1) \cdots u(t) = \delta_{k^{dm}}^i$ 下长度为 ℓ 的环, 那么, 我们在状态-控制空间得到同一个环, 当且仅当 $\delta_{k^{dm}}^i = (\delta_{k^{\ell m}}^j)^{\frac{d}{\ell}}$. 去掉这些多重环即得式 (22.2.10). □

定义 22.2.1   一个环 $C = \delta_{k^m} \times \delta_{k^n}\{(i(t), j(t)) \to (i(t+1), j(t+1)) \to \cdots \to (i(t+d-1), j(t+d-1))\}$ 称为简单环, 如果它满足

$$i(\xi) \neq i(\ell), \quad t \leqslant \xi < \ell \leqslant t + d - 1. \tag{22.2.11}$$

例 22.2.3   回忆例 22.2.1. 由

$$L_1 = L = \delta_2[1, 2, 2, 1],$$

我们有 $\mathrm{tr}(\mathrm{Blk}_1(L_1)) = 2, \mathrm{tr}(\mathrm{Blk}_2(L_1)) = 0$. 因此 δ_2^1 以及 δ_2^2 为控制 $u = \delta_2^1$ 下的不动点. 于是在控制-状态空间的不动点为

$$\delta_2 \times \delta_2\{(1, 1)\}, \quad \delta_2 \times \delta_2\{(1, 2)\},$$

均为简单环. 其次, 由

$$L_2 = L(I_2 \otimes L) = \delta_2[1, 2, 2, 1, 2, 1, 1, 2],$$

我们有 $\mathrm{tr}(\mathrm{Blk}_1(L_2)) = \mathrm{tr}(\mathrm{Blk}_4(L_2)) = 2, \mathrm{tr}(\mathrm{Blk}_2(L_2)) = \mathrm{tr}(\mathrm{Blk}_3(L_2)) = 0, \delta_4^1 = \delta_2^1\delta_2^1, \delta_4^4 = \delta_2^2\delta_2^2$, 于是

$$T(\mathrm{Blk}_1(L_2)) = \mathrm{tr}(\mathrm{Blk}_1(L_2)) - T(\mathrm{Blk}_1(L_1)) = 0,$$

$$T(\mathrm{Blk}_4(L_2)) = \mathrm{tr}(\mathrm{Blk}_4(L_2)) - T(\mathrm{Blk}_2(L_1)) = 2,$$

$$T(\mathrm{Blk}_2(L_2)) = T(\mathrm{Blk}_3(L_2)) = 0.$$

因此, $N_2 = 1$. δ_2^1 及 δ_2^2 均属在控制 $u(t+1)u(t) = \delta_2^2\delta_2^2$ 下长度为 2 的环. 于是我们可以得到状态-控制空间长度为 2 的环如下:

$$\delta_2 \times \delta_2\{(2, 1) \to (2, 2)\},$$

它也是简单的. 考虑

$$L_3 = L(I_2 \otimes L)(I_4 \otimes L) = L_2(I_4 \otimes L)$$

$$= \delta_2[1, 2, 2, 1, 2, 1, 1, 2, 2, 1, 1, 2, 1, 2, 2, 1].$$

由于 $\mathrm{tr}(\mathrm{Blk}_1(L_3)) = \mathrm{tr}(\mathrm{Blk}_4(L_3)) = \mathrm{tr}(\mathrm{Blk}_6(L_3)) = \mathrm{tr}(\mathrm{Blk}_7(L_3)) = 2$, 故 $T(\mathrm{Blk}_4(L_3)) = T(\mathrm{Blk}_6(L_3)) = T(\mathrm{Blk}_7(L_3)) = 2, T(\mathrm{Blk}_i(L_3)) = 0, i = 1, 2, 3, 5, 8$, 于是有 $N_3 = 2$. δ_2^1 和 δ_2^2 均属在控制 $u(t+2)u(t+1)u(t) = \delta_8^4 = \delta_2^1\delta_2^2\delta_2^2, \delta_8^6 = \delta_2^2\delta_2^1\delta_2^2, \delta_8^7 = \delta_2^2\delta_2^2\delta_2^1$ 下长度为 3 的环. 于是我们可以得到状态-控制空间长度为 3 的环如下:

$$\delta_2 \times \delta_2\{(1, 1) \to (2, 1) \to (2, 2)\},$$

$$\delta_2 \times \delta_2\{(2, 1) \to (1, 2) \to (2, 2)\}.$$

最后, 由于

$$L_4 = L_3(I_8 \otimes L) = \delta_2[1, 2, 2, 1, 2, 1, 1, 2, 2, 1, 1, 2, 1, 2, 2, 1,$$
$$2, 1, 1, 2, 1, 2, 2, 1, 1, 2, 2, 1, 2, 1, 1, 2],$$

可知 $\mathrm{tr}(\mathrm{Blk}_i(L_4)) = 2, i = 1, 4, 6, 7, 10, 11, 13, 16$, 故有, 当 $i = 4, 6, 7, 10, 11, 13$ 时 $T(\mathrm{Blk}_i(L_4)) = 2$, 否则 $T(\mathrm{Blk}_i(L_4)) = 0$, 因此 $N_4 = 3$. δ_2^1 和 δ_2^2 均属在控制 $u(t+3)u(t+2)u(t+1)u(t) = \delta_{16}^4 = \delta_2^1\delta_2^2\delta_2^2\delta_2^2, \delta_{16}^6 = \delta_2^1\delta_2^2\delta_2^1\delta_2^2, \delta_{16}^7 = \delta_2^1\delta_2^2\delta_2^2\delta_2^1, \delta_{16}^{10} = \delta_2^2\delta_2^1\delta_2^2\delta_2^2, \delta_{16}^{11} = \delta_2^2\delta_2^1\delta_2^2\delta_2^1$, 以及 $\delta_{16}^{13} = \delta_2^2\delta_2^2\delta_2^1\delta_2^2$ 下长度为 4 的环. 于是我们可以得到状态-控制空间长度为 4 的环如下:

$$\delta_2 \times \delta_2\{(1, 1) \to (2, 1) \to (1, 2) \to (2, 2)\},$$
$$\delta_2 \times \delta_2\{(1, 2) \to (1, 2) \to (2, 2) \to (2, 1)\},$$
$$\delta_2 \times \delta_2\{(1, 1) \to (1, 1) \to (2, 1) \to (2, 2)\}.$$

这个结果与例 22.2.1 从转移图中得到的结果是一致的.

22.3 平均支付的最优策略

本节考虑在优化 (极大化) 平均支付性能指标

$$J = \lim_{T \to \infty} \frac{1}{T} \sum_{t=1}^{T} c(x_1(t), x_2(t), \cdots, x_n(t), u_1(t), u_2(t), \cdots, u_m(t)) \tag{22.3.1}$$

下的人的最优控制 (即最优策略) 问题.

下面这个定理是基本的.

定理 22.3.1 对于 k 值控制演化博弈 (22.2.2) 及优化指标 (22.3.1), 总存在最优控制 $u^*(t)$, 使在某个有限时间之后最优控制-状态轨线 $s^*(t) = u^*(t)x^*(t)$ 成为周期的.

证明 记 $\{s(i)|i = 1, 2, \cdots, T\}$ 为状态-控制空间的一个最优轨线. 设 $s(t) = s(t + \ell)$, $\ell > 0$ 为最小正数, 从轨线移去 $\{s(t), \cdots, s(t + \ell - 1)\}$, 则轨线还是一条轨线 (满足状态方程). 继续这个过程, 即移出所有的周期轨线, 则有

$$\frac{1}{T}\sum_{t=1}^{T} c(t) = \frac{n_1 c(C_1) + \cdots + n_\lambda c(C_\lambda) + c(R)}{T}$$
$$= \frac{n_1 |C_1|\bar{c}_1 + \cdots + n_\lambda |C_\lambda|\bar{c}_\lambda + c(R)}{T},$$

这里 n_i 指环 C_i 的个数, $c(C_i)$ 指 C_i 上的总支付, $\bar{c}_i$ 指 c_i 上的平均支付, R 是剩余. 注意: $|R| \leqslant k^{m+n}$, 否则 R 中必含周期轨线. 于是, 当 $T \to \infty$ 时, $\frac{c(R)}{T} \to 0$. 于是有

$$\frac{1}{T}\sum_{t=1}^{T} c(t) \leqslant \max_{1 \leqslant i \leqslant \ell} \bar{c}_i.$$

记

$$i^* \in \arg\max_i(\bar{c}_i),$$

则收敛于 C_{i^*} 的周期轨道为最优状态-控制轨迹.　　　　　　　　　　　　□

注 　　(i) 由定理 22.3.1 可知, 性能指标 (22.3.1) 中的极限总存在.

(ii) 由周期性可以证明, 最优控制可写成反馈形式

$$u^*(t+1) = G^* u^*(t) x^*(t). \tag{22.3.2}$$

对每个环, $C = \delta_{k^m} \times \delta_{k^n} \{(i(t), j(t)) \to (i(t+1), j(t+1)) \to \cdots \to (i(t+d-1), j(t+d-1))\}$,
记

$$\bar{c}(C) = \frac{1}{d} \sum_{s(t) \in C} c(u(t), x(t)) = \frac{1}{d} \sum_{\ell=1}^{d} c(\delta_{k^m}^{i(t+\ell-1)}, \delta_{k^n}^{j(t+\ell-1)}). \tag{22.3.3}$$

命题 22.3.1 任何一个环 C 包含一个简单环 C_s, 使得

$$\bar{c}(C_s) \geqslant \bar{c}(C). \tag{22.3.4}$$

证明 给定任一环 $C = \delta_{k^m} \times \delta_{k^n} \{(i(t), j(t)) \to (i(t+1), j(t+1)) \to \cdots \to (i(t+d-1), j(t+d-1))\}$, 如果它是简单环, 无须证明. 否则, 设 $\delta_{k^n}^{j(\xi)} = \delta_{k^n}^{j(\ell)}$, $\xi < \ell$, 并且
$C_1 = \delta_{k^m} \times \delta_{k^n} \{(i(\xi), j(\xi)) \to \cdots \to (i(\ell-1), j(\ell-1))\}$ 是一简单环. 如果 $\bar{c}(C_1) \geqslant \bar{c}(C)$, 获证.

否则, 移走 C_1, 余下的是一新环 C_1', 因为 $L\delta_{k^m}^{i(\xi-1)} \delta_{k^n}^{j(\xi-1)} = \delta_{k^n}^{i(\xi)} = \delta_{k^n}^{i(\ell)}$. 现在 $\bar{c}(C_1') > \bar{c}(C)$.
如果 C_1' 是一简单环, 获证. 否则, 我们可再找一简单环 C_2, 或者它满足不等式 (22.3.4), 或者移走它. 继续这个过程, 最后必能找到满足条件 (22.3.4) 的简单环.　　　　　　□

记 $R(x)$ 为从 x 出发的可达集, 显见一个环 $C \subset R(x)$, 当且仅当 $C \cap R(x) \neq \varnothing$.

定义 22.3.1 给定一个初态 x_0, 一个环 C^* 称为最优环, 如果

$$C^* \in \arg\max_{C \subset R(x_0)} \bar{c}(C). \tag{22.3.5}$$

根据 d 步迭代式 (22.2.8), 从 x_0 出发, 在第 d 步可达

$$R_d(x_0) = \{u(d) L_d \ltimes_{\ell=1}^{d} u(d-\ell) x_0 | \forall u(\ell) \in \Delta_{k^m}, 0 \leqslant \ell \leqslant d\}.$$

如果 $x_0 = \delta_{k^n}^{j(0)}$,

$$R_d(x_0) = \{u(d) \operatorname{Col}_\ell(L_d) | \forall u(d) \in \Delta_{k^m}, \ell = j(0) \pmod{k^n}\}.$$

如果 $\delta_{k^m}^i \delta_{k^n}^j$ 是从 x_0 出发 d 步可到达的, $d > k^n$, 那么从初态到达 $\delta_{k^m}^i \delta_{k^n}^j$ 则至少有两次通过同一状态. 类似命题 22.3.1 的证明, 我们可以删去子环路, 最后使 $\delta_{k^m}^i \delta_{k^n}^j$ 可以从 x_0 在 d' 步到达, 这里 $1 \leqslant d' \leqslant k^n$. 于是有

$$R(x_0) = \cup_{d=1}^{k^n} R_d(x_0). \tag{22.3.6}$$

由式 (22.3.6) 不难算出可达集.

从以上讨论可知, 寻找最优环 C^* 只要找 $R(x_0)$ 中的简单环即可. 记从 x_0 到达 C^* 的最短路径为

$$\delta_{k^m}^{i(0)}\delta_{k^n}^{j(0)} \to \delta_{k^m}^{i(1)}\delta_{k^n}^{j(1)} \to \cdots \to \delta_{k^m}^{i(T_0-1)}\delta_{k^n}^{j(T_0-1)} \to C^*, \tag{22.3.7}$$

这里

$$C^* = \delta_{k^m} \times \delta_{k^n}\{(i(T_0), j(T_0)) \to \cdots \to (i(T_0 + d - 1), j(T_0 + d - 1))\}.$$

称式 (22.3.7) 为最优轨线.

下面证明最优控制矩阵 G^* 的存在性.

定理 22.3.2　考查一个 k 值控制演化博弈 (22.2.2) 及优化指标 (22.3.1). 设最优轨道为式 (22.3.7), 最优控制为 $u^*(t)$, 则存在一个逻辑矩阵 $G^* \in \mathcal{L}_{k^m \times k^{m+n}}$, 满足

$$\begin{cases} x^*(t + 1) = Lu^*(t)x^*(t) \\ u^*(t + 1) = G^*u^*(t)x^*(t). \end{cases} \tag{22.3.8}$$

证明　根据命题 22.3.1, 存在一个作为最优环的简单环. 由于简单环的长度不超过 k^n, 设初态为 $\delta_{k^n}^{j(0)}$, 我们可以找到所有长度不超过 k^n 的含初态的环, 然后找到最优轨道 (22.3.7). 容易看出 $T_0 + d \leqslant k^{m+n}$, 因此, 可以找到最优控制矩阵 G^* 的 $T_0 + d$ 列, 满足

$$\text{Col}_i(G^*) = \begin{cases} \delta_{k^m}^{i(\ell+1)}, & i = (i(\ell) - 1)k^n + j(\ell), \ell \leqslant T_0 + d - 2 \\ \delta_{k^m}^{i(T_0)}, & i = (i(T_0 + d - 1) - 1)k^n + j(T_0 + d - 1), \end{cases} \tag{22.3.9}$$

而 G^* 的其他列 $(\text{Col}(G^*) \subset \Delta_{k^m})$ 可任意选择. 这个 G^* 就是所需要的. □

例 22.3.1　回忆例 22.2.1 和例 22.2.3. 令

$$c(u(t), x(t)) = u^{\text{T}}(t)\begin{bmatrix} 1 & 2 \\ 3 & 4 \end{bmatrix}x(t).$$

设初值 $x_0 = \delta_2^2$, 根据例 22.2.3 中的结果, 我们不难知道 $C^* = \delta_2 \times \delta_2\{(2, 1) \to (2, 2)\}$ 是最优环. 选 $u(0) = \delta_2^2$, 最优环及从 δ_2^2 到最优环的最短路径为

$$\delta_2 \times \delta_2\{(2, 2) \to (2, 1)\}.$$

因此, $G^* = \delta_2[i, j, 2, 2]$, 这里 $i, j \in \{1, 2\}$ 可任选.

例 22.3.2　考虑人机无限重复博弈. 双方均有三个可选策略 $\{L, M, R\}$. 支付双矩阵见表 22.3.1.

表 22.3.1 例 22.3.2 的支付双矩阵

人 \ 机	L	M	R
L	3,3	0,4	9,2
M	4,0	4,4	5,3
R	2,9	3,5	6,6

虽然一次博弈的唯一纳什均衡点是 (M, M), 但它显然不如 (R, R). 现在讨论无穷重复的情况. 设机器的策略如下给出: $x(0) = R$, 以后,

$$x(t + 1) = \begin{cases} R, & x(t) = R,\, u(t) = R \\ M, & \text{其他.} \end{cases}$$

这个策略称为触发战略 (trigger strategy). 下面看人的最佳策略.

令 $L \sim \delta_3^1$, $M \sim \delta_3^2$, $R \sim \delta_3^1$, 则上述博弈可写成

$$x(t + 1) = Lu(t)x(t), \tag{22.3.10}$$

这里

$$L = \delta_3[2, 2, 2, 2, 2, 2, 2, 2, 3],$$

而 $x(t), u(t)$ 分别为 t 时刻机器与人的策略.

考虑平均支付性能指标

$$J = \overline{\lim_{T \to \infty}} \frac{1}{T} \sum_{t=1}^{T} c(x(t), u(t)),$$

这里

$$c(x(t), u(t)) = u^{\mathrm{T}}(t) \begin{bmatrix} 3 & 0 & 9 \\ 4 & 4 & 5 \\ 2 & 3 & 6 \end{bmatrix} x(t).$$

下面计算环路,

$$L_1 = L = \delta_3[2, 2, 2, 2, 2, 2, 2, 2, 3],$$

因此, $\mathrm{tr}(\mathrm{Blk}_1(L_1)) = 1$, $\mathrm{tr}(\mathrm{Blk}_2(L_1)) = 1$, $\mathrm{tr}(\mathrm{Blk}_3(L_1)) = 2$, $N_1 = 4$. δ_3^2 是在控制 $u = \delta_3^i, i = 1, 2, 3$ 下的不动点, δ_3^3 是在控制 $u = \delta_3^3$ 下的不动点. 故方程 (22.3.10) 的不动点为

$$\delta_3 \times \delta_3\{(1, 2)\}, \quad \delta_3 \times \delta_3\{(2, 2)\}, \quad \delta_3 \times \delta_3\{(3, 2)\}, \quad \delta_3 \times \delta_3\{(3, 3)\}.$$

于是有

$$L_2 = L(I_3 \otimes L) = \delta_3[2,2,2,2,2,2,2,2,2,$$
$$2,2,2,2,2,2,2,2,2,$$
$$2,2,2,2,2,2,2,2,3],$$

计算可得$\mathrm{tr}(\mathrm{Blk}_i(L_2)) = 1, i = 1,2,\cdots,8$, $\mathrm{tr}(\mathrm{Blk}_9(L_2)) = 2$. 对于

$$T(\mathrm{Blk}_1(L_2)) = \mathrm{tr}(\mathrm{Blk}_1(L_2)) - \mathrm{tr}(\mathrm{Blk}_1(L_1)) = 0.$$

类似地, 我们有 $T(\mathrm{Blk}_1(L_2)) = T(\mathrm{Blk}_5(L_2)) = T(\mathrm{Blk}_9(L_2)) = 0$, $T(\mathrm{Blk}_i(L_2)) = 1, i = 2,3,4,6,7,8$. 因此, $N_2 = 3$. δ_3^2 与控制 $u(t+1)u(t) = \delta_9^i$ $(i = 2,3,4,6,7,8)$ 为长度为 2 的环. 于是, 长度为 2 的环为

$$\delta_3 \times \delta_3\{(1,2) \to (2,2)\}, \quad \delta_3 \times \delta_3\{(1,2) \to (3,2)\}, \quad \delta_3 \times \delta_3\{(2,2) \to (3,2)\}.$$

进而有

$$L_3 = L(I_3 \otimes L)(I_9 \otimes L) = \delta_{81}[\underbrace{2,\cdots,2}_{80},3].$$

利用环个数公式 (22.2.10), 我们有 $T(\mathrm{Blk}_i(L_3)) = 1, i = 2,3,\cdots,13,15,\cdots,26$, $T(\mathrm{Blk}_i(L_3)) = 0, i = 1,14,27$, 以及 $N_3 = 8$. δ_3^2 与控制 $u(t+2)u(t+1)u(t) = \delta_{27}^i$ $(i = 2,3,\cdots,13,15,\cdots,26)$ 为长度为 3 的环. 于是, 长度为 3 的环为

$$\delta_3 \times \delta_3\{(1,2) \to (1,2) \to (2,2)\}, \quad \delta_3 \times \delta_3\{(1,2) \to (3,2) \to (2,2)\},$$
$$\delta_3 \times \delta_3\{(1,2) \to (1,2) \to (3,2)\}, \quad \delta_3 \times \delta_3\{(1,2) \to (3,2) \to (3,2)\},$$
$$\delta_3 \times \delta_3\{(1,2) \to (2,2) \to (2,2)\}, \quad \delta_3 \times \delta_3\{(2,2) \to (2,2) \to (3,2)\},$$
$$\delta_3 \times \delta_3\{(1,2) \to (2,2) \to (3,2)\}, \quad \delta_3 \times \delta_3\{(2,2) \to (3,2) \to (3,2)\}.$$

虽然长度大于或等于 4 的环有很多, 但为寻找最优环, 在长度不超过 3 的环中找即可.

作为触发战略, 初值为 $x_0 = \delta_3^3$, 其可达集为

$$R(x_0) = \{\delta_3^1\delta_3^2, \delta_3^2\delta_3^2, \delta_3^3\delta_3^2, \delta_3^1\delta_3^3, \delta_3^2\delta_3^3, \delta_3^1\delta_3^3\}.$$

利用前面的结果, $R(x_0)$ 中的简单环为 $\delta_3 \times \delta_3\{(1,2)\}$, $\delta_3 \times \delta_3\{(2,2)\}$, $\delta_3 \times \delta_3\{(3,2)\}$ 和 $\delta_3 \times \delta_3\{(3,3)\}$, 其中 $\delta_3 \times \delta_3\{(3,3)\}$ 为最优环. 选择 $u^*(0) = \delta_3^3$, 则

$$G^* = \delta_3[*,*,*,*,*,*,*,*,3],$$

这里前八个元素任意. 不妨设

$$G^* = \delta_3[2,2,2,2,2,2,2,2,3],$$

这就是触发战略.

由此可见, 触发战略是对付触发战略的最佳策略. 这表明触发战略是无穷重复下的纳什均衡点.

22.4 混合演化策略模型

本节假定在人机博弈中机器采用混合演化策略. 即, 机器具有 $\Pi_1, \Pi_2, \cdots, \Pi_\ell$ 种策略更新规则, 它以概率 p_i 选取 Π_i 更新其策略, $i = 1, 2, \cdots, \ell$, 这里 $\sum\limits_{i=1}^{\ell} p_i = 1$. 假如 Π_i 导出的策略形势演化方程为

$$x(t + 1) = L_i u(t)x(t), \quad i = 1, 2, \cdots, \ell. \tag{22.4.1}$$

那么, 我们有

$$x(t + 1) = L^* u(t)x(t), \tag{22.4.2}$$

这里

$$L^* = \sum_{i=1}^{\ell} p_i L_i.$$

注   关于策略演化方程, 给出几点说明:

(i) 在方程 (22.4.1) 中, $x(t) = \ltimes_{i=1}^{n} x_i(t)$, $u(t) = \ltimes_{i=1}^{m} u_i(t)$. 实际上, 对每个 i, 式 (22.4.1) 与式 (22.2.2) 是一致的.

(ii) 在方程 (22.4.2) 中, $x(t)$ 应当表示机器策略的期望值.

(iii) 实际上 $L^* u(t)$ 是机器策略依赖于控制的马尔科夫转移矩阵. 具体地说, 记

$$A(u) = \left[A_{i,j}(u) \right] := L^* u,$$

那么

$$A_{i,j}(u) = P(x(t + 1) = i | x(t) = j, u(t) = u). \tag{22.4.3}$$

例 22.4.1   人与机器玩 "石头 (R)-剪刀 (S)-布 (C)", 其支付双矩阵见表 22.4.1.

表 22.4.1 石头-剪刀-布的支付双矩阵

人 \ 机	R	S	C
R	0, 0	1, −1	−1, 1
S	−1, 1	0, 0	1, −1
C	1, −1	−1, 1	0, 0

假定机器有三种可能的策略更新规则:

• Π_1: 如果它在 t 时刻赢了, 它在 $t+1$ 时刻不改变策略; 否则, 它取对方在 t 时刻的策略为其 $t+1$ 时刻策略.

• Π_2: 机器以 $R \to S \to C \to R \to \cdots$ 周期性改变策略.

• Π_3: 如果机器与人在 t 时刻策略相同, 则机器在 $t+1$ 时刻不改变策略; 否则, 它在 $t+1$ 时刻取与机器和人在 t 时刻的策略都不同的第 3 种策略.

用向量表示, 令 $R \sim \delta_3^1, S \sim \delta_3^2, C \sim \delta_3^3$, 且 $x(t)$ 和 $u(t)$ 分别为机器和人在 t 时刻的策略.

对机器的策略更新规则 $\Pi_i, i = 1, 2, 3$, 策略演化方程分别为

$$x(t + 1) = f_i(x(t), u(t)), \quad i = 1, 2, 3. \tag{22.4.4}$$

其相应的代数状态空间方程为

$$x(t + 1) = L_i u(t) x(t), \quad i = 1, 2, 3, \tag{22.4.5}$$

容易算出结构矩阵为

$$\begin{aligned}
L_1 &= \delta_3[1, 1, 3, 1, 2, 2, 3, 2, 3], \\
L_2 &= \delta_3[2, 3, 1, 2, 3, 1, 2, 3, 1], \\
L_3 &= \delta_3[1, 3, 2, 3, 2, 1, 2, 1, 3].
\end{aligned} \tag{22.4.6}$$

现在假定机器取 Π_1, Π_2 和 Π_3 的概率分别为 0.3, 0.3 和 0.4, 则可得到策略形势演化方程

$$x(t + 1) = L^* u(t) x(t), \tag{22.4.7}$$

这里

$$L^* = 0.3L_1 + 0.3L_2 + 0.4L_3 = \begin{bmatrix} 0.7 & 0.3 & 0.3 & 0.3 & 0 & 0.7 & 0 & 0.4 & 0.3 \\ 0.3 & 0 & 0.4 & 0.3 & 0.7 & 0.3 & 0.7 & 0.3 & 0 \\ 0 & 0.7 & 0.3 & 0.4 & 0.3 & 0 & 0.3 & 0.3 & 0.7 \end{bmatrix}.$$

22.5 有限次混合策略最优控制

先考虑有限次重复博弈. 假定机器策略形势演化方程仍为式 (22.2.2). 为记号方便, 在以下的讨论中设 $n = 1$, $m = 1$, 但 $x(t) = \Delta_k$, $u(t) \in \Delta_r$. 这时 $L \in \Upsilon_{k \times kr}$. 其实, 不难看出, 这与 n 个机器, m 个人本质上是一样的. 假定 N 次重复的性能指标如下[97]:

$$J(x(0), u(0)) := E\left[\sum_{t=1}^{N} \lambda^t c(u(t), x(t)) \middle| x(0), u(0) \right]. \tag{22.5.1}$$

注意到, 我们只能用先前的信息, 即 $u(t) \in \sigma(x(0), u(0), \cdots, x(t-1), u(t-1))$.

利用动态规划, 不难得到下面的结果 [98].

命题 22.5.1 设 $J^*(x_0, u_0)$ 为指标 (22.5.1) 下的最优值, 则

$$J^*(x(0), u(0)) = J_1(x(0), u(0)), \tag{22.5.2}$$

这里 J_1 是如下动态规划算法的最后一步. 算法从后向前, 先考虑第 N 步, 有

$$J_N(x(N-1), u(N-1)) = \max_{u(N) \in \Delta_r} E\left[c_N(u(N), x(N)) \middle| x(N-1), u(N-1) \right]. \tag{22.5.3}$$

然后向前递推($t = N-1, N-2, \cdots, 1$):

$$J_t(x(t-1), u(t-1)) = \max_{u(t) \in \Delta_r} E\left[c_t(u(t), x(t)) + J_{t+1}(x(t), u(t)) \middle| x(t-1), u(t-1) \right], \tag{22.5.4}$$

这里 $c_t(u(t), x(t)) = \lambda^t c(u(t), x(t))$.

由于我们用向量表示 $x(t)$ (或 $u(t)$). 我们用 $|x(t)|$ 等表示其对应的标量形式. 即若 $x(t) = \delta_k^i$, 则 $|x(t)| = i$.

利用式 (22.4.3), 不难看出

$$E\left[J_{t+1}(x(t), u(t)) \middle| x(t-1), u(t-1) \right] = \sum_{i=1}^{k} \left[A_{i, |x(t-1)|}(u(t-1)) \right] J_{t+1}(\delta_k^i, u(t)). \tag{22.5.5}$$

设支付函数满足

$$c(\delta_r^i, \delta_k^j) = \varphi_{i,j}, \quad i = 1, 2, \cdots, r; \ j = 1, 2, \cdots, k,$$

定义支付矩阵

$$\Phi = (\varphi_{i,j}) \in \mathcal{M}_{r \times k}, \tag{22.5.6}$$

则

$$c_t = \lambda^t c(u(t), x(t)) = \lambda^t u^{\mathrm{T}}(t) \Phi x(t). \tag{22.5.7}$$

于是, 动态规划解可写成

$$
\begin{cases}
J_N(x(N-1), u(N-1)) = \max\limits_{u(N)\in\Delta_r} \lambda^N \cdot \sum\limits_{i=1}^{k} \left[A_{i,|x(N-1)|}(u(N-1)) \right] u^{\mathrm{T}}(N)\varPhi\delta_k^i \\
J_t(x(t-1), u(t-1)) = \max\limits_{u(t)\in\Delta_r} \sum\limits_{i=1}^{k} \left[A_{i,|x(t-1)|}(u(t-1)) \right] \cdot \left[\lambda^t u^{\mathrm{T}}(t)\varPhi\delta_k^i + J_{t+1}(\delta_k^i, u(t)) \right], \\
\qquad\qquad\qquad\qquad\quad t = N-1, N-2, \cdots, 1.
\end{cases}
\tag{22.5.8}
$$

将 $J_t(x(t-1), u(t-1))$ 依不同变量值排成矩阵形式, 则得

$$
\mathcal{J}_t := \begin{bmatrix}
J_t(\delta_k^1, \delta_r^1) & J_t(\delta_k^1, \delta_r^2) & \cdots & J_t(\delta_k^1, \delta_r^r) \\
J_t(\delta_k^2, \delta_r^1) & J_t(\delta_k^2, \delta_r^2) & \cdots & J_t(\delta_k^2, \delta_r^r) \\
\vdots & \vdots & & \vdots \\
J_t(\delta_k^k, \delta_r^1) & J_t(\delta_k^k, \delta_r^2) & \cdots & J_t(\delta_k^k, \delta_r^r)
\end{bmatrix}.
$$

且记

$$
\mathcal{J}_t(u(t-1)) = \begin{bmatrix}
J_t(\delta_k^1, u(t-1)) \\
J_t(\delta_k^2, u(t-1)) \\
\vdots \\
J_t(\delta_k^k, u(t-1))
\end{bmatrix}.
$$

于是动态规划解 (22.5.8) 可简化如下:

$$
\begin{aligned}
& J_N(x(N-1), u(N-1)) \\
= {}& \max_{u(N)\in\Delta_r} \lambda^N \sum_{i=1}^{k} \left[A_{i,|x(N-1)|}(u(N-1)) \right] u^{\mathrm{T}}(N)\varPhi\delta_k^i \\
= {}& \max_{u(N)\in\Delta_r} \lambda^N u^{\mathrm{T}}(N)\varPhi \sum_{i=1}^{k} \left[A_{i,|x(N-1)|}(u(N-1)) \right] \delta_k^i \\
= {}& \max_{u(N)\in\Delta_r} \lambda^N u^{\mathrm{T}}(N)\varPhi \operatorname{Col}_{|x(N-1)|}[L^* u(N-1)],
\end{aligned}
\tag{22.5.9}
$$

$$
\begin{aligned}
& J_t(x(t-1), u(t-1)) \\
= {}& \max_{u(t)\in\Delta_r} \sum_{i=1}^{k} \left[A_{i,|x(t-1)|}(u(t-1)) \right] \cdot \left[\lambda^t u^{\mathrm{T}}(t)\varPhi\delta_k^i + J_{t+1}(\delta_k^i, u(t)) \right] \\
= {}& \max_{u(t)\in\Delta_r} \left\{ \lambda^t u^{\mathrm{T}}(t)\varPhi \sum_{i=1}^{k} \left[A_{i,|x(t-1)|}(u(t-1)) \right] \delta_k^i + \sum_{i=1}^{k} \left[A_{i,|x(t-1)|}(u(t-1)) \right] J_{t+1}(\delta_k^i, u(t)) \right\} \\
= {}& \max_{u(t)\in\Delta_r} \left\{ \lambda^t u^{\mathrm{T}}(t)\varPhi \operatorname{Col}_{|x(t-1)|}[L^* u(t-1)] + J_{t+1}^{\mathrm{T}}(u(t)) \operatorname{Col}_{|x(t-1)|}[L^* u(t-1)] \right\} \\
= {}& \max_{u(t)\in\Delta_r} \left[\lambda^t u^{\mathrm{T}}(t)\varPhi + J_{t+1}^{\mathrm{T}}(u(t)) \right] \cdot \operatorname{Col}_{|x(t-1)|}[L^* u(t-1)] \\
= {}& \max_{u(t)\in\Delta_r} u^{\mathrm{T}}(t) \left[\lambda^t \varPhi + J_{t+1}^{\mathrm{T}} \right] \operatorname{Col}_{|x(t-1)|}[L^* u(t-1)].
\end{aligned}
\tag{22.5.10}
$$

将式 (22.5.9) 和式 (22.5.10) 写成矩阵形式则得

$$
\mathcal{J}_N(u(N-1)) =
\begin{bmatrix}
J_N(\delta_k^1, u(N-1)) \\
J_N(\delta_k^2, u(N-1)) \\
\vdots \\
J_N(\delta_k^k, u(N-1))
\end{bmatrix}
= \lambda^N
\begin{bmatrix}
\max\limits_{u(N)\in\Delta_r} u^{\mathrm{T}}(N)\Phi\operatorname{Col}_1(L^*u(N-1)) \\
\max\limits_{u(N)\in\Delta_r} u^{\mathrm{T}}(N)\Phi\operatorname{Col}_2(L^*u(N-1)) \\
\vdots \\
\max\limits_{u(N)\in\Delta_r} u^{\mathrm{T}}(N)\Phi\operatorname{Col}_k(L^*u(N-1))
\end{bmatrix},
\tag{22.5.11}
$$

$$
\mathcal{J}_t(u(t-1)) =
\begin{bmatrix}
J_t(\delta_k^1, u(t-1)) \\
J_t(\delta_k^2, u(t-1)) \\
\vdots \\
J_t(\delta_k^k, u(t-1))
\end{bmatrix}
=
\begin{bmatrix}
\max\limits_{u(t)\in\Delta_r} u^{\mathrm{T}}(t)\left[\lambda^t\Phi + \mathcal{J}_{t+1}^{\mathrm{T}}\right]\operatorname{Col}_1[L^*u(t-1)] \\
\max\limits_{u(t)\in\Delta_r} u^{\mathrm{T}}(t)\left[\lambda^t\Phi + \mathcal{J}_{t+1}^{\mathrm{T}}\right]\operatorname{Col}_2[L^*u(t-1)] \\
\vdots \\
\max\limits_{u(t)\in\Delta_r} u^{\mathrm{T}}(t)\left[\lambda^t\Phi + \mathcal{J}_{t+1}^{\mathrm{T}}\right]\operatorname{Col}_k[L^*u(t-1)]
\end{bmatrix}.
\tag{22.5.12}
$$

利用式 (22.5.11) 及式 (22.5.12) 不难递推地找出最优解. 实际上, 注意到 $u(t)\in\Delta_r$, 令

$$
\begin{aligned}
\xi^{ij}(N) &:= \Phi\operatorname{Col}_i(L^*\delta_r^j) \in \mathbb{R}^r \\
\xi^{ij}(t) &:= \left[\lambda^t\Phi + \mathcal{J}_{t+1}^{\mathrm{T}}\right]\operatorname{Col}_i[L^*\delta_r^j] \in \mathbb{R}^r, \quad 1 \leqslant t \leqslant N-1.
\end{aligned}
\tag{22.5.13}
$$

则可得到以下定理.

定理 22.5.1 对于 $J_t(x(t-1), u(t-1))\big|_{x(t-1)=\delta_k^i, u(t-1)=\delta_r^j}$ $(t = 1, 2, \cdots, N)$ 的最优解是 $u_{ij}^*(t) = \delta_r^{s^*}$, 这里

$$
s^* = \arg\max_s [\xi^{ij}(t)]_s.
$$

例 22.5.1 回忆例 22.4.1. 设 $\lambda = 0.9$. 容易知道, 人的支付矩阵为

$$
\Phi =
\begin{bmatrix}
0 & 1 & -1 \\
-1 & 0 & 1 \\
1 & -1 & 0
\end{bmatrix}.
\tag{22.5.14}
$$

现在设 $N = 3$. 当 $t = N = 3$ 时, 利用式 (22.5.11) 可知:

- 当 $u(2) = \delta_3^1$ 时,

$$
\Phi(L * u(2)) =
\begin{bmatrix}
0.3 & -0.7 & 0.1 \\
-0.7 & 0.4 & 0 \\
0.4 & 0.3 & -0.1
\end{bmatrix}
= \begin{bmatrix} \xi^{11}(3) & \xi^{21}(3) & \xi^{31}(3) \end{bmatrix}.
$$

于是我们有

$$
\begin{aligned}
u^*(3)\big|_{x(2)=\delta_3^1, u(2)=\delta_3^1} &= \delta_3^3, \quad J_3(\delta_3^1, \delta_3^1) = 0.4 * (0.9)^3; \\
u^*(3)\big|_{x(2)=\delta_3^2, u(2)=\delta_3^1} &= \delta_3^2, \quad J_3(\delta_3^2, \delta_3^1) = 0.4 * (0.9)^3; \\
u^*(3)\big|_{x(2)=\delta_3^3, u(2)=\delta_3^1} &= \delta_3^1, \quad J_3(\delta_3^3, \delta_3^1) = 0.1 * (0.9)^3.
\end{aligned}
$$

- 当 $u(2) = \delta_3^2$ 时, 类似计算可得

$$u^*(3)\big|_{x(2)=\delta_3^1,u(2)=\delta_3^2} = \delta_3^2, \quad J_3(\delta_3^1,\delta_3^2) = 0.1 * (0.9)^3;$$
$$u^*(3)\big|_{x(2)=\delta_3^2,u(2)=\delta_3^2} = \delta_3^1, \quad J_3(\delta_3^2,\delta_3^2) = 0.4 * (0.9)^3;$$
$$u^*(3)\big|_{x(2)=\delta_3^3,u(2)=\delta_3^2} = \delta_3^3, \quad J_3(\delta_3^3,\delta_3^2) = 0.4 * (0.9)^3.$$

- 当 $u(2) = \delta_3^3$ 时, 可得

$$u^*(3)\big|_{x(2)=\delta_3^1,u(2)=\delta_3^3} = \delta_3^1, \quad J_3(\delta_3^1,\delta_3^3) = 0.4 * (0.9)^3;$$
$$u^*(3)\big|_{x(2)=\delta_3^2,u(2)=\delta_3^3} = \delta_3^3, \quad J_3(\delta_3^2,\delta_3^3) = 0.1 * (0.9)^3;$$
$$u^*(3)\big|_{x(2)=\delta_3^3,u(2)=\delta_3^3} = \delta_3^2, \quad J_3(\delta_3^3,\delta_3^3) = 0.4 * (0.9)^3.$$

利用前面的结果, 可以算出

$$J_3 = (0.9)^3 \begin{bmatrix} 0.4 & 0.1 & 0.4 \\ 0.4 & 0.4 & 0.1 \\ 0.1 & 0.4 & 0.4 \end{bmatrix}. \tag{22.5.15}$$

下面考虑 $t = 2$, 利用式 (22.5.12) 可知:

- 当 $u(1) = \delta_3^1$ 时,

$$\left[\lambda^2 \Phi + J_3^{\mathrm{T}}\right][L * \delta_3^1] = \begin{bmatrix} 0.5346 & -0.4285 & 0.307 \\ -0.4285 & 0.55 & 0.226 \\ 0.55 & 0.5346 & 0.1231 \end{bmatrix} = \begin{bmatrix} \xi^{11}(2) & \xi^{21}(2) & \xi^{31}(2) \end{bmatrix}.$$

于是有

$$u^*(2)\big|_{x(1)=\delta_3^1,u(1)=\delta_3^1} = \delta_3^3, \quad J_2(\delta_3^1,\delta_3^1) = 0.55;$$
$$u^*(2)\big|_{x(1)=\delta_3^2,u(1)=\delta_3^1} = \delta_3^2, \quad J_2(\delta_3^2,\delta_3^1) = 0.55;$$
$$u^*(2)\big|_{x(1)=\delta_3^3,u(1)=\delta_3^1} = \delta_3^1, \quad J_2(\delta_3^3,\delta_3^1) = 0.307.$$

- 当 $u(1) = \delta_3^2$ 时, 同理可得

$$u^*(2)\big|_{x(1)=\delta_3^1,u(1)=\delta_3^2} = \delta_3^2, \quad J_2(\delta_3^1,\delta_3^2) = 0.307;$$
$$u^*(2)\big|_{x(1)=\delta_3^2,u(1)=\delta_3^2} = \delta_3^1, \quad J_2(\delta_3^2,\delta_3^2) = 0.55;$$
$$u^*(2)\big|_{x(1)=\delta_3^3,u(1)=\delta_3^2} = \delta_3^3, \quad J_2(\delta_3^3,\delta_3^2) = 0.55.$$

- 当 $u(1) = \delta_3^3$ 时, 可得

$$u^*(2)\big|_{x(1)=\delta_3^1, u(1)=\delta_3^3} = \delta_3^1, \quad J_2(\delta_3^1, \delta_3^3) = 0.55;$$
$$u^*(2)\big|_{x(1)=\delta_3^2, u(1)=\delta_3^3} = \delta_3^3, \quad J_2(\delta_3^2, \delta_3^3) = 0.307;$$
$$u^*(2)\big|_{x(1)=\delta_3^3, u(1)=\delta_3^3} = \delta_3^2, \quad J_2(\delta_3^3, \delta_3^3) = 0.55.$$

最后考虑 $t = 1$. 与 $t = 2$ 时类似, 可得:

- 当 $u(1) = \delta_3^1$ 时,

$$u^*(1)\big|_{x(0)=\delta_3^1, u(0)=\delta_3^1} = \delta_3^3, \quad J_1(\delta_3^1, \delta_3^1) = 0.8371;$$
$$u^*(1)\big|_{x(0)=\delta_3^2, u(0)=\delta_3^1} = \delta_3^2, \quad J_1(\delta_3^2, \delta_3^1) = 0.8371;$$
$$u^*(1)\big|_{x(0)=\delta_3^3, u(0)=\delta_3^1} = \delta_3^1, \quad J_1(\delta_3^3, \delta_3^1) = 0.5671.$$

- 当 $u(1) = \delta_3^2$ 时,

$$u^*(1)\big|_{x(0)=\delta_3^1, u(0)=\delta_3^2} = \delta_3^2, \quad J_1(\delta_3^1, \delta_3^2) = 0.5671;$$
$$u^*(1)\big|_{x(0)=\delta_3^2, u(0)=\delta_3^2} = \delta_3^1, \quad J_1(\delta_3^2, \delta_3^2) = 0.8371;$$
$$u^*(1)\big|_{x(0)=\delta_3^3, u(0)=\delta_3^2} = \delta_3^3, \quad J_1(\delta_3^3, \delta_3^2) = 0.8371.$$

- 当 $u(1) = \delta_3^3$ 时,

$$u^*(1)\big|_{x(0)=\delta_3^1, u(0)=\delta_3^3} = \delta_3^1, \quad J_1(\delta_3^1, \delta_3^3) = 0.8371;$$
$$u^*(1)\big|_{x(0)=\delta_3^2, u(0)=\delta_3^3} = \delta_3^3, \quad J_1(\delta_3^2, \delta_3^3) = 0.5671;$$
$$u^*(1)\big|_{x(0)=\delta_3^3, u(0)=\delta_3^3} = \delta_3^2, \quad J_1(\delta_3^3, \delta_3^3) = 0.8371.$$

现在, 如果初始值为 $u_0 = \delta_3^2$, $x_0 = \delta_3^3$, 由命题 22.5.1 可知, 最优期望值为

$$J^*(u_0, x_0) = J_1(\delta_3^3, \delta_3^2) = 0.8371.$$

而且, 根据前一步的 $x(t-1)$ 和 $u(t-1) = u^*(t-1)$, 最优控制 $u^*(t)$ 也可知.

22.6 无限次混合策略最优控制

本节讨论混合策略下的无限次重复博弈. 性能指标为

$$J(x_0, u_0) := E\left[\left. \sum_{t=1}^{\infty} \lambda^t c(u(t), x(t)) \right| x(0), u(0) \right]. \tag{22.6.1}$$

引入部分和记号

$$J_i^j := E\left[\sum_{t=i}^{j} \lambda^t c(u(t), x(t)) \middle| x(i-1), u(i-1) \right]. \tag{22.6.2}$$

我们利用滚动时域 (receding horizon) 的方法从有限次最优解得出无穷次最优解. 先简单介绍一下滚动时域控制:

1. 固定一个滤波长度 ℓ.

2. 用动态规划的方法找出 J_1^ℓ 的最优解 $u_1^*(1), u_1^*(2), \cdots, u_1^*(\ell) \in \Delta_r$. 保留 $u_1^*(1)$ 作为第 1 步最优控制.

3. 找出 $J_2^{\ell+1}$ 的最优解 $u_2^*(2), u_2^*(3), \cdots, u_2^*(\ell+1) \in \Delta_r$, 保留 $u_2^*(2)$ 作为第 2 步最优控制.

4. 一般来说, 解优化问题:

$$\max_{u(k), u(k+1), \cdots, u(k+\ell-1)} J_k^{k+\ell-1}, \quad k = 1, 2, \cdots,$$

保留 $u_k^*(k)$ 作为 k 步最优控制.

令

$$\min_{x \in \Delta_k} \min_{u_i \neq u_j \in \Delta_r} \left| c(x, u_i) - c(x, u_j) \right| := d.$$

如果 $d > 0$, 就表示对机器的任何策略, 人的不同策略收益都不会一样.

下面定理表明滚动时域方法对本问题的合理性.

定理 22.6.1 设 $d > 0$, 则当滤波长度 ℓ 足够大时, 由滚动时域方法得到的最优解 $u^*(0), u^*(1), \cdots$ 与无穷时域优化的最优解一致.

证明 令

$$M := \max_{u \in \mathcal{D}_r, x \in \mathcal{D}_k} |c(u, x)| < \infty.$$

给定任一 $\eta > 0$, 我们可以找到足够大的 ℓ, 使得

$$\left| \sum_{t=\ell+1}^{\infty} \lambda^t c(u(t), x(t)) \right| \leqslant \sum_{t=\ell}^{\infty} \lambda^t M = \frac{\lambda^{\ell+1}}{1-\lambda} M < \eta/2. \tag{22.6.3}$$

设 $\{u(1)^*, u(2)^*, \cdots, u(\ell)^*\}$ 为 J_1^ℓ 的最优控制. 令 $\{u^\infty(1)^*, u^\infty(2)^*, \cdots\}$ 为 J_1^∞ 的最优控制. 给定一组观测数据 $\{x(0), x(1), \cdots\}$, 我们证明, 如果 ℓ 满足不等式 (22.6.3), 那么

$$J_1^\ell(u(1)^*, u(2)^*, \cdots, u(\ell)^*) - J_1^\ell(u^\infty(1)^*, u^\infty(2)^*, \cdots, u^\infty(\ell)^*) \leqslant \eta. \tag{22.6.4}$$

实际上, 如果不等式 (22.6.4) 不成立, 那么

$$J_1^\infty\left(u(1)^*, u(2)^*, \cdots, u(\ell)^*, u^\infty(\ell+1)^*, \cdots\right) - J_1^\infty\left(u^\infty(1)^*, u^\infty(2)^*, \cdots, u^\infty(\ell)^*, \cdots\right) > \eta - 2 \cdot \frac{\eta}{2} = 0,$$

矛盾.

下面假定 $u(1)^* \neq u^\infty(1)^*$. 令 $\eta := \dfrac{d}{2} > 0$, 如果 ℓ 满足不等式 (22.6.3), 我们有不等式 (22.6.4) 成立. 根据动态规划的最优性原则, 同样有

$$J_2^\ell\left(u(2)^*, u(3)^*, \cdots, u(\ell)^*\right) - J_2^\ell\left(u^\infty(2)^*, u^\infty(3)^*, \cdots, u^\infty(\ell)^*\right) \leqslant \eta. \tag{22.6.5}$$

比较不等式 (22.6.4) 与不等式 (22.6.5), 我们有

$$c(x(1), u(1)^*) - c(x(1), u^\infty(1)^*) < d,$$

这与 d 的定义矛盾. 因此, 我们有

$$u(1)^* = u^\infty(1)^*. \tag{22.6.6}$$

同样, 可以证明

$$u(t)^* = u^\infty(t)^*, \quad t = 2, 3, \cdots. \tag{22.6.7}$$

$\square$

从前面的证明可以看出, 所需要的滤波长度应为

$$\ell > \log_\lambda \frac{(1-\lambda)d}{4M} - 1. \tag{22.6.8}$$

上面这个结论实际上还是不可用的, 因为要无数次解有限优化问题. 我们要寻找一个方便的解.

从前面的讨论不难看出

$$J_k^{k+\ell-1}\Big|_{x(k-1)=\delta_k^i, u(k-1)=\delta_r^j} = \lambda^{k-1} * J_1^\ell\Big|_{x(0)=\delta_k^i, u(0)=\delta_r^j}.$$

这说明最优控制 $u^*(t)$ 只依赖于它上一步的信息 $x(t-1), u(t-1)$, 而且, 这种依赖与 t 无关. 因此有以下命题成立.

命题 22.6.1 设 $d > 0$, 则对于无穷次混合策略重复博弈, 其最优控制策略为

$$u^*(t) = \Psi u(t-1)x(t-1), \tag{22.6.9}$$

这里 $\Psi \in \mathcal{L}_{r \times kr}$ 为一逻辑矩阵.

注意到逻辑矩阵 Ψ 可以由 $u^*(1)$ 和 $u(0), x(0)$ 得到, 而 $u^*(1)$ 可以由解一次有限次最优控制问题

$$\max_{u(1),\cdots,u(\ell)} J_1^\ell$$

得到, 此处 ℓ 满足不等式 (22.6.8). 只要得到 Ψ, 我们就有了无穷反馈最优控制序列.

例 22.6.1 回忆例 22.5.1 及例 22.4.1. 我们考虑无穷次博弈的最优策略, 易知

$$d = 1, \quad M = 1.$$

利用式 (22.6.8), 我们有

$$\ell > \log_{0.9} \frac{1 - 0.9}{4} - 1 = 34.012.$$

取 $\ell = 35$, 解长度为 35 的优化问题, 可以得到:

- 如果 $u(0) = \delta_3^1$,

$$u^*(1)\big|_{x(0)=\delta_3^1, u(0)=\delta_3^1} = \delta_3^3, \quad J_1^{35}(\delta_3^1, \delta_3^1) = 2.8012;$$
$$u^*(1)\big|_{x(0)=\delta_3^2, u(0)=\delta_3^1} = \delta_3^2, \quad J_1^{35}(\delta_3^2, \delta_3^1) = 2.8012;$$
$$u^*(1)\big|_{x(0)=\delta_3^3, u(0)=\delta_3^1} = \delta_3^1, \quad J_1^{35}(\delta_3^3, \delta_3^1) = 2.5312.$$

- 如果 $u(0) = \delta_3^2$,

$$u^*(1)\big|_{x(0)=\delta_3^1, u(0)=\delta_3^2} = \delta_3^2, \quad J_1^{35}(\delta_3^1, \delta_3^2) = 2.5312;$$
$$u^*(1)\big|_{x(0)=\delta_3^2, u(0)=\delta_3^2} = \delta_3^1, \quad J_1^{35}(\delta_3^2, \delta_3^2) = 2.8012;$$
$$u^*(1)\big|_{x(0)=\delta_3^3, u(0)=\delta_3^2} = \delta_3^3, \quad J_1^{35}(\delta_3^3, \delta_3^2) = 2.8012.$$

- 如果 $u(0) = \delta_3^3$,

$$u^*(1)\big|_{x(0)=\delta_3^1, u(0)=\delta_3^3} = \delta_3^1, \quad J_1^{35}(\delta_3^1, \delta_3^3) = 2.8012;$$
$$u^*(1)\big|_{x(0)=\delta_3^2, u(0)=\delta_3^3} = \delta_3^3, \quad J_1^{35}(\delta_3^2, \delta_3^3) = 2.5312;$$
$$u^*(1)\big|_{x(0)=\delta_3^3, u(0)=\delta_3^3} = \delta_3^2, \quad J_1^{35}(\delta_3^3, \delta_3^3) = 2.8012.$$

于是, 可以得到人的最优策略为

$$
\begin{aligned}
u^*(t) &= \begin{bmatrix}
u^*(1)\big|_{x(0)=\delta_3^1, u(0)=\delta_3^1}, \\
u^*(1)\big|_{x(0)=\delta_3^2, u(0)=\delta_3^1}, \\
u^*(1)\big|_{x(0)=\delta_3^3, u(0)=\delta_3^1}, \\
u^*(1)\big|_{x(0)=\delta_3^1, u(0)=\delta_3^2}, \\
u^*(1)\big|_{x(0)=\delta_3^2, u(0)=\delta_3^2}, \\
u^*(1)\big|_{x(0)=\delta_3^3, u(0)=\delta_3^2}, \\
u^*(1)\big|_{x(0)=\delta_3^1, u(0)=\delta_3^3}, \\
u^*(1)\big|_{x(0)=\delta_3^3, u(0)=\delta_3^3}, \\
u^*(1)\big|_{x(0)=\delta_3^3, u(0)=\delta_3^3}
\end{bmatrix}^{\mathrm{T}} u(t-1)x(t-1) \\
&= \delta_3[3, 2, 1, 2, 1, 3, 1, 3, 2]u(t-1)x(t-1).
\end{aligned}
\tag{22.6.10}
$$

22.7 习题与课程探索

22.7.1 习题

1. 考虑一个二人重复博弈, 支付双矩阵见表 22.7.1. 玩家 1 的策略演化方程为

$$
x_1(t+1) = x_1(t) \wedge x_2(t).
$$

玩家 2 的策略演化方程为

$$
x_2(t+1) = x_1(t) \vee x_2(t).
$$

两玩家均以自己的平均支付作为优化指标, 求他们各自的最优初始策略: $x_1^*(0)$ 及 $x_2^*(0)$.

表 22.7.1 支付双矩阵

P_1 \ P_2	1	2
1	1, -2	-2, 2
2	2, -2	-2, 1

2. 考查一个 k 值控制演化博弈 (22.2.2) 在优化指标 (22.3.1) 下的最优控制问题. 利用定理22.3.2 可直接寻找最优控制. 这是因为:

   (i) $u(0)$ 只有有限种可能;

(ii) G^* 只有有限种可能.

试说明, 如果 $x(0)$ 及 L 给定, 如何利用方程 (22.3.8) 直接找到最优控制? (提示: 用穷举法, 先固定 G 选择不同初值中最佳者.)

3. 考虑一个二人重复博弈, 支付双矩阵见表 22.7.1. 设机器的策略为: 赢了就不变招, 输了就变招. 初始策略 $x(0) = 1$. 求人在平均支付下的最优策略. (提示: 建议用上题提出的穷举法.)

4. 纯策略加权求和下的最优控制问题可看作第21.5 ~ 21.6 节讨论情况的特例. 试利用第21.5 ~ 21.6 节的结果导出纯策略加权求和下的最优控制问题的解.

5. 设有人机重复博弈, 机器为玩家 1, 支付双矩阵见表 22.7.1. 机器的策略是: $x_1(0) = 1$, 此后, 赢了不变招, 输了变招. 设折扣因子 $\lambda = 0.8$, 试求人在加权求和下的最优策略. (提示: 利用上一题的结果.)

22.7.2　课程探索

在命题 22.6.1 中, 条件 $d > 0$ 在应用上是一个不小的限制. 能否去掉或减弱它?

第 23 章　网络演化博弈

在生物学或经济行为中有一种演化博弈, 参与者是一个很大的群体. 每个玩家只与其邻域中的玩家进行博弈. 这时群体间的拓扑结构是很重要的, 它用一个网络图来刻画. 这种博弈称为网络演化博弈. 通常, 在这种博弈中, 每个玩家只能得到其邻域的信息来更新他的策略. 本章主要内容基于文献 [9, 87].

23.1　网络演化博弈的数学模型

我们先给出网络演化博弈的严格定义[9].

定义 23.1.1　一个网络演化博弈由三个元素组成, 记作 $((N, E), G, \Pi)$, 这里

(i) (N, E) 是一个网络图;

(ii) G 称为基本网络博弈, 当 $(i, j) \in E$ 为网络图的一条边, 则 i 与 j 重复进行基本网络博弈;

(iii) Π 称为策略更新规则.

以下分别讨论这三个组成元素.

23.1.1　网络图

令 $N = \{1, 2, \cdots, n\}$ 为顶点, 每个顶点代表一个玩家. $E \subset \{N \times N\}$ 为边. 我们考虑无向图和有向图这两种网络图.

定义 23.1.2　设 $i \in N$ 为任一顶点.

(i) i 的邻域, 记作 $U(i)$, 定义为

$$U(i) := \{j \mid (i, j) \in E, \text{ 或 } (j, i) \in E\} \cup \{i\}. \tag{23.1.1}$$

(ii) i 的 ℓ-邻域, 记作 $U_\ell(i)$, 可递推地定义为

$$U_\ell(i) := \Big\{j \mid \text{存在 } k \in U_{\ell-1}(i), \text{ 使得 } (j, k) \in E, \text{ 或 } (k, j) \in E\Big\},$$
$$\ell = 2, 3, \cdots. \tag{23.1.2}$$

定义 23.1.3　一个无向图称为齐次的, 如果它每个顶点的度都一样. 一个有向图称为齐次的, 如果它每个结点的入度和出度分别都一样.

下面给出一个例子.

例 23.1.1   设 $N = \{1, 2, 3, 4, 5\}$. 它们构成网络图 23.1.1.

(i) 图 23.1.1 (a) 是个无向图. 这里

$$U(1) = \{5, 1, 2\}; \quad U_2(1) = \{4, 5, 1, 2, 3\}.$$

(ii) 图 23.1.1 (b) 是个有向图. 这里

$$U(1) = \{1, 2\}; \quad U_2(1) = \{5, 1, 2, 3\}; \quad U_3(1) = \{4, 5, 1, 2, 3\}.$$

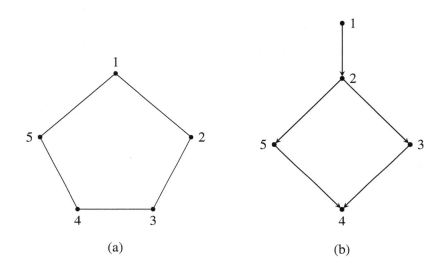

图 23.1.1 网络图

23.1.2　基本网络博弈

定义 23.1.4   基本网络博弈 G 是一个 2 人博弈, 即 $N = (i, j)$, 满足

$$S = S_i = S_j = (1, 2, \cdots, k).$$

G 称为对称的, 如果

$$c_{i,j}(s_p, s_q) = c_{j,i}(s_q, s_p), \quad \forall s_p, s_q \in S.$$

这里 $c_{i,j}$ 是玩家 i 在与玩家 j 的博弈中的支付. 否则, G 就是非对称的.

　　注　关于对称与支付的说明:

(i) 如果基本网络博弈 G 是非对称的, 则博弈中玩家 i 和玩家 j 的作用是不同的. 因此, 我们需要有向图. 这时, $(i, j) \in E$ 表示在博弈中前者 i 是第 1 玩家, 后者 j 是第 2 玩家.

(ii) 玩家 i 的总支付可以是总和, 即

$$c_i(t) = \sum_{j \in U(i) \setminus i} c_{i,j}(t), \quad i \in N; \tag{23.1.3}$$

也可以是平均支付, 即

$$c_i(t) = \frac{1}{|U(i)| - 1} \sum_{j \in U(i) \setminus i} c_{ij}(t), \quad i \in N. \tag{23.1.4}$$

基本网络博弈由两个因素决定:

(i) k: 策略数;

(ii) 类型: 对称与非对称.

因此, 我们可将其分类如下: (a) S-k: 对称 $|S| = k$; (b) A-k: 非对称 $|S| = k$.

下面给出一些典型例子. 详细解释可见参考文献 [84, 86, 99].

例 23.1.2 (几种典型的基本网络博弈)

• S-2: 支付双矩阵见表 23.1.1.

表 23.1.1 S-2 博弈的支付双矩阵

P_1 \ P_2	1	2
1	(R, R)	(S, T)
2	(T, S)	(P, P)

它包括以下一些著名博弈, 例如

(i) 如果 $2R > T + S > 2P$, 则是囚徒困境;

(ii) 如果 $R = b - c, S = b - c, T = b, P = 0$, 且 $2b > c > b > 0$, 则是铲雪博弈;

(iii) 如果 $R = \frac{1}{2}(v - c), S = v, T = 0, P = \frac{v}{2}$, 且 $v < c$, 则是鹰鸽博弈.

• A-2: 支付双矩阵见表 23.1.2.

它同样包括一些著名博弈, 例如

表 23.1.2 *A*-2 博弈的支付双矩阵

P_1 \ P_2	1	2
1	(A, B)	(C, D)
2	(E, F)	(G, H)

(i) 如果 $A = H = a, B = G = b, C = D = E = F = 0$, 且 $a > b > 0$, 它是性别战;

(ii) 如果 $E > A > C = D > B > 0 > F$, 且 $G = H = 0$, 它是智猪博弈;

(iii) 如果 $A = b, B = -b, C = b, D = -b, E = c, F = -c, G = a, H = -a$, 且 $a > b > c > 0$, 它是俾斯麦海战;

(iv) 如果 $A = D = F = G - a, B = C = E = H = a$, 且 $a \neq 0$, 它是猜钢币游戏.

• S-3: 支付双矩阵见表 23.1.3.

表 23.1.3 *S*-3 博弈的支付双矩阵

P_1 \ P_2	1	2	3
1	(A, A)	(B, C)	(D, E)
2	(C, B)	(F, F)	(G, H)
3	(E, D)	(H, G)	(I, I)

典型例子包括:

(i) 如果 $A = F = I = 0, B = E = G = a, C = D = H = -a$, 且 $a \neq 0$, 它是石头-剪刀-布游戏;

(ii) 如果 $E = a, A = b, F = c, I = 0, B = G = H = D = d, C = e$, 且 $a > b > c > 0 > d > e$, 它是 Benoit-Krishna 游戏.

23.1.3 策略更新规则

第 20 章介绍过的演化博弈的策略更新规则都可以用于网络演化博弈. 唯一不同之处在于, 在网络演化博弈中, 每一个玩家只能应用其邻域信息来更新自己的策略. 记 $x_i(t)$ 为玩家 i 在 t 时刻的策略. 那么, 策略更新规则可表示为

$$x_i(t + 1) = f_i\big(\{x_j(t), c_j(t) \big| j \in U(i)\}\big), \quad t \geqslant 0, \quad i \in N. \tag{23.1.5}$$

23.2 基本演化方程

考查方程 (23.1.5), 由于 $c_j(t)$ 仅依赖于 $U(j)$, 而 $U(j) \subset U_2(i)$, 从而式 (23.1.5) 可改写为

$$x_i(t+1) = f_i\left(\{x_j(t) \big| j \in U_2(i)\}\right), \quad t \geqslant 0, \quad i = 1, 2, \cdots, n. \tag{23.2.1}$$

我们称式 (23.2.1) 为基本演化方程.

注 我们不难看出:

(i) 网络的整体局势演化方程完全由基本演化方程来确定.

(ii) 基本演化方程又完全由策略更新规则来决定.

(iii) 当网络图齐次时, 只有一个基本演化方程. 换言之, 每一点的基本演化方程都一样.

下面通过几个例子说明如何构造基本演化方程.

例 23.2.1 给定一个网络演化博弈系统, 设其网络图如图 23.1.1 (a) 所示; 基本网络博弈是 S-2 型, 其中 $R = S = -1$, $T = 2$, $P = 0$ (即铲雪博弈). 策略更新规则是 1-型无条件模仿. 用 (mod 5) 形式记顶点, 即 $0 = 5$, $-1 = 4$, $6 = 1$, $7 = 2$ 等. 于是 $U_2(i) = \{i-2, i-1, i, i+1, i+2\}$. 我们用表 23.2.1 来确定更新策略, 其中, 第一行是 $U_2(i)$ 的局势.

在表 23.2.1 中, 首先根据局势, 即 $U_2(i)$ 上各点的策略, 可以得到 $U(i)$ 上各点的收益, 再由收益, 应用策略更新规则, 即得到新策略. 于是, 在向量形式下可得

$$x_i(t+1) = M_f x_{i-2} x_{i-1} x_i x_{i+1} x_{i+2}, \quad i = 1, 2, 3, 4, 5, \tag{23.2.2}$$

这里

$$\begin{aligned} M_f = \delta_2[&1, 1, 2, 2, 2, 2, 2, 2, 2, 2, 2, 2, 2, 2, 2, \\ &1, 1, 2, 2, 2, 2, 2, 2, 2, 2, 2, 2, 2, 2, 2]. \end{aligned} \tag{23.2.3}$$

例 23.2.2 给定一个网络演化博弈系统, 设其网络图如图 23.1.1 (b) 所示; 基本网络博弈是 A-2 型, 其中 $A = H = 2$, $B = G = 1$, $E = F = C = D = 0$ (即性别博弈). 策略更新规则是 Fermi 规则.

注意到基本博弈不对称, 而网络图也不是齐次的, 因此, 只能逐点计算其基本演化方程. 记

$$x_i(t+1) = M_i x_1 x_2 x_3 x_4 x_5 := M_i x, \quad i = 1, 2, 3, 4, 5, \tag{23.2.4}$$

这里 $x = \ltimes_{i=1}^{5} x_i$. 结构矩阵 M_i 可通过下面两个步骤计算:

表 23.2.1 从支付到策略 (例 23.2.1)

局势	11111	11112	11121	11122	11211	11212	11221	11222
c_{i-1}	-1	-1	-1	-1	-1	-1	-1	-1
c_i	-1	-1	-1	-1	2	2	1	1
c_{i+1}	-1	-1	2	1	-1	-1	1	0
f_i	1	1	2	2	2	2	2	2
局势	12111	12112	12121	12122	12211	12212	12221	12222
c_{i-1}	2	2	2	2	1	1	1	1
c_i	-1	-1	-1	-1	1	1	-2	0
c_{i+1}	-1	-1	2	1	-1	-1	1	0
f_i	2	2	2	2	2	2	2	2
局势	21111	21112	21121	21122	21211	21212	21221	21222
c_{i-1}	-1	-1	-1	-1	-1	-1	-1	-1
c_i	-1	-1	-1	-1	2	2	1	1
c_{i+1}	-1	-1	2	1	-1	-1	1	0
f_i	1	1	2	2	2	2	2	2
局势	22111	22112	22121	22122	22211	22212	22221	22222
c_{i-1}	1	1	1	1	0	0	0	0
c_i	-1	-1	-1	-1	1	1	0	0
c_{i+1}	-1	-1	2	1	-1	-1	1	0
f_i	2	2	2	2	2	2	2	2

(i) 从局势计算支付. 例如, 设局势为

$$(x_1, x_2, x_3, x_4, x_5) = (1\ 1\ 2\ 2\ 2),$$

那么, 容易算得 (平均支付)

$$
\begin{aligned}
c_1 &= 2, \\
c_2 &= \tfrac{1}{3}(1 + 0 + 0) = \tfrac{1}{3}, \\
c_3 &= \tfrac{1}{2}(0 + 1) = \tfrac{1}{2}, \\
c_4 &= \tfrac{1}{2}(2 + 2) = 2, \\
c_5 &= \tfrac{1}{2}(0 + 1) = \tfrac{1}{2}.
\end{aligned}
$$

(ii) 比较 c_1 与 c_2, 我们有 $f_1 = x_1 = 1$. 至于 f_2, 有 3 种选择:

$$j = 1 \quad \Rightarrow \quad f_2 = x_1 = 1,$$
$$j = 3 \quad \Rightarrow \quad f_2 = x_3 = 2,$$
$$j = 5 \quad \Rightarrow \quad f_2 = x_5 = 2.$$

因此, 以概率 $1/3$ 取 $f_2 = 1$, 概率 $2/3$ 取 $f_2 = 2$, 记为 $f_2 = 1(1/3) + 2(2/3)$.

类此, 可求得所有 f_i 值, 列于表 23.2.2 中. (其中, $a = 1(1/2) + 2(1/2)$, $b = 1(1/3) + 2(2/3)$, $c = 1(2/3) + 2(1/3)$.)

最后, 我们可得到

$$\begin{aligned}
M_1 = \delta_2[&1, 1, 1, 1, 1, 1, 1, 1, 1, 2, 1, 2, 2, 2, 2, 2, \\
&1, 1, 1, 1, 1, 2, 1, 2, 2, 2, 2, 2, 2, 2, 2, 2],
\end{aligned} \tag{23.2.5}$$

$$\begin{aligned}
M_2 = \delta_2[&1, 1, 1, 1, 1, 1, 1, 1(1/3) + 2(2/3), 1(2/3) + 2(1/3), \\
&1(1/3) + 2(2/3), 2, 2, 1(1/3) + 2(2/3), 2, 2, 2, 1, 1, 1, 1, 1, 1, 1, \\
&1(1/3) + 2(2/3), 1(2/3) + 2(1/3), 2, 2, 2, 2, 2, 2, 2],
\end{aligned} \tag{23.2.6}$$

$$\begin{aligned}
M_3 = \delta_2[&1, 1, 1, 1(1/2) + 2(1/2), 1, 1(1/2) + 2(1/2), 1(1/2) + 2(1/2), \\
&2, 1, 1, 1, 2, 2, 2, 2, 2, 1, 1, 1, 1, 1(1/2) + 2(1/2), 1, 2, \\
&1(1/2) + 2(1/2), 2, 1, 1, 1(1/2) + 2(1/2), 2, 2, 2, 2, 2],
\end{aligned} \tag{23.2.7}$$

$$\begin{aligned}
M_4 = \delta_2[&1, 1, 1, 2, 1, 1, 2, 2, 1, 1(1/2) + 2(1/2), 2, 2, 1(1/2) + 2(1/2), 2, 2, 2, \\
&1, 1, 1, 2, 1, 1, 2, 2, 1, 1(1/2) + 2(1/2), 2, 2, 1(1/2) + 2(1/2), 2, 2, 2],
\end{aligned} \tag{23.2.8}$$

$$\begin{aligned}
M_5 = \delta_2[&1, 1, 1, 1(1/2) + 2(1/2), 1, 1(1/2) + 2(1/2), 1, 2, 1, 2, \\
&1, 2, 1, 2, 2, 2, 1, 1, 1, 1(1/2) + 2(1/2), 1, 2, \\
&1(1/2) + 2(1/2), 2, 1, 2, 1(1/2) + 2(1/2), 2, 1, 2, 2, 2].
\end{aligned} \tag{23.2.9}$$

23.3 从基本演化方程到局势演化方程

本节讨论如何从每个结点的基本演化方程算出网络博弈的整体局势演化方程.

表 23.2.2 从支付到策略 (例 23.2.2)

局势	11111	11112	11121	11122	11211	11212	11221	11222
c_1	2	2	2	2	2	2	2	2
c_2	5/3	1	5/3	1	1	1/3	1	1/3
c_3	3/2	1	1/2	1/2	0	0	1/2	1/2
c_4	1	1/2	0	1	1/2	0	1	2
c_5	3/2	0	1/2	1/2	3/2	0	1/2	1/2
f_1	1	1	1	1	1	1	1	1
f_2	1	1	1	1	1	1	1	b
f_3	1	1	1	a	1	a	a	2
f_4	1	1	1	2	1	1	2	2
f_5	1	1	1	a	1	a	1	2
局势	12111	12112	12121	12122	12211	12212	12221	12222
c_1	0	0	0	0	0	0	0	0
c_2	0	1/3	0	1/3	1/3	2/3	1/3	2/3
c_3	1	1	0	0	1	1	3/2	3/2
c_4	1	1/2	0	1	1/2	0	1	2
c_5	1	1	0	3/2	1	1	0	3/2
f_1	1	2	1	2	2	2	2	2
f_2	c	b	2	2	b	2	2	2
f_3	1	1	1	2	2	2	2	2
f_4	1	a	2	2	a	2	2	2
f_5	1	2	1	2	1	2	2	2
局势	21111	21112	21121	21122	21211	21212	21221	21222
c_1	0	0	0	0	0	0	0	0
c_2	4/3	2/3	4/3	2/3	2/3	0	2/3	0
c_3	3/2	3/2	1/2	1/2	0	0	1/2	1/2
c_4	1	1/2	0	1	1/2	0	1	2
c_5	3/2	0	1/2	1/2	3/2	0	1/2	1/2
f_1	1	1	1	1	1	2	1	2
f_2	1	1	1	1	1	1	1	b
f_3	1	1	1	a	1	2	a	2
f_4	1	1	1	2	1	1	2	2
f_5	1	1	1	a	1	2	a	2

表 23.2.3 续表

局势	22111	22112	22121	22122	22211	22212	22221	22222
c_1	1	1	1	1	1	1	1	1
c_2	2/3	1	2/3	1	1	4/3	1	4/3
c_3	1	1	0	0	1	1	3/2	3/2
c_4	1	1/2	0	1	1/2	0	1	2
c_5	1	1	0	3/2	1	1	0	3/2
f_1	2	2	2	2	2	2	2	2
f_2	c	2	2	2	2	2	2	2
f_3	1	1	a	2	2	2	2	2
f_4	1	a	2	2	a	2	2	2
f_5	1	2	a	2	1	2	2	2

23.3.1 确定模型

假定经整理后 (增加哑变量, 变量顺序重排) 有

$$\begin{cases} x_1(t+1) = M_1 x(t) \\ x_2(t+1) = M_2 x(t) \\ \quad\vdots \\ x_n(t+1) = M_n x(t), \end{cases} \tag{23.3.1}$$

这里 $x(t) = \ltimes_{i=1}^{n} x_i(t)$, $M_i \in \mathcal{L}_{k \times k^n}$. 那么, 我们有局势演化方程

$$x(t+1) = Mx(t), \tag{23.3.2}$$

这里

$$M = M_1 * M_2 * \cdots * M_n \in \mathcal{L}_{k^n \times k^n}. \tag{23.3.3}$$

这里 $*$ 是 Khatri-Rao 积.

例 23.3.1   回忆例 23.2.1. 利用式 (23.2.2) 并重排变量可得

$$
\begin{aligned}
x_1(t+1) &= M_f x_4(t) x_5(t) x_1(t) x_2(t) x_3(t) \\
&= M_f W_{[2^3, 2^2]} x(t) := M_1 x(t), \\
x_2(t+1) &= M_f x_5(t) x_1(t) x_2(t) x_3(t) x_4(t) \\
&= M_f W_{[2^4, 2]} x(t) := M_2 x(t), \\
x_3(t+1) &= M_f x(t) := M_3 x(t), \\
x_4(t+1) &= M_f x_2(t) x_3(t) x_4(t) x_5(t) x_1(t) \\
&= M_f W_{[2, 2^4]} x(t) := M_4 x(t), \\
x_5(t+1) &= M_f x_3(t) x_4(t) x_5(t) x_1(t) x_2(t) \\
&= M_f W_{[2^2, 2^3]} x(t) := M_5 x(t).
\end{aligned}
$$

于是有局势演化方程:

$$
x(t+1) = M x(t), \tag{23.3.4}
$$

其中

$$
\begin{aligned}
M &= M_1 * M_2 * M_3 * M_4 * M_5 \\
&= \delta_{32}[1, 20, 8, 24, 15, 32, 16, 32, 29, 32, 32, 32, 31, 32, 32, 32, \\
&\qquad 26, 28, 32, 32, 32, 32, 32, 32, 30, 32, 32, 32, 32, 32, 32, 32].
\end{aligned} \tag{23.3.5}
$$

23.3.2   概率模型

实际上, 这时我们有概率型混合值逻辑动态系统:

$$
x_i(t+1) = M_i^j x(t), \quad \text{概率取为} \ p_i^j, \quad j = 1, 2, \cdots, s_i; \ i = 1, 2, \cdots, n. \tag{23.3.6}
$$

于是我们有

$$
x(t+1) = M x(t), \tag{23.3.7}
$$

这里 $M \in \Upsilon_{k \times k}$ 可计算如下:

$$
M = \sum_{j_1=1}^{s_1} \sum_{j_2=1}^{s_2} \cdots \sum_{j_n=1}^{s_n} \left[\left(\prod_{i=1}^{n} p_i^{j_i} \right) M_1^{j_1} * M_2^{j_2} * \cdots * M_n^{j_n} \right]. \tag{23.3.8}
$$

我们用下例说明.

例 23.3.2   我们可以利用表 23.2.2 一列一列地计算 M. 例如, 对第 1 ~ 3 列, 没有随机项, 显然有

$$
\mathrm{Col}_1(M) = \mathrm{Col}_2(M) = \mathrm{Col}_3(M) = \delta_{32}^1.
$$

考虑第 4 列, $\mathrm{Col}_4(M)$ 以概率 1/4 取 δ_{32}^3 或 δ_{32}^4 或 δ_{32}^7 或 δ_{32}^8. 即

$$\mathrm{Col}_4(M) = \left[0,0,\frac{1}{4},\frac{1}{4},0,0,\frac{1}{4},\frac{1}{4},0,0,0,0,0,0,0,0,0,0,0,0,0,0,0,0,0,0,0,0,0,0,0,0\right]^{\mathrm{T}}.$$

记其为

$$\delta_{32}^3\left(\frac{1}{4}\right) + \delta_{32}^4\left(\frac{1}{4}\right) + \delta_{32}^7\left(\frac{1}{4}\right) + \delta_{32}^8\left(\frac{1}{4}\right).$$

逐行计算可得

$$Ex(t+1) = MEx(t), \tag{23.3.9}$$

这里

$$M = \delta_{32}[1,1,1,\alpha,1,\alpha,\beta,\gamma,\mu,\lambda,11,32,\lambda,32,32,32,1,1,1,\alpha,1,22,\alpha,p,\mu,q,r,32,s,32,32,32].$$
$$\tag{23.3.10}$$

其中参数为

$$\begin{aligned}
\alpha &= 3\left(\frac{1}{4}\right) + 4\left(\frac{1}{4}\right) + 7\left(\frac{1}{4}\right) + 8\left(\frac{1}{4}\right), \\
\beta &= 3\left(\frac{1}{2}\right) + 7\left(\frac{1}{2}\right), \\
\gamma &= 8\left(\frac{1}{3}\right) + 16\left(\frac{2}{3}\right), \\
\mu &= 1\left(\frac{2}{3}\right) + 9\left(\frac{1}{3}\right), \\
\lambda &= 18\left(\frac{1}{6}\right) + 20\left(\frac{1}{6}\right) + 26\left(\frac{1}{3}\right) + 28\left(\frac{1}{3}\right), \\
p &= 24\left(\frac{1}{3}\right) + 32\left(\frac{2}{3}\right), \\
q &= 26\left(\frac{1}{2}\right) + 28\left(\frac{1}{2}\right), \\
r &= 27\left(\frac{1}{4}\right) + 28\left(\frac{1}{4}\right) + 31\left(\frac{1}{4}\right) + 32\left(\frac{1}{4}\right), \\
s &= 29\left(\frac{1}{2}\right) + 31\left(\frac{1}{2}\right).
\end{aligned}$$

其实, 如果将式 (23.3.8) 写成期望形式, 即

$$Ex_i(t+1) = \sum_{j=1}^{s_i} M_i^j Ex(t) := M_i Ex(t), \quad i = 1,2,\cdots,n, \tag{23.3.11}$$

这里 $M_i \in \Upsilon_{k_i \times k}$, 那么, 不难验证, 式 (23.3.3) 仍然成立.

23.4 网络演化博弈的控制

定义 23.4.1 设 $((N,E),G,\Pi)$ 为一网络演化博弈, 这里 $N = U \cup Z$ 为顶点 N 的一个分割. 我们称 $((U \cup Z, E), G, \Pi)$ 为一个控制网络演化博弈, 如果玩家 $u \in U$ 的策略可以任选. 对于控制网络演化博弈, $z \in Z$ 称为状态, $u \in U$ 称为控制.

实际上, 一旦得到局势演化方程, 那么, 网络演化博弈的控制问题就与混合值逻辑网络的控制一样了. 现在设 $|N| = n + m$, 其中 $|Z| = n$, $|U| = m$. 对于每一个 $i \in Z$, 设 $x_i \in \Delta_{k_i}$, 对于每一个 $j \in U$, 设 $u_j \in \Delta_{\ell_j}$, 然后记 $k = \prod_{i=1}^{n} k_i$, $\ell = \prod_{j=1}^{m} \ell_j$.

根据 G 和 P, 显然可以得到 $i \in Z$ 的策略演化方程, 记为

$$x_i(t + 1) = M_i u(t) x(t), \quad i = 1, 2, \cdots, n, \tag{23.4.1}$$

这里, $u(t) = \ltimes_{j=1}^{m} u_j(t)$, $x(t) = \ltimes_{j=1}^{n} x_j(t)$. 于是, 可得带控制的局势演化方程

$$x(t + 1) = M u(t) x(t), \tag{23.4.2}$$

这里 $M = M_1 * M_2 * \cdots * M_n \in \mathcal{L}_{k \times k\ell}$.

对于混合策略的情况, 则演化方程为概率型的, 即 $x_i \in \Upsilon_{k_i}$, $i = 1, 2, \cdots, n$, $u_j \in \Upsilon_{\ell_j}$, $j = 1, 2, \cdots, m$. 局势演化方程变为

$$E x(t + 1) = M E u(t) x(t), \tag{23.4.3}$$

这里 $M = M_1 * M_2 * \cdots * M_n \in \Upsilon_{k \times k\ell}$.

例 23.4.1 回忆例 23.2.1. 假定玩家 2 和 4 为控制, 其余为状态. 即

$$u_1 = x_2, \ u_2 = x_4, \ z_1 = x_1, \ z_2 = x_3, \ z_3 = x_5.$$

利用例 23.2.1 中的已知结果, 我们有

$$
\begin{aligned}
x_1(t + 1) &= M_f x_4(t) x_5(t) x_1(t) x_2(t) x_3(t) \\
&= M_f W_{[2^3, 2^2]} x_1(t) x_2(t) x_3(t) x_4(t) x_5(t) \\
&= M_f W_{[2^3, 2^2]} W_{[2, 2^3]} x_4(t) x_1(t) x_2(t) x_3(t) x_5(t) \\
&= M_f W_{[2^3, 2^2]} W_{[2, 2^3]} W_{[2, 2^2]} u_1(t) u_2(t) z_1(t) z_2(t) z_3(t) \\
&:= L_1 u(t) z(t),
\end{aligned}
$$

这里 $L_1 = M_f W_{[2^3, 2^2]} W_{[2, 2^3]} W_{[2, 2^2]}$, $u(t) = u_1(t) u_2(t)$, $z(t) = z_1(t) z_2(t) z_3(t)$. 类似地, 可以算得

$$z_i(t + 1) = L_i u(t) z(t), \quad i = 1, 2, 3, \tag{23.4.4}$$

这里

$$
\begin{aligned}
L_1 &= M_f W_{[2^3,2^2]} W_{[2,2^3]} W_{[2,2^2]} \\
&= \delta_2[1,2,1,2,2,2,2,2,1,2,1,2,2,2,2,2, \\
&\qquad 2,2,2,2,2,2,2,2,2,2,2,2,2,2,2,2], \\
L_2 &= M_f W_{[2,2^3]} W_{[2,2^2]} \\
&= \delta_2[1,1,2,2,1,1,2,2,2,2,2,2,2,2,2,2, \\
&\qquad 2,2,2,2,2,2,2,2,2,2,2,2,2,2,2,2], \\
L_3 &= M_f W_{[2^2,2^3]} W_{[2,2^3]} W_{[2,2^2]} \\
&= \delta_2[1,2,1,2,2,2,2,2,2,2,2,2,2,2,2,2, \\
&\qquad 1,2,1,2,2,2,2,2,2,2,2,2,2,2,2,2].
\end{aligned}
$$

最后, 控制网络演化博弈的局势演化方程为

$$
z(t+1) = Lu(t)z(t), \tag{23.4.5}
$$

这里

$$
\begin{aligned}
L &= L_1 * L_2 * L_3 \\
&= \delta_8[1,6,3,8,6,6,8,8,4,8,4,8,8,8,8,8,7,8,7,8,8,8,8,8,8,8,8,8,8,8,8,8].
\end{aligned}
$$

有了控制网络演化博弈的局势演化方程, 则所有相应的控制问题就都可以进行讨论了.

23.5 演化策略的稳定性

演化稳定策略的概念最初来自生物系统. 按文献 [86] 的定义: 考虑一个演化博弈群体. 一个策略称为演化稳定策略, 如果群体成员均采用这一策略, 那么, 一个变异在自然选择下无法侵入该群体. 我们通过下面这个例子来理解它.

例 23.5.1 [86] 考虑鹰鸽博弈 (Hawk-Dove Game). 这个博弈是对称的, 支付矩阵见表 23.5.1, 这里 $E(X,Y)$ 表示取策略 X 的玩家对取策略 Y 的玩家时的所得, $X,Y \in \{H,D\}$.

表 23.5.1 支付矩阵 (鹰鸽博弈)

P_1 \ P_2	H	D
H	$E(H,H)$	$E(H,D)$
D	$E(D,H)$	$E(D,D)$

设 p 为群体中取策略 H 的概率, $W(H)$ 和 $W(D)$ 分别为策略 H 与 D 的适应度. 所有个体初始适应度均为 W_0. 则在一次博弈中, 适应度为

$$\begin{cases} W(H) = W_0 + pE(H,H) + (1-p)E(H,D) \\ W(D) = W_0 + pE(D,H) + (1-p)E(D,D). \end{cases} \tag{23.5.1}$$

假如个体是无性繁殖, 后代数目正比于适应度. 在后代中取策略 H 的概率 p' 为

$$p' = pW(H)/\overline{W}, \tag{23.5.2}$$

这里 $\overline{W} = pW(H) + (1-p)W(D)$.

现在假定 H 是演化稳定策略, 而 D 是变异, 那么, $(1-p)$ 应当非常小. 因为 H 是稳定的, 则 $W(H) > W(D)$. 于是有

$$E(H,H) > E(D,H) \tag{23.5.3}$$

或者

$$E(H,H) = E(D,H) \text{ 且 } E(H,D) > E(D,D). \tag{23.5.4}$$

关系式 (23.5.3) 及关系式 (23.5.4) "可以作为演化稳定策略的一个定量的定义，但它只能用于无限群体、无性繁殖和成对博弈的情况." [100]

下面考虑网络演化博弈的演化稳定策略. 设有一网络演化博弈, 其网络图为图 23.5.1, 演化稳定策略满足条件 (23.5.3). 设所有玩家都采用策略 H, 仅在结点 O 出现变异.

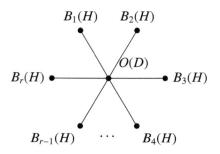

图 23.5.1 O 点变异的网络

回到式 (23.5.3), 看它对这个网络演化博弈是否成立. 由于变异是小概率事件, 我们假定 $U_2(O)$ 中没有其他变异. 假定 $W_0 = 0$, 设 $U(O) = \{O, B_1, \cdots, B_r\}$ 并且 $|U(B_i)| - 1 = \ell_i$, $i = 1, 2, \cdots, r$, 则有

$$c_i(B_i) = \frac{1}{\ell_i}\left[(\ell_i - 1)E(H,H) + E(H,D)\right], \quad i = 1, 2, \cdots, r,$$

$$c_0(O) = E(D,H).$$

假定策略更新规则为 Π-I, 即选择最佳邻域策略为下一步策略. 不难验证, 即使我们假定 $E(H,H) > E(D,H)$, 仍然不能保证 $c_i(B_i) > c_0(O)$. 因此, 即使不断演化下去, 变异也无法消去.

再者, 对于网络演化博弈, 由式 (23.5.2) 所定义的策略更新规则也不合适. 因为在网络演化博弈中, 每一个玩家只能得到他邻域的信息, 并依此更新自己的策略.

因此, 我们对网络演化博弈给出如下的定义, 不难看出, 它与文献 [86] 中的一般定义相符.

设 $x = (x_1, x_2, \cdots, x_n) \in S$, $y = (y_1, y_2, \cdots, y_n) \in S$ 为两个局势, 这里 x_i, $y_i \in \Delta_k$, $i = 1, 2, \cdots, n$. 则

$$\|x - y\| := \frac{1}{2} \sum_{i=1}^{n} \sum_{j=1}^{k} \left| (x_i)_j - (y_i)_j \right|. \tag{23.5.5}$$

定义 23.5.1 (网络演化博弈的演化稳定策略)

1. 给定一个网络演化博弈, 策略 $\xi \in S$ 称为演化稳定策略, 如果存在 $\mu \geqslant 1$, 使当初始策略 y_0 满足

$$\|y_0 - x_0\| \leqslant \mu \tag{23.5.6}$$

成立, 则

$$\lim_{t \to \infty} y(t, y_0) = x_0. \tag{23.5.7}$$

这里 $x_0 = \xi^n$, 并且 ξ 称为具有水平 μ 的演化稳定策略.

2. 如果对一个 $i \in N$, 在 $U_k(i)$ 内容许一个不超过 μ 的变异. 准确地说,

$$\|y_0 - x_0\| \leqslant \mu, \quad y_0 \in U_k, \forall i \in N, \tag{23.5.8}$$

我们有极限 (23.5.7) 存在, 那么 ξ 称为具有水平 $\mu/[k]$ 的演化稳定策略.

注 几点讨论:

(i) 当群体个数 n 有限时, 极限 (23.5.7) 可改写如下: 存在一个 $T > 0$ 使得

$$y(t, y_0) = x_0, \quad t \geqslant T. \tag{23.5.9}$$

(ii) 由定义式 (23.5.5) 可知, 定义 23.5.1 表示, 至少一个变异不会影响演化结果. 所以通常我们取 μ 为正整数.

(iii) 显然 μ 可以用来量测稳定性程度: μ 越大则稳定性越高.

　　因为策略局势的动态方程刻画了整个网络的演化, 它可以用来检验一个策略是否为稳定演化策略. 下面通过一个例子来说明这一点.

　　例 23.5.2　设网络图为 S_7 (七个玩家联成一个环), 以 (mod 7) 记玩家, 则玩家 i 的邻域为 $U(i) = \{i-1, i, i+1\}$, 其 2 次邻域为 $U_2(i) = \{i-2, i-1, i, i+1, i+2\}$. 设基本网络博弈为囚徒困境, 即 $S_0 = \{1, 2\}$, 这里 1 代表 "合作", 而 2 代表 "背叛". 支付双矩阵见表 23.5.2.

表 23.5.2 囚徒困境支付双矩阵

P_1　$\diagdown$　P_2	1	2
1	(R, R)	(S, T)
2	(T, S)	(P, P)

　　设 $P = -6, R = -5, S = -5, T = -3$, 那么, 策略局势函数可由表 23.5.3 给出. 这里第一行是 $(x_{i-2}, x_{i-1}, x_i, x_{i+1}, x_{i+2})$ 的策略.

　　将表 23.5.3 中的 $x_i(t+1)$ 放到一起, 则得基本演化方程如下:

$$x_i(t+1) = M \ltimes_{j=-2}^{2} x_{i+j}(t), \tag{23.5.10}$$

这里, 结构矩阵为

$$M = \delta_2[1, 1, 2, 2, 2, 2, 2, 2, 2, 2, 2, 2, 2, 2, 2, 1, 1, 1, 2, 2, 2, 2, 2, 2, 2, 2, 2, 2, 2, 2, 2, 2]. \tag{23.5.11}$$

　　利用基本演化方程 (23.5.10) 和结构矩阵 (23.5.11), 不难算得策略局势动态方程如下:

$$x(t+1) = Lx(t). \tag{23.5.12}$$

这里 $x(t) = \ltimes_{i=1}^{7} x_i(t)$, 且

$$
\begin{aligned}
L = \delta_{128}[&1, \quad 68, \quad 8, \quad 72, \quad 15, \quad 80, \quad 16, \quad 80, \quad 29, \quad 96, \quad 32, \quad 96, \\
&31, \quad 96, \quad 32, \quad 96, \quad 57, \quad 124, \quad 64, \quad 128, \quad 63, \quad 128, \quad 64, \quad 128, \\
&61, \quad 128, \quad 64, \quad 128, \quad 63, \quad 128, \quad 64, \quad 128, \quad 113, \quad 116, \quad 120, \quad 120, \\
&127, \quad 128, \quad 128, \quad 128, \quad 125, \quad 128, \quad 128, \quad 128, \quad 127, \quad 128, \quad 128, \quad 128, \\
&121, \quad 124, \quad 128, \quad 128, \quad 127, \quad 128, \quad 128, \quad 128, \quad 125, \quad 128, \quad 128, \quad 128, \\
&127, \quad 128, \quad 128, \quad 128, \quad 98, \quad 100, \quad 104, \quad 104, \quad 112, \quad 112, \quad 112, \quad 112, \\
&126, \quad 128, \quad 128, \quad 128, \quad 128, \quad 128, \quad 128, \quad 128, \quad 122, \quad 124, \quad 128, \quad 128, \\
&128, \quad 128, \quad 128, \quad 128, \quad 126, \quad 128, \quad 128, \quad 128, \quad 128, \quad 128, \quad 128, \quad 128, \\
&114, \quad 116, \quad 120, \quad 120, \quad 128, \quad 128, \quad 128, \quad 128, \quad 126, \quad 128, \quad 128, \quad 128, \\
&128, \quad 128, \quad 128, \quad 128, \quad 126, \quad 128, \quad 128, \quad 128, \quad 128, \quad 128, \quad 128, \quad 128, \\
&126, \quad 128, \quad 128, \quad 128, \quad 128, \quad 128, \quad 128, \quad 128].
\end{aligned}
$$

表 23.5.3 从支付到下一个策略

局势	11111	11112	11121	11122	11211	11212	11221	11222
$c_{i-1}(t)$	-5	-5	-5	-5	-5	-5	-5	-5
$c_i(t)$	-5	-5	-5	-5	-3	-3	-4.5	-4.5
$c_{i+1}(t)$	-5	-5	-3	-4.5	-5	-5	-4.5	-6
$x_i(t+1)$	1	1	2	2	2	2	2	2
局势	12111	12112	12121	12122	12211	12212	12221	12222
$c_{i-1}(t)$	-3	-3	-3	-3	-4.5	-4.5	-4.5	-4.5
$c_i(t)$	-5	-5	-5	-5	-4.5	-4.5	-6	-6
$c_{i+1}(t)$	-5	-5	-3	-4.5	-5	-5	-4.5	-6
$x_i(t+1)$	2	2	2	2	2	2	2	2
局势	21111	21112	21121	21122	21211	21212	21221	21222
$c_{i-1}(t)$	-5	-5	-5	-5	-5	-5	-5	-5
$c_i(t)$	-5	-5	-5	-5	-3	-3	-4.5	-4.5
$c_{i+1}(t)$	-5	-5	-3	-4.5	-5	-5	-4.5	-6
$x_i(t+1)$	1	1	2	2	2	2	2	2
局势	22111	22112	22121	22122	22211	22212	22221	22222
$c_{i-1}(t)$	-4.5	-4.5	-4.5	-4.5	-6	-6	-6	-6
$c_i(t)$	-5	-5	-5	-5	-4.5	-4.5	-6	-6
$c_{i+1}(t)$	-5	-5	-3	-4.5	-5	-5	-4.5	-6
$x_i(t+1)$	2	2	2	2	2	2	2	2

于是可直接检验, $k \geqslant 3$ 时

$$L^k = \delta_{128}[1, \quad 128, \quad 128, \quad 128, \quad 128, \quad 128, \quad 128, \quad 128, \quad 128, \quad 128, \quad 128, \quad 128,$$
$$128, \quad 128, \quad 128, \quad 128, \quad 128, \quad 128, \quad 128, \quad 128, \quad 128, \quad 128, \quad 128, \quad 128,$$
$$128, \quad 128, \quad 128, \quad 128, \quad 128, \quad 128, \quad 128, \quad 128, \quad 128, \quad 128, \quad 128, \quad 128,$$
$$128, \quad 128, \quad 128, \quad 128, \quad 128, \quad 128, \quad 128, \quad 128, \quad 128, \quad 128, \quad 128, \quad 128,$$
$$128, \quad 128, \quad 128, \quad 128, \quad 128, \quad 128, \quad 128, \quad 128, \quad 128, \quad 128, \quad 128, \quad 128,$$
$$128, \quad 128, \quad 128, \quad 128, \quad 128, \quad 128, \quad 128, \quad 128, \quad 128, \quad 128, \quad 128, \quad 128,$$
$$128, \quad 128, \quad 128, \quad 128, \quad 128, \quad 128, \quad 128, \quad 128, \quad 128, \quad 128, \quad 128, \quad 128,$$
$$128, \quad 128, \quad 128, \quad 128, \quad 128, \quad 128, \quad 128, \quad 128, \quad 128, \quad 128, \quad 128, \quad 128,$$
$$128, \quad 128, \quad 128, \quad 128, \quad 128, \quad 128, \quad 128, \quad 128, \quad 128, \quad 128, \quad 128, \quad 128,$$
$$128, \quad 128, \quad 128, \quad 128, \quad 128, \quad 128, \quad 128, \quad 128, \quad 128, \quad 128, \quad 128,$$
$$128, \quad 128, \quad 128, \quad 128, \quad 128, \quad 128, \quad 128, \quad 128].$$

也就是说, 当 $x(0) = \delta_{128}^1$ 时, 局势收敛于 $x(\infty) = x(3) = \delta_{128}^1 \sim (1, 1, 1, 1, 1, 1, 1)$. 而当初态 $x(0) \neq \delta_{128}^1$ 时, 局势收敛于 $\delta_{128}^{128} \sim (2, 2, 2, 2, 2, 2, 2)$.

我们得出结论: $\xi = \delta_2^2 \sim 2$, 即策略 2, 是演化稳定策略. 而且, 我们可以选择 $\mu = 6$, 即当 $|y_0 - x_0| \leqslant \mu$ 时(这里, $x_0 = \xi^7$), 只要令 $T = 3$, 则式 (23.5.9) 成立. 因此, 稳定水平为 6.

考虑另一个平衡点 $\eta = \delta_2^1 \sim 1$. 显然, η 不是演化稳定策略, 因为对任何变异 $|y_0 - \eta^7| \geqslant 1$, 我们都有 $y(t, y_0) \to \xi$. 这表明任何一个变异都会侵入群体, 最后使群体完全改变.

在上述例子中, 我们设 $H = \delta_2^2 \sim 2$ 以及 $D = \delta_2^1 \sim 1$. 那么, 不难看出

$$E(H, H) = -6 < E(D, H) = -5.$$

即条件式 (23.5.3) 不再成立. 因此, 对有限集上的网络演化博弈, 条件式 (23.5.3) 不是演化稳定策略的必要条件. 实际上, 可以证明, 它也不是充分的.

23.6 习题与课程探索

23.6.1 习题

1. 五人玩囚徒困境, 网络图为 C_5, 策略更新规则为无条件模仿 (见第21章), 支付双矩阵见表 23.6.1. 试求局势演化方程.

表 23.6.1 支付双矩阵

P_1 \ P_2	1	2
1	$-1, -1$	$-10, 0$
2	$0, -10$	$-5, -5$

2. 有四头猪玩智猪博弈[84]. P_1 最小, P_3 最大, P_2, P_4 中等. 策略是踩踏板 $P = 1$ 或等待 $W = 2$. 支付双矩阵见表 23.6.2. 设网络图为图 23.6.1. 设策略更新规则为 2-型无条件模仿, 试求局势演化方程.

3. 试讨论网络演化博弈 (23.4.5) 的可控性.

4. 试讨论网络演化博弈 (23.4.5) 的镇定问题.

5. 考虑一个控制网络演化博弈 $((N, E), G, \Pi)$, 这里:

   (a) $N = (X \cup U)$, $X = \{x_1, x_2, x_3\}$, $U = \{u\}$, 网络图见图 23.6.2;

表 23.6.2 智猪博弈支付双矩阵

P_1 \ P_2	P	W
P	(2, 4)	(0, 6)
W	(5, 1)	(0, 0)

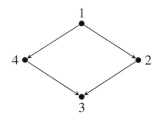

图 23.6.1 网络智猪博弈

(b) G 是 Benoit-Krishna 游戏[84], 支付双矩阵见表 23.6.3;

(c) 设策略更新规则为 2-型无条件模仿.

求该博弈的局势演化方程.

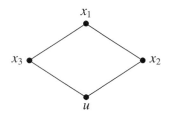

图 23.6.2 网络 Benoit-Krishna 游戏

表 23.6.3 Benoit-Krishna 游戏支付双矩阵

P_1 \ P_2	$D = 1$	$W = 2$	$C = 3$
$D = 1$	(10, 10)	(−1, −12)	(−1, 15)
$W = 2$	(−12, −1)	(8, 8)	(−1, −1)
$C = 3$	(15, −1)	(−1, −1)	(0, 0)

23.6.2　课程探索

如果基本网络博弈是多人的, 例如石头-剪刀-布, 如何刻画网络演化博弈? (提示: 用 r 次均齐超图为网络图.)

第 24 章　势博弈

势博弈最早是由 Rosenthal 提出的[101]. Shapley 等人做了许多进一步的完善和发展[102]. 势博弈作为一类特殊的博弈有许多优良的性质. 特别是它在演化下会收敛到纳什均衡点的这一特性, 使它倍受青睐. 它也因此在许多实际系统的研究中得到应用. 例如, 交通拥塞问题, 电力配给与电网控制等. 本节内容主要基于文献 [8].

24.1　势函数与势博弈

定义 24.1.1　设 $G = (N, S, C)$ 为一有限博弈.

$$|N| = n, S = \prod_{i=1}^{n} S_i = S_1 \times S_2 \times \cdots \times S_n,$$

其中, $|S_i| = k_i, i = 1, 2, \cdots, n, \prod_{i=1}^{n} k_i = k.$

(i) G 称为一个泛势博弈 (ordinal potential game), 如果存在一个函数 $P : S \to \mathbb{R}$, 称作势函数, 使得对每个 i 和每个 $s^{-i} \in S^{-i}$ 均成立

$$c_i(x_i, s^{-i}) - c_i(y_i, s^{-i}) > 0 \Leftrightarrow P(x_i, s^{-i}) - P(y_i, s^{-i}) > 0, \quad \forall x_i, y_i \in S_i. \tag{24.1.1}$$

(ii) G 称为一个加权势博弈 (weighted potential game), 如果存在一组正数 $\{w_i > 0 \mid i = 1, 2, \cdots, n\}$ (称为权重), 和一个函数 $P : S \to \mathbb{R}$ (称为加权势函数), 使得对每个 i, 每一组 $x_i, y_i \in S_i$ 和每一个 $s^{-i} \in S^{-i}$ 均成立

$$c_i(x_i, s^{-i}) - c_i(y_i, s^{-i}) = w_i \left[P(x_i, s^{-i}) - P(y_i, s^{-i}) \right]. \tag{24.1.2}$$

(iii) G 称为一个 (纯) 势博弈 (pure potential game), 如果 G 是一个加权势博弈, 且所有权重均为 1, 即 $w_i = 1, \forall i$. 相关的 P 称为 (纯) 势函数.

注意, 我们显然有如下蕴涵关系:

$$势博弈 \Rightarrow 加权势博弈 \Rightarrow 泛势博弈.$$

下面是势博弈的一些主要性质:

定理 24.1.1 [102]　如果 G 是势博弈, 那么 P 在容许一个常数差的意义下唯一. 换言之, 如果 P_1 和 P_2 为 G 的两个势函数, 则 $P_1 - P_2 = c_0 \in \mathbb{R}$.

定理 24.1.2 [102]   如果 G 是势博弈, P 是 G 的势函数, s^* 为势函数的一个极大点. 那么, s^* 是 G 的一个纳什均衡点.

下面的推论是显然的.

推论 24.1.1   如果 G 是有限势博弈, 由它依串联 MBRA 更新方式形成演化博弈, 则该演化博弈收敛于一个纳什均衡点.

证明   根据势博弈的定义, 串联 MBRA 的每一步更新都会让势函数增加. 但所有局势是有限的, 在有限步后一定会达到极大点. □

熟知, 无论是力学还是电场中的势函数都对闭路增量为零. 下面的定理显示了博弈中势函数的类似性质. 它也被用来检验一个博弈是否是势博弈.

定理 24.1.3 [102]   一个博弈 G 是势博弈, 当且仅当对每一对 $i, j \in N$, 选择任何一个 $a \in S^{-\{i,j\}}$, 一对 $x_i, y_i \in S_i$ 和一对 $x_j, y_j \in S_j$, 均有

$$c_i(B) - c_i(A) + c_j(C) - c_j(B) + c_i(D) - c_i(C) + c_j(A) - c_j(D) = 0, \tag{24.1.3}$$

这里 $A = (x_i, x_j, a), B = (y_i, x_j, a), C = (y_i, y_j, a), D = (x_i, y_j, a)$ (参见图 24.1.1).

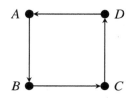

图 24.1.1 闭回路

24.2 势方程

本节推导 (加权) 势博弈所满足的基本方程, 称为势方程.

引理 24.2.1   一个有限博弈 G 是加权势博弈, 当且仅当存在 $P(x_1, x_2, \cdots, x_n), d_i(x_1, x_2, \cdots, \hat{x}_i, \cdots, x_n)$ 和 $w_i > 0(i = 1, 2, \cdots, n)$ 使得

$$c_i(x_1, x_2, \cdots, x_n) = w_i P(x_1, x_2, \cdots, x_n) + d_i(x_1, x_2, \cdots, \hat{x}_i, \cdots, x_n), \tag{24.2.1}$$

这里 P 为加权势函数, $\hat{}$ 表示没有该项.

将式 (24.2.1) 表示为向量形式, 则得

$$V_i^c \ltimes_{j=1}^n x_j = w_i V_P \ltimes_{j=1}^n x_j + V_i^d \ltimes_{j \neq i} x_j, \quad i = 1, 2, \cdots, n, \tag{24.2.2}$$

这里 $V_i^c, V_P \in \mathbb{R}^{k^n}$ 以及 $V_i^d \in \mathbb{R}^{k^{n-1}}$ 都是行向量, 是相应函数的结构向量.

因此, 检验 G 是否是势博弈就等价于式 (24.2.1) 是否存在相应的 P 和 d_i. 这等价于式 (24.2.2) 是否存在解 V_P 和 V_i^d.

定义

$$\Psi_i := I_{\alpha_i} \otimes \mathbf{1}_{k_i} \otimes I_{\beta_i}, \quad i = 1, 2, \cdots, n, \tag{24.2.3}$$

这里

$$\alpha_1 = 1, \quad \alpha_i = \prod_{j=1}^{i-1} k_j, \ i \geqslant 2,$$
$$\beta_n = 1, \quad \beta_i = \prod_{j=i+1}^{n} k_j, \ i \leqslant n - 1.$$

那么式 (24.2.2) 就可以表示成

$$V_i^d \Psi_i^{\mathrm{T}} = V_i^c - w_i V^p, \quad i = 1, 2, \cdots, n. \tag{24.2.4}$$

从式 (24.2.4) 解出

$$w_1 V^P = V_1^c - V_1^d \Psi_1^{\mathrm{T}}.$$

代入式 (24.2.4) 的其他方程可得

$$w_1 V_i^d \Psi_i^{\mathrm{T}} - w_i V_1^d \Psi_1^{\mathrm{T}} = w_1 V_i^c - w_i V_1^c, \quad i = 2, 3, \cdots, n. \tag{24.2.5}$$

定义两组向量如下:

$$\xi_i := (V_i^d)^{\mathrm{T}}, \qquad\qquad i = 1, 2, \cdots, n,$$
$$b_{i-1} := [w_1 V_i^c - w_i V_1^c]^{\mathrm{T}}, \quad i = 2, 3, \cdots, n. \tag{24.2.6}$$

那么, 式 (24.2.5) 可表达为

$$\Psi^w \xi = b, \tag{24.2.7}$$

这里

$$\xi = (\xi_1^{\mathrm{T}}, \xi_2^{\mathrm{T}}, \cdots, \xi_n^{\mathrm{T}})^{\mathrm{T}},$$
$$b = (b_1^{\mathrm{T}}, b_2^{\mathrm{T}}, \cdots, b_{n-1}^{\mathrm{T}})^{\mathrm{T}},$$

且

$$\Psi^w = \begin{bmatrix} -w_2 \Psi_1 & w_1 \Psi_2 & 0 & \cdots & 0 \\ -w_3 \Psi_1 & 0 & w_1 \Psi_3 & \cdots & 0 \\ \vdots & \vdots & \vdots & & \vdots \\ -w_n \Psi_1 & 0 & 0 & \cdots & w_1 \Psi_n \end{bmatrix}. \tag{24.2.8}$$

综合以上的讨论可知:

定理 24.2.1 设 $G = (N, S, C)$ 为一有限博弈, $|N| = n$, $|S_i| = k_i$, $i = 1, 2, \cdots, n$. G 是一个以 $\{w_i > 0 \mid i = 1, 2, \cdots, n\}$ 为权的加权势博弈, 当且仅当方程 (24.2.7) 有解. 并且, 如果解存在, 则

$$V^{P_w} = \frac{1}{w_1} \left[V_1^c - \xi_1^{\mathrm{T}} \varPsi_1^{\mathrm{T}} \right]. \tag{24.2.9}$$

注 关于加权势博弈, 作以下几点说明:

(i) 式 (24.2.7) 被称为势方程. 当 $w_i = 1$, $i = 1, 2, \cdots, n$ 时, 加权势博弈变为势博弈, 我们记其系数方程为

$$\varPsi := \varPsi^w \big|_{w = \mathbf{1}_n^{\mathrm{T}}}.$$

(ii) 如果 P^w 和 $\tilde{P}^w$ 是权重为 w 的两个 (加权) 势, 定义一个新博弈 G', 它将原支付函数改为

$$c_i' = \frac{c_i}{w_i}, \quad i = 1, 2, \cdots, n.$$

那么, P^w 和 $\tilde{P}^w$ 都是 G' 的势函数. 根据定理 24.1.1,

$$\tilde{P}^w - P^w = c_0 \in \mathbb{R}.$$

(iii) 由 (ii) 可知

$$\operatorname{rank}(\varPsi^w) = \sum_{i=1}^{n} \left(\frac{k}{k_i} \right) - 1 := r_\varPsi,$$

它比 $\varPsi^w$ 的列数小 1.

(iv) 记

$$k_{-i} = \frac{k}{k_i}, \quad i = 1, 2, \cdots, n.$$

那么, 容易检验

$$\xi_0 := \left[w_1 \mathbf{1}_{k_{-1}}^{\mathrm{T}}, w_2 \mathbf{1}_{k_{-2}}^{\mathrm{T}}, \cdots, w_n \mathbf{1}_{k_{-n}}^{\mathrm{T}} \right]^{\mathrm{T}}$$

是方程 (24.2.7) 相应的齐次方程的解. 即

$$\varPsi^w \xi_0 = 0.$$

(v) 由 (iii) 及 (iv) 可推知, $\varPsi^w$ 的任何 $r_\varPsi$ 列均为 $\operatorname{Span}\{\operatorname{Col}(\varPsi)\}$ 的一组基底.

24.3　势博弈的验证

本节通过几个例子说明如何应用势方程检验势博弈.

例 24.3.1 一个有限博弈 G, $|N| = 3$, $|S_i| = 2$, $i = 1, 2, 3$, 支付矩阵见表 24.3.1.

表 24.3.1 例 24.3.1 的支付矩阵

c ＼ p	111	112	121	122	211	212	221	222
c_1	a	b	b	d	c	e	e	f
c_2	a	b	c	e	b	d	e	f
c_3	a	c	b	e	b	e	d	f

我们检验 G 是否为势博弈.

利用 Ψ_i 的定义式 (24.2.3) 可得

$$
\begin{aligned}
\Psi_1 &= (\delta_2[1, 2, 1, 2])^{\mathrm{T}} \otimes I_2 \\
&= \begin{bmatrix} 1 & 0 & 0 & 0 & 1 & 0 & 0 & 0 \\ 0 & 1 & 0 & 0 & 0 & 1 & 0 & 0 \\ 0 & 0 & 1 & 0 & 0 & 0 & 1 & 0 \\ 0 & 0 & 0 & 1 & 0 & 0 & 0 & 1 \end{bmatrix}^{\mathrm{T}};
\end{aligned}
\tag{24.3.1}
$$

$$
\begin{aligned}
\Psi_2 &= (\delta_2[1, 1, 2, 2])^{\mathrm{T}} \otimes I_2 \\
&= \begin{bmatrix} 1 & 0 & 1 & 0 & 0 & 0 & 0 & 0 \\ 0 & 1 & 0 & 1 & 0 & 0 & 0 & 0 \\ 0 & 0 & 0 & 0 & 1 & 0 & 1 & 0 \\ 0 & 0 & 0 & 0 & 0 & 1 & 0 & 1 \end{bmatrix}^{\mathrm{T}};
\end{aligned}
\tag{24.3.2}
$$

$$
\begin{aligned}
\Psi_3 &= (\delta_4[1, 1, 2, 2, 3, 3, 4, 4])^{\mathrm{T}} \\
&= \begin{bmatrix} 1 & 1 & 0 & 0 & 0 & 0 & 0 & 0 \\ 0 & 0 & 1 & 1 & 0 & 0 & 0 & 0 \\ 0 & 0 & 0 & 0 & 1 & 1 & 0 & 0 \\ 0 & 0 & 0 & 0 & 0 & 0 & 1 & 1 \end{bmatrix}^{\mathrm{T}}.
\end{aligned}
\tag{24.3.3}
$$

因此可得

$$
\Psi = \begin{bmatrix}
-1 & 0 & 0 & 0 & 1 & 0 & 0 & 0 & 0 & 0 & 0 & 0 \\
0 & -1 & 0 & 0 & 0 & 1 & 0 & 0 & 0 & 0 & 0 & 0 \\
0 & 0 & -1 & 0 & 1 & 0 & 0 & 0 & 0 & 0 & 0 & 0 \\
0 & 0 & 0 & -1 & 0 & 1 & 0 & 0 & 0 & 0 & 0 & 0 \\
-1 & 0 & 0 & 0 & 0 & 0 & 1 & 0 & 0 & 0 & 0 & 0 \\
0 & -1 & 0 & 0 & 0 & 0 & 0 & 1 & 0 & 0 & 0 & 0 \\
0 & 0 & -1 & 0 & 0 & 0 & 1 & 0 & 0 & 0 & 0 & 0 \\
0 & 0 & 0 & -1 & 0 & 0 & 0 & 1 & 0 & 0 & 0 & 0 \\
-1 & 0 & 0 & 0 & 0 & 0 & 0 & 0 & 1 & 0 & 0 & 0 \\
0 & -1 & 0 & 0 & 0 & 0 & 0 & 0 & 1 & 0 & 0 & 0 \\
0 & 0 & -1 & 0 & 0 & 0 & 0 & 0 & 0 & 1 & 0 & 0 \\
0 & 0 & 0 & -1 & 0 & 0 & 0 & 0 & 0 & 1 & 0 & 0 \\
-1 & 0 & 0 & 0 & 0 & 0 & 0 & 0 & 0 & 0 & 1 & 0 \\
0 & -1 & 0 & 0 & 0 & 0 & 0 & 0 & 0 & 0 & 1 & 0 \\
0 & 0 & -1 & 0 & 0 & 0 & 0 & 0 & 0 & 0 & 0 & 1 \\
0 & 0 & 0 & -1 & 0 & 0 & 0 & 0 & 0 & 0 & 0 & 1
\end{bmatrix}.
$$

下面计算

$$
\begin{aligned}
b_1 &= (V_2^c - V_1^c)^{\mathrm{T}} = [0, 0, c-b, e-d, b-c, d-e, 0, 0]^{\mathrm{T}}, \\
b_2 &= (V_3^c - V_1^c)^{\mathrm{T}} = [0, c-b, 0, e-d, b-c, 0, d-e, 0]^{\mathrm{T}}.
\end{aligned}
$$

于是

$$
\begin{aligned}
b &= \begin{bmatrix} b_1^{\mathrm{T}} & b_2^{\mathrm{T}} \end{bmatrix}^{\mathrm{T}} \\
&= [0, 0, \alpha, \beta, -\alpha, -\beta, 0, 0, 0, \alpha, 0, \beta, -\alpha, 0, -\beta, 0]^{\mathrm{T}},
\end{aligned}
$$

这里 $\alpha = c - b, \beta = e - d$. 不难检验

$$
\begin{aligned}
b = \ & (\alpha + \beta) \operatorname{Col}_1(\Psi) + \beta \operatorname{Col}_2(\Psi) + \beta \operatorname{Col}_3(\Psi) + \\
& (\alpha + \beta) \operatorname{Col}_5(\Psi) + \beta \operatorname{Col}_6(\Psi) + \beta \operatorname{Col}_7(\Psi) + \\
& (\alpha + \beta) \operatorname{Col}_9(\Psi) + \beta \operatorname{Col}_{10}(\Psi) + \beta \operatorname{Col}_{11}(\Psi).
\end{aligned}
$$

根据定理 24.2.1 可知, 当 $|N| = 3, |S_i| = 2, i = 1, 2, 3$ 时, 对称博弈均为势博弈.

下面, 为计算势函数, 我们给出具体参数. 设 $a = 1, b = 1, c = 2, d = -1, e = 1, f = -1$, 则不难算出

$$
\begin{aligned}
b_1 &= [V_2^c - V_1^c]^{\mathrm{T}} = [0, 0, 1, 2, -1, -2, 0, 0]^{\mathrm{T}} \\
b_2 &= [V_3^c - V_1^c]^{\mathrm{T}} = [0, 1, 0, 2, -1, 0, -2, 0]^{\mathrm{T}}.
\end{aligned}
$$

解势方程 (24.2.7), 任求一个解 $\xi = [3, 2, 2, 0, 3, 2, 2, 0, 3, 2, 2, 0]^T$, 则 $V_1^d = \xi_1^T = [3, 2, 2, 0]$. 利用式 (24.2.9) 可得

$$
\begin{aligned}
V_P &= V_1^c - V_1^d D_r^{[2,2]} \\
&= [1, 1, 1, -1, 2, 1, 1, -1] - [3, 2, 2, 0]\delta_2[1, 2, 1, 2] \\
&= [-2, -1, -1, -1, -1, -1, -1, -1].
\end{aligned}
$$

最后可得势函数

$$
P(x) = [-2, -1, -1, -1, -1, -1, -1, -1]x + c_0,
$$

这里 $x = \ltimes_{i=1}^3 x_i \in \Delta_8$.

下面考查另一个例子: 石头-剪刀-布.

例 24.3.2 考虑两人玩石头-剪刀-布, 支付矩阵见表 24.3.2, 表中的 1 表示石头, 2 表示剪刀, 3 表示布. 问: 这个博弈是势博弈吗?

表 24.3.2 石头-剪刀-布的支付矩阵

c ＼ p	11	12	13	21	22	23	31	32	33
c_1	0	-1	1	1	0	-1	-1	1	0
c_2	0	1	-1	-1	0	1	1	-1	0

容易算得

$$
\begin{aligned}
\Psi_1 &= \delta_3[1, 2, 3, 1, 2, 3, 1, 2, 3]^T, \\
\Psi_2 &= \delta_3[1, 1, 1, 2, 2, 2, 3, 3, 3]^T.
\end{aligned}
$$

于是有

$$
\Psi = [-\Psi_1 \ \Psi_2] = \begin{bmatrix}
-1 & 0 & 0 & 1 & 0 & 0 \\
0 & -1 & 0 & 1 & 0 & 0 \\
0 & 0 & -1 & 1 & 0 & 0 \\
-1 & 0 & 0 & 0 & 1 & 0 \\
0 & -1 & 0 & 0 & 1 & 0 \\
0 & 0 & -1 & 0 & 1 & 0 \\
-1 & 0 & 0 & 0 & 0 & 1 \\
0 & -1 & 0 & 0 & 0 & 1 \\
0 & 0 & -1 & 0 & 0 & 1
\end{bmatrix},
$$

$$
b = (V_2^c - V_1^c)^T = [0, 2, -2, -2, 0, 2, 2, -2, 0]^T.
$$

不难检验: rank(Ψ) = 5, 而 rank[Ψ b] = 6, 势方程无解. 因此, 石头-剪刀-布不是一个势博弈.

最后注意一点: 势函数与李雅普诺夫函数一样, 是用来控制收敛的. 其实, 势函数就是一个李雅普诺夫函数.

命题 24.3.1 设一演化博弈是以串联或级联短视最优响应 (MBRA) 更新的泛势博弈. 那么, 其势函数也是一个李雅普诺夫函数.

24.4 网络演化博弈的势

先考虑一个例子.

例 24.4.1 考查一个网络演化博弈 $((N, E), G, \Pi)$, 设网络图如图 24.4.1 或图 24.4.2 所示.

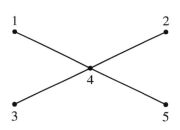

图 24.4.1 网络图 (1)

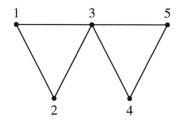

图 24.4.2 网络图 (2)

设基本网络博弈为囚徒困境, 支付矩阵见表 22.1.1, 其中 $R = -1$, $S = -10$, $T = 0$,

$P = -5$. 由于势矩阵 Ψ 只依赖于 $|N|$ 和 $|S_i| = k, \forall i$, 与网络图无关. 于是可得到 Ψ 如下:

$$\Psi = \begin{bmatrix} -1 & 0 & \cdots & 0 \\ 0 & -1 & \cdots & 0 \\ \vdots & \vdots & & \vdots \\ 0 & 0 & \cdots & 1 \\ 0 & 0 & \cdots & 1 \end{bmatrix} \in \mathcal{M}_{128 \times 80}.$$

(为节约空间, 只写出几个元素.) 下面计算 V_i^c, $i = 1, 2, \cdots, 5$.

1. (网络图 (1)): 不难验证

$$\begin{aligned} V_1^c = \quad [&-1 \quad -1 \quad -10 \quad -10 \quad -1 \quad -1 \quad -10 \quad -10 \\ &-1 \quad -1 \quad -10 \quad -10 \quad -1 \quad -1 \quad -10 \quad -10 \\ &0 \quad\;\; 0 \quad\;\; -5 \quad\;\; -5 \quad\;\; 0 \quad\;\; 0 \quad\;\; -5 \quad\;\; -5 \\ &0 \quad\;\; 0 \quad\;\; -5 \quad\;\; -5 \quad\;\; 0 \quad\;\; 0 \quad\;\; -5 \quad\;\; 5]. \end{aligned}$$

$$\begin{aligned} V_2^c = \quad [&-1 \quad -1 \quad -10 \quad -10 \quad -1 \quad -1 \quad -10 \quad -10 \\ &0 \quad\;\; 0 \quad\;\; -5 \quad\;\; -5 \quad\;\; 0 \quad\;\; 0 \quad\;\; -5 \quad\;\; -5 \\ &-1 \quad -1 \quad -10 \quad -10 \quad -1 \quad -1 \quad -10 \quad -10 \\ &0 \quad\;\; 0 \quad\;\; -5 \quad\;\; -5 \quad\;\; 0 \quad\;\; 0 \quad\;\; -5 \quad\;\; -5]. \end{aligned}$$

$$\begin{aligned} V_3^c = \quad [&-1 \quad -1 \quad -10 \quad -10 \quad 0 \quad 0 \quad -5 \quad -5 \\ &-1 \quad -1 \quad -10 \quad -10 \quad 0 \quad 0 \quad -5 \quad -5 \\ &-1 \quad -1 \quad -10 \quad -10 \quad 0 \quad 0 \quad -5 \quad -5 \\ &-1 \quad -1 \quad -10 \quad -10 \quad 0 \quad 0 \quad -5 \quad -5]. \end{aligned}$$

$$\begin{aligned} V_4^c = \quad [&-4 \quad\;\; -13 \quad 0 \quad\;\; -5 \quad\;\; -13 \quad -22 \quad -5 \quad\;\; -10 \\ &-13 \quad -22 \quad -5 \quad -10 \quad -22 \quad -31 \quad -10 \quad -15 \\ &-13 \quad -22 \quad -5 \quad -10 \quad -22 \quad -31 \quad -10 \quad -15 \\ &-22 \quad -31 \quad -10 \quad -15 \quad -31 \quad -40 \quad -15 \quad -20]. \end{aligned}$$

$$\begin{aligned} V_5^c = \quad [&-1 \quad 0 \quad -10 \quad -5 \quad -1 \quad 0 \quad -10 \quad -5 \\ &-1 \quad 0 \quad -10 \quad -5 \quad -1 \quad 0 \quad -10 \quad -5 \\ &-1 \quad 0 \quad -10 \quad -5 \quad -1 \quad 0 \quad -10 \quad -5 \\ &-1 \quad 0 \quad -10 \quad -5 \quad -1 \quad 0 \quad -10 \quad -5]. \end{aligned}$$

根据定理 24.2.1, 不难检验, 该网络演化博弈为势博弈. 同时, 由式 (24.2.7) 的一组解可得

$$\begin{aligned} \xi_1 = \quad [&28 \quad 27 \quad 15 \quad 10 \quad 27 \quad 26 \quad 10 \quad 5 \\ &27 \quad 26 \quad 10 \quad 5 \quad 26 \quad 25 \quad 5 \quad 0]. \end{aligned}$$

利用式 (24.2.9), 可算出势函数:

$$
\begin{aligned}
V_P^a = [&-29 \quad -28 \quad -25 \quad -20 \quad -28 \quad -27 \quad -20 \quad -15 \\
&-28 \quad -27 \quad -20 \quad -15 \quad -27 \quad -26 \quad -15 \quad -10 \\
&-28 \quad -27 \quad -20 \quad -15 \quad -27 \quad -26 \quad -15 \quad -10 \\
&-27 \quad -26 \quad -15 \quad -10 \quad -26 \quad -25 \quad -10 \quad -5].
\end{aligned}
$$

2. (网络图 (2)): 虽然网络图改变了, 但仍可证明: 这个网络演化博弈也是势博弈, 势函数为

$$
\begin{aligned}
V_P^b = [&-46 \quad -44 \quad -44 \quad -38 \quad -42 \quad -36 \quad -36 \quad -26 \\
&-44 \quad -42 \quad -42 \quad -36 \quad -36 \quad -30 \quad -30 \quad -20 \\
&-44 \quad -42 \quad -42 \quad -36 \quad -36 \quad -30 \quad -30 \quad -20 \\
&-38 \quad -36 \quad -36 \quad -30 \quad -26 \quad -20 \quad -20 \quad -10].
\end{aligned}
$$

不难验证, 在上例中不管如何改变网络图, 得到的网络演化博弈都是势博弈. 实际上, 我们可以证明如下定理:

定理 24.4.1 [9]　给定一个网络演化博弈 $((N, E), G, \Pi)$. 如果它的基本网络博弈是势博弈, 则整个网络演化博弈也是势博弈. 而且, 整个网络的势函数是所有博弈的势函数之和. 即

$$
P = \sum_{(i,j) \in E} P^{(i,j)}, \tag{24.4.1}
$$

这里 $P^{(i,j)}$ 是发生在 i, j 之间的基本网络博弈的势函数.

例 24.4.2　重新考查例 24.4.1. 容易算出囚徒困境的势函数结构向量为

$$
V_0 = (R - T, 0, 0, P - S).
$$

也就是说, 对任意 $(i, j) \in E$ 有势函数

$$
P^{(i,j)}(x_i, x_j) = V_0 x_i x_j, \tag{24.4.2}
$$

这里

$$
V_0 = (R - T, 0, 0, P - S) = (-1 \ 0 \ 0 \ 5).
$$

为求和, 将式 (24.4.2) 变为一般形式

$$
P^{(i,j)}(x) = P^{(i,j)}(x_i, x_j) = V_0 x_i x_j := V_P^{(i,j)} x, \tag{24.4.3}
$$

这里 $x = \ltimes_{i=1}^5 x_i$. 由于

$$
P^{(1,2)}(x_1, x_2) = V_0 x_1 x_2 = V_0 D_r^{[4,8]} x_1 x_2 x_3 x_4 x_5, \tag{24.4.4}
$$

可得

$$
\begin{aligned}
V_P^{(1,2)} &= V_0 D_r^{[4,8]} = V_0 \left(I_4 \otimes \mathbf{1}_8^{\mathrm{T}} \right) \\
&= \begin{bmatrix} -1 & -1 & -1 & -1 & -1 & -1 & -1 & -1 \\ 0 & 0 & 0 & 0 & 0 & 0 & 0 & 0 \\ 0 & 0 & 0 & 0 & 0 & 0 & 0 & 0 \\ 5 & 5 & 5 & 5 & 5 & 5 & 5 & 5 \end{bmatrix}.
\end{aligned}
$$

类似地, 所有 $V_P^{(i,j)}$, $(i,j) \in E$, 可计算如下:

$$
\begin{aligned}
V_P^{(1,3)} &= V_0 D_r^{[2,2]} D_r^{[8,2]}, & V_P^{(1,4)} &= V_0 D_r^{[2,4]} D_r^{[16,2]}, \\
V_P^{(1,5)} &= V_0 D_r^{[2,8]}, & V_P^{(2,3)} &= V_0 D_f^{[2,2]} D_r^{[8,4]}, \\
V_P^{(2,4)} &= V_0 D_f^{[2,2]} D_r^{[4,2]} D_r^{[16,2]}, & V_P^{(2,5)} &= V_0 D_f^{[2,2]} D_r^{[4,4]} \\
V_P^{(3,4)} &= V_0 D_f^{[4,2]} D_r^{[16,2]}, & V_P^{(3,5)} &= V_0 D_f^{[4,2]} D_r^{[8,2]}, \\
V_P^{(4,5)} &= V_0 D_f^{[8,2]}.
\end{aligned}
$$

下面, 我们用式 (24.4.1) 重新计算例 24.4.1 中网络演化博弈的势函数. 为区别, 将它们记为 $\tilde{P}$.

1. 考查网络图 24.4.1. 利用式 (24.4.1) 可得

$$
\begin{aligned}
V_{\tilde{P}}^a &= V_P^{(1,4)} + V_P^{(2,4)} + V_P^{(3,4)} + V_P^{(4,5)} \\
&= \begin{bmatrix} -4 & -3 & 0 & 5 & -3 & -2 & 5 & 10 \\ -3 & -2 & 5 & 10 & -2 & -1 & 10 & 15 \\ -3 & -2 & 5 & 10 & -2 & -1 & 10 & 15 \\ -2 & -1 & 10 & 15 & -1 & 0 & 15 & 20 \end{bmatrix}.
\end{aligned}
$$

与例 24.4.1 中得到的 V_P^a 相比, 注意到

$$
P^a(x) := V_P^a x; \quad \tilde{P}^a(x) = V_{\tilde{P}}^a x,
$$

于是有

$$
\tilde{P}^a(x) = P^a(x) + 25.
$$

即除一常数外, 它们相等.

2. 考查网络图 24.4.2. 我们有

$$
\begin{aligned}
V_{\tilde{P}}^b &= V_P^{(1,2)} + V_P^{(1,3)} + V_P^{(2,3)} + V_P^{(3,4)} + V_P^{(3,5)} + V_P^{(4,5)} \\
&= \begin{bmatrix} -6 & -4 & -4 & 2 & -2 & 4 & 4 & 14 \\ -4 & -2 & -2 & 4 & 4 & 10 & 10 & 20 \\ -4 & -2 & -2 & 4 & 4 & 10 & 10 & 20 \\ 2 & 4 & 4 & 10 & 14 & 20 & 20 & 30 \end{bmatrix}.
\end{aligned}
$$

与例 24.4.1 中得到的 V_P^b 相比, 可知

$$\tilde{P}^b(x) = P^b(x) + 40.$$

24.5 习题与课程探索

24.5.1 习题

1. 考虑一非对称二人博弈, 支付矩阵见表 24.5.1. 问参数满足什么条件时它是势博弈?

表 24.5.1 非对称支付双矩阵

P_1　P_2	1	2
1	$(A,\ E)$	$(B,\ F)$
2	$(C,\ G)$	$(D,\ H)$

2. 回忆例 24.4.1. 如果其网络图变为图 24.5.1.

- 用势方程直接计算网络势函数.

- 用叠加公式 (24.4.1) 计算网络势函数.

- 比较两种方法所得结果.

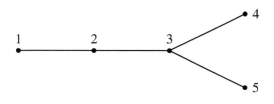

图 24.5.1 网络图 (3)

3. 回忆例 24.4.1. 如果其网络图变为图 24.5.2,

- 用势方程直接计算网络势函数.

- 用叠加公式 (24.4.1) 计算网络势函数.

- 比较两种方法所得结果.

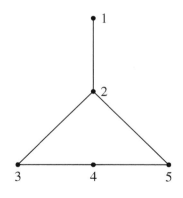

图 24.5.2 网络图 (4)

表 24.5.2 G 的支付双矩阵

P_2 P_1	W	SO	SH
W	(90, 90)	(−12, −12)	(48, 48)
SO	(−12, −12)	(1, −1)	(24, 24)
SH	(48, 48)	(24, 24)	(1, −1)

4. 下面这个例子来自文献 [89]. 两人合作做一项目 G. $S_i = \{W, SO, SH\}$, $i = 1, 2$. (W: 工作; SO: 待在办公室; SH: 待在家里). 支付双矩阵见表 24.5.2.

- 验证: G 不是势博弈.

- $\tilde{G}$ 是与上述一样的博弈, 只是支付矩阵稍有不同, 见表 24.5.3. 验证: $\tilde{G}$ 是势博弈.

表 24.5.3 $\tilde{G}$ 的支付双矩阵

P_2 P_1	W	SO	SH
W	(90, 90)	(−12, −12)	(48, 48)
SO	(−12, −12)	(0, 0)	(24, 24)
SH	(48, 48)	(24, 24)	(0, 0)

- 采用短视最优响应作为策略更新规则, 证明 G 与 $\tilde{G}$ 等价. (即局势演化方程一样.)

- 根据推论 24.1.1, $\tilde{G}$ 将收敛到一个纯纳什均衡点. 证明: G 也将收敛到一个纯纳什均衡点.

5. 回忆例 24.3.1. 设有限博弈 G 是对称的, $|S_i| = 2, \forall i$.

- 设 $|N| = 4$, 证明 G 还是一个势博弈.

- 设 $|N| = 5$, 证明 G 还是一个势博弈.

24.5.2　课程探索

从最后一道习题不难猜想: 一个对称有限博弈, 如果 $|S_i| = 2, \forall i$, 则它是个势博弈. 这个猜想对不对?

第 25 章 合作博弈

博弈理论大致可以分为两个部分: 合作博弈 (cooperative game) 与非合作博弈 (non-cooperative game). 前几章主要讨论非合作博弈, 此后两章讨论合作博弈. 合作博弈与非合作博弈是从不同角度对博弈思想进行刻画和分析的两种工具, 不能完全分开. 非合作博弈是策略导向的, 它研究博弈的微观层面; 合作博弈是成果导向的, 它研究博弈的宏观层面. 本章内容可参考文献 [85, 103]. 关于 "无异议博弈" 部分, 可参见文献 [104].

25.1 特征函数

定义 25.1.1 一个合作博弈可以用一个二元结构 (N, v) 来描述. 其中 $N = \{1, 2, \cdots, n\}$ 为局中人 (玩家); $v : 2^N \to \mathbb{R}$ 是一个集函数, 满足 $v(\phi) = 0$, 称为特征函数.

令 v 表示一个 n 人合作对策. 设 $S \in 2^N$, 也就是说 $S \subset N$, 它被称为一个 (由 S 中成员结成的) 联盟. 那么, $v(S)$ 就表示在这个对策下 S 这个联盟的收益.

设 $S \in 2^N$, 我们可以用 $\mathcal{D}^n$ 来表示它. 记 $I_S = (s_1, s_2, \cdots, s_n) \in \mathcal{D}^n$, 这里

$$
s_j = \begin{cases} 1, & j \in S \\ 0, & j \notin S. \end{cases}
$$

那么, 每一个特征函数就可以看作一个伪布尔函数

$$v(S) = v(s_1, s_2, \cdots, s_n). \tag{25.1.1}$$

然后, 令 $1 \sim \delta_2^1$, $0 \sim \delta_2^2$, 则有 $s_j \in \Delta_2$, $j = 1, 2, \cdots, n$. 那么, 对于每一个特征函数 v, 都可以找到它的结构向量, 记作 V_v, 使得

$$v(S) = V_v \ltimes_{i=1}^n s_i. \tag{25.1.2}$$

注意到 $V_v \in \mathbb{R}^{2^n}$, 并且由 $v(\phi) = 0$, V_v 的最后一个分量为 0. 由此可知:

命题 25.1.1 令 $|N| = n$, 则 N 上所有对策, 记为 $G(N)$, 形成一个 $2^n - 1$ 维线性空间. 实际上, 它同构于 $\mathbb{R}^{2^n-1}$.

定义 25.1.2 (对策的超可加性与可加性)

1. 称一个对策 v 满足超可加性 (super-additivity), 如果对任何两联盟 $P, Q \in 2^N$ 且 $P \cap Q = \phi$ 均满足

$$v(P \cup Q) \geqslant v(P) + v(Q). \tag{25.1.3}$$

2. 如果对任何两联盟 $P, Q \in 2^N$ 且 $P \cap Q = \phi$ 均满足可加性 (additivity), 即

$$v(P \cup Q) = v(P) + v(Q), \tag{25.1.4}$$

则 v 称为非本质对策.

合作博弈通常期望合作有利可图, 因此, 通常只对满足超可加性的对策有兴趣. 对非本质对策, 因为合作不能使总收益增加, 因此, 失去了合作的基础.

定理 25.1.1 [105]   合作对策 v 为非本质对策的充要条件是

$$v(N) = \sum_{i=1}^{n} v(i). \tag{25.1.5}$$

考虑到超可加性, 我们将满足

$$v(N) > \sum_{i=1}^{n} v(i)$$

的对策称为本质对策.

下面给出几个简单例子.

例 25.1.1   设 $N = \{1, 2, \cdots, n\}$, 每人有一只手套.

- $L \subset N$: $i \in L$ 表示玩家 i 有一只左手套.

- $R \subset N$: $i \in R$ 表示玩家 i 有一只右手套.

假定一双手套价值 3 元, 而一只手套价值 0.05 元. 令 $S \in 2^N$, 则 S 的价值为

$$v(S) = 3 * \min(|S \cap L|, |S \cap R|) + 0.05 * (|S| - 2 * \min(|S \cap L|, |S \cap R|)).$$

不难验证 v 为本质对策.

例 25.1.2   买卖马问题. 卖主 (玩家 1) 有马要卖, 马对他没有用处, 不卖则价值为零. 一买主 (玩家 2) 愿出至多 1000 元, 另一买主 (玩家 3) 愿出至多 1100 元. 将该问题看作合作博弈, 求特征函数.

假如玩家 1 将马以 x 元卖给玩家 2, 玩家 1 可得 x 元, 玩家 2 可得 $1000 - x$ 元. 显然, 玩家 1 与玩家 2 合作的最大价值为

$$v(\{1, 2\}) = 1000.$$

同理

$$v(\{1, 3\}) = 1100.$$

如果 3 人同时在场, 玩家 1 必然会将马卖给玩家 3, 因此

$$v(\{1, 2, 3\}) = 1100.$$

此外, 玩家 2、3 结盟, 价值为零. 单人的价值也是零. 如果用结构向量表示, 则有

$$V_v = [1100, 1000, 1100, 0, 0, 0, 0, 0].$$

25.2 常和博弈的特征函数

考虑二人零和博弈, 这时, 局中人的利益是对立的, 你赢则我输, 因此, 没有合作的基础. 二人常和博弈在本质上与二人零和博弈是一样的. 因此, 我们考虑至少 3 个人的情况. 这时, 即使是零和博弈, 合作还是有意义的. 先看下面这个例子.

例 25.2.1 三个人玩手心手背. 如果三人出手一样, 则无输赢. 否则, 落单者向其他二人每人支付 1 元. 于是, 有支付矩阵见表 25.2.1.

表 25.2.1 例 25.2.1 的支付矩阵

c \ p	111	112	121	122	211	212	221	222
c_1	0	1	1	−2	−2	1	1	0
c_2	0	1	−2	1	1	−2	1	0
c_3	0	−2	1	1	1	1	−2	0

我们将最佳收益作为特征函数. 由于这个游戏是零和博弈, 有: $v(1, 2, 3) = 0$. 考虑 $v(1, 2)$. 如果将 $R = \{1, 2\}$ 作为一方, $R^c = \{3\}$ 作为一方. 那么, R 的收益矩阵可如表 25.2.2 所示.

表 25.2.2 R 对 R^c 的收益矩阵

$R = \{1, 2\}$ \ $R^c = \{3\}$	1	2
11	0	2
12	−1	−1
21	−1	−1
22	2	0

不管 3 选什么策略, R 选 12 或 21 都劣于 11 或 22. 所以 R 不可能选它们, 因此, 可删去第 2 行和第 3 行. 因此, R 和 R^c 各有两个策略, 记 $p = P(R = 11)$, $q = P(R^c = 1)$, 则 R 的期望值为

$$ER = p(1 - q) \times 2 + (1 - p)q \times 2.$$

最优策略为 $11(1/2) + 22(1/2)$. 此时 $ER = 1$. 同时, R^c 的最优策略为 $1(1/2) + 2(1/2)$, 此时 $ER^c = -1$. 于是, 我们定义

$$v(\{1, 2\}) = 1, \quad v(\{3\}) = -1.$$

由对称性容易得出, v 的结构向量为

$$V_v = [0, 1, 1, -1, 1, -1, -1, 0].$$

下面考虑一般的 n 人常和 (含零和) 博弈, 它满足

$$v(N) := \sum_{i=1}^{n} c_i(s) = \text{const.}, \quad \forall s \in S.$$

现在考虑一个非空子集 $\phi \neq R \subsetneq N$. 其余集 $R^c \neq \phi$. 要考虑联盟 R 的价值, 很自然地定义为它在与 R^c 博弈中的所得. 记 R 及 R^c 的策略分别为

$$S_R = \prod_{i \in R} S_i, \quad S_{R^c} = \prod_{i \in R^c} S_i.$$

R 与 R^c 之间的博弈变为二人常和博弈. 于是, 可将均衡值定义为 R 的特征值. 根据矩阵博弈的基本性质 (参见第 20 章), 有

$$
\begin{aligned}
v(R) &:= \max_{\xi \in \bar{S}_R} \min_{\eta \in \bar{S}_{R^c}} \sum_{r \in R} e_r(\xi, \eta) \\
&= \min_{\eta \in \bar{S}_{R^c}} \max_{\xi \in \bar{S}_R} \sum_{r \in R} e_r(\xi, \eta).
\end{aligned}
\tag{25.2.1}
$$

由式 (25.2.1) 所定义的特征函数称为常和博弈特征函数.

显然, 例 25.2.1 中的特征函数就是按式 (25.2.1) 定义的常和博弈特征函数.

下面讨论常和博弈特征函数的一些性质.

命题 25.2.1　设 v 为常和博弈特征函数, 则

$$v(R) + v(R^c) = v(N), \quad \forall R \in 2^N. \tag{25.2.2}$$

证明　考虑 $\phi \neq R \subsetneq N$.

$$
\begin{aligned}
v(R) &= \max_{\xi \in \bar{S}_R} \min_{\eta \in \bar{S}_{R^c}} \sum_{r \in R} e_r(\xi, \eta) \\
&= \max_{\xi \in \bar{S}_R} \min_{\eta \in \bar{S}_{R^c}} \left(v(N) - \sum_{r \in R^c} e_r(\xi, \eta) \right) \\
&= v(N) - \min_{\xi \in \bar{S}_R} \max_{\eta \in \bar{S}_{R^c}} \sum_{r \in R^c} e_r(\xi, \eta) \\
&= v(N) - v(R^c).
\end{aligned}
$$

□

命题 25.2.2 设 v 为常和博弈特征函数, 则 v 具有超可加性. 即设 $R, T \in 2^N$, $R \cap T = \phi$, 则

$$v(S \cup T) \geqslant v(S) + v(T). \tag{25.2.3}$$

证明 定义 $e_R(\xi, \eta) := \sum_{r \in R} e_r(\xi, \eta)$. 那么, 我们有

$$
\begin{aligned}
v(R \cup T) &= \min_{\eta \in \overline{R \cup T}^c} \max_{\xi \in \overline{R \cup T}} e_{R \cup T}(\xi, \eta) \\
&= \min_{\eta \in \overline{R \cup T}^c} \max_{\alpha \in \bar{R}} \max_{\beta \in \bar{T}} (e_R(\alpha, \beta, \eta) + e_T(\alpha, \beta, \eta)) \\
&\geqslant \min_{\eta \in \overline{R \cup T}^c} \max_{\alpha \in \bar{R}} \left(\min_{\beta \in \bar{T}} e_R(\alpha, \beta, \eta) + \max_{\beta \in \bar{T}} e_T(\alpha, \beta, \eta) \right) \\
&\geqslant \min_{\eta \in \overline{R \cup T}^c} \left(\max_{\alpha \in \bar{R}} \min_{\beta \in \bar{T}} e_R(\alpha, \beta, \eta) + \min_{\alpha \in \bar{R}} \max_{\beta \in \bar{T}} e_T(\alpha, \beta, \eta) \right) \\
&\geqslant \min_{\eta \in \overline{R \cup T}^c} \max_{\alpha \in \bar{R}} \min_{\beta \in \bar{T}} e_R(\alpha, \beta, \eta) + \min_{\eta \in \overline{R \cup T}^c} \min_{\alpha \in \bar{R}} \max_{\beta \in \bar{T}} e_T(\alpha, \beta, \eta) \\
&= \min_{\xi \in \bar{R}^c} \max_{\alpha \in \bar{R}} e_R(\alpha, \xi) + \min_{\xi \in \bar{T}^c} \max_{\beta \in \bar{T}} e_T(\beta, \xi) \\
&= v(R) + v(T).
\end{aligned}
$$

$\square$

对于非常和博弈, 我们能否利用

$$v(R) := \max_{\xi \in \bar{S}_R} \min_{\eta \in \bar{S}_{R^c}} e_R(\xi, \eta) \tag{25.2.4}$$

及

$$v(N) = \max_{s \in S} \sum_{i \in N} c_i(s)$$

来定义特征函数 v 呢? 从物理意义上说, 这未必合理, 因你的极大点未必是对方的极小点. 因此, 这个 v 值可能是保守的. 从理论上看, 它可能不满足超可加性.

25.3 两种特殊的博弈

25.3.1 无异议博弈

定义 25.3.1 一个合作博弈 (N, v) 称为无异议博弈 (unanimity game), 如果存在一个 $\phi \neq T \in 2^N$, 使得

$$v(S) := u_T(S) = \begin{cases} 1, & T \subset S \\ 0, & \text{其他}. \end{cases} \tag{25.3.1}$$

无异议博弈的特征函数, 简称无异议特征函数, 构成特征函数空间的基底.

定理 25.3.1　特征函数集合是一个线性空间, 具有以下的结构特征:

1. 设 $N = \{1, 2, \cdots, n\}$, 其所有特征函数集合记作 G^N, 是一个 $2^n - 1$ 维线性空间.

2. 无异议特征函数集合

$$\left\{ u_T \,\middle|\, \phi \neq T \in 2^N \right\},$$

构成 G^N 的一个基底, 并且可知: 令 $v \in G^N$, 则

$$v = \sum_{T \in 2^N \setminus \phi} \mu_T u_T, \tag{25.3.2}$$

这里

$$\mu_T = \sum_{S \subset T} (-1)^{(|T| - |S|)} v(S). \tag{25.3.3}$$

证明　对任意的 $R \in 2^N$, 我们有

$$
\begin{aligned}
\left(\sum_{T \in 2^N \setminus \phi} \mu_T u_T \right)(R) &= \sum_{T \in 2^N \setminus \phi} \mu_T u_T(R) \\
&= \sum_{\phi \neq T \subset R} \mu_T \\
&= \sum_{\phi \neq T \subset R} \sum_{S \subset T} (-1)^{(|T| - |S|)} v(S) \\
&= \sum_{S \subset R} \sum_{S \subset T \subset R} (-1)^{(|T| - |S|)} v(S) \\
&= v(R) + \sum_{\substack{S \subset R \\ S \neq R}} \sum_{t = |S|}^{|R|} (-1)^{t - |S|} \binom{|R| - |S|}{t - |S|} v(S) \\
&= v(R).
\end{aligned}
$$

最后一个等式来自二项式定理, 即对正整数 $r > 0$, 有

$$\sum_{i=1}^{r} (-1)^i \binom{r}{i} = (1 - 1)^r = 0.$$

因此, 对 $|S| < |R|$ 有

$$\sum_{t = |S|}^{|R|} (-1)^{t - |S|} \binom{|R| - |S|}{t - |S|} = 0.$$

即

$$\left(\sum_{T \in 2^N \setminus \phi} \mu_T u_T \right)(R) = v(R), \quad \forall R \in 2^N.$$

于是, 立即可得到结论式 (25.3.2)~式 (25.3.3).　　　　　　　　　　　　□

例 25.3.1 令 $N = \{1, 2\}$.

$$S_1 = 1\ 1, \quad S_2 = 1\ 0, \quad S_3 = 0\ 1, \quad S_4 = 0\ 0.$$

根据定义 (25.3.1), 我们有

$$u_{S_1}(S_1) = 1, \quad u_{S_1}(S_2) = 0, \quad u_{S_1}(S_3) = 0, \quad u_{S_1}(S_4) = 0,$$
$$u_{S_2}(S_1) = 1, \quad u_{S_2}(S_2) = 1, \quad u_{S_2}(S_3) = 0, \quad u_{S_2}(S_4) = 0,$$
$$u_{S_3}(S_1) = 1, \quad u_{S_3}(S_2) = 0, \quad u_{S_3}(S_3) = 1, \quad u_{S_3}(S_4) = 0,$$

利用特征函数的结构分解式 (25.3.2), 我们有

$$v = \mu_{S_1} u_{S_1} + \mu_{S_2} u_{S_2} + \mu_{S_3} u_{S_3},$$

这里 μ_{S_i} 可由式 (25.3.3) 计算如下:

$$\mu_{S_1} = \sum_{S \subset S_1} (-1)^{(|S_1| - |S|)} v(S) = v(S_1) - v(S_2) - v(S_3),$$
$$\mu_{S_2} = \sum_{S \subset S_2} (-1)^{(|S_2| - |S|)} v(S) = v(S_2),$$
$$\mu_{S_3} = \sum_{S \subset S_3} (-1)^{(|S_3| - |S|)} v(S) = v(S_3).$$

因此可得

$$v = [v(S_1) - v(S_2) - v(S_3)] u_{S_1} + v(S_2) u_{S_2} + v(S_3) u_{S_3}. \tag{25.3.4}$$

可直接检验式 (25.3.4) 的正确性.

虽然, 这个基底有许多应用[106], 但从例 25.3.1 不难看出, 经典的系数计算公式 (25.3.3) 用起来很不方便. 下面给出一套简单的计算公式. 为方便计, 我们形式地引入空集的无异议特征函数:

$$u_\phi(S) := \begin{cases} 1, & S = \phi \\ 0, & 其他. \end{cases}$$

同时我们约定

$$\mu_\phi = 0.$$

那么, 式 (25.3.2) 可形式地改写成

$$v = \sum_{T \in 2^N} \mu_T u_T. \tag{25.3.5}$$

下面将 u_T 值用列表的形式表示出来, 用结构向量 V_T, V_S 来表示不同的 T 和 S. 当 $|N| = 1$, $|N| = 2$ 和 $|N| = 3$ 时, u_T 的值分别用表 25.3.1、表 25.3.2、表 25.3.3 来表示. 将表中的 u_T 值作成矩阵, 记为 U_n, 称为 n-阶无异议矩阵, 这里 $n = |N|$, $U_u \in \mathcal{B}_{2^n \times 2^n}$.

由表 25.3.1 ~ 表 25.3.3, 不难发现如下的结构特点:

表 25.3.1 $|N| = 1$ 时的 u_T

V_T \ V_S	1	0
1	1	0
0	1	1

表 25.3.2 $|N| = 2$ 时的 u_T

V_T \ V_S	1 1	1 0	0 1	0 0
1 1	1	0	0	0
1 0	1	1	0	0
0 1	1	0	1	0
0 0	1	1	1	1

表 25.3.3 $|N| = 3$ 时的 u_T

V_T \ V_S	1 1 1	1 1 0	1 0 1	1 0 0	0 1 1	0 1 0	0 0 1	0 0 0
1 1 1	1	0	0	0	0	0	0	0
1 1 0	1	1	0	0	0	0	0	0
1 0 1	1	0	1	0	0	0	0	0
1 0 0	1	1	1	1	0	0	0	0
0 1 1	1	0	0	0	1	0	0	0
0 1 0	1	1	0	0	1	1	0	0
0 0 1	1	0	1	0	1	0	1	0
0 0 0	1	1	1	1	1	1	1	1

命题 25.3.1 无异议矩阵可递推地构造如下:

$$\begin{cases} U_1 = \begin{bmatrix} 1 & 0 \\ 1 & 1 \end{bmatrix} \\ U_{k+1} = \begin{bmatrix} U_k & 0 \\ U_k & U_k \end{bmatrix}, \quad k = 2, 3, \cdots. \end{cases} \tag{25.3.6}$$

证明 将 U_{k+1} 均分为四块:

$$U_{k+1} = \begin{bmatrix} U_{11} & U_{12} \\ U_{21} & U_{22} \end{bmatrix}.$$

考虑 U_{11}. 记 T_i 和 S_j 分别为其第 i 行所对应的 T 值和第 j 列所对应的 S 值. 相应地, 记 T_i' 和 S_j' 分别为 U_k 第 i 行所对应的 T 值和第 j 列所对应的 S 值. 不难发现 $V_{T_i} = 1 \times V_{T_i'}$ 及 $V_{S_i} = 1 \times V_{S_i'}$ (即 V_{T_i} 可由 $V_{T_i'}$ 在前面加 1 而得到, 等等). 因此, T_i 和 S_i 的包含关系与 T_i' 和 S_i' 的包含关系一样. 于是有 $U_{11} = U_k$. 同样可知 $U_{21} = U_{22} = U_k$. 至于 U_{12}, 它对应的 T_i 包含第一个元素, 而 S_j 不包含第一个元素, 故 $T_i \not\subset S_j$, $\forall i, j$. 因此, $U_{12} = 0$. □

现在, 令 $v \in G^N$, 记其结构向量为

$$V_v = (v_1 \ v_2 \ \cdots \ v_{2^n}).$$

设它有如下展开式:

$$v = \sum_{i=1}^{2^n} \mu_i u_{T_i}, \tag{25.3.7}$$

这里 $\mu_{2^n} = 0$ 是固定的. 于是有:

定理 25.3.2 特征函数 v 的结构向量满足

$$V_v = (\mu_1 \ \mu_2 \ \cdots \ \mu_{2^n}) \, U_n. \tag{25.3.8}$$

因此, 展开式 (25.3.7) 的系数满足

$$(\mu_1 \ \mu_2 \ \cdots \ \mu_{2^n}) = V_v U_n^{-1}. \tag{25.3.9}$$

注意, 在式 (25.3.8) 或式 (25.3.9) 中, $v_{2^n} = 0$ 与 $\mu_{2^n} = 0$ 互相对应.

不难看出, U_n^{-1} 可由下式得到:

$$\begin{cases} U_1^{-1} & = \begin{bmatrix} 1 & 0 \\ -1 & 1 \end{bmatrix} \\ U_{k+1}^{-1} & = \begin{bmatrix} U_k^{-1} & 0 \\ -U_k^{-1} & U_k^{-1} \end{bmatrix}, \quad k = 2, 3, \cdots. \end{cases} \tag{25.3.10}$$

为检验定理 25.3.2, 再与例 25.3.1 比较一下.

例 25.3.2 回忆例 25.3.1. 当 $n = 2$ 时, 利用式 (25.3.8) 有

$$(v(S_1) \ v(S_2) \ v(S_3) \ 0) = (\mu_1 \ \mu_2 \ \mu_3 \ \mu_4) \, U_2.$$

因此

$$
\begin{aligned}
(\mu_1\,\mu_2\,\mu_3\,\mu_4) &= (v(S_1)\,v(S_2)\,v(S_3)\,0)\,U_2^{-1} \\
&= (v(S_1)\,v(S_2)\,v(S_3)\,0)
\begin{bmatrix}
1 & 0 & 0 & 0 \\
-1 & 1 & 0 & 0 \\
-1 & 0 & 1 & 0 \\
1 & -1 & -1 & 1
\end{bmatrix} \\
&= (v(S_1) - v(S_2) - v(S_3)\ \ v(S_2)\ \ v(S_3)\ \ 0).
\end{aligned}
$$

25.3.2 规范博弈

前面介绍过超可加性, 它是合作的基础. 本小节只讨论满足超可加性的合作博弈.

定义 25.3.2 设 (N, v) 和 (N, v') 为两个合作博弈. 称特征函数 v 和 v' 为策略等价的, 记作 $v \sim v'$, 如果存在 $\alpha > 0, \beta_i \in \mathbb{R}, i = 1, 2, \cdots, n, (n = |N|)$, 使得

$$
v'(R) = \alpha v(R) + \sum_{i \in R} \beta_i, \quad \forall R \in 2^N. \tag{25.3.11}
$$

容易验证, 如果 v 满足超可加性, $v \sim v'$, 则 v' 也满足超可加性.

定义 25.3.3 合作博弈 (N, v) 称为一个 $(0, 1)$-规范博弈 (normalization game), 如果它满足

(i) $v(\{i\}) = 0, \quad \forall i \in N;$

(ii) $v(N) = 1.$

引理 25.3.1 (满足超可加性的) 合作博弈 (N, v) 是非本质合作博弈的充要条件是

$$
v(N) = \sum_{i=1}^{n} v(\{i\}). \tag{25.3.12}
$$

证明 (必要性) 反复使用定义式 (25.1.4) 即得.

(充分性) 设 $R, T \in 2^N, R \cap T = \phi$.

$$
\begin{aligned}
v(N) &= \sum_{i=1}^{n} v(\{i\}) \\
&= \sum_{i \in R} v(\{i\}) + \sum_{i \in T} v(\{i\}) + \sum_{i \in (R \cup T)^c} v(\{i\}) \\
&\leqslant v(R) + v(T) + v((R \cup T)^c) \\
&\leqslant v(R \cup T) + v((R \cup T)^c) \\
&\leqslant v(N).
\end{aligned}
$$

于是可得

$$
v(R) + v(T) = v(R \cup T). \qquad \square
$$

推论 25.3.1 (满足超可加性的) 合作博弈 (N, v) 是本质合作博弈的充要条件是

$$v(N) > \sum_{i=1}^{n} v(\{i\}). \tag{25.3.13}$$

定理 25.3.3 每一个本质合作博弈都与唯一的一个 $(0, 1)$-规范博弈等价.

证明 (存在性) 因为是本质博弈, 则

$$v(N) - \sum_{i=1}^{n} v(\{i\}) > 0.$$

令

$$\alpha = \frac{1}{v(N) - \sum\limits_{i=1}^{n} v(\{i\})} > 0;$$

$$\beta_i = -\alpha v(\{i\}), \quad i = 1, 2, \cdots, n.$$

定义

$$v'(R) = \alpha v(R) + \sum_{i \in R} \beta_i, \quad \forall R \in 2^N.$$

容易验证, v' 是 $(0, 1)$-规范博弈.

(唯一性) 设 $v'' \sim v$ 是另一个 $(0, 1)$-规范博弈, 则 $v'' \sim v'$. 于是, 存在 $\alpha' > 0$, β_i', $i = 1, 2, \cdots, n$, 使得

$$v''(R) = \alpha' v'(R) + \sum_{i \in R} \beta_i', \quad \forall R \in 2^N. \tag{25.3.14}$$

可知

$$\begin{aligned}
v''(\{i\}) &= \alpha' v'(\{i\}) + \beta_i', \quad \forall i \in N, \\
v''(N) &= \alpha' v'(N) + \sum_{i=1}^{n} \beta_i'.
\end{aligned}$$

考虑到

$$\begin{aligned}
v''(\{i\}) &= v'(\{i\}) = 0, \quad \forall i \in N, \\
v''(N) &= v'(N) = 1,
\end{aligned}$$

即得

$$\beta_i' = 0, \quad \forall i \in N; \qquad \alpha' = 1.$$

因此, $v'' = v'$. $\qquad\qquad\qquad\qquad\qquad\qquad\qquad\qquad\qquad\qquad\qquad\qquad\square$

对于非本质合作博弈 (N, v), 有

$$v(R) = \sum_{i \in R} v(\{i\}), \quad \forall R \in 2^N.$$

令 $\alpha = 1, \beta_i = -v(\{i\})$, 定义

$$v'(R) = v(R) - \sum_{i \in R} v(\{i\}).$$

显然有 $v'(R) = 0, \forall R \in 2^N$, 并称 v' 为零规范博弈, 则得:

命题 25.3.2 每一个非本质合作博弈都与零规范博弈等价.

25.4 习题与课程探索

25.4.1 习题

1. 考查例 25.1.1.

   - 设 $|L| = 3, |R| = 2$. 试将特征函数表示为一个伪布尔函数.
   - 设 $|L| = m, |R| = n$. 试将特征函数表示为一个伪布尔函数.

2. 证明: 定义 25.3.2 所给出的 "策略等价" 是一种等价关系.

3. 如果 v 满足超可加性, $v \sim v'$, 则 v' 也满足超可加性. 试证之.

4. 考查例 25.1.2. 试给出它在无异议博弈基底下的展开式.

5. 考查例 25.1.2. 试给出它的等价 $(0, 1)$-规范博弈.

6. 考查例 25.2.1. 试给出它在无异议博弈基底下的展开式.

7. 考查例 25.2.1. 试给出它的等价 $(0, 1)$-规范博弈.

25.4.2 课程探索

对非常和博弈, 可否定义一个合理的特征函数?

第 26 章　分配及其合理性

在一个合作博弈中, 特征函数揭示的是联盟可能带来的收益, 而合作博弈的关键是如何在参加者中合理地分配收益. 因此, 寻找合理的分配就是合作博弈的目标. 本章内容可参考文献 [85, 103]. 关于"Shapley 值"计算部分, 参见文献 [104].

26.1　分配

定义 26.1.1　给定一个合作博弈 (N, v), 一个 n 维向量 $x = (x_1, x_2, \cdots, x_n)$ 称为一个分配, 如果它满足

(i) 个体合理性 (individual rationality)

$$x_i \geqslant v(\{i\});$$

(ii) 群体合理性 (group rationality)

$$\sum_{i=1}^{n} x_i = v(N).$$

合作博弈 (N, v) 的所有分配的集合记作 $E(v)$.

注意, 个体合理性保证个人合作所得不少于单干. 否则, 个体会拒绝合作; 群体合理性保证合作的收益既被分光, 又不至于出现入不敷出的"空头支票".

命题 26.1.1　非本质博弈只有一个分配, 即

$$x_i = v(\{i\}), \quad i = 1, 2, \cdots, n. \tag{26.1.1}$$

证明　容易检验, 式 (26.1.1) 定义的确实是一个分配. 假设存在另一个分配 $x' \neq x$, 那么, 至少有一个 $x'_i > v(\{i\})$. 于是

$$v(N) = \sum_{i=1}^{n} x'_i > \sum_{i=1}^{n} v(\{i\}) = v(N).$$

矛盾. 故 $x' = x$.　　　　　　　　　　　　　　　　　　　　　　　　　　□

命题 26.1.2　本质博弈的分配构成一个 n 维非空凸集.

证明　设 (N, v) 为一本质博弈, 则

$$v(N) - \sum_{i=1}^{n} v(\{i\}) := d > 0.$$

设 $\alpha_i \geqslant 0$, 且 $\sum_{i=1}^{n} \alpha_i = d$, 则不难看出: 任何一个分配 x 均可表示为

$$x_i = v(\{i\}) + \alpha_i, \quad i = 1, 2, \cdots, n. \tag{26.1.2}$$

定义一组分配 $z^i, i = 1, 2, \cdots, n$ 如下:

$$z^i_j := \begin{cases} v(\{j\}), & j \neq i \\ v(\{j\}) + d, & j = i. \end{cases}$$

则由式 (26.1.2) 定义的分配可表示为

$$x = \sum_{i=1}^{n} \left(\frac{\alpha_i}{d} \right) z^i.$$

记 $z^0 = (v(\{1\}), v(\{2\}), \cdots, v(\{n\}))$. 由于 $\{z^i - z^0 \mid i = 1, 2, \cdots, n\}$ 线性无关, $\{z^i \mid i = 1, 2, \cdots, n\}$ 张成 n 维闭凸集. □

由命题 26.1.2 可知, 对本质博弈存在无穷多个不同的分配. 其实这时 $E(v)$ 是一个不可数集. 于是, 选择最合理的分配就成为一个合乎逻辑的命题.

下面的定义表示一个给定联盟 R 的局中人对分配优劣的判断.

定义 26.1.2 设 x, y 为 (N, v) 的两个分配; $\phi \neq R \in 2^N$. 称 x 关于 R 优超 (dominate) y, 记作 $x >_R y$, 如果

(i)

$$x_i > y_i, \quad \forall i \in R; \tag{26.1.3}$$

(ii)

$$v(R) \geqslant \sum_{i \in R} x_i. \tag{26.1.4}$$

条件 (26.1.3) 表明 R 中人都认为 x 比 y 好, 因此会选择 x. 条件 (26.1.4) 表明 x 是可实现的分配, 不是空头支票.

命题 26.1.3 对于单点集 $R = \{i\}$, 或大联盟 $R = N$, 不存在关于 R 的优超集.

证明 分两种情况讨论:

1. 设 $R = \{i\}$: 若 $x >_R y$, 则 $x_i > y_i \geqslant v(\{i\})$, 且 $x_i \leqslant v(\{i\})$, 矛盾.

2. 设 $R = N$: 若 $x >_R y$, 则 $x_i > y_i, \forall i$. 但 $\sum_{i=1}^{n} y_i = v(N)$, 则 $\sum_{i=1}^{n} x_i > v(N)$, 与分配的定义矛盾.

综上所述, 命题成立. □

如果存在 $R \neq \phi$, 使 x 关于 R 优超 y, 即 $x \succ_R y$, 则简称 "x 优超 y", 记作 $x \succ y$. 容易证明, 关于同一子集 R 的优超具有传递性, 即

$$x \succ_R y, \quad y \succ_R z \implies x \succ_R z.$$

但优超没有传递性, 即

$$x \succ y, \quad y \succ z \not\implies x \succ z.$$

定义 26.1.3 设 (N, u) 与 (N, v) 为两个合作博弈. 特征函数 u 与 v 称为同构博弈 (isomorphic game), 如果存在一个双向一对一映射 $f : E(u) \to E(v)$, 称为同构映射, 使得

$$x \succ_R y \Longleftrightarrow f(x) \succ_R f(y), \quad x, y \in E(u). \tag{26.1.5}$$

下面的定理说明: "同构" 与 "策略等价" 是一致的.

定理 26.1.1 [85] 在 N 上的两特征函数 u 与 v 为同构博弈, 当且仅当 u 与 v 策略等价 (即 $u \sim v$).

26.2 核心

合作博弈的根本问题是要找到一个最合理的分配. 对于这个问题许多人给出了不同的答案. 但是, 不像纳什均衡被广泛接受为非合作博弈的解那样, 至今尚没有一个在各种情况下都普适的 "最佳分配".

本节所讨论的核心是其中的一种分配, 它的合理性是基于分配的优超概念. 在介绍这个概念前, 先做一点记号的准备.

设 $x \in E(v)$, 定义

$$x(R) := \sum_{i \in R} x_i, \quad R \in 2^N. \tag{26.2.1}$$

实际上, 式 (26.2.1) 使 x 变成一个特征函数, 只不过它所对应的是一个平凡博弈. 将 2^n 个连续整数 $2^n - 1, 2^n - 2, \cdots, 1, 0$ 写成 n 位的二进制数, 得

$$b_1 = 1, 2, \cdots, 1, 1, 1; \ b_2 = 1, 2, \cdots, 1, 1, 0; \ b_3 = 1, 2, \cdots, 1, 0, 1; \ \cdots; \ b_{2^n} = 0, \cdots, 0, 0, 0.$$

它们分别为

$$R_1 = N; \ R_2 = N \backslash \{n\}; \ R_3 = N \backslash \{n-1\}; \ \cdots; \ R_{2^n} = \phi$$

的结构向量. 如果我们构造矩阵

$$M_n := \left[b_1^{\mathrm{T}}, \ b_2^{\mathrm{T}}, \ b_3^{\mathrm{T}}, \ \cdots, \ b_{2^n}^{\mathrm{T}} \right] \in \mathcal{B}_{n \times 2^n} \tag{26.2.2}$$

那么, x 所生成的特征函数的结构向量, 记作 V_x, 可表示为

$$V_x = xM_n. \tag{26.2.3}$$

定义 26.2.1 合作博弈 (N, v) 的不被任何分配所优超的分配的全体称为其核心 (Core), 记作 $C(v)$.

定理 26.2.1 设 (N, v) 为合作博弈, $x \in \mathbb{R}^n$. 如果

(i)

$$x(R) \geqslant v(R), \quad \forall R \in 2^N; \tag{26.2.4}$$

(ii)

$$x(N) = v(N), \tag{26.2.5}$$

则 $x \in C(v)$.

设 v 满足超可加性, 则条件 (i)、(ii) 也是 $x \in C(v)$ 的必要条件.

证明 设 $x \in \mathbb{R}^N$ 满足式 (26.2.4) 及式 (26.2.5), 则 $x \in E(v)$. 设 $x \notin C(v)$, 则存在 $\phi \neq R \in 2^N$ 及 $y \in E(v)$, 使得

$$y_i > x_i, \quad i \in R;$$
$$v(R) \geqslant y(R).$$

于是有

$$v(R) \geqslant y(R) > x(R),$$

这与式 (26.2.4) 矛盾.

下面设 v 满足超可加性, 证明必要性: 设 $x \in C(v)$, 则 $x \in E(v)$, 于是有式 (26.2.5). 假定式 (26.2.4) 不成立, 则存在 $R \in 2^N$, 使 $x(R) < v(R)$. 显然, $R \neq \phi$ 且 $R \neq N$. 定义

$$\begin{aligned}
\alpha &= \frac{v(R) - x(R)}{|R|} > 0; \\
\beta &= \frac{1}{n - |R|} \left(v(N) - v(R) - \sum_{i \in R^c} v(\{i\}) \right) \geqslant 0.
\end{aligned}$$

然后定义 $y \in R^n$ 如下:

$$y_i = \begin{cases} x_i + \alpha, & i \in R, \\ v(\{i\}) + \beta, & i \notin R. \end{cases}$$

容易验证: $y \in E(v)$, 且 $y >_R x$, 它与 $x \in C(v)$ 矛盾. $\quad\square$

注意, 利用式 (26.2.4), 式 (26.2.4) 可表示为矩阵形式:

$$M_n^T x^T \geqslant V_x^T. \tag{26.2.6}$$

但第一个方程应用等式 (26.2.5) 代替, 最后一个方程是恒等式. 将 M_n^T 的第一行与最后一行去掉, 记余下的矩阵为 N_n, 同样, 将 V_x^T 的第一行与最后一行去掉, 记余下的向量为 W_v. 那么, 寻求核心就是要求解

$$\begin{cases} \sum\limits_{i=1}^{n} x_i = v(N) \\ N_n x^T \geqslant W_v. \end{cases} \tag{26.2.7}$$

例 26.2.1　回忆例 25.1.2 中的买卖马问题. 我们有

$$M_3 = \begin{bmatrix} 1 & 1 & 1 & 1 & 0 & 0 & 0 & 0 \\ 1 & 1 & 0 & 0 & 1 & 1 & 0 & 0 \\ 1 & 0 & 1 & 0 & 1 & 0 & 1 & 0 \end{bmatrix}; \quad V_v = [1100, 1000, 1100, 0, 0, 0, 0, 0].$$

于是, 方程 (26.2.7) 变为

$$\begin{cases} x_1 + x_2 + x_3 = 1100 \\ \begin{bmatrix} 1 & 1 & 0 \\ 1 & 0 & 1 \\ 1 & 0 & 0 \\ 0 & 1 & 1 \\ 0 & 1 & 0 \\ 0 & 0 & 1 \end{bmatrix} \begin{bmatrix} x_1 \\ x_2 \\ x_3 \end{bmatrix} \geqslant \begin{bmatrix} 1000 \\ 1100 \\ 0 \\ 0 \\ 0 \\ 0 \end{bmatrix}. \end{cases} \tag{26.2.8}$$

解得

$$\begin{cases} x_1 \in [1000, 1100] \\ x_2 = 0 \\ x_3 = 1100 - x_1. \end{cases}$$

于是

$$C(v) = \{(t, 0, 1100 - t) \mid 1000 \leqslant t \leqslant 1100\}.$$

核心是一种非常合理的分配方案, 因为没有一个联盟能找到比它更好的 (优超的) 分配方案. 但它的致命弱点是, 这种分配常常不存在. 例如

定理 26.2.2 设 (N, v) 为一常和的本质博弈, 则

$$C(v) = \phi.$$

证明 设 $C(v) \neq \phi$, 则存在 $x \in C(v)$. 于是有

$$v(\{i\}^c) \leqslant x(\{i\}^c), \quad \forall i \in N.$$

由于 (N, v) 是常和的, 由互补性 (参见式 (26.3.2))

$$v(N) = v(\{i\}) + v(\{i\}^c), \quad \forall i \in N.$$

于是有

$$
\begin{aligned}
v(N) &= x(N) \\
&= \sum_{i=1}^{n} (x(N) - x(\{i\}^c)) \\
&\leqslant \sum_{i=1}^{n} (v(N) - v(\{i\}^c)) \\
&= \sum_{i=1}^{n} v(\{i\}).
\end{aligned}
$$

这与本质博弈相矛盾. 故 $C(v) = \phi$. $\square$

26.3 核心的存在性

本节讨论几类特殊的合作博弈, 探讨何时其核心存在.

26.3.1 简单博弈

定义 26.3.1 合作博弈 (N, v) 称为一个简单博弈, 如果满足以下条件:

(i) $v(\{i\}) = 0, \forall i \in N$;

(ii) $v(N) = 1$;

(iii) $v(R) = 0$ 或 1, $\forall R \in 2^N$.

简单博弈模型来自社会或者说政治行为. 取值为 1 的联盟称为取胜联盟 (winning coalition), 取值为 0 的联盟称为失败联盟 (losing coalition). 在此模型中, $v(R)$ 表示联盟 R 的胜负.

简单博弈可细分成以下几类:

(i) 加权多数 (weighted majority) 对策: (N, v) 中每位玩家 i 有 p_i 张选票. 总票数达到 q 以上则胜, 不到则负. 于是有

$$v(R) = \begin{cases} 0, & \sum_{i \in R} p_i < q \\ 1, & \sum_{i \in R} p_i \geqslant q. \end{cases} \tag{26.3.1}$$

(ii) 简单多数 (simple majority) 对策: 权重 $p_i = 1, \forall i$ 的加权多数对策称为简单多数对策.

(iii) 一票否决 (one vote veto) 对策: 在简单多数对策中, 如果 $q = n$, 则成一票否决对策.

定义 26.3.2 在一个简单博弈 (N, v) 中, 如果存在 i, 满足 $v(\{i\}^c) = 0$, 则 i 称为否决人 (veto player).

定理 26.3.1 设 (N, v) 为简单博弈, 则 $C(v) \neq \phi$ 当且仅当存在否决人.

证明 (充分性) 设 i_0 为否决人. 定义

$$x_i = \begin{cases} 1, & i = i_0 \\ 0, & i \in \{i_0\}^c, \end{cases}$$

则 $x = (x_1, x_2, \cdots, x_n) \in E(v)$. 反设 $x \notin C(v)$. 由定理 26.2.1, 则存在 R 使 $v(R) > x(R)$. 由 $x(R) \geqslant 0$, 则 $v(R) > 0$. 由于 (N, v) 是简单博弈, 因此, $v(R) = 1$. 因 $x(R) < 1$, 故 $i_0 \notin R$. 于是 $R \subset \{i_0\}^c$. 由单调性 (参见习题 4) 有

$$v(\{i_0\}^c) \geqslant v(R) = 1.$$

但 i_0 是否决人, 故 $v(\{i_0\}^c) = 0$, 矛盾. 故 $x \in C(v)$.

(必要性) 设 $C(v) \neq \phi$, 但不存在否决人. 即

$$v(\{i\}^c) = 1, \quad \forall i \in N.$$

设 $x \in C(v)$, 则

$$x(N) = v(N) = 1,$$
$$x(\{i\}^c) \geqslant v(\{i\}^c) = 1, \quad \forall i \in N.$$

于是有

$$\begin{aligned} x_i &= x(N) - x(\{i\}^c) \\ &\leqslant v(N) - v(\{i\}^c) \\ &= 0, \quad \forall i \in N. \end{aligned}$$

即 $x(N) \leqslant 0$, 矛盾. $\qquad\square$

26.3.2　凸合作博弈

定义 26.3.3　一个合作博弈 (N, v) 称为凸合作博弈, 如果它满足

$$v(R) + v(T) \leqslant v(R \cup T) + v(R \cap T), \quad \forall R, T \in 2^N. \tag{26.3.2}$$

定理 26.3.2　凸合作博弈的核心非空.

证明　记 $N = \{1, 2, \cdots, n\}$. 令

$$
\begin{aligned}
x_1 &= v(\{1\}), \\
x_i &= v(\{1, 2, \cdots, i\}) - v(\{1, 2, \cdots, i-1\}), \quad i = 2, 3, \cdots, n.
\end{aligned}
$$

下面证明 $x \in C(v)$. 显然 $x(N) = v(N)$. 设 $R \in 2^N$, 记

$$R^c = \{j_1, j_2, \cdots, j_t\}, \quad j_1 < j_2 < \cdots < j_t.$$

令 $T = \{1, 2, \cdots, j_1\}$, 则有

$$R \cup T = R \cup \{j_1\}, \quad R \cap T = T \setminus \{j_1\}.$$

利用凸性, 可得

$$v(R) + v(T) \leqslant v(R \cup \{j_1\}) + v(T \setminus \{j_1\}). \tag{26.3.3}$$

由定义及式 (26.3.3) 知

$$x_{j_1} = v(T) - v(T \setminus \{j_1\}) \leqslant v(R \cup \{j_1\}) - v(R).$$

也就是

$$x(R \cup \{j_1\}) - x(R) \leqslant v(R \cup \{j_1\}) - v(R).$$

所以

$$x(R) - v(R) \geqslant x(R \cup \{j_1\}) - v(R \cup \{j_1\}). \tag{26.3.4}$$

用 $R \cup \{j_1\}$ 代替 R, j_2 代替 j_1, 式 (26.3.4) 变为

$$x(R \cup \{j_1\}) - v(R \cup \{j_1\}) \geqslant x(R \cup \{j_1, j_2\}) - v(R \cup \{j_1, j_2\}).$$

重复 t 次即得

$$x(R) - v(R) \geqslant x(N) - v(N) = 0.$$

由定理 26.2.1 即得结论.　　　　　　　　　　　　　　　　　　□

26.3.3 对称博弈

定义 26.3.4 一个合作博弈 (N, v) 称为对称博弈, 如果它满足: 若 $|R| = |T|$, 则 $v(R) = v(T)$.

定理 26.3.3 设合作博弈 (N, v) 是对称的. 那么, $C(v) \neq \phi$ 当且仅当

$$\frac{v(R)}{|R|} \leqslant \frac{v(N)}{|N|}, \quad \forall \phi \neq R \in 2^N. \tag{26.3.5}$$

证明 (充分性) 设式 (26.3.5) 成立. 定义

$$x = \left(\frac{v(N)}{|N|}, \frac{v(N)}{|N|}, \cdots, \frac{v(N)}{|N|}, \right),$$

则 $x(N) = v(N)$.

如果 $R = \phi$, 显见 $x(R) = v(R) = 0$. 设 $R \neq \phi$, 由式 (26.3.5) 可得

$$v(R) \leqslant \frac{|R|}{|N|} v(N) = x(R).$$

故 $x \in C(v)$, 因此, $C(v) \neq \phi$.

(必要性) 反设存在 $R_0 \neq \phi$, 使得

$$\frac{v(R_0)}{|R_0|} > \frac{v(N)}{|N|}.$$

记 $|R_0| = r$. 任选 $x \in E(v)$. 记 x 的 r 个最小分量为 $\{x_{i_1}, x_{i_2}, \cdots, x_{i_r}\}$. 定义 $T = \{i_1, i_2, \cdots, i_r\}$. 那么

$$\frac{1}{r} x(T) \leqslant \frac{1}{|N|} x(N) = \frac{1}{|N|} v(N).$$

即

$$x(T) \leqslant \frac{r}{|N|} v(N).$$

因为 (N, v) 是对称的, 所以

$$v(T) = v(R_0) > \frac{r}{|N|} v(N) \geqslant x(T).$$

于是, $x \notin C(v)$. 但 $x \in E(v)$ 是任选的, 故 $C(v) = \phi$. □

例 26.3.1 设有 n 只手套, 不分左右手, 将其配套出售. 将其看作 n 人合作博弈, 求其核心.

将所配手套副数作为收益, 则有

$$v(R) = \begin{cases} \dfrac{|R|}{2}, & |R| \text{ 为偶数} \\ \dfrac{|R| - 1}{2}, & |R| \text{ 为奇数} \end{cases}$$

显见, 这是一个对称博弈.

当 n 为奇数时, 取 $R_0 \subset N, |R_0| = n - 1$, 则

$$\frac{v(R_0)}{|R_0|} > \frac{v(N)}{|N|}.$$

由定理 26.3.3 可知: $C(v) = \phi$.

当 n 为偶数时, 不难检验式 (26.3.5) 对所有 $R \neq \phi$ 均成立, 于是 $C(v) \neq \phi$. 设 $x \in V(v)$, 则应满足

$$\sum_{i=1}^{n} x_i = \frac{n}{2},$$

但

$$x_i + x_j \geqslant 1, \quad i \neq j,$$

则得

$$x_i + x_j = 1, \quad i \neq j.$$

显然, 应有

$$x_i = \frac{1}{2}, \quad \forall i \in N.$$

因此, 唯一可能解为

$$C(v) = \left\{ \left(\frac{1}{2}, \frac{1}{2}, \cdots, \frac{1}{2} \right) \right\}.$$

26.4　Shapley 值

虽然现在对于合作博弈的解 (即分配) 已有许多方案, 但 Shapley 值与核心是两个用得最多的分配. Shapley 值的优点之一是它存在且唯一. 而其合理性表现在它满足三个公理.

考虑合作博弈 (N, v). 下面这个分配来自一个很自然的想法:

$$
\begin{aligned}
x_1 &= v(\{1\}), \\
x_2 &= v(\{1, 2\}) - v(\{1\}), \\
x_3 &= v(\{1, 2, 3\}) - v(\{1, 2\}), \\
&\vdots \\
x_n &= v(\{1, 2, \cdots, n\}) - v(\{1, 2, \cdots, n-1\}).
\end{aligned}
$$

它的一个问题是, 这种分配依赖于 N 中玩家的排序. 那么, 我们换一下排序, 令 $\sigma \in \mathbf{S}_n$ 为一置换. 那么, 在 $\sigma(i)$ 的顺序下, 我们得到另一个分配:

$$
\begin{aligned}
x_1 &= v(\{\sigma^{-1}(1)\}), \\
x_2 &= v(\{\sigma^{-1}(1), \sigma^{-1}(2)\}) - v(\{\sigma^{-1}(1)\}), \\
x_3 &= v(\{\sigma^{-1}(1), \sigma^{-1}(2), \sigma^{-1}(3)\}) - v(\{\sigma^{-1}(1), \sigma^{-1}(2)\}), \\
&\vdots \\
x_n &= v(\{\sigma^{-1}(1), \sigma^{-1}(2), \cdots, \sigma^{-1}(n)\}) - v(\{\sigma^{-1}(1), \sigma^{-1}(2), \cdots, \sigma^{-1}(n-1)\}),
\end{aligned}
$$

这里, $\sigma^{-1}(i)$ 指现在排在第 i 位的玩家.

对每一个 $\sigma \in \mathbf{S}_n$, 定义在这个排列中排在玩家 i 前面的玩家记为

$$
S_\sigma^i = \{j \mid \sigma(j) < \sigma(i)\}.
$$

对 $\mathbf{S}_n$ 上所有置换取平均, 则得

$$
\varphi_i(v) := \frac{1}{n!} \sum_{\sigma \in \mathbf{S}_n} \left[v(S_\sigma^i \cup \{i\}) - v(S_\sigma^i) \right], \quad i = 1, 2, \cdots, n. \tag{26.4.1}
$$

显然有

$$
\begin{aligned}
\sum_{i=1}^n \varphi_i(v) &= v(N), \\
\varphi_i(v) &\geqslant v(\{i\}).
\end{aligned} \tag{26.4.2}
$$

于是, $\varphi := (\varphi_1(v), \varphi_2(v), \cdots, \varphi_n(v)) \in E(v)$ 是一个分配.

下面, 我们将式 (26.4.1) 右边各项按 $S \in N \backslash i$ 分类. 定义

$$
\Theta^S := \left\{ \sigma \in \mathbf{S}_n \mid S_\sigma^i = S \right\}.
$$

注意, 元素在 S_σ^i 中的序号不会影响 φ_i 的定义. 现在我们有

$$
|\Theta^S| = |S|!(n - 1 - |S|)!
$$

因此, 可得到

$$
\begin{aligned}
\varphi_i(v) &= \frac{1}{n!} \sum_{S \in N \setminus \{i\}} \sum_{\sigma \in \Theta^S} \left[v\left(S_\sigma^i \cup \{i\}\right) - v(S_\sigma) \right] \\
&= \sum_{S \in N \setminus \{i\}} \frac{|S|!(n-1-|S|)!}{n!} \left[v(S \cup \{i\}) - v(S) \right],
\end{aligned}
\tag{26.4.3}
$$

$$
i = 1, 2, \cdots, n.
$$

定义 26.4.1 分配

$$
\varphi = (\varphi_1, \varphi_2, \cdots, \varphi_n) \in E(v)
$$

称为 Shapley 值.

定义 26.4.2 考虑合作博弈 (N, v), 令 $T \in 2^N$. T 称为 v 的一个支柱 (carrier), 如果

$$
v(R) = v(R \cap T), \quad \forall R \in 2^N.
$$

命题 26.4.1 (合作博弈的支柱与哑玩家)

1. 设 T 为支柱, 且 $T \subset W \subset N$, 则 W 也是支柱.

2. 设 T 为支柱, 且 $i \notin T$, 那么

$$
v(R \cup \{i\}) = v(R), \quad \forall R \in 2^N.
$$

这时, i 称为一个哑玩家 (dummy).

证明 1.

$$
\begin{aligned}
v(R \cap W) &= v((R \cap W) \cap T) \\
&= v(R \cap T) \\
&= v(R).
\end{aligned}
$$

2.

$$
\begin{aligned}
v(R \cup \{i\}) &= v((R \cup \{i\}) \cap T) \\
&= v(R \cap T) \\
&= v(R).
\end{aligned}
$$

$\square$

定义 26.4.3 考查合作博弈 (N, v). 定义映射 $\psi : v \to E(v)$ 如下:

$$
\psi(v) = (\psi_1(v), \psi_2(v), \cdots, \psi_n(v)).
$$

三个基本公理定义如下:

1. 有效性公理 (efficiency axiom): 对 v 的支柱 T,

$$\sum_{i \in T} \psi_i(v) = v(T). \tag{26.4.4}$$

2. 对称公理 (symmetry axiom): 对任一排列 $\sigma \in \mathbf{S}_n$, 使得

$$v(\sigma(R)) = v(R), \quad \forall R \in 2^N, \tag{26.4.5}$$

则有

$$\psi_{\sigma(i)}(v) = \psi_i(v), \quad \forall i \in N. \tag{26.4.6}$$

3. 可加性公理 (additivity axiom): 设 v, w 为 N 上的两个特征函数. 那么

$$\psi_i(v + w) = \psi_i(v) + \psi_i(w), \quad \forall i \in N. \tag{26.4.7}$$

定理 26.4.1 由式 (26.4.3) 所定义的 Shapley 值满足三个基本公理.

证明 1. (有效性公理) 设 T 为 v 的一个支柱, 那么

$$v(R \cup \{i\}) = v(R), \quad \forall i \in T^c, \forall R \in 2^N.$$

因此, 对所有的 $i \in T^c$ 我们有

$$\varphi_i(v) = \sum_{R \subset \{i\}^c} \frac{|R|!(n - 1 - |R|)!}{n!} [v(R \cup \{i\}) - v(R)] = 0.$$

根据式 (26.4.2) 有

$$
\begin{aligned}
v(T) &= v(N \cap T) \\
&= v(N) \\
&= \sum_{i \in N} \varphi_i(v) \\
&= \sum_{i \in T} \varphi_i(v).
\end{aligned}
$$

2. (对称性公理) 设 $\sigma \in \mathbf{S}_n$ 满足式 (26.4.5), 那么, $|\sigma(R)| = |R|$, $\forall R \in 2^N$, 而且, 对任何 $i \in N$, 有

$$\sigma(R) \subset N \setminus \{\sigma(i)\} \Leftrightarrow R \subset N \setminus \{i\}.$$

利用式 (26.4.5), 有

$$
\begin{aligned}
\varphi_{\sigma(i)}(v) &= \sum_{\sigma(R) \subset N \setminus \{\sigma(i)\}} \frac{|\sigma(R)|!(n - 1 - |\sigma(R)|)!}{n!} [v(\sigma(R) \cup \{\sigma(i)\}) - v(\sigma(R))] \\
&= \sum_{R \subset N \setminus \{i\}} \frac{|R|!(n - 1 - |R|)!}{n!} [v(R \cup \{i\}) - v(R)] \\
&= \varphi_i(v), \quad \forall i \in N.
\end{aligned}
$$

3. (可加性公理) 因为 $\varphi_i(v)$ 是 v 的一个线性函数, $\forall i$, 显然 $\varphi(v)$ 满足可加性公理.

□

引理 26.4.1 考虑一个合作博弈 (N, v). $u_T(T \in 2^N)$ 为一无异议博弈, $c \geq 0$. 设 $\psi : v \to E(v)$ 满足, 那么

$$\psi_i(cu_T) = \begin{cases} 0, & i \notin T \\ \dfrac{c}{|T|}, & i \in T. \end{cases} \tag{26.4.8}$$

证明 容易检验 cu_T 是一个特征函数且 T 是 cu_T 的一个支柱. 设 $i \in N \backslash T$. 由于 T 和 $T \cup \{i\}$ 均为 cu_T 的支柱, 根据有效性公理, 有

$$\begin{aligned} \sum_{j \in T} \psi_j(cu_T) &= cu_T(T) \\ &= cu_T(T \cup \{i\}) \\ &= \sum_{j \in T \cup \{i\}} \psi_j(cu_T) \\ &= \sum_{j \in T} \psi_j(cu_T) + \psi_i(cu_T). \end{aligned}$$

于是

$$\psi_i(cu_T) = 0, \quad i \notin T.$$

其次, 设 $i, j \in T, i \neq j$; 令 $\sigma = (i, j)$. 我们先检验结论 (26.4.5). 即

$$cu_T(\sigma(R)) = cu_T(R). \tag{26.4.9}$$

- 情况 1: $T \subset R$. 那么 $T = \sigma(T) \subset R$, 因此

$$cu_T(\sigma(R)) = c = cu_T(R).$$

- 情况 2: $T \not\subset R$. 考虑三种情况:

　　(i) $i \notin R$, 那么 $j \notin \sigma(R) \Rightarrow T \not\subset \sigma(R)$;

　　(ii) $j \notin R$, 那么 $i \notin \sigma(R) \Rightarrow T \not\subset \sigma(R)$;

　　(iii) $i, j \in R$, 则存在 $k \in T \backslash \{i, j\}, k = \sigma(k) \notin \sigma(R) \Rightarrow T \not\subset \sigma(R)$.

因此, 我们有

$$cu_T(\sigma(R)) = c = cu_T(R).$$

由对称性公理, 有

$$\psi_j(cu_T) = \psi_{\sigma i}(cu_T) = \psi_i(cu_T).$$

利用有效性公理, 有

$$|T|\psi_i(cu_T) = \sum_{i \in T} \psi_i(cu_T)cu_T(T) = c, \quad \forall i \in T.$$

$$\psi_i(cu_T) = \frac{c}{|T|}, \quad \forall i \in T.$$

□

定理 26.4.2 由式 (26.4.3) 所定义的 Shapley 值是唯一满足三个基本公理的分配.

证明 定理 26.4.1 表明 Shapley 满足三个基本公理. 下面证明唯一性. 利用无异议基底, 有

$$\begin{aligned}
v &= \sum_{\phi \neq T \in 2^N} c_T u_T \\
&= \sum_{\substack{\phi \neq T \in 2^N \\ c_T \geqslant 0}} c_T u_T - \sum_{\substack{\phi \neq T \in 2^N \\ c_T < 0}} (-c_T) u_T.
\end{aligned}$$

由可加性公理, 对任何满足三个基本公理的分配 ψ 均有

$$\psi_i(v) = \sum_{\substack{\phi \neq T \in 2^N \\ c_T \geqslant 0}} \psi_i(c_T u_T) - \sum_{\substack{\phi \neq T \in 2^N \\ c_T < 0}} \psi_i(-c_T u_T), \quad \forall i \in N.2$$

利用引理 26.4.1, 有

$$\begin{aligned}
\psi_i(v) &= \sum_{\substack{\phi \neq T \in 2^N \\ c_T \geqslant 0}} \frac{c_T}{|T|} - \sum_{\substack{\phi \neq T \in 2^N \\ c_T < 0}} \frac{-c_T}{|T|} \\
&= \sum_{\phi \neq T \in 2^N} \frac{c_T}{|T|}.
\end{aligned}$$

因此, $\psi_i(v)$ 由 v, N 和 i 唯一决定, 这表明 Shapley 值是唯一满足三个基本公理的分配. □

下面给一个计算 Shapley 值的简捷公式. 注意到

$$\begin{aligned}
v(R \cup \{i\}) - v(R) &= v_\sigma \left[x_1^R x_2^R \cdots x_{i-1}^R \binom{1}{0} x_{i+1}^R \cdots x_n^R - x_1^R x_2^R \cdots x_{i-1}^R \binom{0}{1} x_{i+1}^R x_{i+2}^R \cdots x_n^R \right] \\
&= v_\sigma \left[W_{[2,2^{i-1}]} \binom{1}{0} x_1^R x_2^R \cdots x_{i-1}^R x_{i+1}^R \cdots x_n^R - W_{[2,2^{i-1}]} \binom{0}{1} x_1^R x_2^R \cdots x_{i-1}^R x_{i+1}^R \cdots x_n^R \right] \\
&= v_\sigma \left[W_{[2,2^{i-1}]} \binom{1}{-1} x_1^R x_2^R \cdots x_{i-1}^R x_{i+1}^R \cdots x_n^R \right],
\end{aligned}$$

$$(26.4.10)$$

这里

$$x_j^R = \begin{cases} \delta_2^1, & j \in R \\ \delta_2^2, & j \notin R. \end{cases}$$

下面定义

$$|\delta_{2^k}^i| := |R|,$$

这里 $x^R = \ltimes_{j=1}^n x_j^R = \delta_{2^k}^i$. 那么, 容易证明以下引理:

引理 26.4.2 构造一组列向量

$$\begin{cases} \ell_1 & = \begin{bmatrix} 1 \\ 0 \end{bmatrix} \in \mathbb{R}^2; \\ \\ \ell_{k+1} & = \begin{bmatrix} \ell_k + \mathbf{1}_{2^k} \\ \ell_k \end{bmatrix} \in \mathbb{R}^{2^{k+1}}, \\ & \qquad k = 1, 2, 3, \cdots, \end{cases}$$

这里 $\mathbf{1}_t = \underbrace{[1, \cdots, 1]^{\mathrm{T}}}_{t}$. 于是

$$|\delta_{2^k}^i| = \ell_k^i, \quad i = 1, 2, \cdots, 2^k. \tag{26.4.11}$$

(这里 ℓ_k^i 是 ℓ_k 的第 i 个分量.)

利用 ℓ_k, 我们构造一个列向量 $\zeta_k \in \mathbb{R}^{2^k}$ 如下:

$$\zeta_k^i = \left(\ell_k^i\right)! \left(k - \ell_k^i\right)!, \quad i = 1, 2, \cdots, 2^k. \tag{26.4.12}$$

利用式 (26.4.10) 和式 (26.4.12), 式 (26.4.3) 可以写成

$$\varphi_i(v) = \frac{1}{n!} V_v \sum_{j=1}^{2^{n-1}} \zeta_{n-1}^j W_{[2,2^{i-1}]} \begin{pmatrix} 1 \\ -1 \end{pmatrix} \delta_{2^{n-1}}^j, \quad i = 1, 2, \cdots, n. \tag{26.4.13}$$

注意到

$$W_{[2,2^{i-1}]} = \delta_{2^i} \begin{bmatrix} 1 \ 3 \ \cdots \ (2^{i-1} - 1) \ 2 \ 4 \ \cdots \ 2^{i-1} \end{bmatrix},$$

那么

$$W_{[2,2^{i-1}]} \begin{pmatrix} 1 \\ -1 \end{pmatrix} = \underbrace{\begin{bmatrix} \begin{pmatrix} 1 \\ -1 \end{pmatrix} & 0 & \cdots & 0 \\ 0 & \begin{pmatrix} 1 \\ -1 \end{pmatrix} & \cdots & 0 \\ \vdots & \vdots & & \vdots \\ 0 & 0 & \cdots & \begin{pmatrix} 1 \\ -1 \end{pmatrix} \end{bmatrix}}_{2^{i-1}}.$$

下面我们构造一个矩阵 $\Gamma_i \in \mathcal{M}_{2^n \times 2^{n-1}}$ 如下:

$$\Gamma_i = \left[W_{[2,2^{i-1}]} \begin{pmatrix} 1 \\ -1 \end{pmatrix} \right] \otimes I_{2^{n-i}}$$

$$= \underbrace{\begin{bmatrix} \begin{pmatrix} I_{2^{n-i}} \\ -I_{2^{n-i}} \end{pmatrix} & 0 & \cdots & 0 \\ 0 & \begin{pmatrix} I_{2^{n-i}} \\ -I_{2^{n-i}} \end{pmatrix} & \cdots & 0 \\ \vdots & \vdots & & \vdots \\ 0 & 0 & \cdots & \begin{pmatrix} I_{2^{n-i}} \\ -I_{2^{n-i}} \end{pmatrix} \end{bmatrix}}_{2^{i-1}}.$$

显然

$$W_{[2,2^{i-1}]} \begin{pmatrix} 1 \\ -1 \end{pmatrix} \delta_{2^{n-1}}^j = \mathrm{Col}_j(\Gamma_i).$$

定义一个新向量

$$\eta := \zeta_{n-1}. \tag{26.4.14}$$

然后, 将 η 等分成 k 块

$$\eta = \begin{bmatrix} \eta_k^1 \\ \eta_k^2 \\ \vdots \\ \eta_k^k \end{bmatrix}, \quad k = 1, 2, 2^2, \cdots, 2^{n-1}.$$

注意, 对不同的 k 我们得到一组不同的分割. 根据 Γ_i 的构造, 不难证明

$$\sum_{j=1}^{2^{n-1}} \eta_{n-1}^j W_{[2,2^{i-1}]} \begin{pmatrix} 1 \\ -1 \end{pmatrix} \delta_{2^{n-1}}^j = \begin{bmatrix} \eta_{2^{i-1}}^1 \\ -\eta_{2^{i-1}}^1 \\ \eta_{2^{i-1}}^2 \\ -\eta_{2^{i-1}}^2 \\ \vdots \\ \eta_{2^{i-1}}^{2^{i-1}} \\ -\eta_{2^{i-1}}^{2^{i-1}} \end{bmatrix}.$$

综合以上的构造和讨论可知:

定理 26.4.3　合作博弈 (N, v) (这里 $|N| = n$) 的 Shapley 值可计算如下：

$$V_v \Xi_n = \varphi(v),　　　　　　　　　　(26.4.15)$$

这里 $\Xi \in \mathcal{M}_{2^n \times n}$ 为

$$\Xi_n = \frac{1}{n!} \left[\begin{pmatrix} \eta_1 \\ -\eta_1 \end{pmatrix} \begin{pmatrix} \eta_2^1 \\ -\eta_2^1 \\ \eta_2^2 \\ -\eta_2^2 \end{pmatrix} \begin{pmatrix} \eta_4^1 \\ -\eta_4^1 \\ \eta_4^2 \\ -\eta_4^2 \\ \eta_4^3 \\ -\eta_4^3 \\ \eta_4^4 \\ -\eta_4^4 \end{pmatrix} \cdots \begin{pmatrix} \eta_{2^{n-1}}^1 \\ -\eta_{2^{n-1}}^1 \\ \eta_{2^{n-1}}^2 \\ -\eta_{2^{n-1}}^2 \\ \vdots \\ \eta_{2^{n-1}}^{2^{n-1}} \\ -\eta_{2^{n-1}}^{2^{n-1}} \end{pmatrix} \right].　　(26.4.16)$$

例 26.4.1　我们考虑几种典型情形下 Ξ_n 的计算.

1. $n = 2$:

$$\ell_1 = \begin{bmatrix} 1 & 0 \end{bmatrix}^{\mathrm{T}};$$

$$\eta_1 = \begin{bmatrix} 1!(2-1-1)! & 0!(2-1-0)! \end{bmatrix}^{\mathrm{T}} = \begin{bmatrix} 1 & 1 \end{bmatrix}^{\mathrm{T}}$$

$$\Xi_2 = \frac{1}{2} \begin{bmatrix} 1 & 1 \\ 1 & -1 \\ -1 & 1 \\ -1 & -1 \end{bmatrix}.$$

2. $n = 3$:

$$\ell_2 = \begin{bmatrix} 2 & 1 & 1 & 0 \end{bmatrix}^{\mathrm{T}};$$

$$\eta_2 = \begin{bmatrix} 2 & 1 & 1 & 2 \end{bmatrix}^{\mathrm{T}};$$

$$\Xi_3 = \frac{1}{6} \begin{bmatrix} 2 & 1 & 1 & 2 & -2 & -1 & -1 & -2 \\ 2 & 1 & -2 & -1 & 1 & 2 & -1 & -2 \\ 2 & -2 & 1 & -1 & 1 & -1 & 2 & -2 \end{bmatrix}^{\mathrm{T}}.$$

3. $n = 4$:

$$\ell_3 = \begin{bmatrix} 3 & 2 & 2 & 1 & 2 & 1 & 1 & 0 \end{bmatrix}^{\mathrm{T}};$$

$$\eta_3 = \begin{bmatrix} 6 & 2 & 2 & 6 & 2 & 6 & 6 & 6 \end{bmatrix}^{\mathrm{T}};$$

$$\varXi_4 = \frac{1}{24}\begin{bmatrix} 6 & 6 & 6 & 6 \\ 2 & 2 & 2 & -6 \\ 2 & 2 & -6 & 2 \\ 6 & 6 & -2 & -2 \\ 2 & -6 & 2 & 2 \\ 6 & -2 & 6 & -2 \\ 6 & -2 & -2 & 6 \\ 6 & -6 & -6 & -6 \\ -6 & 2 & 2 & 2 \\ -2 & 6 & 6 & -2 \\ -2 & 6 & -2 & 6 \\ -6 & 6 & -6 & -6 \\ -2 & -2 & 6 & 6 \\ -6 & -6 & 6 & -6 \\ -6 & -6 & -6 & 6 \\ -6 & -6 & -6 & -6 \end{bmatrix}.$$

例 26.4.2　回忆例 25.1.2 和例 26.2.1 中的买卖马问题.

$$V_v = \begin{bmatrix} 1100 & 1000 & 1100 & 0 & 0 & 0 & 0 & 0 \end{bmatrix}.$$

利用式 (26.4.15), 则 Shapley 值为

$$\varphi(v) = V_v \varXi_3 = \begin{bmatrix} 716.7 & 166.7 & 216.7 \end{bmatrix}.$$

26.5　Shapley 值与核心的关系

比较例 26.4.2 与例 26.2.1, 我们发现, 对于买卖马问题 Shapley 值与核心相去甚远. 这说明 Shapley 值虽然存在唯一, 但有时与合理的解有距离. 因此, 一个合理的问题是: 什么时候 Shapley 值也是核心? 一个充分条件是:

定理 26.5.1　设 (N, v) 为一凸合作博弈, 则

$$\phi(v) \in C(v).$$

证明　对任一 $\sigma \in \mathbf{S}_n$, 令

$$x_\sigma^i := v\left(S_\sigma^i \cup \{i\}\right) - v\left(S_\sigma^i\right), \quad i = 1, 2, \cdots, n.$$

于是可得

$$x_\sigma = \left(x_\sigma^1, x_\sigma^2, \cdots, x_\sigma^n\right) \in E(v).$$

注意到, 它就是定理 26.3.2 的证明中构造的分配, 它被证明属于核心. 故 $x_\sigma \in C(v)$. 但

$$\varphi(v) = \frac{1}{n!} \sum_{\sigma \in \mathbf{S}_n} x_\sigma$$

是所有 x_σ 的凸组合, 而 $C(v)$ 是凸集, 故 $\varphi(v) \in C(v)$.   □

下面的定理给出充要条件:

定理 26.5.2   设 (N, v) 为一合作博弈, 则 $\varphi(v) \in C(v)$ 当且仅当

$$V_v \left(\varXi_n M_n - I_{2^n}\right) \geqslant 0. \tag{26.5.1}$$

这里, $\varXi_n$ 由式 (26.4.16) 定义, M_n 由式 (26.2.2) 定义.

证明 $\varphi(v)$ 作为分配, 显然满足式 (26.2.5). 根据定理 26.2.1, 只要 $\varphi(v)$ 满足式 (26.2.4) 即可. 由等式 (26.2.4) 及式 (26.4.15) 立得结论.   □

例 26.5.1   考查一个 3 人合作博弈 (N, v). 设

$$v(s) = \begin{cases} 1, & S = \{i\}, \ i = 1, 2, 3 \\ 4, & S = \{i, j\}, \ i \neq j \\ 6, & S = N \\ 0, & S = \phi. \end{cases}$$

于是有

$$V_v = \begin{bmatrix} 6 & 4 & 4 & 1 & 4 & 1 & 1 & 0 \end{bmatrix}.$$

注意到

$$\varXi_3 = \frac{1}{6} \begin{bmatrix} 2 & 2 & 2 \\ 1 & 1 & -2 \\ 1 & -2 & 1 \\ 2 & -1 & -1 \\ -2 & 1 & 1 \\ -1 & 2 & -1 \\ -1 & -1 & 2 \\ -2 & -2 & -2 \end{bmatrix},$$

则 Shapley 值为

$$\varphi(v) = V_v \Xi_3 = \begin{bmatrix} 2 & 2 & 2 \end{bmatrix}.$$

检验式 (26.5.1), 注意到

$$M_3 = \begin{bmatrix} 1 & 1 & 1 & 1 & 0 & 0 & 0 & 0 \\ 1 & 1 & 0 & 0 & 1 & 1 & 0 & 0 \\ 1 & 0 & 1 & 0 & 1 & 0 & 1 & 0 \end{bmatrix},$$

易知

$$V_v (\Xi_3 M_3 - I_8) = [0\ 0\ 0\ 1\ 0\ 1\ 1\ 0] \geqslant 0.$$

因此, 上述 Shapley 值属于核心.

26.6 习题与课程探索

26.6.1 习题

1. 考查例 25.2.1. 设

$$x = \left(-1, \frac{1}{2}, \frac{1}{2}\right), \ y = \left(\frac{2}{3}, \frac{1}{3}, -1\right), \ z = \left(\frac{1}{3}, -1, \frac{2}{3}\right).$$

证明:

- $x,\ y,\ z$ 均为分配.

- $x \succ y$, 且 $y \succ z$. 但是 $x \nsucc z$.

2. 试证明: N 上的凸合作博弈集合是一个闭凸集.

3. 设 $x,\ y$ 为合作博弈 (N, v) 的两个分配, $\phi \neq R \in 2^N$. 称 x 弱优超于 y, 如果

(i)

$$\sum_{i \in R} x_i > \sum_{i \in R} y_i;$$

(ii)

$$v(R) \geqslant \sum_{i \in R} x_i.$$

证明:

- 若 $R = \{i\}$ 或 $R = N$, 则不存在关于 R 的弱优超.

● 存在关于 $\phi \neq R \in 2^N$ 弱优超于 $y \in E(v)$ 的分配的充要条件是

$$\sum_{i \in R} y(\{i\}) < v(R).$$

4. 证明: 简单博弈的特征函数具有单调性, 即

$$R \subset T \Longrightarrow v(R) \leqslant v(T).$$

5. 证明: 一票否决博弈是凸合作博弈.

6. 证明: 简单多数博弈是对称博弈.

26.6.2 课程探索

1. 受 Shapley 值计算公式的启发, 不妨设一个分配就是特征函数的一个线性函数. 即

$$\psi(v) = V_v \Psi_n, \tag{26.6.1}$$

这里 $\psi(v)$ 是 v 的一个分配, $n = |N|$. 于是 $\psi(v)$ 满足一定条件可以由 Ψ_n 满足一定条件导出. 例如, 当 Ψ_n 满足什么条件时 $\psi(v)$ 是对称的?

2. Shapley 等曾提出一种称为 Banzhaf 值的分配 [107] 如下:

$$\beta_i(v) := \sum_{S \in 2^N;\; i \in S} \frac{1}{2^{n-1}} \left(v(S) - v(S \setminus \{i\}) \right), \quad i = 1, 2, \cdots, n. \tag{26.6.2}$$

寻找 Ψ_n^β, 使 $\beta(v) = V_v \Psi_n^\beta$.

3. 除 "核心" 和 "Shapley 值" 外, 还有两种较重要的分配, 称为 "核仁" (nucleolus) 和 "核" (kernel). 参见文献 [85].

   (i) 用半张量积给出它们的检验公式.

   (ii) 用半张量积探讨它们的性质及与其他分配的关系等.

附录 A   MATLAB 快速入门

A.1   简介

用于科学计算的软件 (或语言) 有很多种, 比如 Yorick、Python for science、Ruby、Julia、F# 等. 在众多科学计算软件中, 可以毫不夸张地说, MATLAB (矩阵实验室) 的功能以及工具箱是最强大最齐全的. MATLAB 是 MATrix LABoratory 的缩写, 是一款由美国的 MathWorks 公司出品的商业数学软件.

19 世纪 70 年代末到 80 年代初, 时任美国新墨西哥大学教授的克里夫·莫勒尔为了让学生更方便地使用 LINPACK 及 EISPACK, 独立编写了第一个版本的 MATLAB. 之后数年, 尤其是在商业化之后, MATLAB 发展速度很快, 到目前为止, MATLAB 已拥有数十个工具箱, 成为主要用于算法开发、数据可视化、数据分析以及数值计算的高级技术计算语言和交互式环境. 除了矩阵运算、绘制函数/数据图像等常用功能外, MATLAB 还可以用来创建用户界面及调用其他语言 (包括 C、C++ 和 FORTRAN) 编写的程序. 另外, 利用配套软件包 Simulink, 还可以提供一个可视化开发环境, 常用于系统模拟、动态/嵌入式系统开发等方面.

A.2   使用入门

MATLAB 不仅仅是一套软件, 也是一门流行的、交互性的数学脚本语言, 在数值计算界享有很高的地位. MATLAB 是一个基于矩阵运算的软件, 并且语法与大部分脚本语言类似, 使用方法简单, 编写的程序优雅美观, 易读性强. 在实际编程中, 我们要好好利用 MATLAB 基于矩阵运算的特点, 真正发挥矩阵式编程的强大之处.

执行 MATLAB 代码的最简单方式是在 MATLAB 程序的命令窗口 (Command Window, 启动 MATLAB 软件即可看到) 的提示符处 (>>) 输入代码, 如果有返回结果, MATLAB 会即时返回.

MATLAB 代码同样可以被保存在一个以 ".m" 为后缀名的文本文件中, 然后在命令窗口或其他函数中直接调用, 这种方式能实现很多复杂的功能, 很多函数就是用 m 文件实现的.

下面给出一些简单的使用例子.

变量与赋值: MATLAB 的变量名字严格区分大小写, 无须提前声明可直接使用. MATLAB 中有 15 种基本数据类型, 主要是整型、浮点、逻辑、字符、日期和时间、结构数组、单元格数组以及函数句柄等. 最常见的基本类型为数值和字符, 字符串则等同于字符构成的数组. 例如:

```
1  >> x = -1
2  x =
3   -1
4  >> x = 'Hello,_Matlab!'
5  x =
6   Hello, Matlab!
```

矢量和矩阵: MATLAB 提供了定义简单数组的简单方式, 其使用语法为: 初值: 增量: 终值, 增量默认为 1. 定义矩阵也很简单. 例如:

```
1  >> array=1:4
2  array =
3   1 2 3 4
4  >> ari = 1:2:5
5  ari =
6   1 3 5
7   >> M=[1,2;3,4]
8  M =
9      1      2
10      3      4
11  >> M(2,2)
12  ans =
13      4
14  >> M(2,:)
15  ans =
16      3      4
```

代数/符号运算: 利用 MATLAB 的符号数学工具箱 (Symbolic Math Toolbox) 可以进行代数或符号运算, 如解代数方程:

```
1  >> solve(x^2 - 2*x - 4 = 0)
2  ans =
3   1 - 5^(1/2)
4   5^(1/2) + 1
```

m 文件: 利用 m 文件可以编写脚本和函数, 编写的函数可以执行和被其他程序调用以实现强大的功能, 下面的函数可以生成 n 维随机矩阵 (行和为 1). 试比较实现同样功能的以下两段代码, 左侧的代码不仅更加简洁, 而且运行效率远远高于右侧代码, 在用 MATLAB 编程时应尽可能通过矩阵或向量运算 (尽可能避免 for 循环) 以发挥其优点.

```
1  function RA = randArray(n)
2  %返回行和为 1 的 n 维随机矩阵
3  A = rand(n);
4  row_sum = sum(A,2);
5  RA = A * diag(1./row_sum);
6  %
7  %
```

```
1  function RA = randArray(n)
2  %返回行和为 1 的 n 维随机矩阵
3  A = rand(n); RA = A;
4  for ii = 1:n
5     RA(ii,:)=A(ii,:)/sum(A(ii,:));
6  end
```

在命令行运行可以得到结果:

```
1  >>A = randArray(4)
2  A =
3
4     0.3587    0.1023    0.1045    0.4346
5     0.1796    0.3039    0.2303    0.2862
6     0.0115    0.3002    0.2537    0.4346
7     0.2102    0.3296    0.4079    0.0523
```

图形图像: MATLAB 中常用的绘图命令是 plot, 例如描绘一个在 [-4,4] 区间内的正弦函数和余弦函数, 有如下两种方式:

```
1  >> x = -4:0.05:4;
2  >> y1 = sin(x);
3  >> y2 = cos(x);
4  >> plot(x,y1,'b',x,y2,'r');
5  >>
6  >>
```

```
1  >> x = -4:0.05:4;
2  >> y1 = sin(x);
3  >> y2 = cos(x);
4  >> plot(x,y1);
5  >> hold on;
6  >> plot(x,y2,'r');
```

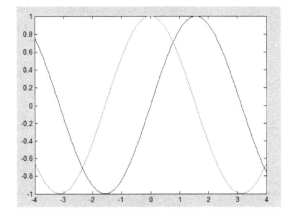

　　查看帮助: MATLAB 有丰富的内置函数, 每个函数的使用方法, 包括输入输出参数, 都可以通过 help 或 doc 命令查看帮助文档, 文档中还会列举一些简单的例子; 如果想查找关键词对应的函数, 可以通过 lookfor 命令. 比如查看求和函数 sum 或者搜索包含关键词 sum 的帮助文档可以通过如下命令:

```
1  >> help sum
2  >> doc sum
3  >> lookfor sum
```

A.3　常用命令速查

　　下面是一些常用的命令(见表A.3.1)及常见的函数(见表A.3.2~表A.3.3).

表 A.3.1 管理变量与工作空间用命令

命令	功能	命令	功能
clear	删除内存中的变量与函数	pack	整理工作空间内存
disp	显示矩阵与文本	save	将工作空间中的变量存盘
length	查询向量的维数	size	查询矩阵的维数
load	从文件中装入数据	who	列出工作空间中的变量名

表 A.3.2 基本数学函数

函数	功能	函数	功能
abs(x)	绝对值或向量的长度	angle(z)	复数 z 的相角
sqrt(x)	开平方	real(z)	复数 z 的实部
imag(z)	复数 z 的虚部	conj(z)	复数 z 的共轭复数
round(x)	四舍五入取整	fix(x)	舍去小数得整数
floor(x)	向下取整	ceil(x)	向上取整
sign(x)	符号函数	rem(x,y)	x 除以 y 的余数
exp(x)	自然指数	pow2(x)	2 的指数
log(x)	以 e 为底的对数	log10(x)	以 10 为底的对数
sin(x)	正弦函数	cos(x)	余弦函数
tan(x)	正切函数	asin(x)	反正弦函数
acos(x)	反余弦函数	atan(x)	反正切函数

表 A.3.3 与向量相关的函数

函数	功能	函数	功能
min(x)	向量 x 中元素的最小值	max(x)	向量 x 中元素的最大值
mean(x)	向量 x 中元素的平均值	median(x)	向量 x 中元素的中位数
std(x)	向量 x 中元素的标准差	diff(x)	向量 x 中相邻元素的差
sort(x)	对向量 x 中的元素排序	length(x)	向量 x 中元素个数
norm(x)	向量 x 的范数	sum(x)	向量 x 的元素总和
dot(x, y)	向量 x 和 y 的内积	cross(x, y)	向量 x 和 y 的外积

A.4 相关网站

下面的网站有丰富的 MATLAB 学习资源:

1. MathWorks 公司主页: http://www.mathworks.com.

2. MATLAB file exchange: http://www.mathworks.com/matlabcentral/fileexchange/ 世界各地 MATLAB 编程爱好者提供的各种 MATLAB 函数, 有很强的使用价值.

3. 仿真科技论坛: http://forum.simwe.com/.

4. MATLAB 中文论坛: http://www.ilovematlab.cn/index.php.

A.5 MATLAB 替代软件

虽然 MATLAB 功能强大, 使用方便, 但是毕竟是商业软件, 价格昂贵. 所幸还有一些开源的软件同样具有与 MATLAB 类似的强大的功能. 比如代数计算能力很强的 Maxima, 在矩阵运算方面与 MATLAB 极为相似的 Scilab 和 Octave, 以及在统计数学表现出色的 R. 这些软件都是开源的, 无须付费. 除了这几个软件外, 还有 Rlab、FreeMat、MathViews、MLAB、Jmath、Yorick、SysQuake、GSL-Shell、Ox、MathN、MiniMat 等软件都能提供包括矩阵运算在内的科学计算功能。相较于 MATLAB 的 "臃肿", 这些开源的软件往往相对小巧, 且具有较好的可扩展性, 便于开发人员将其整合进自己开发的产品中. 因此, 这些软件是 MATLAB 很好的替代品.

附录 B　STP 工具箱使用

为了矩阵的半张量积的计算方便和其在布尔网络分析和控制方面的应用, 中国科学院数学与系统科学研究院齐洪胜博士编写了 STP 工具箱. 本附录给出 STP 工具箱的常用函数的使用方法和一些使用例子.

B.1　常用函数

表 B.1.1 给出了一些基本函数和它们的功能描述.

表 B.1.2 给出了一些逻辑矩阵相关的函数和它们的功能描述.

表 B.1.1 基本计算函数

函数	参数	功能描述
$C = sp(A, B)$	矩阵 A, B	返回矩阵 A, B 的半张量积
$C = spn(A_1, A_2, \cdots, A_n)$	矩阵 $A_1, A_2, \cdots, A_n$	返回矩阵 $A_1, A_2, \cdots, A_n$ 的半张量积
$B = bt(A, p, r)$	A 块的大小 $p \times r$	返回矩阵 A 的块转置, 每块的大小为 $p \times r$
$W = wij(m, n)$	整数 m, n	返回大小为 $mn \times mn$ 的换位矩阵
$v = vc(A)/v = vr(A)$	矩阵 $A = (a_{ij})_{m \times n}$	将矩阵 A 转换为行/列向量并返回
$A = invvc(x, m)$	向量 x, 整数 m	将向量 x 转换为 m 行的矩阵并返回
$A = invvr(x, n)$	向量 x, 整数 n	将向量 x 转换为 n 列的矩阵并返回
$v = dec2any(a, k, len)$	整数 a, 基底 $k \geqslant 2$, 长度 len	将十进制数 a 转换为长度为 len 的 k 进制数
$M = stp(A)$	矩阵 A	构造半张量积并返回

B.2　一些例子

下面的 m 文件是一些矩阵的半张量积的例子.

表 B.1.2 逻辑矩阵计算相关的函数

函数	参数	功能描述
$M = lm(A)/M = lm(v,n)$	矩阵 A/向量 v 和正整数 n	构造逻辑矩阵对象并返回
$C = lsp(A, B)$	逻辑矩阵对象 A, B	返回以 A, B 的半张量积构造的逻辑矩阵对象
$C = lspn(A_1, A_2, \cdots, A_n)$	逻辑矩阵对象 $A_1, A_2, \cdots, A_n$	返回以 $A_1, A_2, \cdots, A_n$ 的半张量积构造的逻辑矩阵对象
$M = leye(n)$	正整数 n	构造单位矩阵的逻辑矩阵对象并返回
$M = lmn(k)$	$k \geqslant 2$, 默认为 2	构造 k 值逻辑的逻辑非的结构矩阵对象并返回
$M = lmc(k)$	$k \geqslant 2$, 默认为 2	构造 k 值逻辑的逻辑合取的结构矩阵对象并返回
$M = lmd(k)$	$k \geqslant 2$, 默认为 2	构造 k 值逻辑的逻辑析取的结构矩阵对象并返回
$M = lmi(k)$	$k \geqslant 2$, 默认为 2	构造 k 值逻辑的逻辑蕴涵的结构矩阵对象并返回
$M = lme(k)$	$k \geqslant 2$, 默认为 2	构造 k 值逻辑的逻辑等价的结构矩阵对象并返回
$M = lmr(k)$	$k \geqslant 2$, 默认为 2	构造 k 值逻辑的降阶矩阵的结构矩阵对象并返回
$M = lmu(k)$	$k \geqslant 2$, 默认为 2	构造 k 值逻辑的哑元矩阵的结构矩阵对象并返回
$M = lmrand(m,n)/M = randlm(m,n)$	正整数 m, n, 默认 $n = m$	随机构造 $m \times n$ 的逻辑矩阵对象并返回
$M = lwij(m,n)$	正整数 m, n, 默认 $n = m$	构造 $mn \times mn$ 的换位逻辑矩阵对象并返回

```
1  % This example is to show how to perform semi-tensor product
2  x = [1 2 3 -1];
3  y = [2 1]';
4  r1 = sp (x , y)
5  % r1 = [5 , 3]
6  x = [2 1];
7  y = [1 2 3 -1]';
8  r2 = sp(x , y)
9  % r2 = [5; 3]
10 x = [1 2 1 1;
11 2 3 1 2;
12 3 2 1 0];
13 y = [1 -2;
14 2 -1];
15 r3 = sp(x , y)
16 r4 = sp1(x , y)
17 % r3 = r4 = [3,4,-3,-5;4,7,-5,-8;5,2,-7,-4]
18 r5 = sp(sp(x , y),y)
19 r6 = spn(x ,y, y)
20 % r5 = r6 = [-3,-6,-3,-3;-6,-9,-3,-6;-9,-6,-3,0]
21 % This example is to show the usage of stp class.
22 % Many useful methods are overloaded for stp class , thus you can use stp
        object as double.
23 x = [1 2 1 1;
24 2 3 1 2;
25 3 2 1 0];
26 y = [1 -2;
27 2 -1];
28 % Covert x and y to stp class
29 a = stp(x) ;
30 b = stp(y) ;
31 % mtimes method is overloaded by semi-tensor product for stp class
32 c= spn(x ,y , y)
```

下面的 m 文件是一些逻辑矩阵的应用例子.

```
1   % This example is to show the usage of lm class.
2   % Many methods are overloaded for lm class.
3
4   % Consider c l a s s i c a l (2-valued ) logic here
5   k = 2;
6   T = lm(1 ,k) ; % True
7   F = lm(k , k) ; % False
8   % Given a logical matrix , and convert it to lm class
9   A = [1 0 0 0;
10  0 1 1 1]
11  M = lm(A)
12  % or we can use
13  % M = lm ([1 2 2 2] , 2)
14  % Use m -function to perform semi-tensor product for logical matrices
15  r1 = lspn (M,T,F)
16  % Use overloaded mtimes method for lm class to perform semi-tensor
        product
17  r2 = M*T*F
18  % Create an 4-by-4 logical matrix randomly
19  M1 = lmrand (4)
20  % M1 = randlm (4)
21  % Convert an lm object to double
22  double (M1)
23  % size method for lm class
24  size (M1)
25  % diag method for lm class
26  diag (M1)
27  % Identity matrix is a special type of logical matrix
28  I3 = leye (3)
29  % plus method is overloaded by Kronecher product for lm class
30  r3 = M1 + I3
```

参考文献

[1] Wiener N. Cybernetics, or Control and Communication in the Animal and the Machine[M]. Paris: Hermann & Camb., 1948.

[2] Slotine J E, Li W. Applied Nonlinear Control[M]. New Jersey: Prentice Hall, 1991.

[3] 钱学森, 宋健. 工程控制论(修订版)[M]. 北京: 科学出版社, 1980.

[4] von Neumann J, Morgenstern O. Theory of Games and Economic Behavior[M]. New Jersey: Princeton University Press, 1944.

[5] Gibbons R. A Primer in Game Theory[M]. Harlow: Prentice-Hall, 1992.

[6] 王树和. 数学聊斋[M]. 北京: 科学出版社, 2008.

[7] Guo P, Wang Y, Li H. Algebraic formulation and strategy optimization for a class of evolutionary networked games via semi-tensor product method[J]. Automatica, 2013, 49(11):3384–3389.

[8] Cheng D. On finite potential game[J]. Automatica, 2014, 50(7):1793–1801.

[9] Cheng D, He F, Qi H, et al. Modeling, analysis and control of networked evolutionary games[J]. IEEE Trans. Aut. Contr., 2015, 60(9):2402–2415.

[10] Zhao Y, Li Z, Cheng D. Optimal control of logical control networks[J]. IEEE Trans. Aut. Contr., 2001, 56(8):1766–1776.

[11] Cheng D, Zhao Y, Xu T. Receding horizon based feedback optimization for mix-valued logical networks[J]. IEEE Trans. Aut. Contr., 2015.

[12] Wang Z, Xu B, Zhou H. Social cycling and conditional responses in the Rock-Paper-Scissors Game[J]. Scientific Reports 4, 2014, 5830.

[13] Mnih V, Kavukcuoglu K, Silver D, et al. Human-level control through deep reinforcement learning[J]. Nature, 2015, 518:529–533.

[14] Marden J R, Arslan G, Shamma J S. Cooperative control and potential games[J]. IEEE Trans. Sys. , Man, Cybernetcs, Part B, 2009, 39(6):1393–1407.

[15] Abouheaf M I, Lewis F L, Mahmoud M S, et al. Discrete-time dynamic graphical games model-free reinforcement learning solution[J]. Contr. Theory Tech., 2015, 13(1):55–69.

[16] Yazicioglu A Y, Egerstedt M, Shamma J S. A game theoretic approach to distributed coverage of graphs by heterogeneous mobile agents[J]. Est. Contr. Netw. Sys., 2013, 4:309–315.

[17] Zhu M, Martinez S. Distributed coverage games for energy-aware mobile sensor networks[J]. SIAM J. Cont. Opt, 2013, 51(1):1–27.

[18] Wang X, Xiao N, Wongpiromsarn T, et al. Distributed consensus in noncooperative congestion games: an application to road pricing[C]. Proc. 10th IEEE Int. Conf. Contr. Aut. Hangzhou, China: IEEE, 2013:1668–1673.

[19] Gopalakrishnan R, Marden J R, Wierman A. An architectural view of game theoretic control[J]. Perform. Evalu. Review, 2011, 38(3):31–38.

[20] 程代展, 齐洪胜. 矩阵的半张量积——理论与应用[M]. 北京: 科学出版社, 2007.

[21] Horn R A, Johnson C R. Matrix Analysis[M]. Cambridge: Cambridge Univ. Press, 1986.

[22] 张贤达. 矩阵分析与应用[M]. 北京: 清华大学出版社, 2004.

[23] Khatri C G, Rao C R. Solutions to some functional equations and their applications to characterization of probability distributions[J]. Indian J. Stat, 1968, 30:167–180.

[24] 刘嘉昆. 应用随机过程[M]. 北京: 科学出版社, 2000.

[25] Brzezniak Z, Zastawniak T. Basic Stochastic Processes[M]. New York: Springer-Verlag, 1999.

[26] 钱敏平, 龚光鲁. 应用随机过程[M]. 北京: 北京大学出版社, 1998.

[27] Cheng D, Qi H, Zhao Y. An Introduction to Semi-tensor Product of Matrices and Its Applications[M]. Singapore: World Scientific Press, 2012.

[28] Cheng D. Disturbance decoupling of Boolean control networks[J]. IEEE Trans. Aut. Contr., 2011, 56(1):2–10.

[29] Qi L. Eigenvalues and invariants of tensors[J]. J. Math. Anal. Appl, 2007, 325:1363–1377.

[30] Bates D M, Watts D G. Relative curvature measures of nonlinearity[J]. J. Royal Stat. Socie Serie B(Mehodological), 1980, 42:1–25.

[31] Bates D M, Watts D G. Parameter transformations for improved approximate confidence regions in nonlinear least squares[J]. Annal. Stat, 1981, 9:1152–1167.

[32] 王新洲. 非线性模型参数估计-理论与应用[M]. 武汉: 武汉大学出版社, 2002.

[33] 韦博成. 非线性回归模型LS估计量的二阶矩[J]. 高校应用数学学报, 1986, A1(2):279–285.

[34] Hu S, Qi L. Algebraic connectivity of an even unform hypergraph[J]. J. Comb. Optim., 2012, 24:564–579.

[35] Hungerford T W. Algebra[M]. New York: Springer-Verlag, 1974.

[36] R. Abraham J E M. Foundations of Mechanics[M]. London: Ben. /Cum. Pub. Comp, 1978.

[37] Boothby W M. An Introduction to Differential Manifolds and Riemannian Geometry[M]. Orlando: Academic Press, 1986.

[38] 王国成, 刘培杰, 王延青,等. 博弈论精粹[M]. 哈尔滨: 哈尔滨工业大学出版社, 2008.

[39] Wilson R J. Introduction to Graph Theory[M]. 4th Ed. Harlow: Pearson Edu. Lim., 1996.

[40] Godsil C, Royle G. Algebraic Graph Theory[M]. New York: Springer-Verlag, 2001.

[41] Berge C. Graphs and Hypergraphs[M]. Amsterdam: North-Holland Pub., 1973.

[42] Wonham W M. Linear Multivariable Control - A Geometric Approach[M]. Berlin: Springer-Verlag, 1974.

[43] Kailath T. Linear Systems[M]. Englewood Cliffs: Prentice Hall, 1980.

[44] Chen B M, Lin Z, Shamash Y. Linear Systems Theory - A Structural Decomposition Approach[M]. Boston: Birkhäuser, 2004.

[45] Hespanha J P. Linear Systems Theory[M]. Princeton and Oxford: Princeton Univ. Press, 2009.

[46] Chen C T. Linear System Theory and Design[M]. New York: Oxford Univ. Press, 1970.

[47] Kuo B C, Golnaraghi F. Automatic Control Systems[M]. 8th Ed. New York: John Wiley & Sons Inc., 2003.

[48] Yokoyama R, Kinnen E. Phase-variable canoical forms for multiple-input multiple-ouput system[J]. Internation Journal of Control, 1973, 17(6):1297–1312.

[49] 张嗣瀛. 微分对策[M]. 北京: 科学出版社, 1987.

[50] 吴麒, 王诗宓. 自动控制理论[M]. 北京: 清华大学出版社, 2006.

[51] Engwerda J C. Computational aspects of the open-loop Nash eqilibrium in linear quadratic games[J]. J. Econ. Dynam. Contr., 1998, 22(8-9):1487–1506.

[52] Engwerda J C. Feedback Nash equilibrium in the scalar infinite horizon LQ-games[J]. Automatica, 2000, 36(1):135–139.

[53] 胡寿松. 自动控制原理[M]. 北京: 科学出版社, 2001.

[54] Zhang Z, Zhao Y, Cheng D. On competitive control systems[C]. Proc. 30th CCC. Yantai: Shanghai System Science Press, 2011:6487–6491.

[55] Simaan M, Cruz J B. On the Stackelberg strategy in nonzero-sum games[J]. Journal of Optimization Theory and Control, 1973, 11(5):533–555.

[56] Cheng D, Qi H. A linear representation of dynamics of Boolean networks[J]. IEEE Trans. Aut. Contr., 2010, 55(10):2251–2258.

[57] Hamilton A. Logic for Mathematicians[M]. Cambridge: Cambridge Univ. Press, 1988.

[58] 毕富生. 数理逻辑[M]. 北京: 高等教育出版社, 2004.

[59] Waldrop M M. Complexity[M]. New York: Simon & Schuster, 1992.

[60] Kauffman S. At Home in the Universe[M]. UK: Oxford Univ. Press, 1995.

[61] Cheng D, Qi H. State-space analysis of Boolean networks[J]. IEEE Trans. Neural Networks, 2010, 21(4):584–594.

[62] Cheng D, Qi H. Controllability and observability of Boolean control networks[J]. Automatica, 2009, 45(7):1659–1667.

[63] Zhao Y, Qi H, Cheng D. Input-state incidence matrix of Boolean control networks and its applications[J]. Sys. Contr. Lett., 2010, 59(12):767–774.

[64] Laschov D, Margaliot M. Controllability of Boolean control networks via the Perron-Frobenius theory[J]. Automatica, 2012, 48(6):1218–1223.

[65] Fornasini E, Valcher M E. Observability, reconstructibility and state observers of Boolean control networks[J]. IEEE Trans. Aut. Contr., 2013, 58(6):1390–1401.

[66] Li H, Wang Y. On reachability and controllability of switched Boolean control networks[J]. Automatica, 2012, 48(11):2917–2922.

[67] Li R, Yang M, Chu T. Synchronization of Boolean networks with time delays[J]. Appl. Math. Comput, 2012, 219(3):917–927.

[68] Cheng D, Qi H, Liu T, et al. A note on observability of Boolean control networks[J]. Sys. Contr. Lett., 2016, 87:76–82.

[69] Zhang K, Zhang L. Observability of Boolean control networks: A unified approach based on finite automata[J]. IEEE Trans. Aut. Contr., 2016, 61(9):2733–2738.

[70] Cheng D, Li C, He F. Observability of Boolean networks via set controllability approach[J]. Sys. Contr. Lett., 2018, 115:22–25.

[71] Ogata K. Modern Control Engineering[M]. 3rd Ed. NJ: Prentice-Hall, 1997.

[72] Isidori A. Nonlinear Control Systems[M]. 3rd Ed. Berlin: Springer, 1995.

[73] Liu Z, Wang Y. Disturbance decoupling of mix-valued logical networks via the semi-tensor product method[J]. Automatica, 2012, 48(8):1839–1844.

[74] Yang M, Li R, Chu T G. Controller design for disturbance decoupling of Boolean control networks[J]. Automatica, 2013, 49(1):273–277.

[75] Li Z, Cheng D. Algebraic approach to dynamics of multi-valued networks[J]. Int. J. Bif. Chaos, 2010, 20(3):561–582.

[76] Zhao Y, Cheng D. On controllability and stabilizability of probabilistic Boolean control networks[J]. Science China, Information Science, 2014, 57(1):012202:1–012202:14.

[77] Li F, Sun J. Controllability of higher order Boolean control networks[J]. Appl. Math. Comput, 2012, 219(1):158–169.

[78] Li R, Chu T. Synchronization in an array of coupled Boolean networks[J]. Physics Letters A, 2012, 376(45):3071–3075.

[79] Kauffman S. The Orgins of Order, Self-Organization and Selection in Evolution[M]. New York: Oxford Univ. Press, 1993.

[80] Shmulevich L, Dougherty E, Kim S, et al. Probabilistic Boolean networks: a rule-based uncertainty model for gene regulatory networks[J]. Bioinformatics, 2002, 18(2):262–274.

[81] Nash J. Non-cooperative game[J]. The Annals of Mathematics, 1951, 54(2):286–295.

[82] Gale D, Shapley L S. Collegy admissions and the stability of marriage[J]. American Math. Monthly, 1962, 69:9–15.

[83] Boros E, Hammer P L. Pseudo-Boolean Optimization[J]. Discrete Appl. Math, 2002, 123:155–225.

[84] Rasmusen E. Games and Information, An Introduction to Game Theory[M]. 4th Ed. Oxford: Basil Blachwell, 2007.

[85] 谢政. 对策论导论[M]. 北京: 科学出版社, 2010.

[86] Smith J M. Evolution and the Theory of Games[M]. Cambridge: Cambridge Univ. Press, 1982.

[87] Cheng D, Xu T, Qi H. Evolutionarily stable strategy of networked evolutionary games[J]. IEEE Trans. Neural Networks and Learning Systems, 2014, 25(7):1335–1345.

[88] Young H P. The evolution of conventions[J]. Econometrica, 1993, 61:57–84.

[89] Candogan O, Ozdaglar A, Parrilo P A. Dynamics in near-potential games[J]. Games Econ. Behav, 2013, 82:66–90.

[90] Nowak M A, May R M. Evolutionary games and spatial chaos[J]. Nature, 1992, 359:826–829.

[91] Szabo G, Toke C. Evolutionary prisoner's dilemma game on a square lattice[J]. Phys. Rev. E, 1998, 58:69.

[92] Traulsen A, Nowak M A, Pacheco J M. Stochastic dynamics of invasion and fixation[J]. Phys. Rev. , E, 2006, 74(011909).

[93] Fudenberg D, Levine D. The Theory of Learning in Games[M]. Cambridge: MIT Press, 1998.

[94] Xu T, Cheng D. Receding horizon-based feedback optimization of mix-valued logical networks: the impefect information case[C]. Proc. 32nd CCC. Xi'an: IEEE, 2013:2147–2152.

[95] Axelrod R. The Complexity of Cooperation:Agent-Based Models of Competition and Collaboration[M]. New York: Princeton Univ. Press, 1997.

[96] Mu Y, Guo L. Optimization and identification in a non-equilibrium dynamic game[J]. Proc. CDC-CCC'09, 2009:5750–5755.

[97] Datta A, Choudhary A, Bittner M L, et al. External control in Markovian genetic regulatory networks[J]. Machine Learning, 2003, 52:169–191.

[98] Bertsekas D P. Dynamic Programming and Stochastic Control[M]. New York: Academic Press, 1976.

[99] Benoit J P, Krishna V. Finitely repeated games[J]. Econometrica, 1985, 17(4):317–320.

[100] Smith J M, Price G R. The logic of animal conflict[J]. Nature, 1973, 246:15–18.

[101] Rosenthal R W. A class of games possessing pure-strategy Nash equilibria[J]. Int. J. Game Theory, 1973, 2:65–67.

[102] Monderer D, Shapley L S. Fictitious play property for games with identical interests[J]. J. Econ. Theory, 1996, 1:258–265.

[103] Bilbao J M. Cooperative games on combinatorial structures[M]. Boston: Kluwer Acad. Pub., 2000.

[104] Cheng D, Xu T. Application of STP to cooperative games[C]. Proc. 10-th IEEE ICCA. Hangzhou: IEEE, 2013:1680–1685.

[105] 谭春桥, 张强. 合作对策理论及应用[M]. 北京: 科学出版社, 2011.

[106] Branzei R, Dimitrov D, Tijs S. Models in Cooperative Game Theory[M]. 2nd Ed. Berlin: Springer-Verlag, 2008.

[107] Dubey P, Shapley L S. Mathematical properties of the Banzhaf power index[J]. Math. Oper. Res, 1979, 44:99–131.

索 引